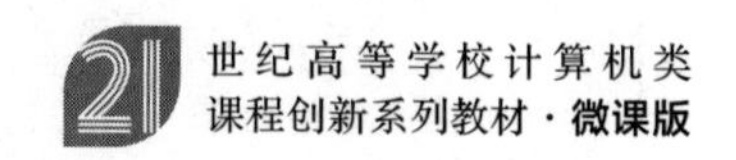

计算机组成原理与组装维护实践教程 微课视频版

童世华 杨玉平 / 主编

王伟强 付 蔚 王炳鹏 / 副主编

清华大学出版社

北京

内容简介

本书全面系统地介绍了计算机系统的工作原理及计算机的组装维护技术。全书分为理论与实践两篇，理论篇(项目1～项目10)主要介绍计算机系统、计算机中数据的表示、计算机基本数字逻辑电路、中央处理器、指令系统和寻址方式、存储系统、外部存储器、总线及主板、输入/输出系统、计算机与人工智能；实践篇(项目11～项目14)主要介绍计算机软硬件系统安装、计算机硬件系统维护、计算机软件系统维护、计算机常用软件维护等实践操作。每个项目配有学习目标、明确的重难点、大量的练习题，以帮助读者明确学习方向、理解和巩固所学内容。本教材融入了高等院校"专升本"统一选拔考试"计算机基础"部分考点，可为专升本读者提供参考，实用性强。

本书充分考虑了实际教学需要和专科层次学生的实际水平，按照循序渐进、理论联系实际、便于自学的原则编写。本书内容适量、适用，叙述清楚，通俗易懂。

本书适用于应用型本科院校、高等职业院校、高等专科学校、中等职业学校及成人高校，也可供继续教育学院、民办高校学生及技能型紧缺人才培养使用，还可供本科院校、计算机专业人员和爱好者参考使用。

图书在版编目(CIP)数据

计算机组成原理与组装维护实践教程：微课视频版/童世华，杨玉平主编. —北京：清华大学出版社，2021.8 (2024.1 重印)
21世纪高等学校计算机类课程创新系列教材：微课版
ISBN 978-7-302-57811-6

Ⅰ. ①计… Ⅱ. ①童… ②杨… Ⅲ. ①计算机组成原理－高等学校－教材 ②电子计算机－组装－高等学校－教材 ③电子计算机－维修－高等学校－教材 Ⅳ. ①TP30

中国版本图书馆 CIP 数据核字(2021)第055376号

责任编辑：刘　星
封面设计：刘　键
责任校对：焦丽丽
责任印制：沈　露

出版发行：清华大学出版社
网　　址：https://www.tup.com.cn，https://www.wqxuetang.com
地　　址：北京清华大学学研大厦A座　**邮　　编**：100084
社 总 机：010-83470000　**邮　　购**：010-62786544
投稿与读者服务：010-62776969，c-service@tup. tsinghua. edu. cn
质量反馈：010-62772015，zhiliang@tup. tsinghua. edu. cn
课件下载：https://www.tup.com.cn，010-83470236
印 装 者：三河市龙大印装有限公司
经　　销：全国新华书店
开　　本：185mm×260mm　**印　　张**：20.75　**字　　数**：544千字
版　　次：2021年8月第1版　**印　　次**：2024年1月第6次印刷
印　　数：4101～5600
定　　价：59.00元

产品编号：088526-02

《计算机组成原理与组装维护实践教程(微课视频版)》可作为高等院校、中职院校理工科类专业的计算机基础课程的教材,本书全面系统地介绍了计算机系统的工作原理及计算机的组装维护技术,为将来深入学习计算机技术打下良好基础,更是“计算机故障检测与维护”“网络技术”“网站建设”等后续必修课或选修课的基础。

近年来随着高等职业院校推行项目化、模块化教学改革,同时在大思政的背景下,《计算机组成原理与组装维护实践教程(微课视频版)》为适应计算机基础课程教学计划和课程大纲的变化,对教材内容进行了如下的选取和组织。

本书内容

(1) 精选内容。

根据高等职业院校人才培养目标和职业岗位(群)技能训练的实际需要精选教材内容,安排教材结构,杜绝套用大学和中专教材的做法,教材内容要具有科学性、思想性。

(2) 深浅适度。

教材的深浅度根据高等职业教育培养目标和高等职业院校专业教学计划来确定和掌握,力求重点、难点突出,叙述清楚,通俗易懂。

(3) 突出实用性。

教材符合高等职业技术应用型专门人才培养规格的要求,跟上科技发展和生产工作的实际需要,具有较强的针对性和实用性。

(4) 内容新颖。

教材内容除了介绍计算机已成熟的知识、技能外,还特别对计算机领域的云计算、大数据、5G 技术、人工智能、先进封装 Foveros 和 EMIB、新型存储等新理论、新技术进行介绍,使教材内容新鲜、生动、丰富。

本书特色

(1) 结合书中所讲内容,编写过程中有机融入中国共产党第二十次全国代表大会报告(后简称党的二十大报告)精神,通过高质量发展、数字中国建设、超级计算机、网络强国、科教兴国战略、人才强国战略、国家安全战略等内容的引入,加强学生的爱国主义、集体主义、社会主义教育,培养学生的劳动精神、奋斗精神、奉献精神、创造精神、勤俭节约精神。

(2) 本书每个项目中通过与知识内容直接或间接相关的(历史)人物或事件融入思

政元素。例如,"计算机之父"冯.诺依曼、"电脑大王"王安、鼠标键盘发明人、艾伦·麦席森·图灵等人物介绍,第一台计算机的诞生、中国"东风快递"中远程弹道导弹发展、计算机计算速度发展、5G技术发展、中国超级计算机、人工智能网上追逃、显卡门事件、华为鸿蒙操作系统问世、境外间谍组织窃取涉密信息等事件介绍,融入追求卓越、精益求精、严谨科学精神、爱国教育、独立自主、自立自强、国家安全等思政元素。

(3) 本书图文并茂、内容结构清晰,使读者学习达到事半功倍的效果;知识由理论到实际操作,知识点分布由浅入深,符合学习者循序渐进的学习习惯。理论篇与实践篇中的每个项目及任务都由企业技术专家与学校教师共同选定,特别是在编写实践篇中的每个训练任务时,吸收了企业技术专家宝贵建议。

(4) 本书是校企"双元"开发,实现教材内容与岗位需求无缝衔接,"岗课赛证"相互融通。采用项目、任务模块的内容组织方式,内容立体化呈现,突显职业教育类型特色,知识目标、能力目标、素质目标及重难点明确;实践操作内容采用分步讲解的方式,分解要点,增强读者的学习兴趣,便于读者对知识的复现。

配套资源

(1) 教学课件、习题答案、教学大纲、电子教案、补充习题和试题等可扫描此处二维码下载。

资源下载

(2) 每个项目都配备有微课视频(共66个,350分钟),便于读者在线观看学习,可扫描书中各章节对应位置的二维码观看。

(3) 本书还配备了扩展知识,可以通过扫描二维码的方式实现对扩展章节知识的学习,可扫描书中对应章节处的二维码获取。

本书适用于应用型本科院校、高等职业院校、高等专科学校、中等职业学校、成人高校,也可供继续教育学院、民办高校学生及技能型紧缺人才培养使用,还可供本科院校、计算机专业人员和爱好者参考使用。

本书由重庆电子工程职业学院童世华和杨玉平担任主编,重庆电子工程职业学院王伟强、重庆邮电大学付蔚和中兴通讯股份有限公司王炳鹏担任副主编。本书在编写过程中,得到了中兴通讯股份有限公司张亚超、张新文,阿里巴巴集团刘力华等同志的大力帮助;参阅了部分网络资源和其他文献,在此表示衷心的感谢。在本书编写出版过程中,得到了清华大学出版社的大力支持和帮助,在此表示衷心的感谢。

由于编者水平有限,编写时间仓促,书中不妥之处在所难免,欢迎广大读者批评指正。

编　者

2022年11月于重庆

目录

CONTENTS

理论篇

实 践 篇

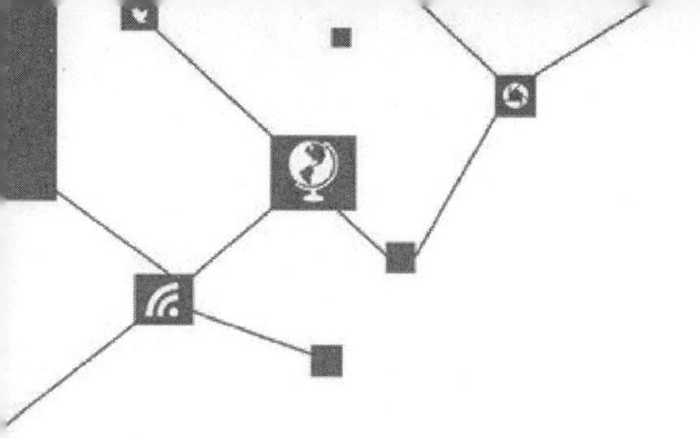

理论篇

项目1 初识计算机系统

计算机,我们并不陌生,它的使用极其广泛,但真正了解它的使用者为数不多。从第一台数字计算机研制成功以来,计算机的发展非常迅速,从体积大、耗资高、运算速度慢发展到体积小、成本低、运算速度快,仅用了半个多世纪。在第一台数字计算机研制成功以前还经历了电动制表机、模拟电子计算机,到如今计算机已向小型化、多样化发展。随着计算机的发展,计算机已从实验室研究走进了我们生活的各个领域,推动了经济发展,提高了生产效率,丰富了人们的生产生活,助力高质量发展。本章主要为读者介绍计算机系统的一些基本概念,包括计算机的发展、分类和应用,计算机的硬件和软件系统、计算机性能指标。

1889 年,电动制表机诞生;1930 年,模拟电子计算机出现;1946 年,世界上第一台电子数字计算机研制成功。第一台电子数字计算机命名为 ENIAC,ENIAC 的问世具有划时代的意义。ENIAC 长 30.48m,宽 6m,高 2.4 m,占地面积约 170m^2,30 个操作台,重达 30.48t,耗电量 150kW,造价 48 万美元。它包含了 17468 根真空管(电子管),7200 根水晶二极管,1500 个中转,70000 个电阻器,10000 个电容器,1500 个继电器,6000 多个开关,计算速度是每秒 5000 次加法或 400 次乘法,是使用继电器运转的机电式计算机的 1000 倍、手工计算的 20 万倍。计算机技术的快速发展,充分展现了人类追求卓越、精益求精、严谨的科学精神。从 ENIAC 发展到当今性能强、功能强的计算机,人类在不断地自我挑战,克服了一个又一个科研难题,最终使得计算机得到了快速的发展,充分体现了人类追求卓越、精益求精、严谨的科学精神。

高质量发展是一个全面工程,涉及我们生产生活的各个方面,计算机的发展在其中将扮演不可或缺的角色。党的二十大报告中强调“高质量发展是全面建设社会主义现代化国家的首要任务”。党的二十大报告对新时代新征程推动高质量发展作出一系列战略部署:构建高水平社会主义市场经济体制,建设现代化产业体系,全面推进乡村振兴,促进区域协调发展,推进高水平对外开放。如今计算机已渗透各个领域,已与各领域的技术融合,助力科技、产业、经济等的高质量发展。

知识目标:

- 了解计算机的发展、分类及应用
- 理解计算机的硬件系统组成、总线结构
- 理解计算机的主要性能指标
- 掌握计算机的系统软件、应用软件

笔记

能力目标:

- 具备通识计算机系统基础知识的能力
- 具有区分软件系统和硬件系统的能力
- 具备判断计算机性能指标的能力

素质目标:

- 培养学生关心国内外计算机前沿技术发展的素质
- 培养学生崇尚计算机等科学技术的素质
- 培养学生为民族振兴和国家富强作贡献的愿望和意识
- 培养严谨的科研精神

学习重点:计算机硬件系统组成;计算机系统软件

学习难点:计算机的总线结构

1.1 任务1 介绍计算机的发展、分类和应用

视频讲解

1.1.1 活动1 回顾并展望计算机的发展简史及发展趋势

计算机是广为人知的,它给我们带来了巨大的便利。什么是计算机呢?计算机就是一种按程序控制自动进行信息加工的工具。计算机的诞生酝酿了很长一段时间。1946年2月,第一台电子计算机ENIAC(Electronic Numeril Integrator And Computer,电子数字积分计算机)在美国问世,ENIAC用了18 000个电子管和86 000个其他电子元件,有两个教室那么大,运算速度却只有每秒300次各种运算或5000次加法,耗资100万美元以上。尽管ENIAC有许多不足之处,但它毕竟是计算机的始祖,揭开了计算机时代的序幕。

计算机的发展到目前为止共经历了70余年。对其发展史的划分多种多样。其中,从它所采用器件的角度可将其划分为五个时代。

从1946年到1959年这段时期我们称为"电子管计算机时代"。它是第一代计算机。第一代计算机的内部元件使用的是电子管。由于一部计算机需要几千个电子管,每个电子管都会散发大量的热量,因此,如何散热是一个令人头痛的问题。电子管的寿命最长只有3000小时,计算机运行时常常发生由于电子管被烧坏而使计算机死机的现象。第一代计算机主要用于科学研究和工程计算。

从1960年到1964年,由于在计算机中采用了比电子管更先进的晶体管,所以这段时期称为"晶体管计算机时代"。它是第二代计算机。晶体管比电子管小得多,不需要暖机,消耗能量较少,处理更迅速、更可靠。第二代计算机的程序语言从机器语言发展到汇编语言。接着,高级语言FORTRAN语言和COBOL语言相继开发出来并被广泛使用。这时,开始使用磁盘和磁带作为辅助存储器。第二代计算机的体积和价格都下降了,使用的人也多起来了,计算机工业迅速发展。第二代计算机主要用于商业、大学教学和政府机关。

从1965年到1970年,集成电路被应用到计算机中,因此这段时期被称为"中小规模集成电路计算机时代"。它是第三代计算机。集成电路(Integrated Circuit,IC)是指

笔记

在晶片上的一个完整的电子电路,这个晶片比手指甲还小,却包含了几千个晶体管元件。第三代计算机的特点是体积更小、价格更低、可靠性更高、计算速度更快。第三代计算机的代表是IBM公司花了50亿美元开发的IBM 360系列。

从1971年到现在,称为"大规模集成电路计算机时代"。它是第四代计算机。第四代计算机使用的元件依然是集成电路,不过,这种集成电路已经大大改善,它包含着几十万到上百万个晶体管,称为大规模集成电路(Large Scale Integrated Circuit,LSI)或超大规模集成电路(Very Large Scale Integrated Circuit,VLSI)。1975年,美国IBM公司推出了个人计算机(Personal Computer,PC),从此,人们对计算机不再陌生,计算机开始深入人类生活的各个方面。

第五代计算机为新一代计算机,它将向着人工智能等众多领域发展。

对计算机发展史的划分除了从器件的角度划分外,还可以从计算机语言角度将它划分为以下几代。

第一代,机器语言。机器语言就是用二进制代码书写的指令。其特点为:执行速度快,能够被计算机直接识别,但不便于记忆。

第二代,汇编语言。汇编语言是用符号书写指令。其特点为:不能被计算机直接识别,也不便于记忆。

第三代,高级语言,例如C、BASIC、FORTRAN等。其特点为:不能被计算机直接识别,但便于记忆。

第四代,模块化语言。模块化语言是在高级语言基础上发展而来的,它有更强的编程功能,如SQL、PowerPoint、Excel、Delphi等。

第五代,面向对象的编程语言和网络语言等,例如VB、VC、C++、Java等。

计算机发展到今天,已经具有了运算速度快、运算精度高、通用性强、有自动控制能力、有记忆和逻辑判断功能等特点。

?思考:VB、VC、C++、Java等是面向对象的编程语言和网络语言,它们是高级语言吗?

1.1.2 活动2 介绍计算机的分类

计算机按照不同的分类依据有多种分类方法,常见的分类方法有以下几种。

1. 按信息处理方式分类

按处理方式分类,可以把计算机分为模拟计算机、数字计算机以及数字模拟混合计算机。模拟计算机主要用于处理模拟信息,如工业控制中的温度、压力等。模拟计算机的运算部件是一些电子电路,其运算速度极快,但精度不高,使用也不够方便。数字计算机采用二进制运算,其特点是解题精度高,便于存储信息,是通用性很强的计算工具,既能胜任科学计算和数字处理,也能进行过程控制和CAD/CAM等工作。数字模拟混合计算机是取数字、模拟计算机之长,既能高速运算,又便于存储信息,但这类计算机造价昂贵。现在人们所使用的大多属于数字计算机。

2. 按用途分类

按用途分类,计算机一般可分为专用计算机与通用计算机。专用计算机功能单一、

笔记

可靠性高、结构简单、适应性差,但在特定用途下最有效、最经济、最快速,是其他计算机无法替代的,如军事系统、银行系统属专用计算机。

通用计算机功能齐全、适应性强,目前人们所使用的大多是通用计算机。

3. 按规模分类

按照计算机规模,并参考其运算速度、输入/输出能力、存储能力等因素,通常将计算机分为巨型机、大型机、小型机、微型机等几类。

(1) 巨型机。

巨型机运算速度快、存储量大、结构复杂、价格昂贵,主要用于尖端科学研究领域,如IBM390系列、银河机等。曙光5000巨型机如图1-1所示,运算速度达到每秒230万亿次。

图 1-1 曙光 5000 巨型机

(2) 大型机。

大型机规模次于巨型机,有比较完善的指令系统和丰富的外部设备,主要用于计算机网络和大型计算中心,如IBM4300。大型机如图1-2所示。

(3) 小型机。

小型机较大型机成本较低,维护也较容易,小型机用途广泛,可用于科学计算和数据处理,也可用于生产过程自动控制和数据采集及分析处理等。小型机如图1-3所示。

(4) 微型机。

微型机由微处理器、半导体存储器和输入/输出接口等芯片组成,它比小型机体积更小、价格更低、灵活性更好、可靠性更高、使用更加方便。目前许多微型机的性能已超过以前的大中型机。微型机如图1-4所示。

图 1-2 大型机

图 1-3 小型机

图 1-4 微型机

思考:我们日常办公所使用的都是微型机,当前主要有哪些品牌?

4. 按照其工作模式分类

按照计算机工作模式分类,可将其分为服务器和工作站两类。

(1) 服务器。

服务器是一种可供网络用户共享的、高性能的计算机,服务器一般具有大容量的存储设备和丰富的外部设备，其上运行网络操作系统，要求较高的运行速度，为此，很多服务器都配置了双CPU。服务器上的资源可供网络用户共享。

笔记

(2) 工作站。

工作站是高档微机，它的独到之处，就是易于联网，配有大容量主存储器、大屏幕显示器，特别适合于CAD/CAM和办公自动化。

TCP/IP是Internet上使用的基本通信标准，它是一个协议组，包括很多协议，TCP和IP是其中的两个。网际互联协议IP负责信息的实际传送，而传输控制协议TCP则保证所传送的信息是正确的。

1.1.3 活动3 介绍计算机的应用

计算机应用已深入人类社会生活的各个领域，其应用可以归纳为以下几个方面：科学计算、数据处理与信息加工、过程控制、辅助设计与辅助制造、人工智能等。

1. 科学计算

科学计算一直是计算机的重要应用领域之一，如在天文学、核物理学领域中，都需要依靠计算机进行复杂的运算。在军事上，导弹的发射以及飞行轨道的计算控制、先进防空系统等现代化军事设施通常都是由计算机控制的大系统，其中包括雷达、地面设施、海上装备等。计算机除了在国防及尖端科学技术领域的计算以外，在其他学科和工程设计方面，如数学、力学、晶体结构分析、石油勘探、桥梁设计、建筑、土木工程设计等领域也得到广泛的应用，促进了各门科学技术的发展。

2. 数据处理与信息加工

数据处理与信息加工是电子计算机应用最广泛的领域。利用计算机对数据进行分析加工的过程是数据处理的过程。在银行系统、财会系统、档案管理系统、经营管理系统等管理系统及文字处理、办公自动化等方面都大量使用微型计算机进行数据处理。例如，现代企业的生产计划、统计报表、成本核算、销售分析、市场预测、利润预估、采购订货、库存管理、工资管理等，都是通过微型计算机来实现的。

3. 过程控制

在现代化工厂中，微型计算机普遍用于生产过程的自动控制，特别是单片微型计算机在工业生产过程中的自动控制更为广泛。采用微型计算机进行过程控制，可以提高产品质量，提高劳动生产率，降低生产成本，提高经济效益。

4. 辅助设计与辅助制造

由于微型计算机有快速的数值计算能力、较强的数据处理及模拟能力，故目前在飞机、船舶、光学仪器、超大规模集成电路等的设计制造过程中，计算机辅助设计(CAD)与辅助制造(CAM)占据着越来越重要的地位。使用已有的计算机辅助设计新的计算机，达到设计自动化和半自动化的程度，从而减轻人的劳动强度，提高设计质量，也是计算机辅助设计的一项重要内容。由于设计工作与图形分不开，一般供辅助设计用的微型计算机都要配备图形显示、绘图仪等设备以及图形语言、图形软件等。

微型计算机除了进行计算机辅助设计(CAD)、辅助制造(CAM)外，还进行辅助测试(CAT)、辅助工艺(CAPP)、辅助教学(CAI)等。

笔记

5. 人工智能

人工智能是将人脑在进行演绎推理时的思维过程、规则和所采用的策略、技巧等编成计算机程序，在计算机中存储一些公理和推理规则，然后让机器去自动探索解题的方法，所以这种程序是不同于一般计算机程序的。当前人工智能在自然语言理解、机器视觉和听觉等方面给予了极大的重视。智能机器人是人工智能各种研究课题的综合产物，有感知和理解周围环境、进行推理和操纵工具的能力，并能通过学习适应周围环境，完成某种动作。专家系统也是人工智能应用的一个方面。

6. 办公自动化

办公自动化系统的核心就是计算机。计算机支持一切办公业务，如通过网络实现发送电子邮件、办公文档管理、人事信息统计等。

?思考：计算机除了应用于以上领域以外，还被应用于哪些领域？

视频讲解

1.2 任务2 认识计算机的硬件系统

1.2.1 活动1 概述计算机系统

计算机系统通常是由硬件系统和软件系统两大部分组成的。

计算机硬件(hardware)是指构成计算机的实际的物理设备，主要包括主机和外围设备两部分。

计算机软件(software)是指为运行、维护、管理、应用计算机所编制的所有程序和文档的总和，它主要包括计算机本身运行所需的系统软件和用户完成特定任务所需要的应用软件。

计算机硬件系统和软件系统在计算机系统中缺一不可，二者是相辅相成的。

计算机系统的组成如图1-5所示。

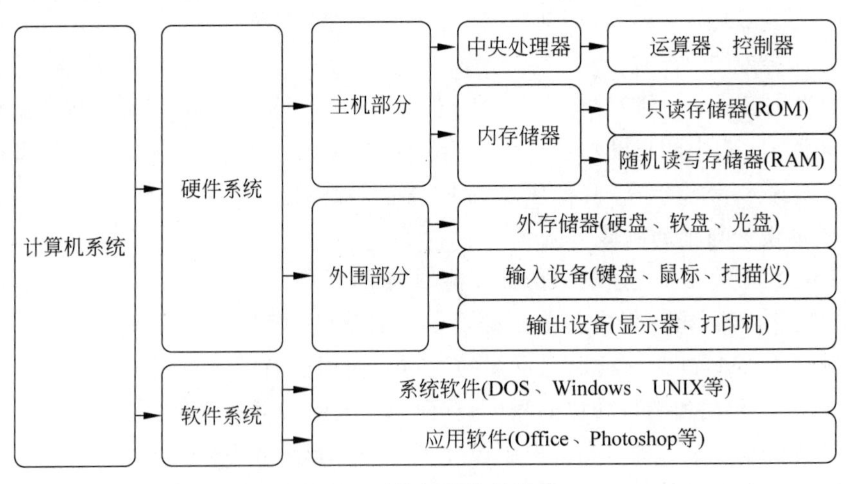

图1-5 计算机系统的组成

? 思考：图 1-5 中所示主机部分（主机）包含的内容和通常所称的主机箱内包含的内容有哪些不同？

1.2.2 活动 2 详述计算机硬件的基本组成

计算机硬件系统主要由五个部分组成：运算器、控制器、存储器、输入设备和输出设备。其中，运算器和控制器合称为中央处理器（CPU），这是计算机硬件的核心部件；存储器又分为主存（内存）和辅存（外存），其中主存和 CPU 又合称为主机；输入设备和输出设备合称为外部设备，简称为外设。计算机采用了“存储程序”工作原理，存储程序的思想，即程序和数据一样，存放在存储器中。这一原理是 1946 年由美籍匈牙利数学家冯·诺伊曼提出来的，其工作原理如图 1-6 所示。

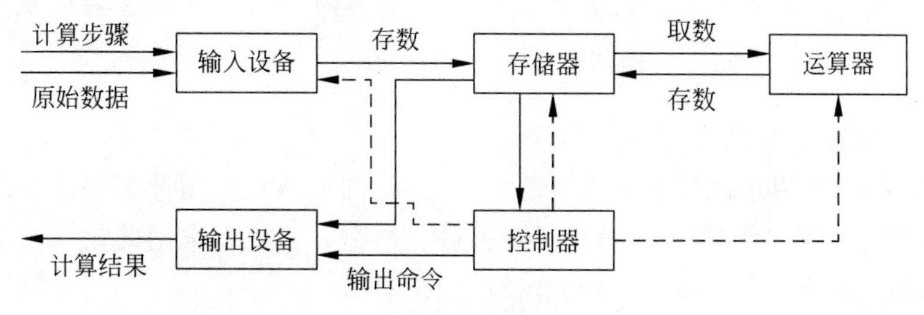

图 1-6 计算机系统的工作原理

图 1-6 中实线为程序和数据，虚线为控制命令。计算步骤的程序和计算中需要的原始数据，在控制命令的作用下通过输入设备送入计算机的存储器。当计算开始的时候，在取指令的作用下把程序指令逐条送入控制器。控制器向存储器和运算器发出取数命令和运算命令，运算器进行计算，然后控制器发出存数命令，计算结果存放回存储器，最后在输出命令的作用下通过输出设备输出结果。

计算机系统的基本硬件组成大体上分为以下几部分。

1. 运算器

运算器是对数据进行加工处理的部件，它在控制器的作用下与内存交换数据，负责进行各类基本的算术运算、逻辑运算和其他操作。在运算器中含有暂时存放数据或结果的寄存器。运算器由算术逻辑单元（Arithmetic Logic Unit，ALU）、累加器、状态寄存器和通用寄存器等组成。其中，算术逻辑单元 ALU 是运算器的核心，是用于完成加、减、乘、除等算术运算，与、或、非等逻辑运算以及移位、求补等操作的部件。

2. 控制器

控制器是整个计算机系统的指挥中心，负责对指令进行分析，并根据指令的要求，有序地、有目的地向各个部件发出控制信号，使计算机的各部件协调一致地工作。控制器由指令指针寄存器、指令寄存器、控制逻辑电路和时钟控制电路等组成。

寄存器也是 CPU 的一个重要组成部分，是 CPU 内部的临时存储单元。寄存器既可以存放数据和地址，又可以存放控制信息或 CPU 工作的状态信息。

3. 存储器

计算机系统的一个重要特征是具有极强的“记忆”能力，能够把大量计算机程序和

笔记

数据存储起来。存储器是计算机系统内最主要的记忆装置,既能接收计算机内的信息(数据和程序),又能保存信息,还可以根据命令读取已保存的信息。

存储器按功能可分为主存储器(简称主存)和辅助存储器(简称辅存)。主存是相对存取速度快而容量小的一类存储器,辅存则是相对存取速度慢而容量很大的一类存储器。

主存储器,也称为内存储器(简称内存),内存直接与CPU相连接,是计算机中主要的工作存储器,当前运行的程序与数据存放在内存中。

辅助存储器,也称为外存储器(简称外存),计算机执行程序和加工处理数据时,外存中的信息按信息块或信息组先送入内存后才能使用,即计算机通过外存与内存不断交换数据的方式使用外存中的信息。

注意: 计算机硬件系统的五大组成部分中提到的存储器往往容易被认为是硬盘和内存储器,实际上这里的存储器仅仅指内存储器。

4. 输入设备

输入设备的作用是把信息送入计算机。文本、图形、声音、图像等表达的信息(程序和数据)都要通过输入设备才能被计算机接收。微型计算机上常用的输入设备有键盘、鼠标、扫描仪、条形码读入器、光笔和触摸屏等。

5. 输出设备

输出设备是将计算机系统中的信息传送到外部世界的设备,如显示器、打印机、绘图仪和触摸屏等。

思考: 除以上提到的输入设备和输出设备以外,还有其他哪些输入设备和输出设备?

1.2.3 活动3 详解计算机的总线结构

微型计算机是由具有不同功能的一组功能部件组成的,系统中各功能部件的类型和它们之间的相互连接关系称为微型计算机的结构。

微型计算机大多采用总线结构,因为在微型计算机系统中,无论是各部件之间的信息传送,还是处理器内部信息的传送,都是通过总线进行的。

1. 总线的概念

所谓总线,是连接多个功能部件或多个装置的一组公共信号线。按在系统中的不同位置,总线可以分为内部总线和外部总线。内部总线是CPU内部各功能部件和寄存器之间的连线;外部总线是连接系统的总线,即连接CPU、存储器和I/O接口的总线,又称为系统总线。

微型计算机采用了总线结构后,系统中各功能部件之间的相互关系变为各个部件面向总线的单一关系。一个部件只要符合总线标准,就可以连接到采用这种总线标准的系统中,使系统的功能可以很方便地得以发展,微型机中目前主要采用的外部总线标准有:PC—总线,ISA—总线,VESA—总线等。

笔记

2. 总线的分类

按所传送信息的不同类型,总线可以分为数据总线 DB(Data Bus)、地址总线 AB(Address Bus)和控制总线 CB(Control Bus)三种类型,通常称微型计算机采用三总线结构。

(1) 地址总线(Address Bus)。

地址总线是微型计算机用来传送地址信息的信号线。地址总线的位数决定了CPU 可以直接寻址的内存空间的大小。因为地址总是从 CPU 发出的,所以地址总线是单向的、三态总线。单向指信息只能沿一个方向传送,三态指除了输出高、低电平状态外,还可以处于高阻抗状态(浮空状态)。

(2) 数据总线(Data Bus)。

数据总线是 CPU 用来传送数据信息的信号线。数据总线是双向、三态总线,即数据既可以从 CPU 传送到其他部件,也可以从其他部件传送给 CPU,数据总线的位数和处理器的位数相对应。

(3) 控制总线(Control Bus)。

控制总线是用来传送控制信号的一组总线。这组信号线比较复杂,由它来实现CPU 对外部功能部件(包括存储器和 I/O 接口)的控制及接收外部传送给 CPU 的状态信号,不同的微处理器采用不同的控制信号。

注意:控制总线的信号线有单向、双向、三态以及非三态几种情况,实际使用中控制总线到底属于哪种情况,主要取决于具体的信号线。

1.3 任务3 认识计算机的软件系统

视频讲解

1.3.1 活动1 介绍软件在计算机系统中的层次及分类

计算机软件系统是计算机系统的重要组成部分,计算机软件系统主要由系统软件和应用软件两大类组成。应用软件必须在系统软件的支持下才能运行。没有系统软件,计算机无法运行;有系统软件而没有应用软件,计算机还是无法解决实际问题。计算机软件系统的构成如图 1-7 所示。

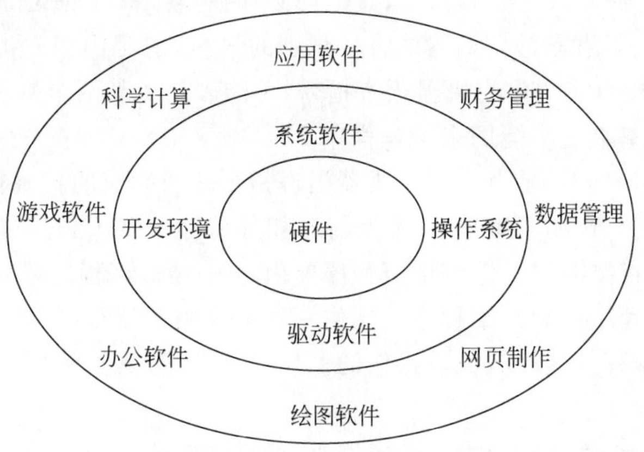

图 1-7 计算机软件系统的构成

笔记

在了解软件之前,先了解以下几个概念。

源程序——用高级语言编写的程序。

目标程序——计算机能够直接识别的程序,是相对于源程序而言的。

其中,源程序不能被计算机直接运行,而目标程序能被计算机直接运行。源程序需要用编译程序或解释程序转换成目标程序。

1.3.2 活动2 详述系统软件

如图1-7所示,根据软件在计算机系统中的层次,可以把软件系统分为系统软件和应用软件两大类。

其中系统软件是管理、监控和维护计算机资源的软件,是用来扩大计算机的功能、提高计算机的工作效率、方便用户使用计算机的软件,人们借助于软件来使用计算机。系统软件是计算机正常运转不可缺少的,一般由计算机生产厂家或专门的软件开发公司研制,出厂时写入ROM芯片或存入磁盘(供用户选购)。任何用户都要用到系统软件,其他程序都要在系统软件的支持下运行。

系统软件主要分为操作系统软件(软件的核心)、各种语言处理系统软件和各种数据库管理系统软件三大类。

1. 操作系统

系统软件的核心是操作系统。操作系统是由指挥与管理计算机系统运行的程序模板和数据结构组成的一种大型软件系统,其功能是管理计算机的软硬件资源和数据资源,为用户提供高效、全面的服务。正是由于操作系统的飞速发展,才使计算机的使用变得简单而普及。

操作系统是管理计算机软硬件资源的一个平台,没有它,任何计算机都无法正常运行。在个人计算机发展史上曾出现过许多不同的操作系统,其中最为常用的有5种:DOS,OS/2,Windows,Linux和UNIX。

?思考:我们今天还在用DOS操作系统吗?

2. 语言处理系统

语言处理系统包括机器语言、汇编语言和高级语言。这些语言处理系统(程序)除个别常驻在ROM中可以独立运行外,其他都必须在操作系统的支持下运行。

机器语言。机器语言是指机器能直接识别的语言,它是由“1”和“0”组成的一组代码指令。例如:01001001,作为机器语言指令,可能表示将某两个数相加。由于机器语言比较难记,所以基本上不能用来编写程序。

汇编语言。汇编语言是由一组与机器语言指令一一对应的符号指令和简单语法组成的。例如:“ADD A,B”可能表示将A与B相加后存入B中,它可能与上面的机器语言指令01001001直接对应。汇编语言程序要由一种“翻译”程序来将它翻译为机器语言程序,这种翻译程序称为汇编程序。任何一种计算机都配有适用于自己的汇编程序。汇编语言适用于编写直接控制机器操作的低层程序,它与机器密切相关,一般人也很难使用。

高级语言。高级语言比较接近日常用语,对机器依赖性低,是适用于各种机器的计

算机语言。目前，高级语言已发明出数十种，下面介绍几种常用的高级语言，见表1-1。

表1-1　常用的几种高级语言

名　称	功　能
BASIC语言	一种简单易学的计算机高级语言，许多人学习基本的程序设计就是从它开始的。新开发的Visual Basic具有很强的可视化设计功能，是重要的多媒体编程工具语言
FORTRAN语言	一种非常适合于工程设计计算的语言，它已经具有相当完善的工程设计计算程序库和工程应用软件
C语言	一种具有很高灵活性的高级语言，它适合于各种应用场合，所以应用非常广泛
Java语言	这是近几年才发展起来的一种新的高级语言。它适应了当前高速发展的网络环境，非常适合用作交互式多媒体应用的编程。它简单、性能高、安全性好、可移植性强

有两种翻译程序可以将高级语言所写的程序翻译为机器语言程序，一种叫"编译程序"，一种叫"解释程序"。

编译程序把高级语言所写的程序作为一个整体进行处理，编译后与子程序库链接，形成一个完整的可执行程序。这种方法的缺点是编译、链接较费时，但可执行程序运行速度很快。FORTRAN、C语言等都采用这种编译方法。

解释程序则对高级语言程序逐句解释执行。这种方法的特点是程序设计的灵活性大，但程序的运行效率较低。BASIC语言本来属于解释型语言，但现在已发展为也可以编译成高效的可执行程序，兼有两种方法的优点。Java语言则先编译为Java字节码，在网络上传送到任何一种机器上之后，再用该机所配置的Java解释器对Java字节码进行解释执行。

3. 数据库管理系统

数据库是以一定的组织方式存储起来的、具有相关性的数据的集合。数据库管理系统就是在具体计算机上实现数据库技术的系统软件，由它来实现用户对数据库的建立、管理、维护和使用等功能。目前在计算机上流行的数据库管理系统软件有Oracle、SQL Server、DB2、Access等。

1.3.3　活动3　详述应用软件

为解决计算机各类问题而编写的程序称为应用软件。它又可分为应用软件包与用户程序。应用软件随着计算机应用领域的不断扩展而与日俱增。

1. 用户程序

用户程序是用户为了解决特定的具体问题而开发的软件。编制用户程序应充分利用计算机系统的各种现成软件，在系统软件和应用软件包的支持下可以更加方便、有效地研制用户专用程序，如火车站或汽车站的票务管理系统、人事管理部门的人事管理系统和财务部门的财务管理系统等。

2. 应用软件包

应用软件包是为实现某种特殊功能而精心设计的、结构严密的独立系统，是一套满足同类应用的许多用户所需要的软件。

1.4 节扩展内容

视频讲解

视频讲解

根据应用软件用途不同又可分为很多类型，例如，Microsoft 公司发布的 Office 2019 应用软件包，包含 Word 2019(字处理)、Excel 2019(电子表格)、PowerPoint 2019(幻灯片)、Access 2019(数据库管理)等应用软件，是实现办公自动化的很好的应用软件包；还有日常使用的杀毒软件(卡巴斯基、瑞星、金山毒霸、360 杀毒软件、诺顿、火绒等)以及各种游戏软件等。

1.4　任务 4　介绍计算机系统的主要性能指标

评价计算机的性能是一个很复杂的问题，从不同的角度可能对计算机的性能有不同的评价。在实际使用中常用的指标包括以下几个：主频、CPU 内部缓存、CPU 字长、运算速度、内存容量、外设扩展能力、软件配置情况等。如果想学习各指标的具体内容可扫描此处二维码。

1.5　任务 5 新一代信息技术

1.5.1　活动 1　云计算

云计算是一种分布式计算，通过网络解决任务分发，并进行计算结果的合并。通过这项技术，可以在很短时间内(几秒)完成对数以万计数据的处理，从而达到强大的网络服务。简单来说，云计算是基于虚拟化技术的一种资源交付使用模式，可以提高硬件资源的使用率，并通过将巨量数据分解成若干块进行处理返回结果，从而达到计算的高效性。它主要提供的是一种算力的支持。

云计算具有 3 种服务模式：SaaS(软件即服务)、PaaS(平台即服务)和 IaaS(基础设施即服务)。云计算的核心在于云服务器的数据分析处理，通过网络“云”将巨大的数据计算处理程序分解成无数个小程序，然后通过地面多个服务器计算结果并返回给用户。云服务器是指在实体服务器的操作系统下，利用软件虚拟出来的服务器。云计算的特点是虚拟化技术、动态可扩展、按需部署、灵活性高、可靠性高、性价比高、可扩展性。

云计算是基础设施，与人们生活密切相关，主要应用于以下几个方面，如图 1-8 所示。

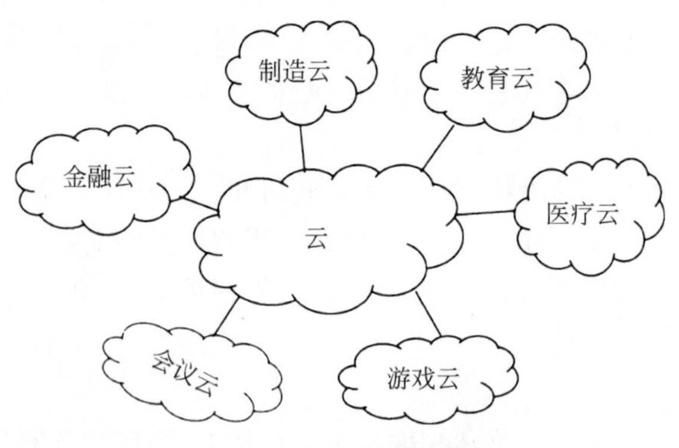

图 1-8　云计算应用领域

笔记

1. 金融云

金融云是利用云计算的模型组成原理，将金融产品、信息和服务分散到由大型分支机构组成的云网络中，提高金融机构快速发现和解决问题的能力，提高整体工作效率，改善流程，降低运营成本。

2. 制造云

制造云是云计算延伸发展到制造业信息领域后的落地和实现。用户可以通过网络和终端随时获得制造资源和能力服务，进而智能完成其制造全生命周期的各种活动。

3. 教育云

教育云是云计算技术在教育领域的迁移应用，包括教育信息化所需的所有硬件计算资源。虚拟化后，为教育机构、员工、学习者提供良好的云服务平台。

4. 医疗云

医疗云是指在医疗卫生领域采用云计算、物联网、大数据、4G通信、移动技术、多媒体等新技术的基础上，结合医疗技术，运用云计算的理念构建医疗卫生服务云平台。

5. 游戏云

游戏云是基于云计算的游戏，在云游戏的运行模式下，所有游戏都在服务器上运行，渲染后的游戏画面被压缩，通过网络传输给用户。

6. 会议云

会议云是基于云计算技术的高效、便捷、低成本的会议形式。用户只需通过互联网界面进行简单、易用的操作，就可以快速高效地与世界各地的团队和客户共享语音、数据文件和视频。

1.5.2　活动2　大数据

大数据是指无法用现有的软件工具提取、存储、搜索、共享、分析和处理的海量的、复杂的数据集合(麦肯锡全球研究所给出的定义)。大数据的核心在于预测，因为量变将会引发质变，在庞大的数据中通过数据的分析处理去挖掘复杂数据中的特定规律以此来预测未来事件的发展。大数据有几大关键环节，即数据来源→数据存储→数据分析处理→生产生活实际应用。数据来源主要为企业数据、IoT设备数据、社交数据；数据存储通常是采用云存储的形式；数据分析处理则为其中的关键，因为要分析处理的数据类型既有结构化数据也具有非结构化数据，如照片、音频、视频、符号、表情等，这对分析处理能力提出了较高的要求；最终分析处理的数据都是为了创造价值、应用于生产生活实践，去预测做到超前反应。IBM提出了大数据的5大特点：Volume(大量)、Velocity(高速)、Variety(多样)、Value(低价值密度)、Veracity(真实性)。

大数据价值创造的关键在于大数据的应用，随着大数据技术飞速发展，大数据应用已经融入各行各业且已与机器学习、深度学习等进行了多学科融合，与大规模应用开源技术在功能上实现了较多的应用，具体有以下几个方面，如图1-9所示。

1. 客户群分析

客户群分析是大数据目前最广为人知的应用领域。很多企业热衷于社交媒体数据、浏览器日志、文本挖掘等各类数据集，通过大数据技术创建预测模型，从而更全面地了解客户以及他们的行为、喜好。比如美国零售商Target公司利用大数据甚至能推测

笔记

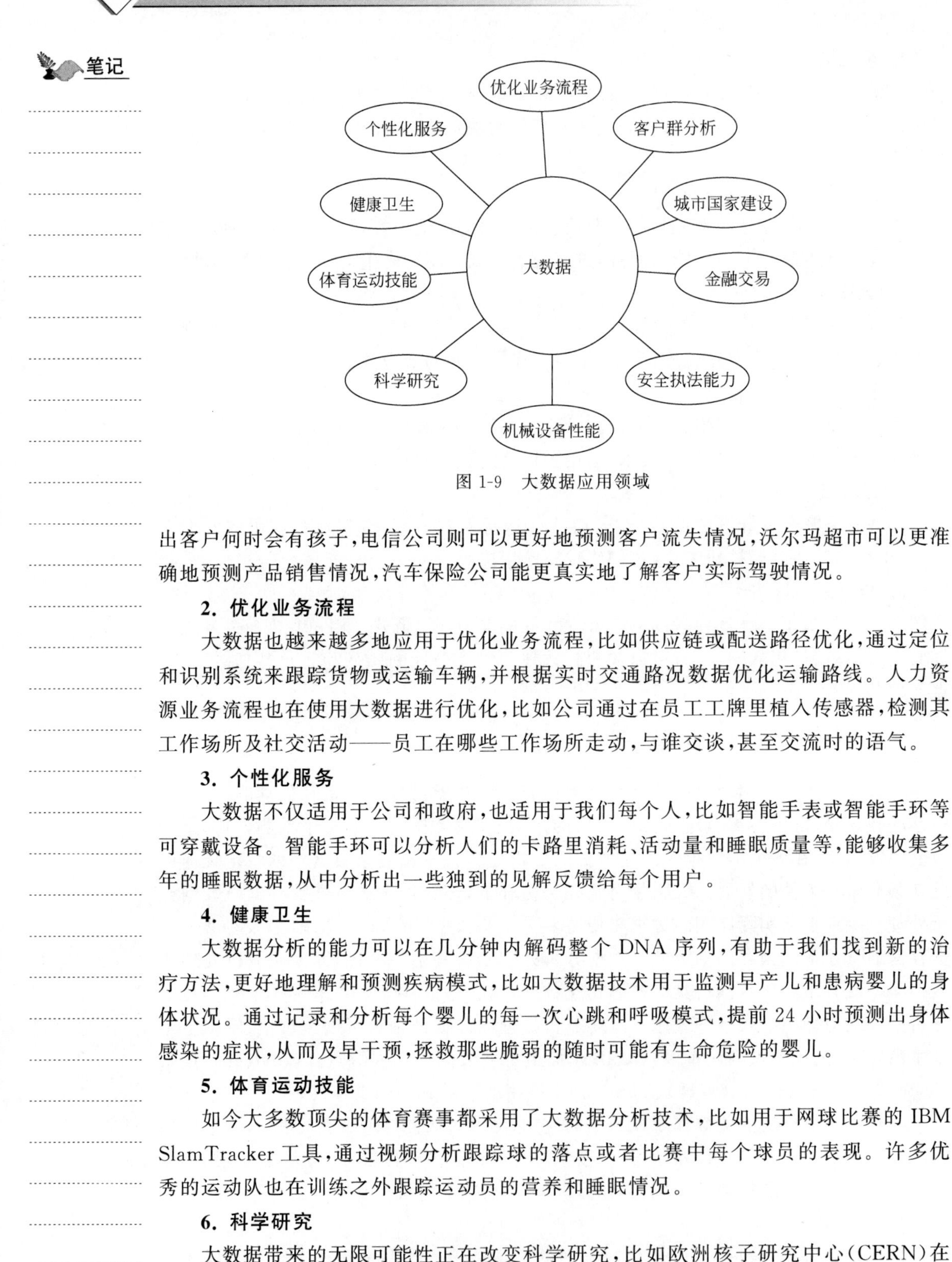

图 1-9 大数据应用领域

出客户何时会有孩子,电信公司则可以更好地预测客户流失情况,沃尔玛超市可以更准确地预测产品销售情况,汽车保险公司能更真实地了解客户实际驾驶情况。

2. 优化业务流程

大数据也越来越多地应用于优化业务流程,比如供应链或配送路径优化,通过定位和识别系统来跟踪货物或运输车辆,并根据实时交通路况数据优化运输路线。人力资源业务流程也在使用大数据进行优化,比如公司通过在员工工牌里植入传感器,检测其工作场所及社交活动——员工在哪些工作场所走动,与谁交谈,甚至交流时的语气。

3. 个性化服务

大数据不仅适用于公司和政府,也适用于我们每个人,比如智能手表或智能手环等可穿戴设备。智能手环可以分析人们的卡路里消耗、活动量和睡眠质量等,能够收集多年的睡眠数据,从中分析出一些独到的见解反馈给每个用户。

4. 健康卫生

大数据分析的能力可以在几分钟内解码整个 DNA 序列,有助于我们找到新的治疗方法,更好地理解和预测疾病模式,比如大数据技术用于监测早产儿和患病婴儿的身体状况。通过记录和分析每个婴儿的每一次心跳和呼吸模式,提前 24 小时预测出身体感染的症状,从而及早干预,拯救那些脆弱的随时可能有生命危险的婴儿。

5. 体育运动技能

如今大多数顶尖的体育赛事都采用了大数据分析技术,比如用于网球比赛的 IBM SlamTracker 工具,通过视频分析跟踪球的落点或者比赛中每个球员的表现。许多优秀的运动队也在训练之外跟踪运动员的营养和睡眠情况。

6. 科学研究

大数据带来的无限可能性正在改变科学研究,比如欧洲核子研究中心(CERN)在全球遍布了 150 个数据中心,有 65000 个处理器,能同时分析 30PB 的数据量,这样的计算能力影响着很多领域的科学研究。

笔记

7. 机械设备性能

大数据使机械设备更加智能化、自动化，比如全球定位系统以及强大的计算机和传感器，在无人干预的条件下实现自动驾驶；“智能电网”还能够预测使用情况，以便电力公司为未来的基础设施需求进行规划，并防止出现电力耗尽的情况。

8. 安全和执法能力

大数据在改善安全和执法方面得到了广泛应用，比如美国国家安全局（NSA）利用大数据技术检测和防止网络攻击（挫败恐怖分子的阴谋）；警察运用大数据来抓捕罪犯，预测犯罪活动；信用卡公司使用大数据来检测欺诈交易等。

9. 金融交易

大数据在金融交易领域应用也比较广泛，比如大多数股票交易都是通过一定的算法模型进行决策的，如今这些算法的输入会考虑来自社交媒体、新闻网络的数据，以便更全面地做出买卖决策，同时根据客户的需求和愿望，这些算法模型也会随着市场的变化而变化。

10. 城市和国家建设

大数据还被用于助力城市和国家建设的方方面面，比如目前很多大城市致力于构建智慧交通，车辆、行人、道路基础设施、公共服务场所都被整合在智慧交通网络中，以提升资源运用的效率，优化城市管理和服务。

1.5.3　活动3　5G技术

5G是第五代移动通信技术的简称，5G网络是数字蜂窝网络，是新一代的蜂窝移动通信技术。蜂窝移动通信（Cellular Mobile Communication）是采用蜂窝无线组网方式，在终端和网络设备之间通过无线通道连接起来，进而实现用户在活动中可相互通信。5G是物联网存在的必要条件，即如果物联网存在，那么必须要有5G。在物联网时代，每个设备都在产生数据，而这些数据需要传递到后台进行分析处理才能变成信息，产生价值。5G通过超高速度、超低延时来实现信息的随时随地传送、万物互联。1G时代实现了模拟语音通信，2G时代实现了语音通信数字化，3G时代实现了语音、图片等的通信与传播，4G时代实现了高速快速上网、快速刷视频，而5G时代则实现了数据的超高速传递，让用户享受更低的时延、更少的等待时间，做一切事情都会更顺利。5G通信的特点是高速率、低时延、省能源、降低成本、提高系统容量和大规模设备连接。

5G技术主要提供的是一种快速连接和高速传输的方式。随着时间的推移，5G的使用逐渐铺开，未来的应用也不可限量，主要有以下几个方面。

1. 未来银行业

密码将消失，自动取款机将被智能手机取代，比如现金的使用将只占到今天的一小部分比例，基于无人驾驶的移动银行将取代大多数现有的银行分行，虚拟出纳员将取代大多数人类出纳员，汽车贷款将接近全部消失，自动化小额贷款将成为银行业新的利润中心。

2. 未来农业

作物种植、土壤和产量分析实现实时监测，宏观预警系统提醒农民注意疾病、昆虫、天气等影响因素，利用AR视觉扫描发现作物问题，单株植物健康监测系统将使问题区

笔记

域的分析更加精细化，基于AI系统的害虫防治装置会不断尝试使用各种频率攻击害虫，直到找到合适的频率，并形成有效的保护范围，大多数农场种植的农产品、谷物、坚果和其他作物将在区块链数据库中进行日期、地理和化学标记，以便为消费者提供更明智的选择。

3. 未来医疗

虚拟医生将在全世界变得更用得起，更可及，基于区块链的患者隐私加密记录可以在几秒钟内传输大量数据文件，由医生监督和指导、非医生执行的紧急手术将在全球变得普及，在全球范围内，全身健康扫描将实现对手术、心脏扫描、肝脏扫描、消化系统扫描等的实时全息监测，达到分子水平的纳米扫描将很快成为可能。

4. 未来社交

单身人士将有机会通过更具兼容性的APP发现附近兴趣相投的人，AR眼镜将为佩戴者提供未来某种邂逅的可视化预览和详细背景，复杂的新翻译系统将使人们轻松跨越文化和语言的障碍，自动外观评估系统将在你出门前进行扫描，并对整体外观形象进行评估，以给出提升建议。

5. 未来保险

虽然新兴技术将降低某些领域的风险，但也会增加其他领域的风险。未来，每份保单的核心依旧是帮助客户进行合理的规划，以应对各种风险的发生。5G将为保险公司提供实时自动化概率曲线，显著降低交易成本，并为过去从未盈利的细分市场打开大门。

6. 未来交通

无人驾驶技术将成为历史上最具破坏性的技术，与汽车行业相关的每项工作都会受到不同程度的影响。停车场、车库、交通警察、交通法庭、加油站、汽配店、排放测试、驾驶执照、锥形交通路标、称重站、护栏、红绿灯和酒驾监测等都将开始消失。与此同时，我们将以前所未有的速度创造新的业务和新的就业机会。

7. 未来教育

教育仍然是网络世界中最大的机会。需要用到稀有或昂贵设备的工作岗位将使用虚拟现实来培训新人，对候选者进行情景测试，虚拟感官设备将帮助学生管理他们的注意力分散，可以暂时增强大脑的信息输入量，虚拟现实培训应用将提供全新的学习体验。

8. 未来零售业

在传统零售业，消费者处于主导地位，因为他们自己决定买什么、在哪里买、何时买、愿意支付多少钱。在信息快速流动且透明的互联网世界中，零售商将积极参与全球对话。实体店不会很快消失，从它们在社区中不断增长的价值以及所提供的各种产品和服务来看，在可预见的未来仍将处于一段较长的转型期。

9. 未来娱乐

通过超级粒度实时分析和改进访客跟踪，全息显示器将产生全新的艺术风格，虚拟假期将比真正的假期更放松、更吸引人，伴随世界各地城市实时或延时的视频直播，巨大的“生活艺术”市场将得到发展。

笔记

10. 未来工作与就业

没有什么比宣称未来人类不再需要工作更为荒谬的观点了。有偿工作需要与要完成的工作相一致,并且工人需要完成与该工作相匹配的技术培训。5G 将是创造新就业机

1.6 项目总结

计算机诞生至今经过了高速的发展,如今人们的日常工作、学习都离不开计算机。本项目主要介绍了计算机的发展历程、组成结构、主要性能指标、分类、应用场景以及云计算、大数据和 5G 技术等与计算机相关的新一代信息技术等,其中计算机系统是由硬件系统和软件系统两大部分组成的。硬件系统一般指用电子器件和机电装置组成的计算机实体,是指物理上存在的机器部件,主要包括控制器、运算器、存储器、输入设备和输出设备。软件系统是各种程序(或信息)、计算机运行所需的数据和有关文档资料的总称,主要分为系统软件和应用软件。本项目要求掌握计算机系统的工作原理、结构组成和计算机软硬件系统的组成,它是后续各章的铺垫。

1.7 拓展训练

1. CAI 表示(　　)。

A. 计算机辅助设计　　B. 计算机辅助制造

C. 计算机辅助教学　　D. 计算机辅助军事

2. 计算机的应用领域可大致分为 6 个方面,下列选项中属于这几项的是(　　)。

A. 计算机辅助教学、专家系统、人工智能

B. 工程计算、数据结构、文字处理

C. 实时控制、科学计算、数据处理

D. 数值处理、人工智能、操作系统

3. 世界上公认的第一台计算机 ENIAC 诞生于(　　)。

A. 1956 年　　B. 1964 年　　C. 1946 年　　D. 1954 年

4. 以电子管为电子元件的计算机属于第(　　)代。

A. 一　　B. 二　　C. 三　　D. 四

5. 以下不是计算机的特点的是(　　)。

A. 运算速度快　　B. 存储容量大

C. 具有记忆能力　　D. 永远不出错

6. 以下不是云计算的服务模式的是(　　)。

A. SaaS(软件即服务)　　B. PaaS(平台即服务)

C. IaaS(基础设施即服务)　　D. LaaS(本地即服务)

笔记

项目2 学习计算机中数据的表示

现代计算机有数字电子计算机和模拟电子计算机两大类。目前大量使用的计算机属于数字电子计算机，它只能接收和计算 0、1 形式的数字数据，即二进制数，也称为机器语言，与摩斯密码表示的两种最基本状态很相似。二进制数计算的一大优势就是能实现高精度计算，可以满足科学技术的发展特别是尖端科学技术的发展。为了使现实生活中常用的十进制、八进制等数制和文字、数值、图形、图像声音、动画、活动影像等非数值数据能够被计算机处理，它们都将直接或间接地表示、转化成二进制数据。本项目将介绍计数制及其相互转换、数值数据、非数值数据信息的表示以及阐述计算机中的数据校验。

尖端科学技术的发展对精度的要求非常高，如我国的国之重器“东风快递”中远程弹道导弹，2019 年 2 月 14 日正式上线以来，“东风快递”受到了国内外的关注，是中国大国地位的战略支撑，是维护国家安全的重要基石。谈到“东风快递”不得不提及它背后的一支部队和一个人。一支部队指的就是中国人民解放军火箭军，由我国第二炮兵更名而来，火箭军发扬艰苦卓绝的精神，一直在射程和精度上追求卓越，主要负责我国的导弹精准打击任务，保卫我国的国家安全。一个人指的是科学家——钱学森，目前中国最强“快递”是采用“钱学森弹道”设计的，众所周知，钱学森早年是放弃国外优越生活而回国贡献的，是我辈爱国主义教育的典范。国家十分重视归国的钱学森，为其导弹设计提供了巨大的支持，展现了我国对科技人才的重视。在党的二十大报告中明确提到：“坚持人才是第一资源，完善人才战略布局，加快建设国家战略人才力量，深化人才发展体制机制改革，培养造就大批德才兼备的高素质人才，聚天下英才而用之”。可见，我国将加大科技人才重视力度，汇聚天下英才。

知识目标：

- 了解计算机中数据校验码
- 理解计算机中非数值数据表示
- 掌握进位计数制及转换
- 掌握计算机中数值数据表示

能力目标：

- 具有对任意进制进行转换的能力
- 具有对数值数据和非数值数据进行表示的能力
- 具备转换原码、反码、补码的能力

✌ 具有对数据进行校验的能力

素质目标：

👍 培养学生关注密码学发展历史的素质

👍 培养学生对计算机数据的搜集、查阅和整理的素质

👍 培养学生在学习数据表示时态度端正、主动学习、自觉学习的素质

👍 培养追求卓越的科研精神

👍 培养国家安全意识

学习重点：进位计数制之间的转换；机器数的表示；机器数的运算溢出

学习难点：机器数的运算溢出；字符编码；循环冗余校验码

视频讲解

2.1 任务1 学习计数制及其相互转换

迄今为止，计算机都是以二进制形式进行算术运算和逻辑操作的。因此，用户在键盘输入的十进制数字和符号命令，计算机都必须先把它们转换成二进制形式进行识别、运算和处理，然后再把运算结果还原成十进制数字和符号在显示器上显示出来。

虽然上述过程十分烦琐，但好消息是这些都是由计算机自动完成的。为了使读者最终弄清计算机的这一工作机理，先对计算机中常用的数制和数制间的转换进行讨论。

2.1.1 活动1 介绍进位计数制

所谓进位计数制是指数的制式，是人们利用符号来计数的一种科学方法，它是指由低位向高位进位计数的方法。进位计数制又简称为计数制或进位制。进位计数制是人类在长期的生存和社会实践中逐步形成的。进位计数制有很多种，如，十进制、十二进制（如十二个月为一年）、六十进制（如分、秒的计时）等。在微型计算机中常用的数制是二进制。

数据无论使用哪种进位计数制，都包含两个基本要素：基数与位权。

1. 数值的基数

一种进位计数制允许选用基本数字符号的个数称为基数。

例如，最常用的十进制数，每一位上只允许选用0、1、2、3、4、5、6、7、8、9共10个不同数码中的一个，则十进制的基数为10，每一位计满10时向高位进1。

因此，在j进制中，基数为j，包含0,1,2…,$j-1$共j个不同的数字符号，每个数位计满j就向高位进1，即“逢j进一”。

2. 数值的位权

同一个数字符号处在数的不同位时，它所代表的数值是完全不同的。在一个数中，每个数字符号所表示的数值等于该数字符号值乘以与该数字符号所在位有关的常数，此常数就是“位权”，又简称“权”。它是计数制每一位所固有的值。位权的大小是以基数为底、数字符号所在的位置序号为指数的整数次幂。

⚠**注意**：对任何一种进制数，整数部分最低位处的位置序号是0，位置每高一位，序号加1，而小数部分位置序号为负值，位置每低一位，序号减1。

笔记

例如,十进制数的百分位、十分位、个位、十位、百位上的权依次是 10^{-2}、10^{-1}、10^{0}、10^{1}、10^{2}。

3. 一个 j 进制数 N_j 按权展开的多项式和的一般表达式

$$N_j = K_{n-1} \cdot j^{n-1} + K_{n-2} \cdot j^{n-2} + \cdots + K_1 \cdot j^1 + K_0 \cdot j^0 + K_{-1} \cdot j^{-1} + \cdots + K_{-m} \cdot j^{-m}$$

例如,十进制数 345.27 按权展开的多项式和的一般表达式为

$$345.27 = 3 \times 10^2 + 4 \times 10^1 + 5 \times 10^0 + 2 \times 10^{-1} + 7 \times 10^{-2}$$

式中,10 为基数,10^2、10^1、10^0、10^{-1}、10^{-2} 为各位上的位权。

?思考:j 进制数与十进制数的百分位、十分位、个位、十位、百位上所对应的位权分别是多少?

2.1.2 活动 2 详述常见的几种进位计数制

1. 十进制

十进制的基数为 10,只有 0,1,2,3,4,5,6,7,8,9 共 10 个数码(数字符号)。进位计数原则为"逢十进一"。十进制各位的位权是以 10 为底的幂,如下面这个数 123456.12:

十万位	万位	千位	百位	十位	个位	十分位	百分位
1	2	3	4	5	6	1	2
10^5	10^4	10^3	10^2	10^1	10^0	10^{-1}	10^{-2}

其百分位、十分位、个位、十位、百位、千位、万位、十万位的位权分别为以 10 为底的−2 次幂、−1 次幂、0 次幂、1 次幂、2 次幂、3 次幂、4 次幂、5 次幂。

其按权展开的多项式和的一般表达式为

$$123456.12 = 1 \times 10^5 + 2 \times 10^4 + 3 \times 10^3 + 4 \times 10^2 + 5 \times 10^1 + 6 \times 10^0 + 1 \times 10^{-1} + 2 \times 10^{-2}$$

2. 二进制

二进制的基数为 2,只有 0、1 共 2 个数码(数字符号)。进位计数原则为"逢二进一"。二进制各位的权是以 2 为底的幂,如下面这个数 101010.1B:

高位←──────低位						
1	0	1	0	1	0	1
2^5	2^4	2^3	2^2	2^1	2^0	2^{-1}

其各位(低位→高位)的位权分别为以 2 为底的−1 次幂、0 次幂、1 次幂、2 次幂、3 次幂、4 次幂、5 次幂。

其按权展开的多项式和的一般表达式为

$$101010.1B = 1 \times 2^5 + 0 \times 2^4 + 1 \times 2^3 + 0 \times 2^2 + 1 \times 2^1 + 0 \times 2^0 + 1 \times 2^{-1}$$

二进制数的特点如下。

笔记

(1) 技术上容易实现。

因为许多组成计算机的电子的、磁性的、光学的基本器件都具有两种不同的稳定状态：导通与阻塞、饱和与截止、高电位与低电位等，因此可以由二进制数位上的 0 和 1 来表示状态信息。例如，以 1 代表高电位，则 0 代表低电位。二进制数易于进行存放、传递等操作，而且稳定可靠。

(2) 二进制运算规则简单。

加法规则	减法规则	乘法规则
0+0=0	0−0=0	0×0=0
0+1=1	1−1=0	0×1=0
1+0=1	1−0=1	1×0=0
1+1=0 且进位 1	0−1=1 且借位 1	1×1=1

二进制运算规则简单，从而大大简化了计算机内部运算器、寄存器等部件的线路，提高了计算机的运算速度。

(3) 和逻辑变量 0、1 一致。

二进制的 0、1 代码也与逻辑代数中的逻辑变量 0、1 一致，所以二进制同时可以使计算机方便地进行逻辑运算。

(4) 与十进制数转换容易。

二进制数和十进制数之间的对应关系简单，其相互转换也非常容易实现。

3. 八进制

八进制的基数为 8，只有 0，1，2，3，4，5，6，7 共 8 个数码(数字符号)。进位计数原则为“逢八进一”。八进制的权为以 8 为底的幂。

例如，八进制数 23.67Q 按权展开的多项式和的一般表达式为

$$23.67Q = 2 \times 8^1 + 3 \times 8^0 + 6 \times 8^{-1} + 7 \times 8^{-2}$$

上式中，8 为基数，8^1、8^0、8^{-1}、8^{-2} 为各位的位权。

4. 十六进制

十六进制的基数为 16，只有 0，1，2，3，4，5，6，7，8，9，A，B，C，D，E，F 共 16 个数码(数字符号)。其中，A、B、C、D、E、F 分别表示 10、11、12、13、14、15。进位计数原则为“逢十六进一”。十六进制的权为以 16 为底的幂。

例如，十六进制数 12.C6H 按权展开的多项式和的一般表达式为

$$12.C6H = 1 \times 16^1 + 2 \times 16^0 + 12 \times 16^{-1} + 6 \times 16^{-2}$$

上式中，16 为基数，16^1、16^0、16^{-1}、16^{-2} 为各位的位权。

十六进制数的特点如下。

用十六进制既可简化书写，又便于记忆，如下所示：

$1000_{(2)} = 8_{(16)}$(即 $8_{(10)}$)　　$1110_{(2)} = E_{(16)}$(即 $14_{(10)}$)

$11\ 0001_{(2)} = 31_{(16)}$(即 $49_{(10)}$)　　$1111\ 1000_{(2)} = F8_{(16)}$(即 $248_{(10)}$)

从中可以看出，用十六进制表示可以写得短些，也更易于记忆。尤其是当二进制位数很多时，就更可看到十六进制的优点了，如：

$$1011\ 1101\ 1000\ 0110_{(2)} = BD86_{(16)}$$

显然，$BD86_{(16)}$ 要比 $1011\ 1101\ 1000\ 0110_{(2)}$ 好书写、好记多了。

笔记

在上面的书写中：数字右下角的(2)和(16)是指二进制和十六进制。同理，如写(8)和(10)则表示为八进制和十进制。另外，也可用字母符号来表示这些数制：

B——二进制，O——八进制，D——十进制，H——十六进制。

例如：十进制数23，可表示为23D或$23_{(10)}$或23；

二进制数110110.01，可表示为110110.01B或$110110.01_{(2)}$；

八进制数11011.01，可表示为11011.01Q或$11011.01_{(8)}$；

十六进制数110101.1，可表示为110101.1H或$110101.1_{(16)}$。

注意：通常用Q表示八进制而不用字母O，目的是避免将O字母误认为是数字0。在表示十进制数时，数制符号(D或10)可以省略。

二进制数、八进制数、十进制数和十六进制数之间的对应关系，见表2-1。

表2-1 常见的几种进制数之间的对应关系

二进制 B	八进制 Q	十进制 D	十六进制 H
0000	0	0	0
0001	1	1	1
0010	2	2	2
0011	3	3	3
0100	4	4	4
0101	5	5	5
0110	6	6	6
0111	7	7	7
1000	10	8	8
1001	11	9	9
1010	12	10	A
1011	13	11	B
1100	14	12	C
1101	15	13	D
1110	16	14	E
1111	17	15	F

思考：j进制数的特点应该是怎样的？它的表示方法可以有哪几种？

2.1.3 活动3 详解数制的转换

微型计算机是采用二进制数操作的，但人们习惯于使用十进制数，这就要求机器能自动对不同数制的数进行转换。我们暂且不讨论微型计算机是如何进行这种转换的，先来看看数学上是如何进行上述几种数制间数的转换的。

1. 二进制数和十进制数间的转换

(1) 二进制数转换成十进制数。

只要把需转换的数按权展开后相加即可。例如：

$$11010.01B = 1 \times 2^4 + 1 \times 2^3 + 1 \times 2^1 + 1 \times 2^{-2} = 26.25D$$

笔记

(2) 十进制数转换成二进制数。

其转换过程为上述转换过程的逆过程，但十进制整数和小数转换成二进制整数和小数的方法是不同的。现分别对其介绍如下。

① 十进制整数转换成二进制整数的方法有很多，最常用的是"除 2 取余法"，即除 2 取余，后余先排。

【例 2-1】 将十进制数 129 转换成二进制数。

解：把 129 连续除以 2，直到商数为 0，余数小于 2，其过程如下：

```
2 | 129  ……………… 余1   ↑ 最低位
 2 | 64  ……………… 余0   |
 2 | 32  ……………… 余0   |
 2 | 16  ……………… 余0   |
  2 | 8  ……………… 余0   |
  2 | 4  ……………… 余0   |
  2 | 2  ……………… 余0   |
  2 | 1  ……………… 余1   | 最高位
      0
```

把所得余数按箭头方向从高到低排列起来便可得到：129＝10000001B。

② 十进制小数转换成二进制小数通常采用"乘 2 取整法"，即乘 2 取整，整数顺排，直到所得乘积的小数部分为 0 或达到所需精度为止。

【例 2-2】 将十进制数 0.375 转换成二进制数。

解：把 0.375 不断地乘 2，取每次所得乘积的整数部分，余下的小数部分继续乘 2，直到乘积的小数部分为 0，其过程如下：

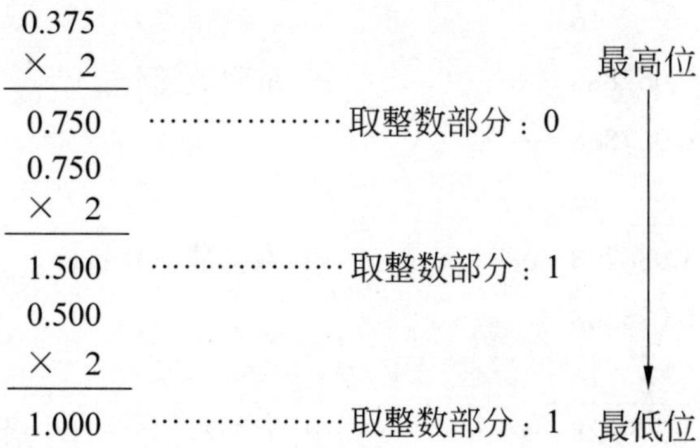

```
  0.375
×   2                          最高位
-------                          |
  0.750 ………………取整数部分：0     |
  0.750                          |
×   2                            |
-------                          |
  1.500 ………………取整数部分：1     |
  0.500                          |
×   2                            ↓
-------
  1.000 ………………取整数部分：1   最低位
```

把所得整数按箭头方向从高到低排列后得到：0.375＝0.011B≠011B。

⚠**注意**：对同时有整数和小数两部分的十进制数，其转换成二进制数的常用方法为：把它的整数和小数部分分开转换后，再合并起来。但应注意别忘了在整数部分和小数部分之间加小数点。任何十进制整数都可以精确转换成一个二进制整数，但十进制小数却不一定可以精确转换成一个二进制小数。

笔记

2. 十六进制数和十进制数间的转换

（1）十六进制数转换成十进制数。

方法和二进制数转换成十进制数的方法类似，即把十六进制数按权展开后相加。例如：

$$5F7A.1H = 5 \times 16^{3} + 15 \times 16^{2} + 7 \times 16^{1} + 10 \times 16^{0} + 1 \times 16^{-1}$$
$$= 24442.0625$$

（2）十进制数转换成十六进制数。

① 十进制整数转换成十六进制整数采用"除 16 取余法"，即除 16 取余，后余先排。

【例 2-3】 将十进制数 3938 转换成十六进制数。

解：把 3938 连续除以 16，直到商数为 0，余数小于 16，其过程如下：

```
16 | 3938 ················ 余2      ↑ 最低位
   16 | 246 ················ 余6      |
      16 | 15 ················ 余15(F)  | 最高位
             0
```

即得：3938＝F62H≠1562H。

> ⚠**注意**：上式中的余数 15 最后应写成 F。

② 十进制小数转换成十六进制小数采用"乘 16 取整法"：乘 16 取整，整数顺排，直到所得乘积的小数部分为 0 或达到所需精度为止。

【例 2-4】 将十进制数 0.566743 转换成十六进制数。（小数点后取 3 位有效数字）

解：把 0.566743 连续乘以 16，直到所得乘积的小数部分达到所需精度为止，其过程如下：

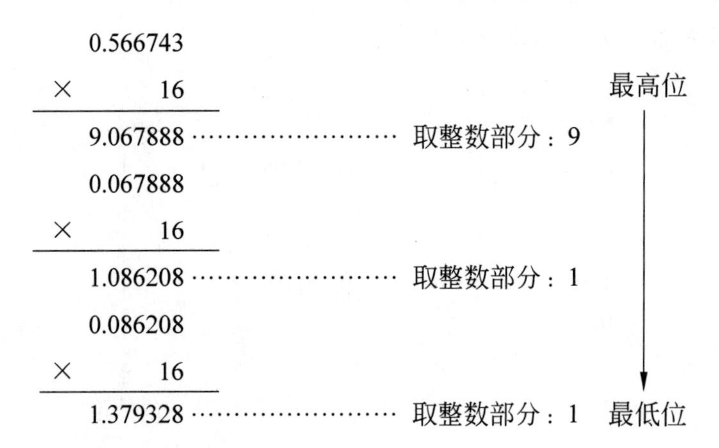

即得：0.566743≈0.911H≠911H。

> ⚠**注意**：别忘了加小数点。同理：对同时有整数和小数两部分的十进制数，其转换成十六进制数的方法为：把它的整数和小数部分分开转换后，再合并起来。但应注意别忘了在整数部分和小数部分之间加小数点。

笔记

⚠**注意**：任何十进制整数都可以精确转换成一个十六进制整数，但十进制小数却不一定可以精确转换成一个十六进制小数。

3. 二进制数和十六进制数间的转换

二进制数和十六进制数间的转换十分方便，这也是人们为什么要采用十六进制形式来对二进制数加以表示的内在原因。

(1) 二进制数转换成十六进制数。

其转换可采用"四位合一位法"，即：从二进制数的小数点开始，向左或向右每四位为一组，不足四位以0补足(整数部分不足4位，左边补0；小数部分不足4位，右边补0)，然后分别把每组用十六进制数码表示，并按序相连即可。其具体过程如下。

【例 2-5】 将10101100110101.1010010111001B转换成十六进制数。

解：

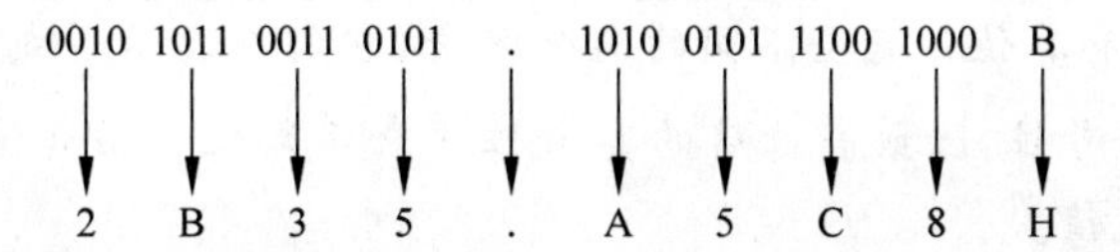

即得：10101100110101.1010010111001B=2B35.A5C8H。

⚠**注意**：别忘了在整数部分和小数部分之间加小数点。

(2) 十六进制数转换成二进制数。

其转换方法是把十六进制数的每位分别用四位二进制数码表示，然后把它们连成一体。其具体过程如下。

【例 2-6】 将十六进制数1A7.4C5H转换成二进制数。

解：

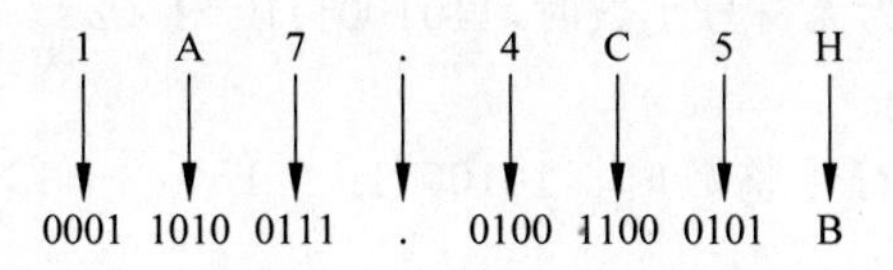

即得：1A7.4C5H =000110100111.010011000101B。

⚠**注意**：别忘了在整数部分和小数部分之间加小数点。

十进制数与任意进制数之间的相互转换和十进制数与二进制数之间的相互转换方法类似，本书不再介绍，读者可以考虑一下。还可以进一步考虑一下八进制数与二进制数和十六进制数之间怎样转换。

?**思考**：十进制数转换为j进制数应该怎么计算？

笔记

视频讲解

2.2 任务2 学习计算机中数值数据的表示

日常生活中遇到的数除了以上无符号数外，更多的是带符号数，而且可能是整数和小数等，所以，送入计算机的数值不仅要转换成二进制数，还要解决数的符号如何表示、小数点位置及有效数值范围等问题。下面来看看应该如何处理这些问题。

2.2.1 活动1 介绍机器数和真值

将一个数连同符号数字化，并以二进制编码形式存储在计算机中，将这个存储在计算机中的二进制数称为机器数。而机器数代表的数值称为机器数的真值，如：

$N_1=+0.1001B$， $N_2=-0.1001B$， $N_3=+1001B$， $N_4=-1001B$

这4个数均叫作真值。真值还可以用十进制、十六进制等其他形式表示。

> **注意**：机器数和真值是完全不同的两个概念，它们在表示形式上也是不同的。机器数的最高位是符号位，除最高位后的其余位才表示数值。而真值没有符号位，它所有的数位均表示数值。

我们知道数可分为有符号数和无符号数，机器数是计算机对有符号数的表示，那么计算机是如何表示无符号数的呢，下面我们来看看。

无符号数就是指计算机字长的所有二进制位都用来表示数值，没有符号位。无符号数还要分为无符号整数和无符号小数(此处是指无符号纯小数)。计算机在表示无符号整数时，将小数点默认在最低位之后，不占数位；计算机在表示无符号小数时，将小数点默认在最高位之前，不占数位。

【例2-7】 写出二进制数11010011B分别为无符号整数和无符号小数按权展开的多项式和的一般表达式。

解：当11010011B为无符号小数时，$11010011B=1\times2^{-1}+1\times2^{-2}+1\times2^{-4}+1\times2^{-7}+1\times2^{-8}$。

当11010011B为无符号整数时，$11010011B=1\times2^{7}+1\times2^{6}+1\times2^{4}+1\times2^{1}+1\times2^{0}$。

在计算机中无符号整数通常用于表示地址和正数运算且不出现负值的结果。

要完整地表示一个机器数，应考虑机器数的符号表示、有效值范围、小数点表示三个重要因素。

1. 机器数的符号表示

由于计算机存储器只能存储“1”和“0”，因此就用二进制数的最高有效位约定为符号位(符号位只占1位)，其他位表示数值。符号位为0表示正数，为1表示负数，即将数的符号数字化(用“0”代表“+”，用“1”代表“-”)。因此，N_1、N_2、N_3、N_4 的机器数可分别表示为：$N_1=0.1001B$，$N_2=1.1001B$，$N_3=01001B$，$N_4=11001B$。其中，要注意小数的机器数的表示方式。

2. 机器数的有效值范围

机器数的数值范围，由计算机存放一个基本信息单元长度的硬件电路所决定。基本信息单元的二进制位数称为字长，因此字长是指存放二进制信息的最基本的长度，它决定计算机进行一次信息传送、加工、存储的二进制的位数。一台计算机的字长是固定，所以机器数所能表示的数值精度也受到限制，计算机内常采用双倍或若干倍字长来满足精度要求。字长 8 位为 1 字节，用 Byte 表示。现在计算机的字长一般都是字节的整数倍，如 8 位、16 位、32 位、64 位、128 位等。对一定字长的计算机，其数值表示范围也是确定的。若字长为 16 位，表示的无符号整数范围为 0000H～FFFFH(十进制 0～65 535)；若表示一个带符号数，则最高位为符号位，其他位表示数值，它所表示的整数范围为－7FFFH～＋7FFFH。

计算机中参加运算的数，若超过计算机所能表示的数值范围，则称为溢出。当产生溢出时，计算机要进行相应处理。

3. 机器数的小数点表示

计算机处理的数通常是既有整数又有小数，但计算机中通常只表示整数或纯小数，因此计算机如何处理呢，是约定小数点隐含在一个固定位置上还是小数点可以任意浮动？在计算机中，用二进制表示实数的方法有两种，即定点数和浮点数，小数点不占用数位。

(1) 定点数。

所谓定点数，是指小数点在数中的位置是固定不变的，约定小数点隐含在一个固定位置上。定点数表示通常又有两种方法。

方法 1：约定小数点隐含在有效数值位的最高位之前，符号位之后，计算机中能表示的数都是纯小数，该数又被称为定点小数。

方法 2：约定小数点隐含在最低位之后，计算机中能表示的数都是整数，该数又被称为定点整数。

两种定点数的表示如图 2-1 所示。

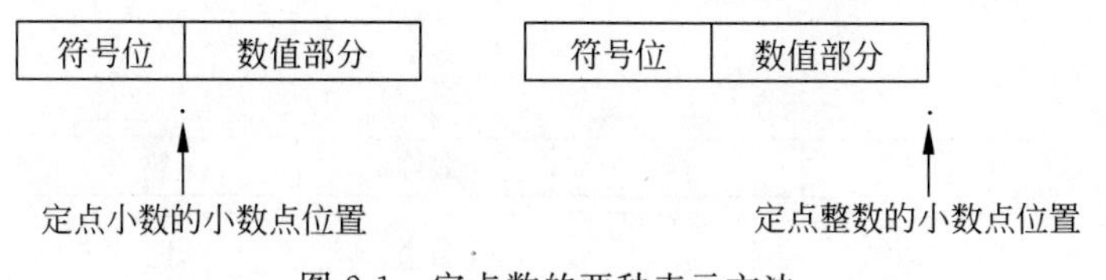

图 2-1　定点数的两种表示方法

思考：我们常说，计算机字长确定后，其数值表示范围即可确定。为什么？

实际数值很少是纯小数或是纯整数的，所以定点表示法要求程序员做的一件重要工作是为要计算的问题选择恰当的“比例因子”，将所有原始数据化成小数或整数，计算结果又要按比例因子恢复为实际值。对于复杂的计算，计算中间还需多次调整比例因子。

(2) 浮点数。

为了在位数有限的前提下扩大数值的表示范围，又保持数的有效精度，计算机采用浮点表示法。浮点表示法与科学计数法相似。浮点数是指一个数的小数点的位置是浮动的，不是固定的。例如，123.45 可写作：

笔记

$$
\begin{aligned}
123.45 &= 1.2345 \times 10^{2} \\
&= 1234.5 \times 10^{-1} \\
&= 0.12345 \times 10^{3}
\end{aligned}
$$

显然，这里小数点位置是任意变化的，只是相应地改变了10的指数。由上式可知，当指数不固定时，数的小数点实际位置将根据指数相对浮动，这就构成数的浮点表示。计算机中浮点表示是要把机器数分为两部分，一部分表示阶码(指数，用有符号整数表示)，另一部分表示尾数(数值的有效数字部分，一般用定点小数表示)，阶码和尾数均有各自的符号位。即任意一个二进制数 N 可以写成下面的形式：

$$N = \pm d \cdot 2^{\pm P}$$

d 是尾数，一般用定点二进制纯小数表示，是数值的有效数字部分。d 前面的“$\pm$”表示数的符号，用尾数的最高位表示，此符号常常称为数符或尾符；P 称为阶码(或阶数)，它前面的符号称为阶符，表示阶码的符号，用阶码的最高位表示。由此可见，将尾数 d 的小数点向右(对应阶码减 P)或向左(对应阶码加 P)移动 P 位，即得数值 N。所以阶码和阶符指明小数点的位置，小数点随着 P 的符号和大小而浮动。

例如：

$$
\begin{aligned}
1001.011\text{B} &= 10.01011\text{B} \times 2^{2} \\
&= 0.1001011\text{B} \times 2^{4} \\
-0.000101\text{B} &= -0.0101\text{B} \times 2^{-2} \\
&= -0.101\text{B} \times 2^{-3}
\end{aligned}
$$

在计算机中浮点数的表示形式由阶码和尾数两部分组成。阶码位数决定小数点的位置，同时也确定了计算机表示数的范围，阶码位数越长，表示数的范围越大；尾数的位数决定了数的表示精度，尾数位数越长，表示数的精度越高。浮点数在机器中的一般表示形式如图2-2所示。

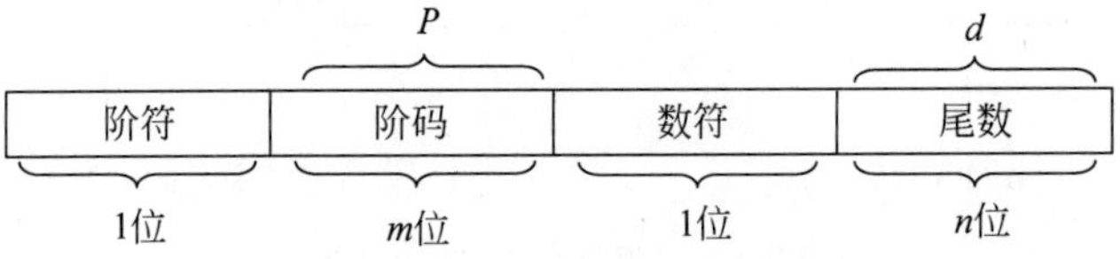

	P		d
阶符	阶码	数符	尾数
1位	m位	1位	n位

图 2-2　浮点数的表示方法

注意：浮点数在计算机中的表示，很多人都会有疑惑：底数需要由几个二进制位来表示呢？实际上，底数不需要占用二进制位，它是事先约定好的，在机器数中不出现。

2.2.2　活动 2　详述机器数的表示

对计算机要处理的数的符号数值化以后，为了方便地对机器数进行算术运算以及提高运算速度，人们对机器数进行了各种编码，其中最常用的编码有原码、反码和补码。

1. 原码表示法

设 X 的有效数码为 $X_1X_2\cdots X_{n-1}$，其 n 位原码的定义如下：

笔记

当 $0\leqslant X<1$ 时，　　$[X]_{原}=0.X_1X_2\cdots X_{n-1}$

当 $-1<X\leqslant 0$ 时，　　$[X]_{原}=1.X_1X_2\cdots X_{n-1}$

当 $0\leqslant X<2^{n-1}$ 且为整数时，　　$[X]_{原}=0X_1X_2\cdots X_{n-1}$

当 $-2^{n-1}<X\leqslant 0$ 且为整数时，　　$[X]_{原}=1X_1X_2\cdots X_{n-1}$

其中，$[X]_{原}$为机器数的原码，X 为真值，n 为机器的字长。

注意：在计算机中，小数点隐含，不占数位。

例如，$n=8$ 时：

$[+0]_{原}=00000000B$　　$[-0]_{原}=10000000B$

$[+1]_{原}=00000001B$　　$[-1]_{原}=10000001B$

$[+127]_{原}=01111111B$　　$[-127]_{原}=11111111B$

$[+0.111011B]_{原}=0.1110110B$　　$[-0.111011B]_{原}=1.1110110B$

由此可以看出：在原码表示中，0 有 +0 和 −0 之分；在原码表示中，除符号位外，其余 $n-1$ 位表示数的绝对值。

注意：在求原码时，若题目中给出了字长的长度，则必须考虑补位至字长长度。否则同一个数在求它的原码时，有的不补位，有的随便补几位，结果会造成数据不一致的情况。

补位是指在不改变数据大小的前提下，使数据的位数达到题目要求。补位可以在真值为二进制形式时进行，也可以在原码形式时进行。下面，以在原码形式时进行补位做一简单说明：对于整数，我们在符号位之后最高数值位之前添 0，直至包括符号位的位数达到题目要求；对于小数，在最低位之后添 0，直至包括符号位的位数达到题目要求。具体方法请见上例。

原码表示定点整数的范围是 $-(2^{n-1}-1)\sim 2^{n-1}-1$，定点小数的范围是 $-(1-2^{-(n-1)})\sim 1-2^{-(n-1)}$。例如，$n=8$ 时，定点整数的原码表示范围为 −127～+127。

思考：如果 $n=4$ 时，定点整数的原码表示范围为多少？

原码表示法简单直观，但不便于进行加、减法运算。当两原码作加法或减法运算时，首先要判断两者的符号，然后确定实际的运算，最后再确定结果的符号。例如，N_1 与 N_2 两数作加法运算，N_1 为正，N_2 为负，实际操作减法，即 $+N_1+(-N_2)$。而结果的符号为正或负，还需要进行两数绝对值的比较，即：$|N_1|>|N_2|$ 时，结果为正；若 $|N_1|<|N_2|$ 时，结果为负。可以看出，采用这种方法，既花时间，硬件实现又很复杂。

2. 反码表示

设 X 的有效数码为 $X_1X_2\cdots X_{n-1}$，其 n 位反码的定义如下：

当 $X\geqslant 0$ 时，$[X]_{反}=0X_1X_2\cdots X_{n-1}$

当 $X\leqslant 0$ 时，$[X]_{反}=1\overline{X_1X_2}\cdots\overline{X_{n-1}}$

其中，$[X]_{反}$为机器数的反码，X 为真值，n 为机器的字长。

笔记

注意：在计算机中，小数点隐含，不占数位。

例如，$n=8$ 时：

$[+0]_{反}=00000000B$　　$[-0]_{反}=11111111B$

$[+1]_{反}=00000001B$　　$[-1]_{反}=11111110B$

$[+127]_{反}=01111111B$　　$[-127]_{反}=10000000B$

$[+0.111011B]_{反}=0.1110110B$　　$[-0.111011B]_{反}=1.0001001B$

由此可以看出：正数的反码与原码相同，负数的反码是保持原码的符号位不变，其余数值按位求反即可得到；在反码表示中，0 也有+0 和-0 之分；在反码表示中，最高位仍为符号位，其余 $n-1$ 位表示数的绝对值或与数值相关的信息。

在求反码时，若题目中给出了字长的长度，则也必须考虑补位。补位方法和注意事项与原码补位相同。

反码表示定点整数的范围为 $-(2^{n-1}-1)\sim 2^{n-1}-1$，定点小数的范围是 $-(1-2^{-(n-1)})\sim 1-2^{-(n-1)}$。当 $n=8$ 时，定点整数的反码表示范围为 $-127\sim+127$。

思考：如果 $n=4$ 时，定点整数的反码表示范围为多少？

从上例还可以看出：反码的反码为对应真值的原码，即：$[[X]_{反}]_{反}=[X]_{原}$。此式可以用于已知反码求真值题目的求解。

3. 补码表示法

对于补码的概念，以日常生活中经常遇到的钟表“对时”为例来说明。假定现在是北京时间 8 时整，而有只表却指向 11 时整。为了校正此表，可以采用倒拨和顺拨两种方法。倒拨就是逆时针减少 3h(把倒拨视为减法，相当于 11－3＝8)，时针指向 8；还可将时针顺拨 9h，时针同样也指向 8，把顺拨视为加法，相当于 11＋9＝12(自动丢失)＋8＝8。这个自动丢失的数(12)就称为“模”(mod)。上述的加法称为“按模 12 的加法”，用数学式可表示为 11＋9＝8(mod12)。

因时针转一周会自动丢失一个数 12，故(11－3)与(11＋9)是等价的，故称 9 和－3 对模 12 互补，9 是－3 对模 12 的补码。引进补码概念后，就可将原来的减法 11－3＝8 转化为加法 11＋9＝8(mod12)。

通过上述例子不难理解计算机中负数的补码表示法。在字长为 n 的计算机中，对于有符号位的纯小数，模为 2；对于整数，模为 2^n。真值 X 的补码定义如下：

当 $0\leqslant X<1$ 时，$[X]_{补}=[X]_{原}$

当 $-1\leqslant X\leqslant 0$ 时，$[X]_{补}=2-|X|$

当 $0\leqslant X<2^{n-1}$ 且为整数时，$[X]_{补}=[X]_{原}$

当 $-2^{n-1}<X\leqslant 0$ 且为整数时，$[X]_{补}=2^n-|X|$

其中，$[X]_{补}$ 为机器数的补码，X 为真值，n 为机器的字长。

注意：在计算机中，小数点隐含，不占数位。

例如，$n=8$ 时：

$[+0]_{补}=00000000B$　　$[-0]_{补}=00000000B$

$[+1]_{补}=00000001B$　　$[-1]_{补}=11111111B$

笔记

$[+127]_{补}=01111111B$　　$[-127]_{补}=10000001B$

$[+0.111011B]_{补}=0.1110110B$　　$[-0.111011B]_{补}=1.0001010B$

由此可以看出：正数的补码与原码相同，负数的补码等于它的反码加1；在补码表示中，0没有+0和−0之分；在补码表示中，最高位仍为符号位，其余 $n-1$ 位表示数的绝对值或与数值相关的信息。

在求补码时，若题目中给出了字长的长度，则也必须考虑补位。补位方法和注意事项与原码、反码补位相同。

补码表示定点整数的范围是 $-2^{n-1}\sim 2^{n-1}-1$，定点小数的范围是 $-1\sim 1-2^{-(n-1)}$。当 $n=8$ 时，定点整数的补码范围为 $-128\sim+127$。

?思考：如果 $n=4$ 时，定点整数的补码表示范围为多少？

从上例还可以看出：补码的补码为对应真值的原码，即 $[[X]_{补}]_{补}=[X]_{原}$。此式可以用于已知补码求真值题目的求解。

已知真值求补码，除了用反码加1(对负数而言)外，还可以从定义去求。

由此可以得到以下结论。

(1) 原码、反码、补码的最高位均为符号位。

(2) 当真值为正数时，$[X]_{原}=[X]_{反}=[X]_{补}$，符号位用0表示，数值部分与真值的二进制形式相同。

(3) 当真值为负数时，符号位均用1表示。而数值部分却有如下关系：反码是原码的“逐位求反”，而补码是原码的“求反加1”。

(4) 原码和反码表示范围相同、而补码表示范围不同，但它们表示数的个数是相同的；在原码和反码表示中，0有+0和−0之分，而补码表示中没有+0和−0之分，补码表示范围与原码和反码的表示范围不同的原因就在于此。

(5) 在补码表示中，能表示的最小负数是一个特殊点，它没有原码和反码，因此在求补码表示范围时需要注意(可以通过在原码表示范围的最小值处减1得到)。在已知特殊点的补码求真值时也应注意，不能用补码取补的方法去求真值，而只能用 $X=-(2^n-[X]_{补})$ 来求解(其中 2^n 为此数的模)。

?思考：在已知特殊点求补码时也应注意，也不能用反码加1的方法去求，而只能从定义去求解，为什么？

【例 2-8】 求真值119和−119的原码、反码、补码。($n=16$)

解：$-119=-000000001110111B$　　$+119=+000000001110111B$

$[-119]_{原}=1000000001110111B$　　$[+119]_{原}=0000000001110111B$

$[-119]_{反}=1111111110001000B$　　$[+119]_{反}=0000000001110111B$

$[-119]_{补}=1111111110001001B$　　$[+119]_{补}=0000000001110111B$

注意：此处补位的方法。

【例 2-9】 求整数补码1010B和1000B的真值。

解：(1) 设 $[X_1]_{补}=1010B$

则 $[X_1]_{原}=[[X_1]_{补}]_{补}=1110B$

笔记

所以 $X_1=-110B=-6$

(2) 设$[X_2]_{补}=1000B$

则 $X_2=-(24-[X_2]_{补})=-8$

从此例可以看出：补码最高位为1、其余位为0时，此补码为特殊点的补码，求其真值时必须用特殊的方法求解，其具体方法请见例2-9的(2)。那么，已知特殊点求补码，怎么求解？只能从定义去求解，读者不妨试试：$n=4$，求-8的补码。

【例2-10】 求机器数11100000B分别为原码定点整数、原码定点小数、反码定点整数、反码定点小数、补码定点整数、补码定点小数时的真值。

解：当11100000B为原码定点整数时，其真值为：-1100000B或-96D。

当11100000B为原码定点小数时，其真值为：-0.11B或-0.75D。

当11100000B为反码定点整数时，其真值为：-11111B或-31D。

当11100000B为反码定点小数时，其真值为：-0.0011111B或-0.2421875D。

当11100000B为补码定点整数时，其真值为：-100000B或-32D。

当11100000B为补码定点小数时，其真值为：-0.01B或-0.25D。

2.2.3 活动3 判断机器数的运算溢出

1. 机器数的运算

在计算机内，为了使机器数的计算简单而又快速，计算机一般采用机器数的补码加法运算。这样，计算机对参加运算的数不论为正还是为负、也不管作加法还是减法，均采用机器数的补码作加法运算。从而在一定程度上简化了计算机的结构。计算机内的带符号数是用补码表示法给出的，计算结果也用补码表示。因为只有补码表示的数符合以下运算原则：

$$[X+Y]_{补}=[X]_{补}+[Y]_{补}$$

$$[X-Y]_{补}=[X]_{补}+[-Y]_{补}$$

已知$[Y]_{补}$求$[-Y]_{补}$的方法：将$[Y]_{补}$各位按位取反(包括符号位)末位加1。注意与已知原码求反码(对负数而言)区别。

【例2-11】 已知：$X=+0001100B$，$Y=+0000101B$，求：$X+Y$和$X-Y$。

解：$[X]_{补}=00001100B$ $[Y]_{补}=00000101B$ $[-Y]_{补}=1\ 1111011B$

(1) 计算$X+Y$。

```
    0 0001100      [X]补
 +) 0 0000101      [Y]补
 ------------
    0 0010001      [X]补+[Y]补
```

即：$[X]_{补}+[Y]_{补}=0\ 0010001B$。

$X+Y=+0010001B=+17D$。

(2) 计算$X-Y$。

```
       0 0001100      [X]补
    +) 1 1111011      [-Y]补
   --------------
     1 00000111    [X]补+[-Y]补
     ↑
 自然丢失
```

笔记

即：$[X]_{补}+[-Y]_{补}=0\ 0000111B$。

$X-Y=+0000111B=+7D$。

【例 2-12】 已知：$X=-0001100B$，$Y=-0000101B$，求：$X+Y$ 和 $X-Y$。

解：$[X]_{补}=11110100B$　$[Y]_{补}=11111011B$　$[-Y]_{补}=0\ 0000101B$

(1) 计算　$X+Y$。

$$\begin{array}{rl} 1\ 1110100 & [X]_{补} \\ +)\ 1\ 1111011 & [Y]_{补} \\ \hline 1\ 11101111 & [X]_{补}+[Y]_{补} \end{array}$$

自然丢失

即：$[X]_{补}+[Y]_{补}=1\ 1101111B$

$X+Y=-0010001B=-17D$

(2) 计算　$X-Y$。

$$\begin{array}{rl} 1\ 1110100 & [X]_{补} \\ +)\ 0\ 0000101 & [-Y]_{补} \\ \hline 1\ 1111001 & [X]_{补}+[-Y]_{补} \end{array}$$

即：$[X]_{补}+[-Y]_{补}=1\ 1111001B$

$X-Y=-0000111B=-7D$

此处，仅对二进制整数的运算作了简单的介绍，关于二进制小数运算的方法和步骤与二进制整数运算相同，这里不再介绍，读者可以自己试试。

> ⚠**注意**：采用补码进行运算后，得到的结果也是补码，欲得运算结果的真值，还需由补码转换为真值。

由此可看出，计算机引入了补码编码后，带来了以下几个优点。

(1) 减法转化成了加法：这样大大简化了运算器硬件电路的设计，加减法可用同一硬件电路进行处理。

(2) 运算时，符号位与数值位同等对待，都按二进制参加运算；符号位产生的进位丢掉不管，其结果是正确的。这大大简化了运算规则。

2. 机器数运算的溢出判断

在计算机中带符号数用补码表示，对于 8 位机，数的范围为 $-128\sim+127$，对于 16 位机，数的表示范围为 $-32768\sim32767$。若计算结果超出了这个范围称为溢出。发生溢出情况时，其计算结果就不能代表正确结果。

在运用补码运算的两个公式时，要注意公式成立有前提条件，就是运算结果不能超出机器数所能表示的范围，否则运算结果不正确，按“溢出”处理。例如，如果机器字长为 8 位，则 $-128\leqslant N\leqslant+127$，计算 $(+64)+(+65)$：

$$\begin{array}{r} +64 \\ +)\ +65 \\ \hline +129 \end{array} \qquad \begin{array}{r} 0\ 1000000 \\ +)\ 0\ 1000001 \\ \hline 1\ 0000001 \end{array} \longrightarrow -127$$

为什么 $(+64)+(+65)$ 其结果值会是 -127？这个结果显然是错误的。究其原因

笔记

是：(＋64)＋(＋65)＝＋129＞＋127，超出了字长为8位所能表示的最大值，产生了“溢出”，所以结果值出错。

再看(－125)＋(－10)：

```
    －125              1 0000011
 ＋) －10           ＋) 1 1110110
    －135             1 0 1111001 ──→ ＋121
                      ↑
               自然丢失
```

显然，计算结果是错误的。其原因是：(－125)＋(－10)＝－135＜－128，超出了字长为8位所能表示的最小值，产生了“溢出”，所以结果出错。

在微型计算机中常采用对双进位的状态判别来检测是否有溢出，用C_S表示最高位向进位标志位的进位，用C_P表示次高位向最高位的进位，如图2-3所示。$C_S \oplus C_P=1$表示有溢出，$C_S \oplus C_P=0$表示没有溢出。

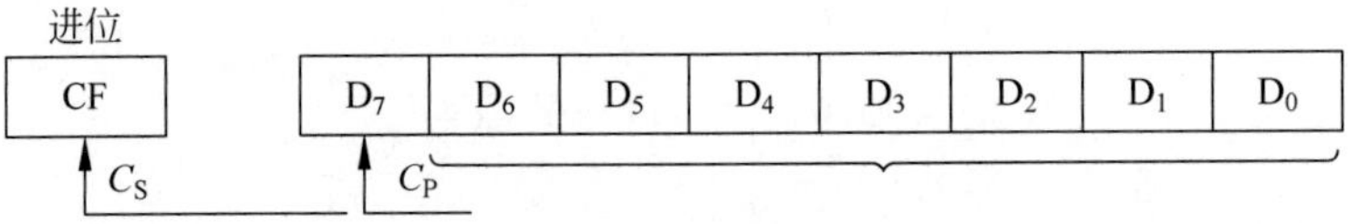

图2-3 双进位示意图

在二进制数的计算中，还可以采用以下两种方法判断是否发生“溢出”。

(1) 单符号位检测法。

其具体方法为：当加数与被加数符号相同时，若运算结果的符号与它们不同，则表示溢出；若运算结果的符号与它们相同，则表示没有溢出。而当加数与被加数符号不同时，运算结果不会溢出(前提是：计算机能够表示加数和被加数)。

(2) 双符号位检测法。

双符号位检测又称变形码检测，其具体方法为：对参加运算的数均采用两个符号位，负数的符号位用11表示，正数的符号位用00表示，符号位和数值位一起参加运算。若运算结果的两个符号位代码不同，则表示溢出；若运算结果的两个符号位代码相同，则表示没有溢出。读者可以自行验证。

小知识：符号位的进位不能用于溢出的判断，计算机对符号位进位的处理办法是自动将进位数字舍去。

关于溢出判断，可以总结如下。

(1) 相加的两个数均为正数，则其和一定为正数。若计算结果为负数，则一定发生了溢出。

(2) 相加的两个数均为负数，则其和一定为负数。若计算结果为正数，则一定发生了溢出。

(3) 相加的两个数一个为负数、一个为正数，则其和可能为负数，也可能为正数。其运算不会发生溢出(前提：计算机能表示这两个数)。

【例2-13】 已知：$X=-0.1001B$，$Y=-0.1011B$，求：$X+Y$。

笔记

解：$[X]_补=1.0111B$　$[Y]_补=1.0101B$

$$
\begin{array}{rl}
1.0111 & [X]_补 \\
+)\ 1.0101 & [Y]_补 \\
\hline
1\ 0.1100 & [X]_补+[Y]_补
\end{array}
$$

自然丢失↑

即：$[X]_补+[Y]_补=0.1100B$。

用单符号位检测法可知：发生溢出，此计算结果是不正确的。

【例 2-14】　已知：$X=+0.1010B$，$Y=+0.1101B$，求：$X+Y$。

解：$[X]_补=00.1010B$　$[Y]_补=00.1101B$

$$
\begin{array}{rl}
00.1010 & [X]_补 \\
+)\ 00.1101 & [Y]_补 \\
\hline
01.0111 & [X]_补+[Y]_补
\end{array}
$$

即：$[X]_补+[Y]_补=01.0111B$。

用双符号位检测法可知：发生溢出，此计算结果是不正确的。

> **?思考**：试用双符号位检测法计算 $X=+0.1110B$，$Y=+0.1001B$ 时，$X+Y$ 的结果，并判断是否溢出。

2.3　任务 3　学习计算机中非数值数据的表示

视频讲解

计算机中数据的概念是广义的，除了上述所讲的数值数据外，还有非数值数据。即计算机不但能处理数值数据，而且还能处理大量的非数值数据。因此除了给数值进行二进制编码外，还必须给如二进制数、英文字母、汉字、图形、语音以及一些专用符号等信息进行特定二进制编码。

2.3.1　活动 1　介绍二-十进制数字编码

二-十进制即用二进制编码来表示十进制数，二进制是表示形式，本质是十进制。它又称为 BCD 码，是 Binary Coded Decimal 的简写。它是用二进制记数符号的特定组合来表示的十进制数，其编码规则为：用 4 位二进制表示 1 位十进制数。BCD 码既有二进制的形式，又有十进制的特点，因此常常又称其为二-十进制编码。

通过前面我们知道，两位二进制数有 4 种组合，即 00、01、10、11；三位二进制数有八种组合；4 位二进制可以表示 16 种组合。BCD 码只需要 10 种，因此用 4 位二进制数组合成十进制数就必须去掉 16 种组合中多余的 6 种组合。我们常用 0000，0001，…，1001 共 10 种组合表示十进制的 10 个记数符号。

BCD 码有很多种，如 8421BCD 码、2421BCD 码、余 3 码、格雷码等。其中，使用最广泛的 BCD 码为 8421BCD 码，8421 是表示该编码各位所代表的位权，十进制数与 8421BCD 码的对应关系见表 2-2。

笔记

小知识：一个8421BCD码为01101001，从形式上看与二进制数没有什么区别，但实际上它表示的数值与二进制表示的数值是完全不同的。如果将8421BCD码01101001按二进制位权展开为105D，而实际上它表示的是十进制数69，也就是说，一个8421BCD码的值必须按四位二进制数作为一个计数符号处理，它还是逢十进一。

1. 十进制数与8421BCD码之间的转换

(1) 十进制数转换成8421BCD码。

将一个十进制数转换成8421BCD码比较简单，只要将每位十进制数用四位二进制数组合即可。其具体过程如下：

$$109.1 = 0001\ 0000\ 1001.0001_{(BCD)}$$

$$215.05 = 0010\ 0001\ 0101.0000\ 0101_{(BCD)}$$

注意：在对小数进行转换时，别忘了在整数部分和小数部分之间加小数点；同时8421BCD码中的0是不能舍去的。

(2) 8421BCD码转换成十进制数。

将一个8421BCD码转换成十进制数，其转换方法为从8421BCD码的小数点开始，向左或向右每四位为一组，不足4位以0补足(整数部分不足4位，左边补0；小数部分不足4位，右边补0)，然后将每四位对应的十进制值写出，即为十进制数。其具体过程如下：

$$11000010010101.001_{(BCD)} = 0011\ 0000\ 1001\ 0101.0010_{(BCD)}$$
$$= 3095.2$$

注意：在对小数进行转换时，别忘了在整数部分和小数部分之间加小数点。

几个常见的十进制数与8421BCD码的对应关系见表2-2。

表2-2 十进制数与8421BCD码的对应关系

十进制数	8421BCD码	十进制数	8421BCD码
0	0000	5	0101
1	0001	6	0110
2	0010	7	0111
3	0011	8	1000
4	0100	9	1001

2. 其他进制数与8421BCD码之间的转换

十进制数与8421BCD码之间的转换是直接的。而其他进制与8421BCD码之间的转换应首先将其转换成十进制数，然后将十进制转换成8421BCD码或首先将8421BCD码转换成十进制数，再将十进制数转换为目标进制数。

【例2-15】 将二进制数11011.01B转换成相应的8421BCD码。

解：首先，将二进制数转换成十进制数：

$$11011.01B = 1\times 2^4 + 1\times 2^3 + 0\times 2^2 + 1\times 2^1 + 1\times 2^0 + 0\times 2^{-1} + 1\times 2^{-2}$$

笔记

$=16+8+0+2+1+0+0.25$

$=27.25$

然后，将十进制数 27.25 转换成 8421BCD 码：

$$27.25=0010\ 0111.0010\ 0101_{(BCD)}$$

【例 2-16】 将 8421BCD 码 $0011\ 0000\ 0010_{(BCD)}$ 转换成相应的二进制数。

解：首先，将 8421BCD 码转换成十进制数：

$$0011\ 0000\ 0010_{(BCD)}=302D$$

然后，将十进制数 302 转换成二进制数：

$$302=100101110B$$

小知识：在进行 8421BCD 码与其他进制之间的转换时，采用十进制为桥梁转换最简单。

2.3.2 活动 2 详述字符编码

在计算机应用的许多场合，都需要对字母、数字及专用符号进行操作，如用高级语言程序设计、进行人机交互都是使用字符或符号。这些符号不能直接进入计算机，必须先进行二进制编码。微型机系统的字符编码多采用美国信息交换标准代码 ASCII (American Standard Code for Information Interchange)。ASCII 字符集见图 2-4。

行	列	0	1	2	3	4	5	6	7
	位 $B_6B_5B_4$→ ↓$B_3B_2B_1B_0$	000	001	010	011	100	101	110	111
0	0000	NUL	DLE	SP	0	@	P	、	p
1	0001	SOH	DC1	!	1	A	Q	a	q
2	0010	STX	DC2	”	2	B	R	b	r
3	0011	ETX	DC3	#	3	C	S	c	s
4	0100	EOT	DC4	$	4	D	T	d	t
5	0101	ENQ	NAK	%	5	E	U	e	u
6	0110	ACK	SYN	&	6	F	V	f	v
7	0111	BEL	ETB	’	7	G	W	g	w
8	1000	BS	CAN	(	8	H	X	h	x
9	1001	HT	EM	)	9	I	Y	i	y
A	1010	LF	SUB	*	:	J	Z	j	z
B	1011	VT	ESC	+	;	K	[	k	{
C	1100	FF	FS	,	<	L	\	l	|
D	1101	CR	GS	—	=	M	]	m	}
E	1110	SO	RS	.	>	N	↑	n	~
F	1111	SI	US	/	?	O	←	o	

图 2-4 ASCII 字符集

ASCII 码表有以下几个特点。

(1) 每个字符用 7 位基 2 码(基数为 2 的编码)表示，其排列次序为 $B_6\ B_5\ B_4\ B_3\ B_2$

笔记

B_1 B_0。实际上,在计算机内部,每个字符是用8位(即1字节)表示的。一般情况下,将最高位置为"0",即 B_7 为"0"。需要奇偶校验时,最高位用作校验位。

(2) ASCII码共编码了128(2^7)个字符,它们分别如下。

① 32个控制字符,主要用于通信中的通信控制或对计算机设备的功能控制,编码值为0~31(十进制)。

② 间隔字符(也称空格字符)SP,编码值为20H。

③ 删除控制码DEL,编码值为7FH。

④ 94个可印刷字符(或称有形字符)。

(3) 94个可印刷字符编码中,字符0~9这10个数字符的高3位编码都为011,低4位为0000~1001,屏蔽掉高3位的值,低4位正好是数据0~9的二进制形式。这样编码的好处是既满足了正常的数值排序关系,又有利于ASCII码与二进制码之间的转换。

小知识:书写字符的ASCII码值时,既可以用十六进制形式也可以用二进制形式。

(4) 英文字母的编码值满足A~Z或a~z正常的字母排序关系。另外,大小写英文字母编码仅是 B_5 位置不相同,B_5 为1是小写字母,这样编码有利于大、小写字母之间的编码转换。

奇偶校验是通过奇偶校验位的置位或复位,使被传输字节1的个数为奇数或偶数。若为奇校验,则数据中应具有奇数个1。若为偶校验,则数据中应具有偶数个1。例如,传输字母A,ASCII码1000001B中有2个1,若用奇校验,则8位代码为11000001,最高位(奇偶校验位)置1,使该字节为奇数个1;若用偶校验,则8位代码为01000001,最高位(奇偶校验位)置0。关于奇偶校验将在后面的内容中进行讨论。

计算机的一些输入设备,如键盘,都配有译码电路,在输入字符时,每个被敲击的字符键将由译码电路产生相应的ASCII码,再送入计算机。比如,当敲击大写字母B键时,译码电路产生相应的ASCII码42H。同样,一些输出设备,如打印机,从计算机得到的输出结果也是ASCII码,再经译码后驱动相应的打印字符的机构。

为了扩大计算机处理信息的范围,人们在原来ASCII码的基础上又扩充了罗马字符集,一个字符的ASCII码由原来的7位二进制长扩展到8位,这样1字节可以表示的字符由原来的128种扩大为256种。

【例2-17】 若从键盘上输入CHINA,则在计算机中进行传送和存储的代码是什么?

解:从键盘上输入CHINA,则在计算机中进行传送和存储的代码就是CHINA中各字符的ASCII码,即为:01000011、01001000、01001001、01001110、01000001。

2.3.3 活动3 概述汉字编码

计算机汉字处理技术对在我国推广计算机应用以及加强国际交流都具有十分重要的意义。汉字也是一种字符,但是汉字的计算机处理技术远比拼音文字复杂。例如,英语是一种拼音文字,计算机键盘只需配备26个字形键,并规定26个字母的编码,就能

方便地输入任意英文信息了。但是汉字与英文差别很大，汉字是象形字，字的数目又多，形状和笔画多少差异也很大。要在计算机中表示汉字，最方便的方法还是为每个汉字安排一个确定的编码，而且这种编码能很容易地区别于西文字母和其他字符。

一个汉字从输入设备输入到由输出设备输出的过程如图 2-5 所示。

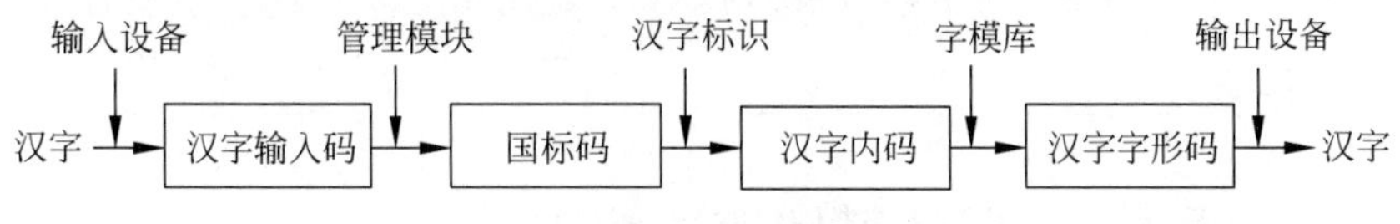

图 2-5 汉字从输入设备输入到由输出设备输出的过程

1. 汉字输入码

输入汉字的第一步是对汉字进行编码。汉字编码的方法有许多种。现在比较流行的编码方式有汉字字音编码、汉字字形编码、汉字音形编码等。字音编码是以汉语拼音为基础，在汉语拼音键盘或经过处理的西文键盘上，根据汉字读音直接输入拼音即可。当遇到同音异字时，屏幕显示重码汉字，再由人指定或输入附加信息，最后选定一个汉字(如智能 ABC 输入法)。字形编码是把汉字逐一分解归纳成一个个基本的构字部件，每个部件都赋予一个编码并规定选取字形构架的顺序；不同的汉字因为组成的构字部件和字形构架顺序不同，就能获得一组不同的编码，表达不同的汉字。

2. 国标码

为了能在不同的汉字系统之间互相通信，共享汉字信息，便规定了大家公认的中文信息处理标准。比如，1981 年我国制定推行了国家标准 GB 2312—1980《信息交换用汉字编码字符集(基本集)》，简称国标码。在国标码中，每个图形字符都规定了二进制表示的编码，每个编码字长为两字节，每字节内占用 7bit 信息。例如，汉字“啊”的国标码，前一字节是 0110000，后一字节是 0100001，编码为 3021H。当一个汉字以某种汉字输入方案送入计算机后，管理模块立刻将它换成两字节长的 GB 2312—1980 国标码(每字节的最高位为“0”)。

3. 汉字内码

国标码不能作为在计算机内存储、运算的信息代码，这是因为它容易和 ASCII 码混淆，在中西文兼容时无法使用。汉字内码是在国标码的基础上增加标识符的汉字代码。其方法很简单，就是将国标码每字节的最高位置为“1”，作为汉字标识符。例如，上面提到的“啊”字，国标码是 3021H，加上标识符后的汉字内码则变为 B0A1H，生成汉字内码的过程如下：

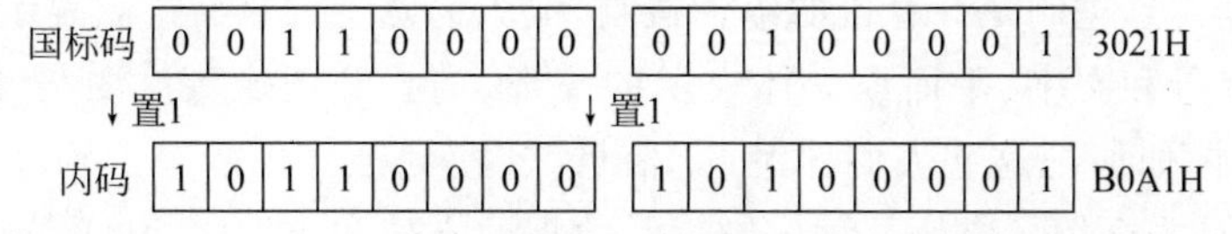

汉字内码结构简单，一个汉字内码只占 2 字节，足以表达数千汉字和各种图形，且又节省存储空间。另外，汉字内码便于和西文字符兼容，这是因为在同一计算机系统中，只要从最高位标识符就能区分西文的非扩充 ASCII 码(最高位为 0)和汉字内码(最高位为 1)。

笔记

4. 汉字字形码

当计算机内的汉字要输出时,汉字内码还不能直接作为每个汉字的字形信息输出,而必须通过系统提供的汉字字模库检索出该汉字的字形信息后输出。

小知识: 汉字内码除采用2字节长的代码外,也有用3字节或4字节的,这样可以描述更多的汉字字符。

2.3.4 活动4 概述其他信息编码

计算机处理的数据均采用二进制的形式,因此图像、声音以及一些专用符号等信息需要计算机处理时,也必须将其转换为二进制编码。

图像信息转换为二进制编码时,一般将图像在二维空间上的画面分布到矩形点阵的网状结构中,矩阵中的每个点称为像素点,分别对应图像在矩阵位置上的点,对每个点抽样,得到每个点的灰度值(亮度值)然后对灰度值进行量化,即把灰度值转化为 n 位二进制表示的数值。

声音信息转换为二进制编码时,由于语音为模拟信号,一般采用每隔固定时间对声音的模拟信号截取一个幅值,这个过程称为采样,将与声音信号幅值相对应一组离散数据值(采样的结果)进行量化,即转换为 n 位二进制表示的数值,最后进行编码。

2.4 节扩展内容

视频讲解

2.4 任务4 学习数据校验码

在计算机系统中对数据的存取、传送都要求十分正确,但由于各种原因,所传送的数据有时会出现错误。为了提高数据传送的正确性,一方面要通过电路的可靠性来保证,另一方面在数据代码传送过程中,需要对代码进行校验,代码校验的方法最好能查错和纠错。数据校验码就是一种常用的带有发现某些错误或带有自动改错能力的数据编码方法。常用的代码校验方法有奇偶校验、交叉校验和循环冗余校验三种方法。如果想学习各校验码的具体内容可扫描此处二维码。

2.5 项目总结

项目2主要介绍了计算机中数据的表示方法。计算机系统中数据的存储、表示形式都是二进制。二进制是计算机的语言机制,但人们熟悉的是十进制表示的数字、各种字符表示的字母和文字、平面或立体表示的图形、声音和图像等。要与计算机进行交流,就必须掌握如何把这些人们熟悉的“信息”转换为计算机能够识别并且表示的“信息”。项目2首先介绍了常用几种进制表示数据的方式和它们之间的数制转换,然后介绍了数值数据在计算机中是如何表示的,如机器数、真值、原码、反码、补码以及二进制的运算规则、二进制加减法的运算方法及溢出判断和处理机制。此后,介绍了非数值数据的表示方法,如字符编码ASCII、汉字编码和其他信息编码。最后介绍了数据的校验码,数据在传输过程中会出现发送端与接收端信息不一致的情况,采用数据检验码可以判断数据是否出错。

笔记

2.6 拓展训练

1. 计算机采用二进制数的原因是(　　)。

A. 二进制运算简单　　B. 二进制运算速度快

C. 电子元器件的两态特征　　D. 控制台操作简单

2. 计算机中数据的表示形式是(　　)。

A. 八进制　　B. 十进制　　C. 二进制　　D. 十六进制

3. 对 j 进制数,若小数点左移一位,则该数(　　);若小数点右移一位,则该数(　　)。

A. 扩大 j 倍　　B. 缩小为原来的 $1/j$

C. 扩大 10 倍　　D. 缩小为原来的 1/10

4. 机器数 1001 可代表真值(　　)。

A. 9　　B. −1　　C. −6　　D. −7

E. 以上都可能

5. 7 位二进制无符号整数的范围为(　　),8 位二进制无符号整数的范围为(　　)。

A. 1～128,1～256　　B. 0～127,0～255

C. −64～+64,−127～+127　　D. −127～+127,−256～+256

笔记

项目3 学习计算机基本数字逻辑电路

计算机数字逻辑电路是用高低电平来表示二进制的电路，是二进制的电路实现，具有执行速度快的优点。数字逻辑电路多种多样，有基本的门电路、复杂的触发器、累加器等，大量的不同类型的数字逻辑电路集成在一起能够快速地实现不同功能的计算。计算机实现高性能计算大概经历了萌芽时期、鼎盛时期、蓬勃时期、高速发展时期。本项目内容包括逻辑代数、基本逻辑电路、二进制数的加减法电路、算术逻辑单元、触发器、寄存器、二进制译码器和三态输出电路。

萌芽时期(1964—1975)，第一台计算机计算速度可以达到1Mflops，后来随着科学家们坚持不懈地深入研究，于1974年诞生了计算速度更快的SIMD阵列的并行计算机；鼎盛时期(1976—1990)，计算机计算速度可以达到16Gflops，科学家们精益求精，已使时钟周期基本达到物理极限；蓬勃时期(1991—2009)，科学家们继续迎难而上，迎来了大规模并行处理机，计算速度已超过14万亿次/秒；高速发展时期(2010年至今)，超级计算机天河一号峰值速度4700万亿次/秒，目前全世界最快的超级计算机运算速度已经超过100亿亿次/秒。计算机计算速度的提升是计算机快速发展起来的关键，这些都离不开拥有严谨科学精神的科学家们。

超级计算机的发展在党的二十大报告中进行了重点总结，超级计算机是我国科技创新领域取得的突破性进展、标志性成果。党的二十大报告指出，科技兴则民族兴，科技强则国家强。每一项成就的取得，都有着来之不易的创新过程，其中蕴含着生动的创新故事，启迪和激励着后人不断攀登新的科技高峰。

知识目标：

- 了解算术逻辑单元、触发器及寄存器
- 理解二进制译码器、三态输出电路
- 掌握逻辑代数与电路、二进制加减法电路

能力目标：

- 具有掌握基本逻辑代数及运算的能力
- 具有设计简单二进制的加减法电路的能力

素质目标：

- 培养学生对数字逻辑内容的思考、总结及不断改进的素质
- 培养学生对数字逻辑等自然客观规律理解的素质
- 培养坚持不懈、迎难而上的学习、科研精神

学习重点：逻辑代数的基本运算法则；基本逻辑电路；半加器；全加器；触发器；

笔记

视频讲解

二进制译码器

学习难点：全加器；触发器；二进制译码器

3.1　任务1　学习逻辑代数

逻辑代数也称为开关代数或布尔代数，和一般代数不同的是：

(1) 逻辑代数中变量只有两种可能的数值：0或1。逻辑代数变量的数值并不表示大小，只代表某种物理量的状态。例如，用于开关中，0代表关(断路)或低电位，1代表开(通路)或高电位；用于逻辑推理，1代表正确(真)，0代表错误(假)。

(2) 逻辑代数只有3种基本运算方式："与"运算(逻辑乘)，"或"运算(逻辑加)及"取反"运算(逻辑非)。其他逻辑运算均由这三种基本运算构成，如与非运算、或非运算、异或运算、同或运算等。下面来看看这3种基本运算及其运算规则，再看看它们与一般代数有什么区别。

3.1.1　活动1　介绍"与"运算

若逻辑变量A、B进行与运算，L表示其运算结果，则其逻辑表达式为：

$$L=AB \quad 或 \quad L=A \wedge B \quad 或 \quad L=A \cdot B$$

其基本运算规则为：

$$0 \cdot 0=0 \quad 0 \cdot 1=0 \quad 1 \cdot 0=0 \quad 1 \cdot 1=1$$

$$A \cdot 1=A \quad A \cdot 0=0 \quad A \cdot A=A \quad A \cdot \overline{A}=0$$

⚠**注意**：与一般代数运算的区别是，此处逻辑变量A的取值只能是0或1。

由其运算结果可归纳为：二者为真则结果必为真，有一为假则结果必为假。同样，这个结论也可推广到多个变量：各变量均为真则结果必为真，有一为假则结果必为假。

从上可知，在多输入"与"门电路中，只要其中一个输入为0，则输出必为0；只有全部输入均为1时，输出才为1。

有时也将与运算称为"逻辑乘"。当A和B为多位二进制数时，如：

$$A=A_1A_2A_3\cdots A_n$$

$$B=B_1B_2B_3\cdots B_n$$

则进行"逻辑乘"运算时，各对应位分别进行"与"运算：

$$\begin{aligned}Y&=A \cdot B\\&=(A_1 \cdot B_1)(A_2 \cdot B_2)(A_3 \cdot B_3)\cdots(A_n \cdot B_n)\end{aligned}$$

【例3-1】 设A=11001010B，B=00001111B，求：$Y=A \cdot B$。

解：

$$\begin{aligned}Y&=A \cdot B=(1 \cdot 0)(1 \cdot 0)(0 \cdot 0)(0 \cdot 0)(1 \cdot 1)(0 \cdot 1)(1 \cdot 1)(0 \cdot 1)\\&=00001010\end{aligned}$$

写成竖式则为：

$$\begin{array}{r}1100\ 1010\\ \wedge)\ 0000\ 1111\\ \hline 0000\ 1010\end{array}$$

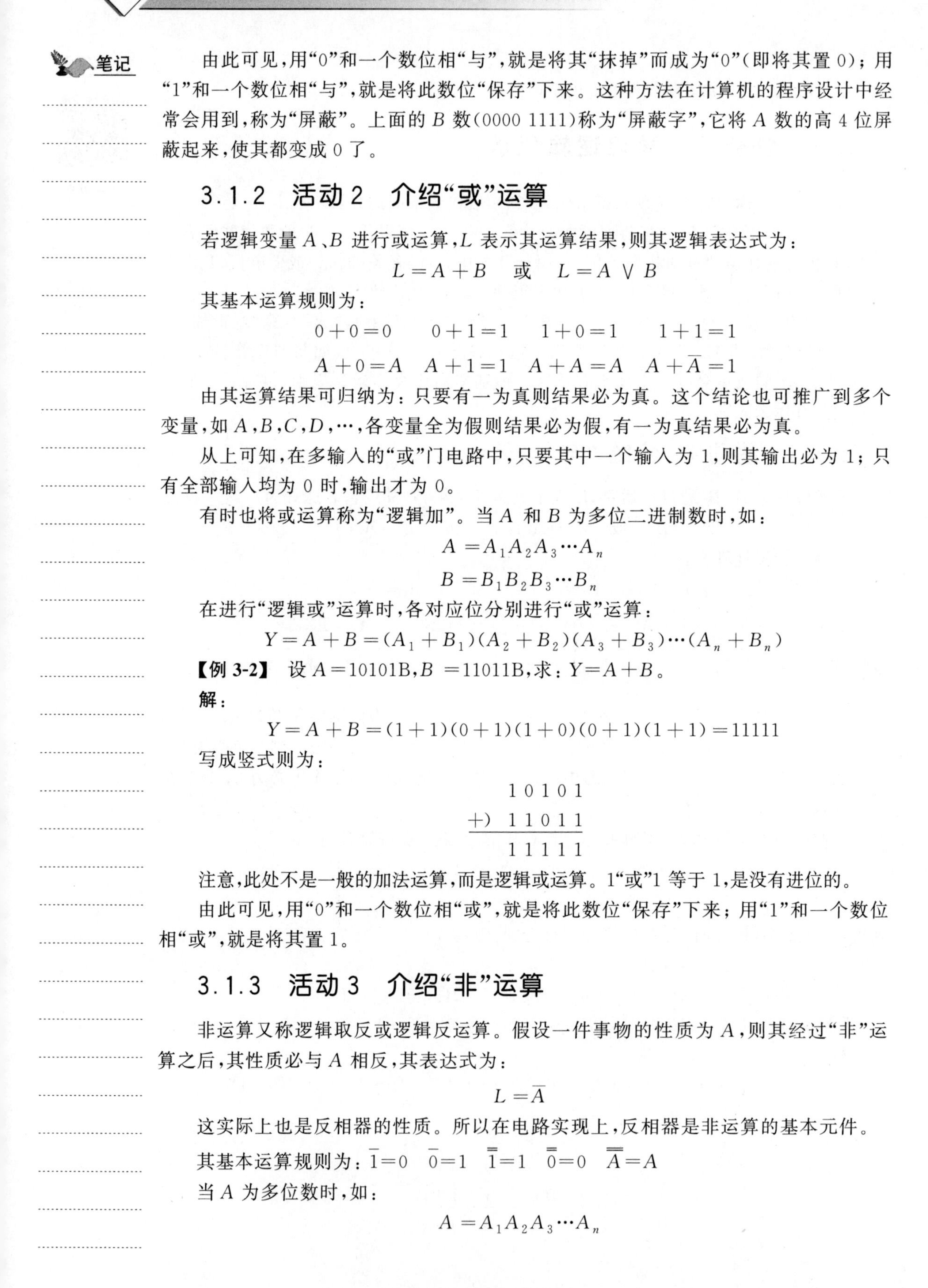

笔记

由此可见,用"0"和一个数位相"与",就是将其"抹掉"而成为"0"(即将其置0);用"1"和一个数位相"与",就是将此数位"保存"下来。这种方法在计算机的程序设计中经常会用到,称为"屏蔽"。上面的 B 数(0000 1111)称为"屏蔽字",它将 A 数的高4位屏蔽起来,使其都变成0了。

3.1.2 活动2 介绍"或"运算

若逻辑变量 A、B 进行或运算,L 表示其运算结果,则其逻辑表达式为:

$$L=A+B \quad 或 \quad L=A \vee B$$

其基本运算规则为:

$$0+0=0 \qquad 0+1=1 \qquad 1+0=1 \qquad 1+1=1$$

$$A+0=A \quad A+1=1 \quad A+A=A \quad A+\overline{A}=1$$

由其运算结果可归纳为:只要有一为真则结果必为真。这个结论也可推广到多个变量,如 $A,B,C,D,\cdots$,各变量全为假则结果必为假,有一为真结果必为真。

从上可知,在多输入的"或"门电路中,只要其中一个输入为1,则其输出必为1;只有全部输入均为0时,输出才为0。

有时也将或运算称为"逻辑加"。当 A 和 B 为多位二进制数时,如:

$$A=A_1A_2A_3\cdots A_n$$

$$B=B_1B_2B_3\cdots B_n$$

在进行"逻辑或"运算时,各对应位分别进行"或"运算:

$$Y=A+B=(A_1+B_1)(A_2+B_2)(A_3+B_3)\cdots(A_n+B_n)$$

【例3-2】 设 $A=10101\text{B}$,$B=11011\text{B}$,求:$Y=A+B$。

解:

$$Y=A+B=(1+1)(0+1)(1+0)(0+1)(1+1)=11111$$

写成竖式则为:

$$\begin{array}{r} 1\,0\,1\,0\,1 \\ +)\ 1\,1\,0\,1\,1 \\ \hline 1\,1\,1\,1\,1 \end{array}$$

注意,此处不是一般的加法运算,而是逻辑或运算。1"或"1等于1,是没有进位的。

由此可见,用"0"和一个数位相"或",就是将此数位"保存"下来;用"1"和一个数位相"或",就是将其置1。

3.1.3 活动3 介绍"非"运算

非运算又称逻辑取反或逻辑反运算。假设一件事物的性质为 A,则其经过"非"运算之后,其性质必与 A 相反,其表达式为:

$$L=\overline{A}$$

这实际上也是反相器的性质。所以在电路实现上,反相器是非运算的基本元件。

其基本运算规则为:$\overline{1}=0 \quad \overline{0}=1 \quad \overline{\overline{1}}=1 \quad \overline{\overline{0}}=0 \quad \overline{\overline{A}}=A$

当 A 为多位数时,如:

$$A=A_1A_2A_3\cdots A_n$$

笔记

则其"逻辑非"为：$Y=\overline{A}_1\overline{A}_2\overline{A}_3\cdots\overline{A}_n$。

【例 3-3】 设 $A=10100000\text{B}$，求 $Y=\overline{A}$。

解：

$$Y=01011111\text{B}$$

3.1.4　活动 4　详述逻辑代数的基本运算法则

与一般代数一样，逻辑代数也有类似的运算法则，如交换律、结合律、分配律，而且它们与普通代数的规律完全相同。其具体法则如下。

(1) 交换律：

$$A\cdot B=B\cdot A$$
$$A+B=B+A$$

(2) 结合律：

$$(AB)C=A(BC)=ABC$$
$$(A+B)+C=A+(B+C)=A+B+C$$

(3) 分配律：

$$A(B+C)=AB+AC$$
$$(A+B)(C+D)=AC+AD+BC+BD$$

(4) 吸收律：

$$A+AB=A(1+B)=A$$
$$A\cdot(A+B)=A\cdot A+AB=A+AB=A$$
$$(A+B)(A+C)=A\cdot A+AC+BA+BC=A+AC+AB+BC$$
$$=A+AB+BC=A+BC$$

(5) 消去律：

$$A+\overline{A}B=A(1+B)+\overline{A}B=A+(A+\overline{A})\,B=A+B$$
$$\overline{A}+AB=\overline{A}(1+B)+AB=\overline{A}+(A+\overline{A})\,B=\overline{A}+B$$

(6) 反演律：

$$\overline{A+B}=\overline{A}\cdot\overline{B}$$
$$\overline{A+B+\cdots}=\overline{A}\cdot\overline{B}\cdot\cdots$$
$$\overline{A\cdot B}=\overline{A}+\overline{B}$$
$$\overline{A\cdot B\cdot\cdots}=\overline{A}+\overline{B}+\cdots$$

【例 3-4】 化简逻辑代数式：$Y=AB+\overline{A}C+BC$。

解：此处需要配方，具体步骤如下：

$$\begin{aligned}Y&=AB+\overline{A}C+BC\\&=AB+\overline{A}C+BC(A+\overline{A})\\&=AB+\overline{A}C+ABC+\overline{A}BC\\&=AB(1+C)+\overline{A}C(1+B)\\&=AB+\overline{A}C\end{aligned}$$

【例 3-5】 化简逻辑代数式：$Y=A\overline{B}C+\overline{A}+B+\overline{C}$。

视频讲解

解：化简的具体步骤如下：

$$Y = A\bar{B}C + \bar{A} + B + \bar{C} = A\bar{B}C + \overline{A\bar{B}C} = 1$$

?思考：逻辑代数与普通代数有什么区别和联系？

3.2 任务2 学习基本逻辑电路

逻辑代数中的各种逻辑运算均可以通过对各种基本逻辑门的组合实现。“门”是这样的一种电路：它规定各个输入信号之间满足某种逻辑关系时，才有信号输出。从逻辑关系看，门电路的输入端或输出端只有两种状态，低电平为“0”，高电平为“1”，称为正逻辑；反之，如果规定高电平为“0”，低电平为“1”，称为负逻辑，然而，高与低是相对的。本书均采用正逻辑。

很多复杂的逻辑运算都可以通过基本的逻辑运算“与”“或”“非”来实现。实现这3种逻辑运算的电路是最基本的3种逻辑门电路：与门电路、或门电路和非门电路。通过组合这3个基本门电路，可实现更复杂的逻辑电路，如与非门电路、或非门电路、异或门电路和同或门电路等，分别用于完成与非、或非、异或和同或等逻辑运算功能。

3.2.1 活动1 介绍与门电路

实现逻辑运算“与”的电路称为与门电路。与门电路的逻辑符号如图3-1所示，其中 A、B 是输入信号，Y 是输出信号。

与门电路的逻辑表达式为：$Y=A \cdot B$。

与门电路的逻辑真值表见表3-1。

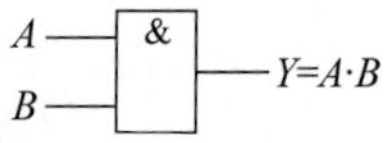

图3-1 与门的逻辑符号

表3-1 与门的逻辑真值表

A	B	Y
0	0	0
0	1	0
1	0	0
1	1	1

3.2.2 活动2 介绍或门电路

实现逻辑运算“或”的电路称为或门电路。或门电路的逻辑符号如图3-2所示，其中 A、B 是输入信号，Y 是输出信号。

或门电路的逻辑表达式为：$Y=A+B$。

或门电路的逻辑真值表见表3-2。

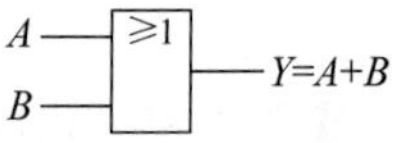

图3-2 或门的逻辑符号

表3-2 或门的逻辑真值表

A	B	Y
0	0	0
0	1	1
1	0	1
1	1	1

笔记

3.2.3　活动3　介绍非门电路

实现逻辑运算"非"的电路称为非门电路。非门电路的逻辑符号如图3-3所示，其中A是输入信号，Y是输出信号。

非门电路的逻辑表达式为：$Y=\overline{A}$。由于输入和输出总是相反，故非门电路又称为反相器。非门电路的逻辑真值表见表3-3。

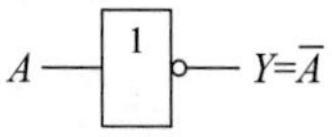

图3-3　非门的逻辑符号

表3-3　非门的逻辑真值表

A	Y
0	1
1	0

3.2.4　活动4　介绍与非门电路

实现逻辑运算"与非"的电路称为与非门电路。与非门电路是与门和非门相结合形成。与非门电路的逻辑符号如图3-4所示，其中A、B是输入信号，Y是输出信号。

与非门电路的逻辑表达式为：$Y=\overline{A \cdot B}$。其运算规则为：先对A和B进行与运算，再对与运算后的结果进行非运算。

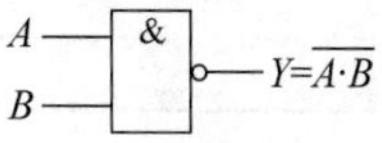

图3-4　与非门的逻辑符号

与非门电路的逻辑真值表见表3-4。

表3-4　与非门的逻辑真值表

A	B	Y
0	0	1
0	1	1
1	0	1
1	1	0

3.2.5　活动5　介绍或非门电路

实现逻辑运算"或非"的电路称为或非门电路。或非门电路是或门和非门相结合形成。或非门电路的逻辑符号如图3-5所示，其中A、B是输入信号，Y是输出信号。

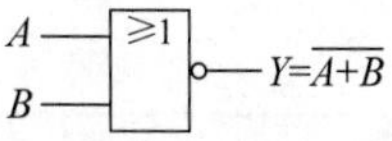

图3-5　或非门的逻辑符号

或非门电路的逻辑表达式为：$Y=\overline{A+B}$。其运算规则为：先对A和B进行或运算，再对或运算后的结果进行非运算。

或非门电路的逻辑真值表见表3-5。

表3-5　或非门的逻辑真值表

A	B	Y
0	0	1
0	1	0
1	0	0
1	1	0

笔记

3.2.6 活动6 介绍异或门电路

实现逻辑运算“异或”的电路称为异或门电路。异或门电路的逻辑符号如图 3-6 所示，其中 A、B 是输入信号，Y 是输出信号。

异或门电路的逻辑表达式为：$Y=A\oplus B$ 或 $Y=\overline{A}B+A\overline{B}$。其运算规则为：两个逻辑变量取值不相同时，它们“异或”的结果为 1；两个逻辑变量取值相同时，它们“异或”的结果为 0。其运算规则可总结为：相同为 0，相异为 1。

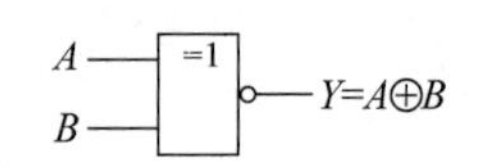

图 3-6 异或门的逻辑符号

异或门电路的逻辑真值表见表 3-6。

表 3-6 异或门的逻辑真值表

A	B	Y
0	0	0
0	1	1
1	0	1
1	1	0

3.2.7 活动7 介绍同或门电路

实现逻辑运算“同或”的电路称为同或门电路。同或门电路的逻辑符号如图 3-7 所示，其中 A、B 是输入信号，Y 是输出信号。

同或门电路的逻辑表达式为：$Y=A\odot B$ 或 $Y=\overline{A}\overline{B}+AB$。其运算规则为：两个逻辑变量取值相同时，它们“同或”的结果为 1；两个逻辑变量取值不相同时，它们“同或”的结果为 0。其运算规则可总结为：相同为 1，相异为 0。

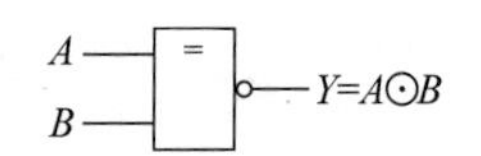

图 3-7 同或门的逻辑符号

同或门电路的逻辑真值表见表 3-7。

表 3-7 同或门的逻辑真值表

A	B	Y
0	0	1
0	1	0
1	0	0
1	1	1

视频讲解

3.3 任务3 学习二进制数的加、减法电路

常见的算术运算只有加、减、乘、除 4 种。为了使微型计算机中硬件结构简单、成本较低，在计算机中常常只采用加法电路来实现计算机的运算。

3.3.1 活动 1 详解二进制数的加法运算

笔记

由于补码的引入,故在计算机中采用同一个逻辑部件来完成加法和减法运算。为了更好地理解采用补码运算的二进制加法/减法器,首先应理解半加和全加的概念。二进制具体运算如下所示。

【例 3-6】

(1)

$$\begin{array}{rl} 1 & A \\ +)\quad 1 & B \\ \hline 1\ 0 & S \end{array}$$

(2)

$$\begin{array}{rl} 0\ 1 & A \\ +)\quad 1\ 0 & B \\ \hline 1\ 1 & S \end{array}$$

(3)

$$\begin{array}{rl} \boxed{1}\ \ \ & C \\ 1\ \ 1 & A \\ +)\quad 1\ \ 1 & B \\ \hline 1\ 1\ \ 0 & S \end{array}$$

(4)

$$\begin{array}{rl} \boxed{1}\ \ \boxed{1}\ \ \ & C \\ 0\ \ 1\ \ 1 & A \\ +)\quad 0\ \ 1\ \ 1 & B \\ \hline 1\ \ 1\ \ 0 & S \end{array}$$

在例 3-6(1)中,加数 A 和被加数 B 都是一位数,其和 S 变成两位数,这是因为相加结果产生进位。

在例 3-6(2)中,A 和 B 都是两位数,相加结果 S 也是两位数,这是因为相加结果没有产生进位。

在例 3-6(3)中,A 和 B 都是两位数,相加结果 S 是三位数,这也是因为相加结果产生了进位。

在例 3-6(4)中,A 和 B 都是三位数,C 为低位向高位的进位。

由例 3-6 可得以下结论。

(1) 2 个二进制数相加时,可以逐位相加。如二进制数可以写成:

$$A = A_3 A_2 A_1 A_0$$

$$B = B_3 B_2 B_1 B_0$$

则从最右边第 1 位开始,逐位相加,其结果可以写成:

$$S = S_3 S_2 S_1 S_0$$

其中各位是分别求出的:

$$S_0 = A_0 + B_0 \rightarrow \text{进位 } C_1$$

$$S_1 = A_1 + B_1 + C_1 \rightarrow \text{进位 } C_2$$

$$S_2 = A_2 + B_2 + C_2 \rightarrow \text{进位 } C_3$$

$$S_3 = A_3 + B_3 + C_3 \rightarrow \text{进位 } C_4$$

最后所得的和是:

$$A + B = C_4 S_3 S_2 S_1 S_0$$

(2) 右边第 1 位相加的电路要求:

输入量为 2 个,即 A_0 及 B_0;

输出量为两个,即 S_0 及 C_1。

笔记

这样的一个二进制位相加的电路称为半加器(不考虑进位输入的相加)。

(3) 从右边第 2 位开始,各位可以对应相加。各位对应相加时的电路要求:

输入量为 3 个,即 A_i,B_i,C_i;

输出量为 2 个,即 S_i,C_{i+1}。

其中 $i=1,2,3,\cdots,n$。这样的一个二进制位相加的电路称为全加器(考虑低位的进位)。

3.3.2 活动 2 详解半加器

半加器是用于逻辑变量相加的逻辑电路,它可以实现两个变量相加操作,是加法器的一种。半加器只有两个输入端,用以代表两个数字(A_0,B_0)的电位输入;有两个输出端,用以输出总和 S_0 及进位 C_1。

半加器的真值表如图 3-8(a)所示。

考察一下 C_1 与 A_0 及 B_0 之间的关系,就可看出这是“与”的关系,即:

$$C_1=A_0\cdot B_0$$

再看一下 S_0 与 A_0 及 B_0 之间的关系,也可看出这是“异或”的关系,即:

$$S_0=A_0\oplus B_0 \quad 或 \quad S_0=\overline{A}_0B_0+A_0\overline{B}_0$$

即只有当 A_0 及 B_0 二者相异时,其结果为 1;二者相同时,其结果为 0。因此,可以用“与门”及“异或门”来实现真值表的要求。图 3-8(a)和图 3-8(b)就是这个真值表及半加器的电路图,其符号如图 3-8(c)所示。从图 3-8 中可以看出:半加器可以实现二进制数最低位的相加操作。

A_0	B_0	C_1	S_0
0	0	0	0
0	1	0	1
1	0	0	1
1	1	1 ←	0
		与门	异或门

← 表示S_0向前有进位

(a) 真值表 (b) 半加器电路 (c) 半加器符号

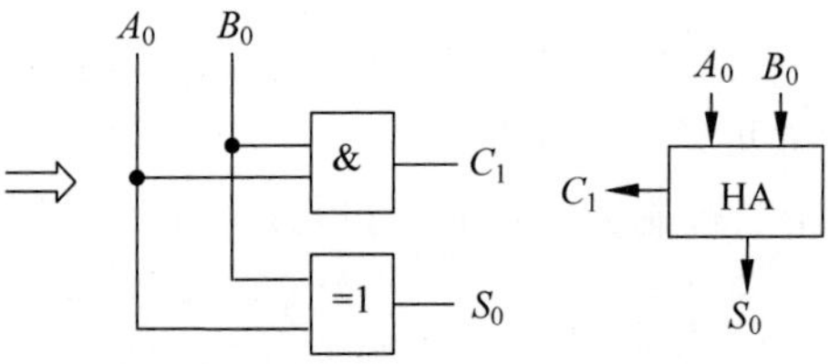

图 3-8 半加器的真值表、电路及符号

3.3.3 活动 3 详解全加器

全加器也是用于逻辑变量相加的逻辑电路,它可以实现 3 个变量相加操作,也是加法器的一种。全加器有 3 个输入端 A_i,B_i 和 C_i;有 2 个输出端 S_i 和 C_{i+1}。其真值表如图 3-9 所示,符号如图 3-10 所示。由图 3-9 可知,其总和 S_i 可用“异或门”来实现,即 $S_i=A_i\oplus B_i\oplus C_i$;而其进位 C_{i+1} 则可以用 3 个“与门”和 1 个“或门”来实现,即 $C_{i+1}=A_iB_i+A_iC_i+B_iC_i$;其电路图如图 3-9 所示。从图 3-9 可以看出:全加器可以实现二进制数任何一位的相加操作。

笔记

真值表

A_i	B_i	C_i	C_{i+1}	S_i
0	0	0	0	0
0	0	1	0	1
0	1	0	0	1
0	1	1	1 ←	0
1	0	0	0	1
1	0	1	1 ←	0
1	1	0	1 ←	0
1	1	1	1 ←	1
			先"与"后"或"	"异或"

←表示S_i向下一位有进位

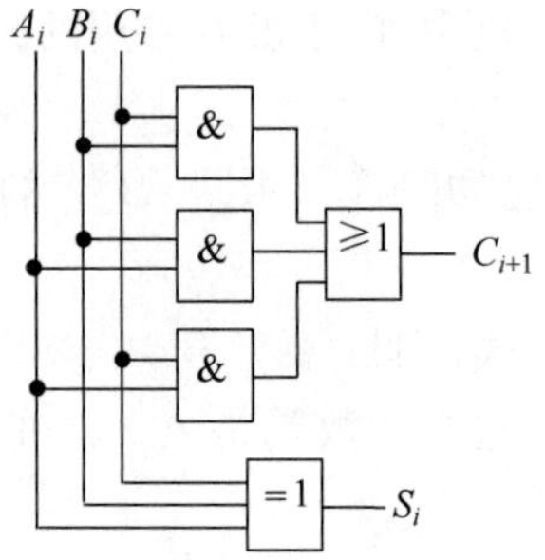

图 3-9　全加器的真值表及电路图

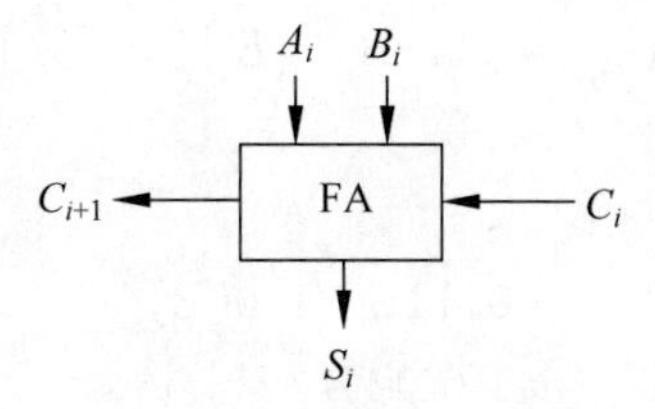

图 3-10　全加器符号

3.3.4　活动 4　详解二进制数的加法电路

？思考： 半加器与全加器有什么区别？

设 $A=1010B=10$，$B=1011B=11$，A 与 B 相加，写成竖式算法如下：

$$
\begin{array}{rl}
1010 & A \\
+)\ 1011 & B \\
\hline
10101 & S
\end{array}
$$

即其相加结果为 $S=10101B=21$。A 与 B 相加的加法电路如图 3-11 所示。

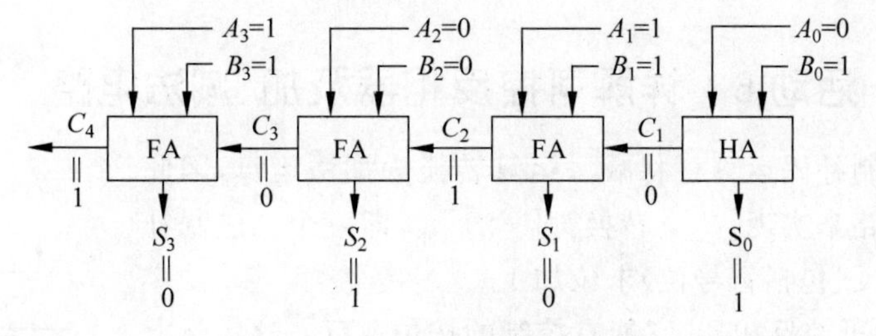

图 3-11　4 位的二进制加法电路

从图 3-11 的加法电路中可看到同样的结果：

$$S=C_4S_3S_2S_1S_0=10101B=21$$

笔记

3.3.5 活动 5 详解二进制数的减法运算

在计算机中，由于没有专用的减法器，故将减法运算转换为加法运算，其原理是：

$$[A-B]_{补}=[A]_{补}+[-B]_{补}$$

其中，已知$[B]_{补}$，求$[-B]_{补}$的方法，是将$[B]_{补}$各位按位取反(包括符号位)末位加 1。

这个公式说明：要计算 $A-B$，可以先计算 A 的补码与 $-B$ 的补码(如有进位，则舍去进位)，这个和数就是 $A-B$ 的补码，只需将这个和转换为原码，即可得到 A 与 B 两数之差。

关于补码的概念，前面已经介绍过了，此处不再介绍。

其具体的运算过程如例 3-7 所示。

【例 3-7】 已知：$A=7$，$B=4$(假设机器字长为 4 位)，求：$Y=A-B$。

解：因为 A 和 B 均为正数，所以

$$[A]_{补}=[A]_{原}=0111B \quad [B]_{补}=[B]_{原}=0100\text{B}$$

于是

$$[-B]_{补}=1100\text{B}$$

$$[A]_{补}+[-B]_{补}=0111\text{B}+1100\text{B}$$

$$=1\ 0011\text{B}$$

↑ 进位，舍去

$$=0011\text{B}=[A-B]_{补}$$

因为 0011B 为正数，所以$[A-B]_{补}=[A-B]_{原}$，可得 $A-B=3$。

【例 3-8】 已知：$A=-5\text{H}$，$B=-2\text{H}$，求：$Y=A-B$。

解：因为

$$[A]_{原}=1101\text{B} \quad [A]_{补}=1011\text{B}$$

$$[B]_{原}=1010\text{B} \quad [B]_{补}=1110\text{B} \quad [-B]_{补}=0010\text{B}$$

所以

$$[A]_{补}+[-B]_{补}=1011\text{B}+0010\text{B}=1101\text{B}=[A-B]_{补}$$

因为 1101B 为负数，所以由$[A-B]_{补}=1101\text{B}$ 可得$[A-B]_{原}=1011\text{B}$，即 $A-B=-3$。

3.3.6 活动 6 详解可控反相器及加、减法电路

由于二进制补码运算可将减法运算转换为加法运算，因此需要用一个电路来实现$[B]_{补}$转换为$[-B]_{补}$，即一个二进制补码各位按位取反(包括符号位)末位加 1。

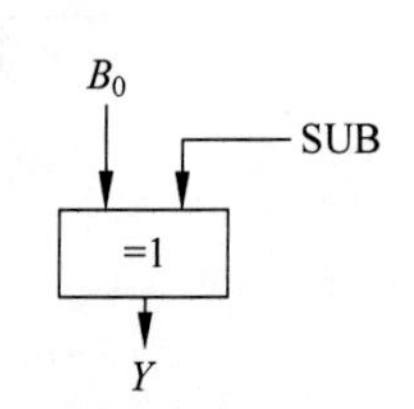

图 3-12 可控反相器

图 3-12 为可控反相器，它能有控制的按位取反。这实际上是一个异或门，两输入端的异或门的特点是：两者相同则输出为 0，两者不同则输出为 1。

若将 SUB 端看作控制端，则当在 SUB 端加上低电位时，Y

端的电平就和 B_0 端的电平相同。在 SUB 端加上高电平，则 Y 端的电平和 B_0 端的电平相反，即，

$$\text{当 SUB}=0\text{ 时，}\quad Y=B_0;\qquad \text{当 SUB}=1\text{ 时，}\quad Y=\overline{B_0}$$

利用这个特点，在图 3-11 的 4 位二进制数加法电路上增加 4 个可控反相器并将最低位的半加器也改用全加器，就可以得到如图 3-13 所示的 4 位二进制数加法器/减法器电路了，因为这个电路既可以作为加法器电路（当 SUB=0），又可以作为减法器电路（当 SUB=1）。

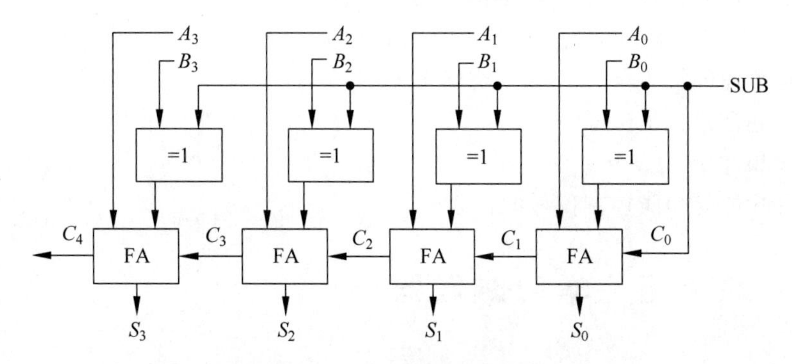

图 3-13　二进制补码加法器/减法器

设有下面两个二进制数：

$$A=A_3A_2A_1A_0$$

$$B=B_3B_2B_1B_0$$

则可将这两个数的各位分别送入该电路的对应端，于是：

当 SUB=0 时，电路作加法运算：$A+B$。

当 SUB=1 时，电路作减法运算：$A-B$。

当 SUB=0 时，各位的可控反相器的输出与 B 的各位同相，所以图 3-13 和图 3-11 的原理完全一样，各位均按位相加。结果 $S=S_3S_2S_1S_0$，而其和为：$C_4S_3S_2S_1S_0$。

当 SUB=1 时，各位的反相器的输出与 B 的各位反相。

注意：很多初学者对加 1 操作不能够充分理解。关键看最右边第一位，即 S_0 位是用全加器，其进位输入端与 SUB 端相连，实现加 1 操作，即 C_0=SUB=1，所以此位相加即为：

$$A_0+\bar{B}_0+1$$

其他各位为：

$$A_1+\bar{B}_1+C_1$$

$$A_2+\bar{B}_2+C_2$$

$$A_3+\bar{B}_3+C_3$$

因此其总和输出 $S=S_3S_2S_1S_0$，即：

$$\begin{aligned}S&=A_3A_2A_1A_0+\bar{B}_3\bar{B}_2\bar{B}_1\bar{B}_0+1\\&=A+\bar{B}+1\\&=[A]_{补}+[-B]_{补}\\&=[A-B]_{补}\end{aligned}$$

当然,此时若 C_4 不等于0,则要被舍去。

视频讲解

?思考:在图3-13中,最低位的相加不能用半加器,只能用全加器,为什么?

3.4 任务4 学习算术逻辑单元

算术逻辑单元简称ALU,它是功能较强的组合逻辑电路,既能进行算术运算,又能进行逻辑运算,是计算机运算器的核心部件。算术逻辑单元的基本逻辑结构是超前进位加法器。

算术逻辑单元的逻辑符号如图3-14所示。其中,ALU的功能受功能控制信号的控制。

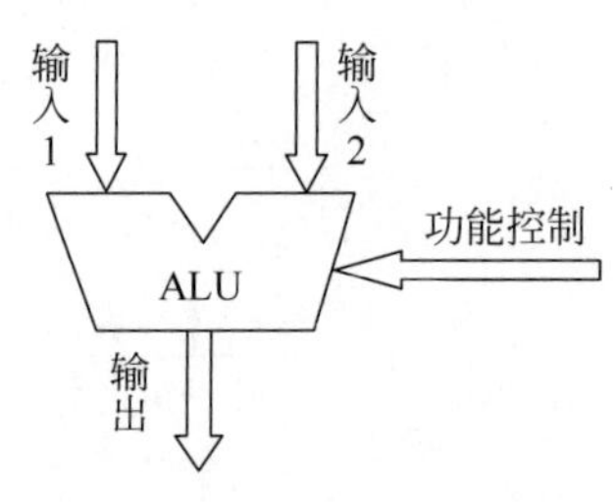

图3-14 ALU的逻辑符号

视频讲解

3.5 任务5 学习触发器

触发器是一种能记忆机器前一输入状态的存放二进制代码的单元电路,是计算机中各种逻辑电路的基础。它具有两个稳定状态,但在任何时刻触发器只处于一种稳定状态,稳定状态的翻转只发生在脉冲到来的时候。触发器可以组成寄存器、计数器、运算器、分配器、译码器等,寄存器又可以组成存储器。

触发器一般用晶体管元件构成。简单触发器可以由两个晶体管组成的对称电路构成,在复杂的触发电路中则有单稳态触发电路和双稳态触发电路,这里不对这些电路的原理图和工作特点一一作介绍了。

触发器的种类很多,在计算机中最常见的触发器有R-S触发器、D触发器和JK触发器。下面就对其作一简单介绍。

3.5.1 活动1 详解R-S触发器

R-S触发器是最基本、最简单的触发器,R-S触发器可以用两个与非门组成,也可以用两个或非门组成,但常见的R-S触发器是用两个与非门组成的。R-S触发器还分为低电平触发和高电平触发,但常见的R-S触发器是低电平触发。下面以两个与非门组成的低电平触发的R-S触发器为例,介绍R-S触发器的功能。

两个与非门组成的低电平触发的R-S触发器的逻辑电路图如图3-15所示,其逻辑符号如图3-16所示。其中,S 端为置位端(置1端);R 端为复位端(置0端);Q 端为状态输出端;$\bar{Q}$ 端为与状态相反的输出端。其工作原理如下所示:

当 $S=1$ 而 $R=0$ 时,$Q=0(\bar{Q}=1)$ 称为复位;

当 $S=0$ 而 $R=1$ 时,$Q=1(\bar{Q}=0)$ 称为置位;

当 $S=1$ 而 $R=1$ 时,Q 将保持前一状态不变;

当 $S=0$ 而 $R=0$ 时,Q 的状态不定。

其真值表见表3-8。

笔记

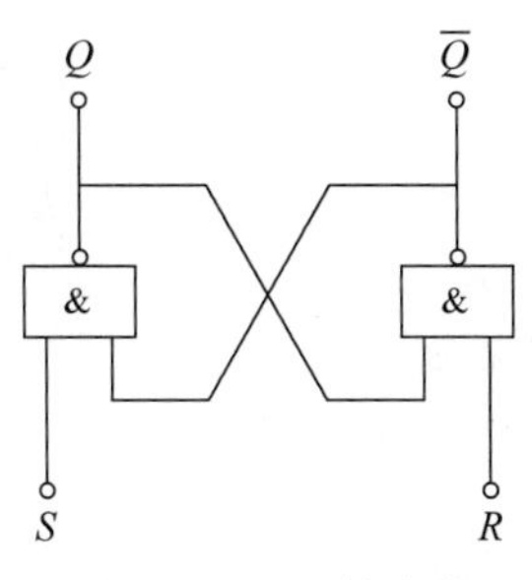

图 3-15　R-S 触发器

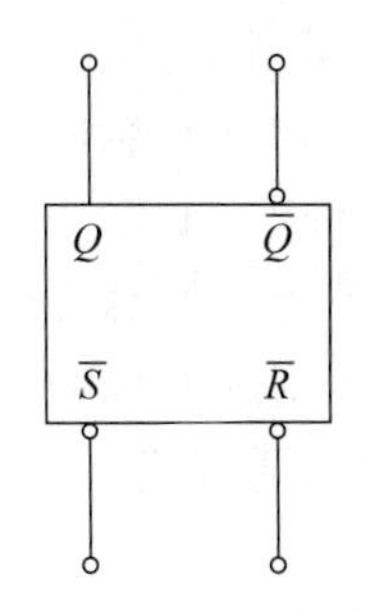

图 3-16　R-S 触发器的符号

表 3-8　R-S 触发器的真值表

R	S	Q
1	0	1
0	1	0
1	1	保持前一状态不变
0	0	不定

3.5.2　活动 2　详解 D 触发器

D 触发器又称数据触发器，在计算机中使用最为广泛，主要用于存放数据。D 触发器分为上升沿触发和下降沿触发，下面以上升沿触发为例，介绍 D 触发器的工作原理。D 触发器的逻辑符号如图 3-17 所示，真值表见表 3-9。

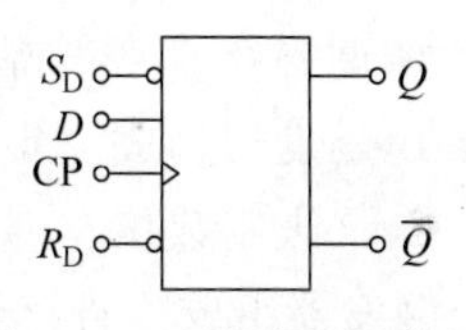

图 3-17　D 触发器的符号

表 3-9　D 触发器的真值表

CP	Q
0→1(上升沿)	$Q=D$
其他情况	保持前一状态不变

图中 S_D 为置 1 端，R_D 为置 0 端，D 为同步输入端，CP 为时钟脉冲输入端，Q 为 D 触发器的状态输出端。D 触发器的状态由时钟脉冲上升沿到来时 D 端的状态决定，当 D 端为 1(高电位)时，触发器的状态为 1($Q=1$)；当 D 端为 0(低电位)时，触发器的状态为 0($Q=0$)。

⚠ **注意**：此处的关键在于：时钟脉冲上升沿到来之前，触发器保持前一状态不变。

3.5.3　活动 3　详解 JK 触发器

JK 触发器是组成计数器的理想记忆元件。JK 触发器只是在 R-S 触发器前面增加两个与门，并从输出端到输入端(与门的输入端)作交叉反馈即可，JK 触发器克服了 R-S 触发器中存在的状态不稳定的缺点。其逻辑图如图 3-18 所示，真值表见表 3-10。

其中，S_D 端为置位端，R_D 为复位端，Q 为触发器状态的输出端。

笔记

其工作原理如下所示：

当 $J=0, K=0$ 时，CP 脉冲不会改变触发器的状态；

当 $J=0, K=1$ 时，CP 脉冲使触发器为 0 状态；

当 $J=1, K=0$ 时，CP 脉冲使触发器为 1 状态；

当 $J=1, K=1$ 时，CP 脉冲使触发器的状态翻转。

后面讲述的计数器就是利用 JK 触发器的翻转特性而构成的。

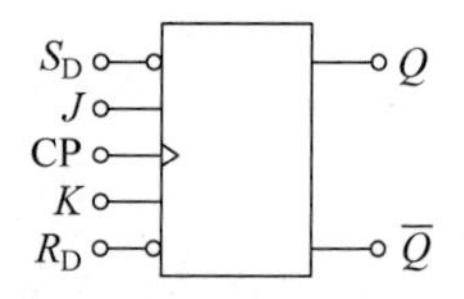

图 3-18 JK 触发器的符号

表 3-10 JK 触发器的真值表

CP	J	K	Q	动　作
×	0	0	保持原状态	自锁状态
0→1	0	1	0	复位
0→1	1	0	1	置位
0→1	1	1	原状态的反码	翻转

视频讲解

3.6 任务 6 学习寄存器

所谓寄存器是指寄存(存放)一个数字或指令(用二进制表示)的逻辑部件。寄存器也是由触发器构成。每一个触发器都有两个相反的 0 或 1 状态，故一个触发器可以表示一个二进制数位。因此，一个触发器就是一个 1 位寄存器。一个 n 位寄存器可以由 n 个触发器组成。寄存器由于其在计算机中的作用不同而具有不同的功能，从功能上可将寄存器分为：缓冲寄存器、移位寄存器、计数器、累加器等。下面分别介绍这些寄存器的工作原理及其电路图。

3.6.1 活动 1 介绍缓冲寄存器

所谓缓冲寄存器，就是用以暂存某个数据，以便在适当的时间节拍和给定的计算步骤，将数据输入或输出到其他记忆元件中的部件。图 3-19 便是一个 4 位缓冲寄存器的电路原理图。

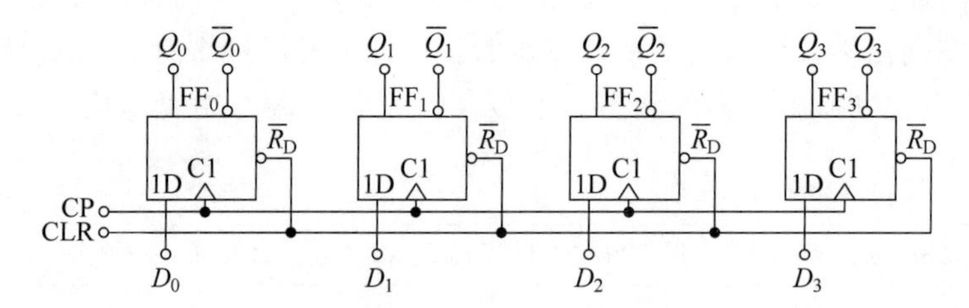

图 3-19 4 位缓冲寄存器电路原理图

此缓冲寄存器是由 4 个上升沿触发的 D 触发器组成。设有一个 4 位二进制数：$D=D_3D_2D_1D_0$ 要存到这个缓冲寄存器中，其基本工作原理为：将 D_0, D_1, D_2, D_3 分别送到各个触发器的 D 端去，若 CP 脉冲的上升沿还未到来，则各个 D 触发器的状态保持其原状态不变。只有当 CP 脉冲的上升沿来到时，各个 D 触发器的输入端(D 端)才接收 D_0, D_1, D_2, D_3 的影响，而变成：$Q_0=D_0, Q_1=D_1, Q_2=D_2, Q_3=D_3$，结果就

笔记

是：$Q=Q_3Q_2Q_1Q_0=D_3D_2D_1D_0=D$，这就将数据 D 装到缓冲寄存器中。如果要将此数据送去其他记忆元件，则可由 Q_0，Q_1，Q_2，Q_3 各条引线引出去。

3.6.2 活动2 介绍移位寄存器

移位寄存器能将所存储的数据逐位向左或向右移动，以达到计算机在运行过程中所需的算术运算、逻辑运算等功能，如加减法运算前的移位、最左边位的 0 或 1 判断等。根据其功能，可将移位寄存器分为左移寄存器和右移寄存器，其电路原理图如图 3-20 所示。

左移寄存器如图 3-20(a)所示，当 $D_{in}=1$ 送至最右边的第 1 位时，$D_0=1$，当 CP 的上升沿到达时，$Q_0=1$。同时第 2 位的 $D_1=1$。当 CP 第 2 个上升沿到达时，$Q_1=1$。其左移过程为：

CP 上升沿未到　　　$Q=Q_3Q_2Q_1Q_0=0000$
第 1 上升沿来到　　$Q=0001$
第 2 上升沿来到　　$Q=0011$
第 3 上升沿来到　　$Q=0111$
第 4 上升沿来到　　$Q=1111$

第 5 上升沿来到，如此时 D_{in} 仍为 1，则 Q 不变，仍为 1111。当 $Q=1111$ 之后，改变 D_{in}，使 $D_{in}=0$，则结果将是把 0 逐位左移。其具体过程如下：

第 1 上升沿来到　　$Q=Q_3Q_2Q_1Q_0=1110$
第 2 上升沿来到　　$Q=1100$
第 3 上升沿来到　　$Q=1000$
第 4 上升沿来到　　$Q=0000$

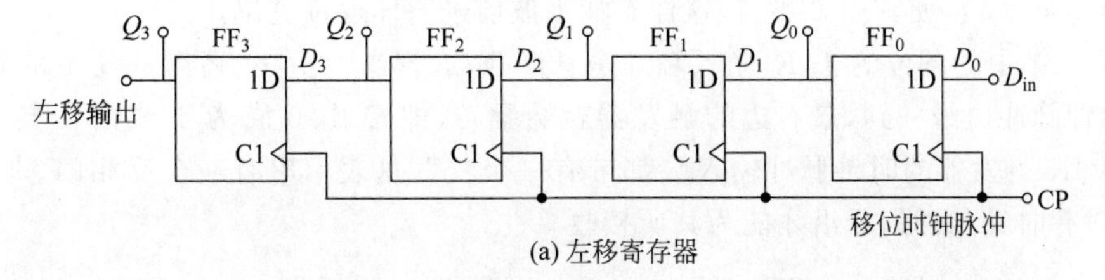

(a) 左移寄存器

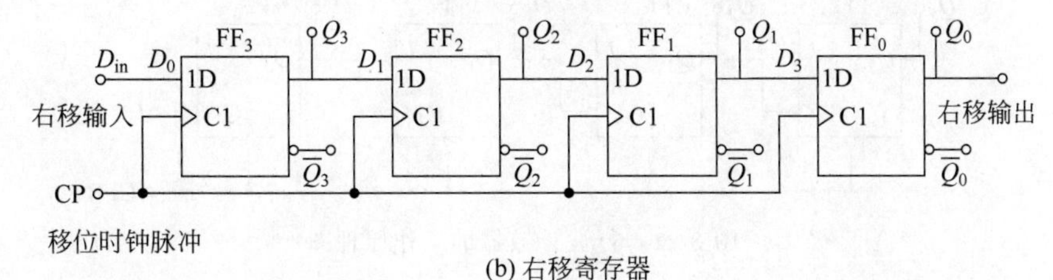

(b) 右移寄存器

图 3-20 移位寄存器简化原理

小知识：在左移寄存器中，每个时钟脉冲都要把所存储的各位向左移动一个数位。

右移寄存器如图 3-20(b)所示。图 3-20(b)与图 3-20(a)的差别仅在于各位的接法不同，而且输入数据 D_{in} 是加到左边第 1 位的输入端 D_0。根据上面的分析，当 $D_{in}=1$ 时，随着时钟脉冲而逐步位移的过程如下：

笔记

CP 上升沿未到　　$Q=Q_3Q_2Q_1Q_0=0000$
第 1 上升沿来到　　$Q=1000$
第 2 上升沿来到　　$Q=1100$
第 3 上升沿来到　　$Q=1110$
第 4 上升沿来到　　$Q=1111$

小知识：在右移寄存器中，每个时钟脉冲都要把所存储的各位向右移动一个数位。

3.6.3 活动 3 详解计数器

计数器是指能对输入信号(脉冲)进行加或减运算的装置，是由若干触发器和一些控制门组成的逻辑部件。它的特点是能够把存储在其中的数字加 1 或减 1。

计数器的种类很多：按构成计数器的触发器的翻转次序分类，可将计数器分为同步计数器和异步计数器；按计数过程中计数器中数的增减变化分类，可将计数器分为加法计数器、减法计数器和加减法计数器；按计数器中数的编码方式分类，可将计数器分为二进制计数器和十进制计数器；还有行波计数器、环形计数器和程序计数器等。

(1) 当计数脉冲到达时，若组成计数器的所有触发器同时发生翻转，则为同步计数器；各级触发器不是同时发生翻转，则为异步计数器。

(2) 行波计数器的工作原理是在时钟边缘到来时开始计数，由右边第 1 位开始，如有进位则要一位一位地推进。图 3-21 就是由 JK 触发器组成的行波计数器的工作原理图。其特点是：第 1 个时钟脉冲促使其最低有效位加 1，由 0 变 1。第 2 个时钟脉冲促使最低有效位由 1 变 0，同时推动第 2 位，使其由 0 变 1。同理，第 2 位由 1 变 0 时又去推动第 3 位，使其由 0 变 1，这样有如水波前进一样逐位进位。

图 3-21 中的各位的 J,K 输入端都是悬浮的，这相当于 J,K 端都是置 1 的状态。只要时钟脉冲边缘一到，最右边的触发器就会翻转，即 Q 由 0 转为 1 或由 1 转为 0。各位的 JK 触发器的时钟脉冲输入端都带有一个“o”，这表示串有一个反相门(非门)，这样，只有时钟脉冲的后沿才能为其所接收。

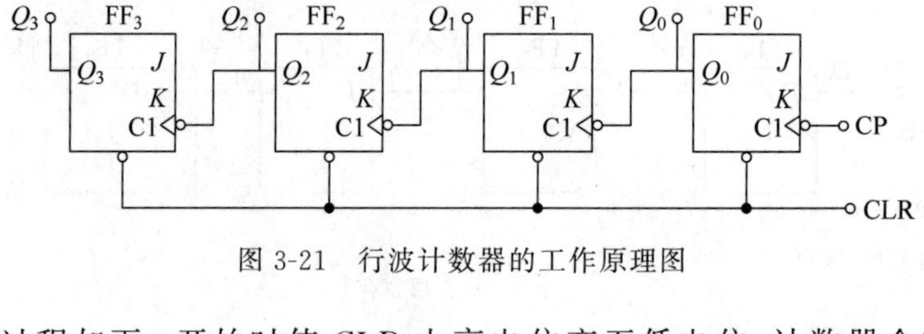

图 3-21　行波计数器的工作原理图

其计数过程如下：开始时使 CLR 由高电位变至低电位，计数器全部清除，即：$Q=Q_3Q_2Q_1Q_0=0000$，当第 1 个时钟后沿到达时，$Q=0001$。Q_0 由低电位(0)升至高电位(1)，产生的是电位上升的变化，由于有“o”在第 2 位的时钟脉冲输入端，所以第 2 个触发器不会翻转，必须在 Q_0 由 1 降为 0 时才会翻转。接着：

第 2 时钟后沿到　　$Q=0010$
第 3 时钟后沿到　　$Q=0011$

笔记

第 4 时钟后沿到　　$Q=0100$
第 5 时钟后沿到　　$Q=0101$
第 6 时钟后沿到　　$Q=0110$
第 7 时钟后沿到　　$Q=0111$
第 8 时钟后沿到　　$Q=1000$
⋮　　⋮
第 15 时钟后沿到　　$Q=1111$
第 16 时钟后沿到　　$Q=0000$
第 17 时钟后沿到　　$Q=0001$

在第 16 个时钟脉冲到达时，计数器复位至 0，因此这个计数器可以计 0～15 的数。如果要计的数更多，就需要更多的位，即更多的 JK 触发器来组成计数器(一个触发器表示一个二进制数位)。例如，8 位计数器可由 8 个触发器构成，可计 0～255 的数。12 位计数器可由 12 个触发器构成，可计 0～4095 的数。

(3) 环形计数器也是由若干个触发器组成的。不过，环形计数器与上述计数器不一样，它仅有唯一的一个位为高电位，即只有一位为 1，其他各位为 0。图 3-22 就是由 D 触发器组成环形计数器的电路原理图。

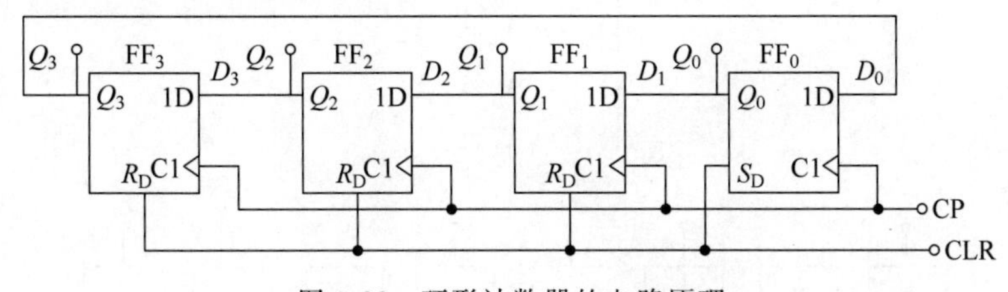

图 3-22　环形计数器的电路原理

当 CLR 端有高电位输入时，除右边第 1 位外，其他各位全被置 0(因清除电位 CLR 都接至它们的 R_D 端)，而右边第 1 位则被置 1(因清除电位 CLR 被引至其 S_D 端)。这就是说，开始时 $Q_0=1$，而 Q_1，Q_2，Q_3 全为 0。因此，$D_1=1$，而 $D_0=Q_3=0$。在时钟脉冲正边缘来到时，则 $Q_0=0$，而 $Q_1=1$，其他各位仍为 0。第 2 个时钟脉冲前沿来到时，$Q_0=0$，$Q_1=0$，而 $Q_2=1$，Q_3 仍为 0。这样，随着时钟脉冲而各位轮流置 1，并且在最后一位(左边第 1 位)置 1 之后又回到右边第 1 位，这就形成环形置位，所以称为环形计数器。

小知识：环形计数器不是用来计数，而是被用作发出顺序控制信号，它是计算机控制器中的一个很重要的部件。

3.6.4　活动 4　详解累加器

累加器是一个由多个触发器组成的多位寄存器，也可以说是一种暂存器，用来存储参加运算的操作数或计算所产生的中间结果。若没有像累加器这样的暂存器，那么在每次计算（如加法，乘法，移位等）后就必须把结果写回到内存，也许以后还会再读回来。然而从内存中读取的速度比从累加器读取慢。这种特殊的寄存器在微型计算机的数据处理中担负着重要的角色。

?思考：请查询资料，了解累加器的具体工作过程。

视频讲解

3.7 任务7 学习二进制译码器

译码器就是将一种代码转换成另一种代码的逻辑电路。译码器的应用非常广泛，如地址译码器、用二进制译码器实现码制变换等。译码器又分为“1”选中和“0”选中。下面以“1”选中为例，对译码器作一介绍。其工作原理为：设二进制译码器的输入端为 n 个，则输出端为 2^n 个，且对应于输入代码的每一种状态，2^n 个输出中只有一个为 1，其余全为 0。下面以 3-8 译码器为例进行介绍，其电路图如图 3-23 所示。3-8 译码器的逻辑表达式可写为：

$$\begin{cases} Y_0=\overline{A}_2\overline{A}_1\overline{A}_0 \\ Y_1=\overline{A}_2\overline{A}_1A_0 \\ Y_2=\overline{A}_2A_1\overline{A}_0 \\ Y_3=\overline{A}_2A_1A_0 \\ Y_4=A_2\overline{A}_1\overline{A}_0 \\ Y_5=A_2\overline{A}_1A_0 \\ Y_6=A_2A_1\overline{A}_0 \\ Y_7=A_2A_1A_0 \end{cases}$$

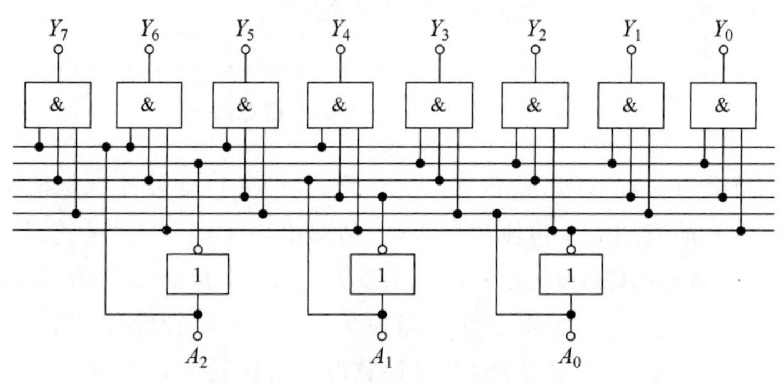

图 3-23 3-8 译码器电路图

其中，A_2、A_1、A_0 为二进制译码输入端，Y_0～Y_7 为译码器输出端。其真值表见表 3-11。

表 3-11 3-8 译码器的真值表

A_2	A_1	A_0	Y_0	Y_1	Y_2	Y_3	Y_4	Y_5	Y_6	Y_7
0	0	0	1	0	0	0	0	0	0	0
0	0	1	0	1	0	0	0	0	0	0
0	1	0	0	0	1	0	0	0	0	0
0	1	1	0	0	0	1	0	0	0	0
1	0	0	0	0	0	0	1	0	0	0

笔记

视频讲解

续表

A_2	A_1	A_0	Y_0	Y_1	Y_2	Y_3	Y_4	Y_5	Y_6	Y_7
1	0	1	0	0	0	0	0	1	0	0
1	1	0	0	0	0	0	0	0	1	0
1	1	1	0	0	0	0	0	0	0	1

3.8　任务8　学习三态输出电路

在计算机的逻辑电路中还有一种特殊的门电路，此门电路可以有3种不同的输出状态，即高电平、低电平、高阻。此门电路就是三态输出电路，又称三态门。

其中，高阻状态就是指悬空、悬浮状态，又称为禁止状态。测其电阻为“∞”，电压为0V，但不是接地，测其电流为0A。

三态门既可以用与非门构成，也可以用或非门等其他的门电路构成。下面以两端输入三态与非门输出电路为例进行介绍，其逻辑符号如图3-24所示。

其中，A、B为输入端，EN为三态门的控制端，Y为输出端。

图3-24(a)的真值表见表3-12，逻辑表达式可写为：

$$当\ \mathrm{EN}=0\ 时，\quad Y=\overline{AB}$$

$$当\ \mathrm{EN}=1\ 时，\quad Y=高阻$$

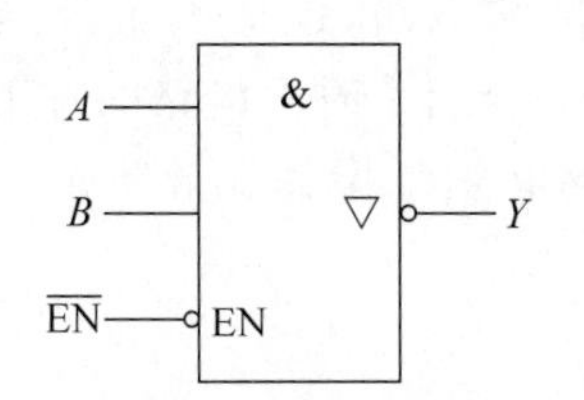

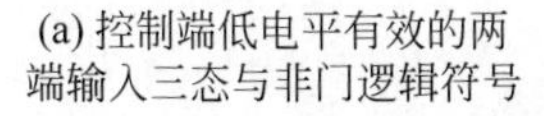

(a) 控制端低电平有效的两端输入三态与非门逻辑符号

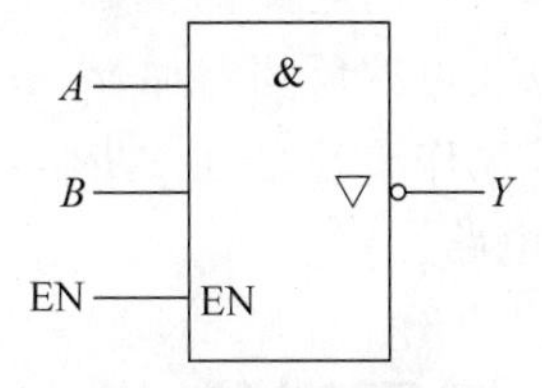

(b) 控制端高电平有效的两端输入三态与非门逻辑符号

图3-24　两端输入三态与非门逻辑符号

图3-24(b)的真值表见表3-13，逻辑表达式可写为：

$$当\ \mathrm{EN}=0\ 时，\quad Y=高阻$$

$$当\ \mathrm{EN}=1\ 时，\quad Y=\overline{AB}$$

表3-12　三态输出电路的逻辑表(控制端低电平有效)

EN	A	B	Y
0	0	0	1
	0	1	1
	1	0	1
	1	1	0
1	0	0	高阻
	0	1	
	1	0	
	1	1	

笔记

表 3-13 三态输出电路的逻辑表(控制端高电平有效)

EN	A	B	Y
0	0	0	高阻
	0	1	
	1	0	
	1	1	
1	0	0	1
	0	1	1
	1	0	1
	1	1	0

?思考:三态门中,高阻与高电平、低电平有什么区别?

3.9 项目总结

项目3主要介绍了基本数字逻辑电路。逻辑代数中的与运算、或运算和非运算是构成其他复杂运算的基础。本项目由逻辑代数的运算出发介绍了基本逻辑电路,把各种逻辑代数运算运用到数字电路的门电路中,还介绍了常用的几种门电路。门电路是数字电路的基础,在门电路的基础上介绍了加减法电路,包括半加器、全加器、加法电路、减法电路以及可控反相器加、减法电路。然后介绍了时序电路的常用电路——触发器和寄存器,其工作原理是进一步学习数字电路必须掌握的。最后介绍了二进制译码器和三态输出电路。

3.10 拓展训练

1. 下列逻辑运算中,正确的是(　　)。

A. 1·1=1　　B. 0·1=1　　C. 1·0=1　　D. 1+1=2

2. 设与非门的输入变量为 A、B,输出变量为 Y,则当 A、B 分别为(　　)时,$Y=0$。

A. 0,0　　B. 1,1　　C. 0,1　　D. 1,0

3. 设异或门的输入变量为 A、B,输出变量为 Y,则当 A、B 分别为(　　)时,$Y=1$。

A. 0,0　　B. 1,

C. 0,1　　D. 以上都不对

4. 设或非门的输入变量为 A、B,输出变量为 Y,则当 A、B 分别为(　　)时,$Y=1$。

A. 0,0　　B. 1,1　　C. 0,1　　D. 1,0

5. D触发器只有在(　　)到来时,才能接收信息。

A. D 端信号　　B. CP 脉冲　　C. S 端信号　　D. R 端信号

学习中央处理器

中央处理器(Central Processing Unit,CPU)作为计算机系统的运算和控制核心,是信息处理、程序运行的最终执行单元。经历了电子管、晶体管、集成电路和超大规模集成电路时代,得益于材料和制造工艺的突破,CPU不再只应用于传统的个人计算机和服务器等,现在所有的电子产品上基本都有CPU,如智能手环、智能音箱和智能手机等。本项目主要介绍中央处理器的发展、组成、功能、主要寄存器和性能指标。

长期以来我国的电子产品所采用的CPU主要来源于进口,为了打破国外技术封锁,突破芯片方面的技术堡垒,国家及各大企业已全力展开攻关,已取得了重大进展,如5G技术。党的二十大报告指出,要加快建设网络强国。网络强国离不开5G技术,5G是支撑经济社会发展的新型基础设施和重要战略资源,比如在民生方面,为落实二十大报告精神,全国已经全面推进5G网络工程建设,部分地区已推进到乡镇等基层;在工业发展方面,5G与工业互联网加速融合,成为"打造全国数字经济发展高地"的重要发力点。长期来看,我国芯片行业将在独立自主、自立自强的研发氛围中得到长足发展,同时也会给我国芯片方面的技术人才得以施展才华的空间。在以后相当长的一段时间内,芯片人才需要统一思想、团结力量,用实际行动展现团队精神和爱国情怀。

知识目标:

- 理解中央处理器的组成及功能
- 理解中央处理器的工作过程及性能指标
- 掌握中央处理器的主要寄存器、控制器及时序产生器

能力目标:

- 具有理解中央处理器的发展、组成及功能的能力
- 具有理解中央处理器的组成、功能及其工作过程,以及中央处理器的主要寄存器的能力
- 具有掌握中央处理器的工作过程的能力

素质目标:

- 培养学生关注国内外CPU发展的素质
- 培养学生爱国意识、集体意识和团队意识
- 培养学生为民族振兴和国家富强作贡献的愿望和意识
- 培养独立自主、自立自强的人格

笔记

视频讲解

学习重点：中央处理器的组成、功能及主要寄存器；执行一条指令的过程；主频、外频及倍频。

学习难点：执行一条指令的过程；执行程序的过程。

4.1 任务1 回顾中央处理器的发展

由于集成电路工艺和计算机技术的发展，20世纪60年代末和70年代初，袖珍计算机得到了普遍的应用。作为研制灵活的计算机芯片的成果，1971年10月，美国Intel公司首先推出Intel 4004中央处理器。这是实现4位并行运算的单片处理器，构成运算器和控制器的所有元件都集成在一片大规模集成电路芯片上，这是第一片中央处理器。

从1971年第一片中央处理器推出至今50年的时间里，中央处理器经历了四代的发展。

图4-1 Intel 8008处理器

第一代，1971年开始，是4位中央处理器和低档8位中央处理器的时期，典型产品有：1971年10月，Intel 4004(4位中央处理器)；1972年3月，Intel 8008(8位中央处理器)，集成度为2000管/片，采用PMOS工艺，10μm光刻技术。Intel 8008处理器如图4-1所示。

第二代，1973年开始，是8位中央处理器的时期，典型产品有：1973年，Intel 8080(8位中央处理器)；1974年3月，Motorola的MC6800；1975—1976年，Zilog公司的Z80；1976年Intel 8085。其中Intel 8080的集成度为5400管/片，采用NMOS工艺，6μm光刻技术。Intel 8080处理器如图4-2所示。

第三代，1978年开始，是16位中央处理器的时期，典型产品有：1978年，Intel 8086；1979年，Zilog公司的Z8000；1979年，Motorola的MC68000，集成度为68000管/片，采用HMOS工艺，3μm光刻技术。Motorola的MC68000处理器如图4-3所示。

图4-2 Intel 8080处理器

图4-3 MC68000处理器

第四代，1981年开始，是32位中央处理器的时期，典型产品有：1982年，Intel公司的Intel 80286如图4-4所示；1983年，Zilog公司的Z80000；1984年，Motorola的MC68020，集成度为17万管/片，采用CHMOS工艺，2μm光刻技术；1985年，Intel 80386，集成度为27.5万管/片，采用CHMOS工艺，1.2μm光刻技术；自Intel 80386芯片推出以来，又出现了许

图4-4 Intel Pentium处理器

视频讲解

多高性能的 32 位及 64 位中央处理器，如 Motorola 的 MC68030、MC68040，AMD 公司的 K6-2、K6-3、K7 以及 Intel 的 80486、Pentium、Pentium Ⅱ、Pentium Ⅲ、Pentium 4 等。Intel Pentium 处理器如图 4-4 所示。

4.2 任务 2 学习中央处理器的组成及功能

4.2.1 活动 1 详述中央处理器的组成

中央处理器主要由三部分组成，即运算器、控制器和寄存器组。中央处理器的组成如图 4-5 所示。

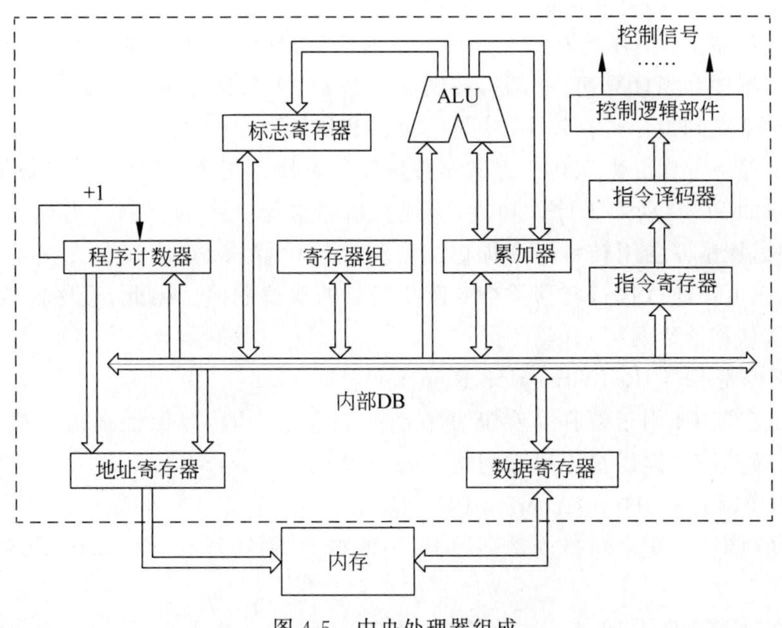

图 4-5 中央处理器组成

1. 运算器

运算器是计算机进行运算的部件。运算器主要由算术/逻辑单元 ALU(Arithmetic Logic Unit)、累加器(AC)、标志寄存器(FR)、通用寄存器等组成。其中，算术/逻辑单元 ALU 是运算器的核心。运算器主要用来进行算术或逻辑运算以及位移循环等操作。ALU 是一种以全加器为核心的具有多种运算功能的组合逻辑电路。参加运算的两个操作数，通常一个来自累加器(Accumulator)，另一个来自内部数据总线 DB(Data Bus)，可以是数据寄存器 DR(Data Register)中的内容，也可以是寄存器组 RA 中某个寄存器的内容。运算结果往往也送回累加器 AC 暂存。为了反映数据经 ALU 处理之后的结果特征，运算器设有一个状态标志寄存器 FR(Flags Register)。

2. 控制器

控制器是整个计算机的控制、指挥部件，它控制计算机各部分自动、协调地工作。控制器主要由程序计数器 PC、指令寄存器 IR、指令译码器 ID 和控制逻辑部件 PLA 等组成。

笔记

控制器是根据人们预先编写好的程序，依次从存储器中取出各条指令，存入指令寄存器中，通过指令译码器进行译码(分析)确定应该进行什么操作，然后通过控制逻辑，在规定的时间向确定的部件发出相应的控制信号，使运算器和存储器等各部件自动而协调地完成该指令所规定的操作。当这一条指令完成以后，再顺序地从存储器中取出下一条指令，并照此同样地分析与执行该指令。如此重复，直到完成所有的指令为止。因此，控制器是发布计算机控制信号的"决策机构"，控制器的主要功能有两项：一是按照程序逻辑要求，控制程序中指令的执行顺序；二是根据指令寄存器中的指令码，控制每一条指令的执行过程。

按照上述要求，控制器主要由下列部件组成。

(1) 程序计数器 PC(Program Counter)。

程序计数器 PC 中存放着下一条指令在内存中的地址。控制器利用它指示程序中指令的执行顺序。当计算机运行时，控制器根据 PC 中的指令地址，从存储器中取出将要执行的指令送到指令寄存器 IR 中进行分析和执行。

通常情况下程序的默认执行方式是按顺序逐条执行指令。因此，大多数情况下，可以通过简单的 PC 自动加 1 计数功能，实现对指令执行顺序的控制。当遇到程序中的转移指令时，控制器会用转移指令提供的转移地址代替原 PC 自动加 1 后的地址。这样，计算机就可以通过执行转移类指令改变指令的执行顺序。因此，程序计数器 PC 应具有寄存信息和计数两种功能。

(2) 指令寄存器 IR(Instruction Register)。

指令寄存器 IR 用于暂存从存储器取出的当前指令码，以保证在指令执行期间能够向指令译码器 ID 提供稳定可靠的指令码。

(3) 指令译码器 ID(Instruction Decoder)。

指令译码器 ID 用来对指令寄存器 IR 中的指令进行译码分析，以确定该指令应执行什么操作。

(4) 控制逻辑部件 PLA(Programmable Logic Array)。

控制逻辑部件又称为可编程逻辑阵列 PLA。它依据指令译码器 ID 和时序电路的输出信号，用来产生执行指令所需的全部微操作控制信号，以控制计算机的各部件执行该指令所规定的操作。由于每条指令所执行的具体操作不同，所以每条指令都有一组不同的控制信号的组合，以确定相应的微操作系列。

(5) 时序电路。

计算机工作是周期性的，取指令、分析指令、执行指令……这一系列操作的顺序，都需要精确地定时，而不能有任何差错。时序电路用于产生指令执行时所需的一系列节拍脉冲和电位信号，以定时指令中各种微操作的执行时间和确定微操作执行的先后次序，从而实现对各种微操作执行时间上的控制。

小知识：在微型计算机中，由石英晶体振荡器产生基本的定时脉冲。两个相邻的脉冲前沿的时间间隔称为一个时钟周期或一个 T 状态，它是 CPU 操作的最小时间单位。

笔记

此外,还有地址寄存器 AR,它用于保存当前 CPU 所要访问的内存单元或 I/O 设备的地址。由于内存和 CPU 之间存在着速度上的差别,所以必须使用地址寄存器来保持地址信息,直到内存读写操作完成为止。数据寄存器 DR 用来暂存中央处理器与存储器或输入/输出接口电路之间待传送的数据。地址寄存器 AR 和数据寄存器 DR 在中央处理器的内部总线和外部总线之间,它们还起着隔离和缓冲的作用。

控制器的主要功能如下。

(1) 取指令。

控制器必须具备能自动地从存储器中取出指令的功能。为此,要求控制器能自动形成指令的地址,并能发出取指令的命令,将对应此地址的指令取到控制器中。第一条指令的地址可以人为指定,也可由系统设定。

(2) 分析指令。

分析指令包括两部分内容,其一,分析此指令要完成什么操作,即控制器需发出什么操作命令;其二,分析参与这次操作的操作数地址,即操作数的有效地址。

(3) 执行指令。

执行指令就是根据分析指令产生的“操作命令”和“操作数地址”的要求,形成操作控制信号序列(不同的指令有不同的操作控制信号序列),通过对运算器、存储器以及 I/O 设备的操作,执行每条指令。

(4) 控制程序和数据的输入/输出。

程序和数据的输入/输出,实际上也是通过程序完成的。

(5) 对异常情况和其他请求的处理。

当计算机出现如奇偶校验出错等异常情况而这些部件又发出中断请求时,CPU 响应中断请求并进行处理。

小知识:控制器还必须能控制程序的输入和运算结果的输出(即控制主机与 I/O 交换信息)以及对总线的管理,甚至能处理机器运行过程中出现的异常情况(如掉电)和特殊请求(如打印机请求打印一行字符),即处理中断的能力。

3. 通用寄存器组 RA

通用寄存器组 RA 通常由多个寄存器组成,是中央处理器中一个重要的部件。寄存器组主要用来暂存 CPU 执行程序时的常用数据或地址,以减少中央处理器芯片与外部的数据交换,从而加快 CPU 的运行速度。因此,可以把这组寄存器看作设置在 CPU 内部工作现场的一个小型快速的“RAM”存储器。

4.2.2　活动 2　介绍中央处理器的功能

计算机对信息进行处理是通过程序的执行实现的。中央处理器作为控制程序执行的计算机部件,其主要功能如下。

1. 程序控制

程序控制是指 CPU 对程序的执行顺序进行控制,保证计算机严格按程序的规定顺序执行。

笔记

视频讲解

2. 操作控制

操作控制是指CPU对指令进行管理和产生操作信号进行控制,控制计算机的其他部件为完成指令的功能而协调工作。

3. 时间控制

时间控制是指对各操作实施时间上的控制,保证计算机有条不紊地工作。

4. 数据加工

数据加工是指对数据进行算术运算、逻辑运算以及移位、求补等操作。数据加工是CPU的基本任务。

4.3 任务3 学习中央处理器的主要寄存器

各式各样的中央处理器有不同的寄存器设计,但现在的中央处理器通常包括通用寄存器RA、程序计数器PC、指令寄存器IR、数据寄存器DR、地址寄存器AR、累加寄存器AC和状态寄存器等。现在以80×86 CPU为例讲解主要的寄存器。

8086微处理器内部共有14个16位寄存器,包括通用寄存器、地址指针和变址寄存器、段寄存器、指令指针和标志寄存器。8086 CPU内部寄存器如图4-6所示。

通用(数据)寄存器

AX	AH	AL
BX	BH	BL
CX	CH	CL
DX	DH	DL

地址指针和变址寄存器

SP	
BP	
SI	
DI	

段寄存器

CS	
DS	
ES	
SS	

指令指针和标志寄存器

IP	
FLAGS	

图4-6 8086 CPU内部寄存器

(1) 通用寄存器。

通用寄存器又称数据寄存器,既可作为16位数据寄存器使用,也可作为两个8位数据寄存器使用。当用作16位时,称为AX、BX、CX、DX。当用作8位时,AH、BH、CH、DH存放高字节,AL、BL、CL、DL存放低字节,并且可独立寻址,这样,4个16位寄存器就可当作8个8位寄存器来使用。

(2) 段寄存器。

8086 CPU有20位地址总线,它可寻址的存储空间为1MB。而8086指令给出的地址编码只有16位,地址指针和变址寄存器也都是16位的,所以CPU不能直接寻址1MB空间。为此采用分段管理,即8086用一组段寄存器将这1MB存储空间分成若干个逻辑段,每个逻辑段长度小于或等于64KB,用4个16位的段寄存器分别存放各个段的起始地址(又称段基址),8086的指令能直接访问这4个段寄存器。不管是指令还是

笔记

数据的寻址,都只能在划定的64KB范围内进行。寻址时还必须给出一个相对于分段寄存器值所指定的起始地址的偏移值(也称为有效地址),以确定段内的具体地址。对物理地址的计算是在BIU中进行的,它先将段地址左移4位,然后与16位的偏移值相加。

段寄存器共有4个。代码段寄存器CS表示当前使用的指令代码可以从该段寄存器指定的存储器段中取得,相应的偏移值则由IP提供。堆栈段寄存器SS指定当前堆栈的底部地址。数据段寄存器DS指示当前程序使用的数据所存放段的最低地址。而附加段寄存器ES则指出当前程序使用附加段地址的位置,该段一般用来存放原始数据或运算结果。

(3) 地址指针和变址寄存器。

参与地址运算的主要是地址指针和变址寄存器组中的4个寄存器,地址指针和变址寄存器都是16位寄存器,一般用来存放地址的偏移量(即相对于段起始地址的距离)。在BIU的地址器中,与左移4位后的段寄存器内容相加产生20位的物理地址。堆栈指针SP用以指出在堆栈段中当前栈顶的地址,入栈(PUSH)和出栈(POP)指令由SP给出栈顶的偏移地址。基址指针BP指出要处理的数据在堆栈段中的基地址,故称为基址指针寄存器。

注意: 变址寄存器SI和DI是用来存放当前数据段中某个单元的偏移量的。

(4) 指令指针和标志寄存器。

指令指针IP的功能与Z80 CPU中的程序计数器PC的功能类似。正常运行时,IP中存放的是BIU要取的下一条指令的偏移地址。它具有自动加1功能,每当执行一次取指令操作,它将自动加1,使它指向要取的下一内存单元,每取一字节后IP内容加1,但取一个字后IP内容加2。有些指令可使IP值改变,有些指令还可使IP值压入堆栈或从堆栈中弹出。

标志寄存器FLAGS是16位的寄存器,8086共使用了9个有效位,标志寄存器格式如图4-7所示。其中的6位是状态标志位,3位为控制标志位。状态标志位是当一些指令执行后,所产生数据的一些特征的表征。而控制标志位则可以由程序写入,以达到控制处理器状态或程序执行方式的目的。

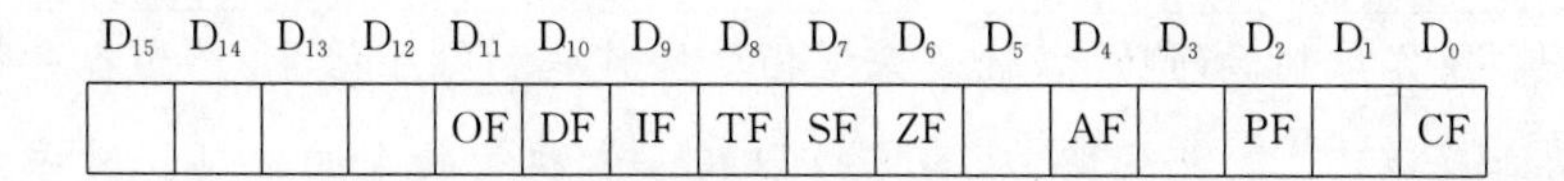

D_{15}	D_{14}	D_{13}	D_{12}	D_{11}	D_{10}	D_9	D_8	D_7	D_6	D_5	D_4	D_3	D_2	D_1	D_0
				OF	DF	IF	TF	SF	ZF		AF		PF		CF

图4-7 标志寄存器格式

① 6个状态标志位的功能如下。

CF(Carry Flag)进位标志位:当执行一个加法(或减法)运算使最高位产生进位(或借位)时,CF为1;否则为0。

PF(Parity Flag)奇偶标志位:该标志位反映运算结果中1的个数是偶数还是奇数。当指令执行结果的低8位中含有偶数个1时,PF=1;否则PF=0。

AF(Auxiliary carry Flag)辅助进位标志位:当执行一个加法(或减法)运算使结果

笔记

的低4位向高4位产生进位(或借位)时,AF=1;否则AF=0。

ZF(Zero Flag)零标志位:若当前的运算结果为零,ZF=1;否则ZF=0。

SF(Sign Flag)符号标志位:它和运算结果的最高位相同。

OF(Overflow Flag)溢出标志位:当补码运算有溢出时,OF=1;否则OF=0。

② 3个控制标志位用来控制CPU的操作,由指令进行置位和复位,其标志位功能如下。

DF(Direction Flag)方向标志位:用以指定字符串处理时的方向,当该位置"1"时,字符串以递减顺序处理,即地址以从高到低顺序递减。反之,则以递增顺序处理。

IF(Interrupt enable Flag)中断允许标志位:用来控制8086是否允许接收外部中断请求。若IF=1,8086能响应外部中断,反之则不响应外部中断。注意:IF的状态不影响非屏蔽中断请求(NMI)和CPU内部中断请求。

TF(Trap Flag)跟踪标志位:是为调试程序而设定的陷阱控制位。当该位置"1"时,8086 CPU处于单步状态,此时CPU每执行完一条指令就自动产生一次内部中断。该位复位后,CPU恢复正常工作。

视频讲解

4.4 任务4 学习操作控制器及时序产生器

中央处理器中的各个主要寄存器,每一个完成一种特定的功能。然而信息怎样才能在各寄存器之间传送呢?也就是说,数据的流动是由什么部件控制的呢?

通常把许多寄存器之间传送信息的通路称为"数据通路"。信息从什么地方开始,中间经过哪些寄存器或多路开关,最后传送到哪个寄存器,都要加以控制。在各个寄存器之间建立数据通路的任务就是"操作控制器"完成的。

由于设计方法的不同,操作控制器分为组合逻辑型、存储逻辑型、组合逻辑与存储逻辑结合型三种。第一种称为常规控制器,采用组合逻辑技术来实现;第二种称为微程序控制器,它采用的是存储逻辑来实现;第三种称为"可编程逻辑阵列"控制器,它有PLA、PAL和GAL三种实现方式。

除此之外,中央处理器还必须有时序产生。因为计算机高速地进行工作,每一动作的时间是非常严格的,不能有任何差错。

小知识:操作控制器的功能,就是根据指令操作码和时序信号,产生各种操作控制信号,以便正确地建立数据通路,从而完成取指令和执行指令的控制。时序产生器的作用,就是对各种操作实施时间上的控制。

视频讲解

4.5 任务5 学习中央处理器的工作过程

计算机采取的工作方式是"存储程序与控制",即事先把程序加载到计算机的存储器中(存储程序),当启动运行后,计算机便会自动按照存储程序的要求进行工作,这称为程序控制。

笔记

为了进一步说明微机的工作过程，下面具体讨论一个模型机怎样执行一段简单的程序。例如，计算机如何具体计算 3+2 的和？虽然这是一个相当简单的加法运算，但是，计算机却无法理解。人们必须要先编写一段程序，以计算机能够理解的语言告诉它如何一步一步地去做，直到每一个细节都详尽无误，计算机才能正确地理解与执行。为此，在启动计算机之前需要做好如下几项工作。

(1) 首先用助记符号指令编写源程序。

(2) 由于机器不能识别助记符号，需要翻译(汇编)成机器语言指令。假设上述(1)、(2)两步已经做了，见表 4-1。

表 4-1 指令表

名 称	助 记 符	机 器 码		说 明
立即数送入累加器	MOV AC,03	10110000 00000011	B0H 03H	这是一条双字节指令，把指令第 2 字节的立即数 03 取来并放入累加器 AC 中
加立即数	ADD AC,02	00000100 00000010	04H 02H	这是一条双字节指令，把指令第 2 字节的立即数 02 与 AC 中的内容相加，结果暂存在 AC 中
暂停	HLT	11110100	F4H	停止所有操作

(3) 将数据和程序通过输入设备送至存储器中存放，整个程序一共 3 条指令，5 字节，假设它们存放在存储器从 00H 单元开始的相继 5 个存储单元中。

4.5.1 活动 1 详解执行一条指令的过程

计算机执行程序时是一条指令接着一条指令地执行的。执行一条指令的过程可分两个阶段。首先，CPU 进入取指令阶段，从存储器中取出指令码送到指令寄存器中寄存，然后对该指令译码后，再转入执行指令阶段，在这期间，CPU 执行指令指定的操作。

取指令阶段是由一系列相同的操作组成的，因此，取指令阶段的时间总是相同的。而执行指令的阶段是由不同的事件顺序组成的，它取决于被执行指令的类型。执行完一条指令后接着执行下一条指令。即：取指令→执行指令，取指令→执行指令，如此反复直至程序结束。

4.5.2 活动 2 详解执行程序的过程

开始执行程序时，必须先给程序计数器 PC 赋予第一条指令的首地址 00H，然后就进入第一条指令的取指令阶段。

(1) 第一条指令的执行过程。

取指令阶段的执行过程如下。

① 将程序计数器 PC 的内容(00H)送至地址寄存器 AR，记为 PC→AR。

② 程序计数器 PC 的内容自动加 1 变为 01H，为取下一个指令字节做准备，记为 PC+1→PC。

③ 地址寄存器 AR 将 00H 通过地址总线送至存储器，经地址译码器译码，选中 00

笔记

号单元,记为 AR→M。

④ CPU 发出"读"命令。

⑤ 所选中的 00 号单元的内容 0B0H,读至数据总线 DB,记为(00H)→DB。

⑥ 经数据总线 DB,将读出的 0B0H 送至数据寄存器 DR,记为 DB→DR。

⑦ 数据寄存器 DR 将其内容送至指令寄存器 IR,经过译码,控制逻辑发出执行该条指令的一系列控制信号,记为 DR→IR,IR→ID、PLA。经过译码,CPU"识别"出这个操作码就是 MOV AC,03 指令,于是它"通知"控制器发出执行这条指令的各种控制命令。这就完成了第一条指令的取指令阶段,上述过程如图 4-8 所示。

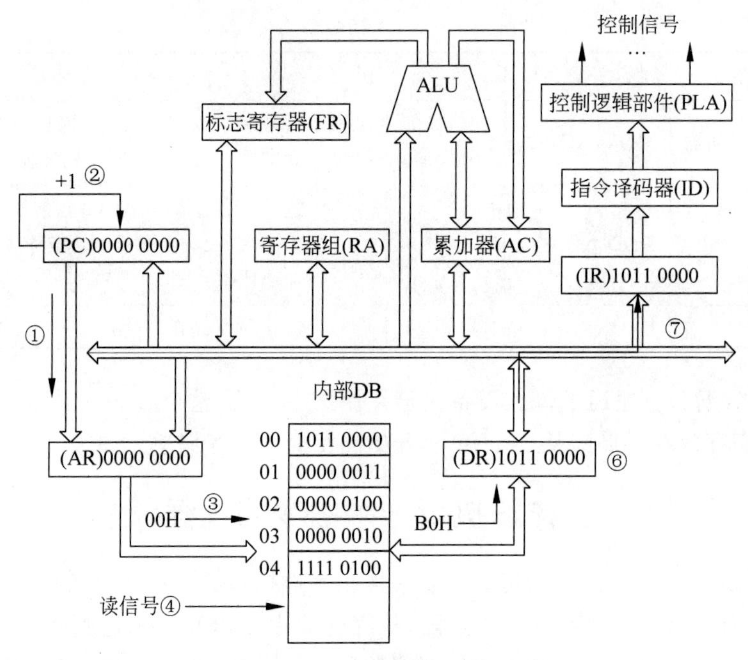

图 4-8 取第一条指令的操作示意图

执行指令阶段的执行过程如下。

经过对操作码 0B0H 译码后,CPU 就"知道"这是一条把下一单元中的立即数送入累加器 AC 的指令。所以,执行第一条指令就必须把指令第 2 字节中的立即数取出来送至累加器 AC,取指令第 2 字节的过程如下。

① PC→AR,将程序计数器的内容 01H 送至地址寄存器 AR。

② PC+1→PC,将程序计数器的内容自动加 1 变为 02H,为取下一条指令做准备。

③ AR→M,地址寄存器 AR 将 01H 通过地址总线送至存储器,经地址译码选中 01H 单元。

④ CPU 发出"读"命令。

⑤ (01H)→DB,选中的 01H 存储单元的内容 03H 读至数据总线 DB 上。

⑥ DB→DR,通过数据总线,把读出的内容 03H 送至数据寄存器 DR。

⑦ DR→AC,因为经过译码已经知道读出的是立即数,并要求将它送到累加器 AC,故数据寄存器 DR 通过内部数据总线将 03H 送至累加器 AC。上述过程如图 4-9 所示。

笔记

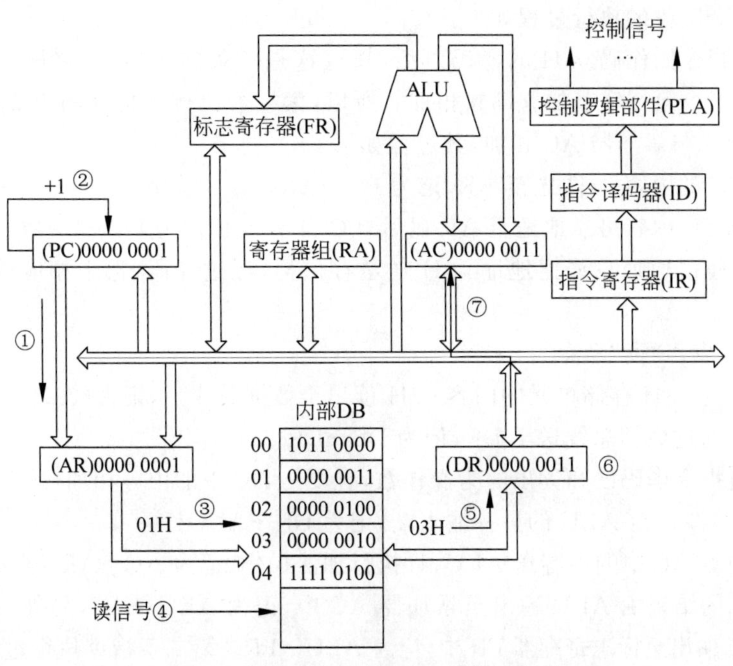

图 4-9 执行第一条指令的操作示意图

(2) 第二条指令的执行过程。

第一条指令执行完毕以后,进入第二条指令的执行过程。

取指令阶段的执行过程与取第一条指令的过程相似,如图 4-10 所示。

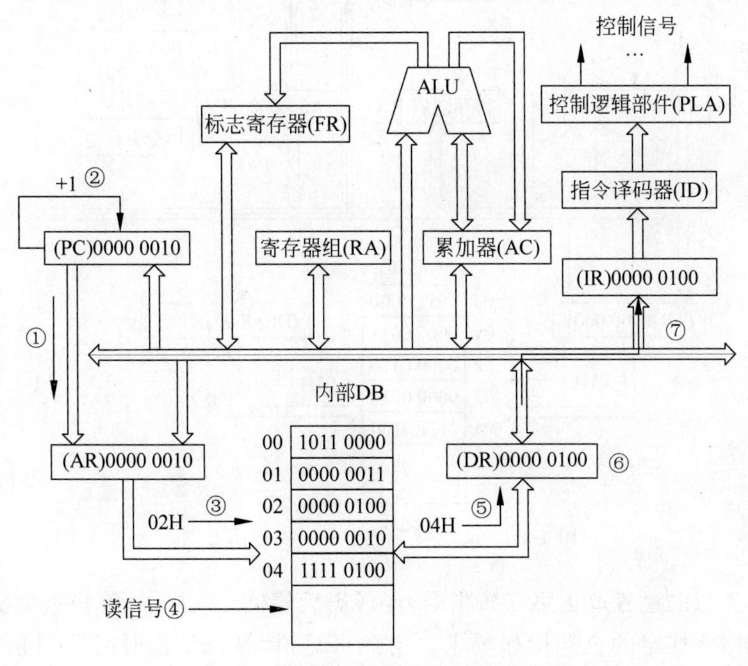

图 4-10 取第二条指令的操作示意图

笔记

执行指令阶段的执行过程如下。

经过对指令操作码 04H 的译码以后，知道这是一条加法指令，它规定累加器 AC 中的内容与指令第 2 字节的立即数相加。所以，紧接着执行把指令的第 2 字节的立即数 02H 取出来与累加器 AC 相加，其过程如下。

① 把 PC 的内容 03H 送至 AR，记为 PC→AR。

② 当把 PC 内容可靠地送至 AR 以后，PC 自动加 1，记为 PC+1→PC。

③ AR 通过地址总线把地址 03H 送至存储器，经过译码，选中相应的单元，记为 AR→M。

④ CPU 发出"读"命令。

⑤ 选中的 03H 存储单元的内容 02H 读出至数据总线上，记为(03H)→DB。

⑥ 数据通过数据总线送至 DR，记为 DB→DR。

⑦ 因由指令译码已知读出的为操作数，且要与 AC 中的内容相加，故数据由 DR 通过内部数据总线送至 ALU 的另一输入端，记为 DR→ALU。

⑧ 累加器 AC 中的内容送 ALU，且执行加法操作，记为 AC→ALU。

⑨ 相加的结果由 ALU 输出至累加器 AC 中，记为 ALU→AC，另外，相加的另一结果由 ALU 输出至标志寄存器 FR 中，记为 ALU→FR。第二条指令执行过程如图 4-11 所示。至此，第二条指令的执行阶段就结束了，转入第三条指令的取指令阶段。

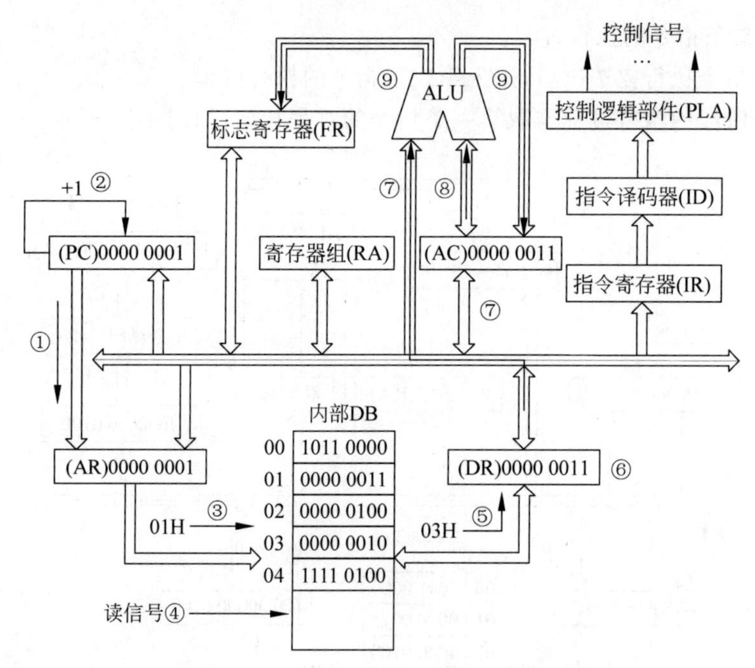

图 4-11　执行第二条指令的操作示意图

按上述类似的过程取出第三条指令，经译码后停机。这样，计算机就完成了人们事先编制的程序所规定的全部操作要求。由此可见，计算机工作时有两路信息在流动：一是控制信息，即操作命令，其发源地是控制器，它分散流向各个部件；另一路是数据信息，它受控制信息的控制，从一个部件流向另一个部件，边流动边加工处理。例如，信

笔记

息流过计数器进行计数，流过译码器进行译码，流过寄存器进行寄存，流过运算器进行运算。

> 小知识：一般来讲，在取指令阶段中从内存读出的信息是指令流，它流向控制器，由控制器解释从而发出一系列微操作信号；而在执行阶段中从内存读出的信息流是数据流，它由内存流向运算器，或者由运算器流向内存。

综上所述，计算机的工作过程就是执行指令的过程，而计算机执行指令的过程可看作控制信息（包括数据信息与指令信息）在计算机各组成部件之间的有序流动的过程。信息是在流动过程中得到相关部件的加工处理。因此，计算机的主要功能就是如何有条不紊地控制大量信息在计算机各部件之间有序地流动。其控制过程类似铁路交通管理过程。为此，人们必须事先制定好各次列车运行图（相当于计算机中的信息传送通路）与列车时刻表（相当于信息操作时间表）。然后，再由列车调度室在规定的时刻发出各种控制信号，如交通管理中的红绿灯、扳道信号等（相当于计算机中的各种微操作控制信号），以保证列车按照预定的路线运行。通常情况下，CPU 执行指令时，把一条指令的操作分成若干个如上所述的微操作，依次完成这些微操作，即可完成一条指令的操作。所谓微操作是指那些组成计算机的各种部件所能直接实现的基本操作。例如，门电路的开门操作，多路选择器的选通操作，总线的发送与接收操作，计数器的计数操作，译码器的译码操作，寄存器的锁存操作及加法器的加减操作等。

4.6 节扩展内容

4.6　任务6　学习中央处理器的性能指标

计算机系统的档次由 CPU 的品质决定，衡量 CPU 的品质有以下指标：字长、时钟频率、主频、外频与倍频、两级高速缓冲存储器及其他一些指标，如果想学习各指标的具体内容可扫描此处二维码。

视频讲解

视频讲解

4.7　任务7 芯片先进封装技术

封装技术伴随集成电路发明应运而生，主要功能是完成电源分配、信号分配、散热和保护。伴随着芯片技术的发展，封装技术不断革新。封装互连密度不断提高，封装厚度不断减小，三维封装、系统封装手段不断演进。随着集成电路应用多元化，智能手机、物联网、汽车电子、高性能计算、5G、人工智能等新兴领域对先进封装提出更高要求，封装技术发展迅速，创新技术不断出现。当前，随着摩尔定律趋缓，封装技术重要性凸显，成为电子产品小型化、多功能化、降低功耗、提高带宽的重要手段。先进封装向着系统集成、高速、高频、三维方向发展。芯片主要先进封装技术如图 4-13 所示。

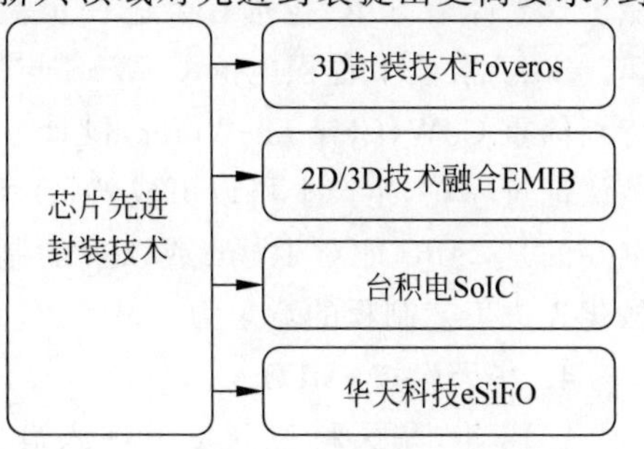

图 4-13　芯片主要先进封装技术

1. 3D 封装技术 Foveros

2018 年 12 月，英特尔公司首次展示了逻

笔记

辑计算芯片高密度 3D 堆叠封装技术 Foveros,采用 3D 芯片堆叠的系统级封装(SiP)实现逻辑对逻辑(logic-on-logic)的芯片异质整合,通过在水平布置的芯片之上垂直安置更多面积更小、功能更简单的小芯片来让方案整体具备更完整的功能。Foveros 为整合高性能、高密度和低功耗硅工艺技术的器件和系统铺平了道路。Foveros 有望首次将芯片的堆叠从传统的无源中间互连层和堆叠存储芯片扩展到 CPU、GPU 和人工智能处理器等高性能逻辑芯片。Foveros 预期可首度将 3D 芯片堆栈从传统的被动硅中介层和堆栈内存,扩展到 CPU、GPU、AI 等高效能逻辑运算芯片。

Foveros 提供了极大的灵活性,因为设计人员可在新的产品形态中"混搭"不同的技术专利模块与各种存储芯片和 I/O 配置,并使得产品能够分解成更小的"芯片组合",其中 I/O、SRAM 和电源传输电路可以集成在基础晶片中,而高性能逻辑"芯片组合"则堆叠在顶部。英特尔 Foveros 技术以 3D 堆栈的 SiP 封装来进行异质芯片整合,也说明了 SiP 将成为后摩尔定律时代重要的解决方案,芯片不再强调制程微缩,而是将不同制程芯片整合为一个 SiP 模块。

2. 2D/3D 技术融合 EMIB

英特尔公司在 2014 年首度发表 EMIB(Embedded Multi-Die Interconnect Bridge,嵌入式多核心互联桥接)封装技术,表示该技术是 2.5D 封装的低成本替代方案;在 2018 年的 HotChip 大会上,发布了采用 EMIB 封装的芯片。EMIB 能够把采用不同节点工艺(10nm、14nm 及 22nm)和不同材质(硅、砷化镓)、不同功能(CPU、GPU、FPGA、RF)的芯片封装在一起做成单一处理器。英特尔表示,首先与典型的 2.5D 封装采用硅中介层不同,EMIB 是在两个互连芯片的边缘嵌入一小块硅,起到"桥梁"的作用;其次 EMIB 对芯片尺寸没有限制,从而在理论上保证了异质芯片的互连。EMIB 封装和 Foveros 3D 封装技术利用高密度的互连技术,让芯片在水平和垂直方向上获得延展,实现高带宽、低功耗,并实现相当有竞争力的 I/O 密度。

2019 年英特尔公司又发布了 Co-EMIB 技术,这是在 2D EMIB 技术的升级版,能够将两个或多个 Foveros 元件互连,实现更高的计算性能和数据交换能力,还能够以非常高的带宽和非常低的功耗连接模拟器、内存和其他模块,基本达到单晶片性能。

3. 台积电 SoIC

根据 2018 年 4 月台积电在美国加州的第 24 届年度技术研讨会上的说明,SoIC 是一种创新的多芯片堆叠技术,是一种将带有 TSV 的芯片通过无凸点混合键合实现三维堆叠。SoIC 技术的出现表明未来的芯片能在接近相同的体积里,增加双倍以上的性能。这意味着 SoIC 技术有望进一步突破单一芯片运行效能,更可以持续维持摩尔定律。SoIC 根植于台积电的 CoWoS 与多晶圆堆叠(WoW,Wafer-on-Wafer)封装,SoIC 特别倚重 CoW(Chip-on-Wafer)设计。如此一来,对于芯片业者来说,采用的 IP 都已经认证过一轮,生产上可以更成熟,良率也可以提升,也可以导入存储器芯片应用。更重要的是,SoIC 能对 10nm 或以下的制程进行晶圆级的键合技术,这将有助于台积电强化先进工艺制程的竞争力。从 2021 年开始,SoIC 技术就进行了量产。

4. 华天科技 eSiFO

2015 年,华天科技开发了埋入硅基板扇出型封装技术 eSiFO(embedded Silicon Fan-out)。eSiFO 使用硅基板为载体,通过在硅基板上刻蚀凹槽,将芯片正面向上放置

笔记

且固定于凹槽内，芯片表面和硅圆片表面构成了一个扇出面，在这个面上进行多层布线，并制作引出端焊球，最后切割、分离、封装。eSiFO 技术的优点：可以实现多芯片系统集成 SiP，易于实现芯片异质集成；满足超薄和超小芯片封装要求，细节距焊盘芯片集成（＜60m），埋入芯片的距离可小于 30m；与标准晶圆级封装兼容性好；良好的散热性和电性；可以在有源晶圆上集成；工艺简单，翘曲小，无塑封/临时键合/拆键合；封装灵活，如 WLP/BGA/LGA/QFP 等；与 TSV 技术结合可实现高密度三维集成。

4.8 项目总结

项目 4 主要介绍了计算机系统的核心部件中央处理器 CPU。从第一代中央处理器 4004 到第四代 64 位处理器，介绍了中央处理器的发展过程。从中央处理的组成出发，介绍了中央处理器的三大部件控制器、运算器和寄存器组以及中央处理器的功能。从中央处理器的寄存器出发，详细介绍了中央处理器的主要寄存器和各寄存器的作用。从控制器出发介绍了中央处理器的核心部件控制器及时序控制电路。在介绍完以上内容后，着重介绍了中央处理器的工作流程，如何取指令、执行指令等。最后介绍了中央处理器的性能指标和 Foveros、EMIB 等先进的芯片封装技术。

4.9 拓展训练

1. 在以下选项中，（　　）是运算器的核心部件。
   A. 中央处理器　　B. 主机　　C. 程序计算器　　D. ALU
2. 运算器的主要功能是（　　）。
   A. 算术运算　　B. 逻辑运算　　C. 算术和逻辑运算　　D. 函数运算
3. 在下列选项中，不属于控制器的组成的是（　　）。
   A. 程序计数器　　B. 指令寄存器
   C. 时序电路　　D. 标志寄存器
4. 某 CPU 是奔腾 4 代 2.0，则 2.0 是指（　　）。
   A. 运算速度　　B. 主频　　C. 存取时间　　D. 字长
5. 取指令阶段，CPU 完成步骤顺序的为（　　）。
   ① 将程序计数 PC 中的内容送到地址寄存器 AR 中；
   ② 将地址寄存器的地址送到译码器中；
   ③ 程序计数器 PC 的内容自动加 1；
   ④ 选中内存单元的内容读至数据总线上；
   ⑤ CPU 发出“读”命令。
   A. ①②③④⑤　　B. ①③②⑤④
   C. ①③②④⑤　　D. ①②④③⑤
6. 以下属于台积电的封装技术的是（　　）。
   A. Foveros　　B. EMIB　　C. eSiFO　　D. SoIC

笔记

项目5 学习指令系统和寻址方式

计算机的指令系统和寻址方式是在CPU硬件的基础上建立起来的，便于用户使用计算机编写一系列调用CPU硬件的机器指令。不同的处理器有不同的指令系统，学习和掌握指令系统的使用对于编程指挥计算机操作至关重要。指令系统和寻址方式展现的是计算机指令传达体系及快速找到数据或指令的方式，展现的是高效整合利用CPU资源的能力水平。众所周知，我国在计算机领域的超算技术位列世界前列，这离不开对计算机指令系统的攻坚克难。本项目主要介绍指令系统概述、指令分类、指令周期、寻址方式和Intel 8086/8088CPU指令系统。

20世纪90年代末，中国针对超级计算机进行了连续数年的攻关工程，并最终依靠系统整合实现了技术赶超。党的二十大报告指出，科技是第一生产力、人才是第一资源、创新是第一动力，深入实施科教兴国战略、人才强国战略、创新驱动发展战略，开辟发展新领域新赛道，不断塑造发展新动能新优势。超级计算机就是科技中的代表。2010年11月17日，国际TOP500组织发布的第36届世界超级计算机排行榜中，天河一号以峰值速度4700万亿次/秒排名世界第一，这是我国超级计算机首次登上榜首。在2010—2018年间，由中国研发的天河二号、神威太湖之光曾连续数年位居世界超级计算机排行榜第一名。总地来说，中国在超算技术上的突破，是中国科研实力提升的有力象征，而目前中国不仅在超算技术上位列世界前列，在超算份额上也已经成为了世界第一。全世界有近45%的超级计算机都是由中国生产的，在技术所占份额创新高的情况下，中国未来很有可能会成为世界超算中心。超级计算机作为我国重大科技创新成果代表，对实现我国高水平科技自立自强、推进新时代强国强军事业作出了巨大贡献。

知识目标：

- 了解指令系统的概念和分类
- 理解指令的分类、周期
- 掌握指令的寻址方式

能力目标：

- 具有理解指令系统的概念、分类的能力
- 具有掌握指令周期、寻址方式、指令系统知识的能力
- 具有对计算机指令系统进行操作的能力

素质目标：

- 培养学生丰富的想象力和在指令系统方面的创新意识

笔记

视频讲解

- 培养学生在课堂小组团队中独立思考、合作探讨、虚心请教的素质
- 培养科技自信

学习重点：指令周期；操作数寻址；指令寻址

学习难点：指令周期；操作数寻址

5.1 任务1 学习指令系统概述

程序是指令的有序集合，指令是程序的组成元素，通常一条指令对应着一种基本操作。一个计算机能执行什么样的操作，能做多少种操作，是由该计算机的指令系统决定的。一个计算机的指令集合，就是该计算机的指令系统。每种计算机都有自己固有的指令系统，互不兼容。但同一系列的计算机其指令系统是向上兼容的。

每条指令由两部分组成：操作码字段和地址码字段，其格式如图5-1所示。

操作码字段：用来说明该指令所要完成的操作。

地址码字段：用来描述该指令的操作对象。一般是直接给出操作数，或者给出操作数存放的寄存器编号，或者给出操作数存放的存储单元的地址或有关地址的信息。

操作码	操作数(地址码)

图5-1 指令格式

根据地址码字段所给出地址的个数，指令格式可分为零地址、一地址、二地址、三地址、多地址指令。大多数指令需要双操作数，分别称两个操作数为源操作数和目的操作数，指令运算结果存入目的操作数的地址中去。这样，目的操作数的原有数据将被取代。Intel 8086/8088的双操作数运算指令就采用这种二地址指令。

指令中用于确定操作数存放地址的方法，称为寻址方式。如果地址码字段直接给出了操作数，这种寻址方式叫立即寻址；如果地址码字段指出了操作数所在的寄存器编号，叫寄存器寻址；如果操作数存放在存储器中，则地址码字段通过各种方式给出存储器地址，叫存储器寻址。

指令有机器指令和汇编指令两种形式。前一种形式由基2码(二进制)组成，它是机器所能直接理解和执行的指令。但这种指令不好记忆，不易理解，难写难读。因此，人们就用一些助记符来代替这种基2码表示的指令，这就形成了汇编指令。汇编指令中的助记符通常用英文单词的缩写来表示，如加法用ADD、减法用SUB、传送用MOV等。这些符号化了的指令使得书写程序、阅读程序、修改程序变得简单方便，但计算机不能直接识别和执行，在把它交付给计算机执行之前，必须翻译成计算机所能识别的机器指令。

> ⚠**注意**：汇编指令与机器指令是一一对应的，所以我们经常说汇编语言比C语言的执行效率要高。本书中的指令都使用汇编指令形式书写，便于学习和理解。

5.2 任务2 学习指令的分类

视频讲解

1. 数据传送指令

这是一种常用指令，用以实现寄存器与寄存器，寄存器与存储单元以及存储单元与存储单元之间的数据传送，对于寄存器来说，数据传送包括对数据的读(相当于取数指

笔记

令)和写(相当于存数指令)操作。数据传送时,数据从源地址传到目的地址,而源地址中的数据保持不变。数据传送指令可以一次传送一个数据,也可以一次传送一批数据。有些机器还设置了数据交换指令,这种指令和数据传送指令很相似,所不同的是它完成源操作数与目的操作数的互换,实现双向数据传送。

2. 算术运算指令

算术运算指令包括二进制数的运算及十进制数的运算指令。算术运算指令用来执行加、减、乘、除算术运算,它们有双操作数指令,也有单操作数指令。单操作数指令不允许使用立即寻址方式。乘法和除法指令的目的操作数采用隐含寻址方式,汇编指令只指定源操作数,源操作数不允许使用立即寻址方式。双操作数指令不允许目的操作数为立即寻址,不允许两个操作数同时为存储器寻址。段寄存器只能被传送、压栈、出栈。特别要强调的是,当汇编程序无法确定指令中操作数的长度时,必须用 BYTE PTR、WORD PTR、DWORD PTR 伪指令来指定操作数的长度。

注意:不论是双操作数还是单操作数,都不允许使用段寄存器。

3. 逻辑运算指令

一般计算机都具有与、或、非(求反)、异或(按位加)和测试等逻辑运算指令。有些计算机还设置了位操作指令,如位测试、位清除、位求反等指令。

4. 位移指令

位移指令可以实现对操作数左移或右移一位或若干位,按移位方式分为三种:算术位移指令、逻辑位移指令和循环位移指令。

算术位移的操作数为带符号数,逻辑位移的操作数为无符号数。主要差别在于右移时,填入最高位的数据不同。算术右移保持最高位(符号位)不变,而逻辑右移最高位补 0。循环位移按是否与进位位 CF 一起循环,还分为大循环(与进位位 CF 一起循环)和小循环(自己循环)两种,一般循环是指小循环,主要用于实现循环式控制、高低字节互换等。算术、逻辑位移指令还可用于实现简单乘除运算。

5. 堆栈操作指令

堆栈是由若干连续储存单元组成的先进后出(FILO)存储区,第一个送入堆栈中的元素存放到栈底,最后送入堆栈的元素存放在栈顶。栈底是固定不变的,栈顶却随着数据的入栈和出栈在不断变化。为了表示栈顶的位置,用一个寄存器指出栈顶的地址,这个寄存器就称为堆栈寄存器 SP。

由于堆栈具有先进后出的特性,因而在中断服务程序、子程序调用过程中广泛用于保存返回地址、状态标志及现场信息。另一个重要的作用是在子程序调用时利用堆栈传递数据。首先把所需传递的参数压入堆栈中,然后调用子程序。

6. 字符串处理指令

字符串处理指令是一种非数值处理指令,一般包括字符串传送、字符串转换(把一种编码的字符串转换为另一种编码的字符串)、字符串比较及字符串查找(查找字符串中的某个子串)。

7. 其他指令

(1) 输入/输出指令。

计算机本身仅是数据处理和管理机构,不能产生原始数据,也不能长期保存数据。

笔记

所处理的一切原始数据均来自输入设备，所得的处理结果必须通过外部设备输出。这些工作要使用输入/输出指令。由此可见，输入/输出指令是计算机中很重要的一类指令。

(2) 特权指令。

所谓特权指令是指具有特殊权限的指令，由于这类指令的权限最大，所以如果使用不当，就会破坏系统或其他用户信息。因此为了安全起见，这类指令只能用于操作系统或其他系统软件，而一般不直接提供给用户使用。

一般说来，在单用户、单任务的计算机中不具有也不需要特权指令，而在多用户、多任务的计算机系统中，特权指令却是不可缺少的。它主要用于系统资源的分配和管理，包括改变系统的工作方式，检测用户的访问权限，修改虚拟存储器管理的段表、页表和完成任务的创建与切换等。

(3) 转移指令。

转移指令用来控制程序的执行方向，实现程序的分支。按转移的性质，转移指令分为无条件转移指令和条件转移指令。无条件转移指令不受任何条件约束，直接把控制转移到所指定的目的地，从那里开始执行。而条件转移指令却先测试某些条件，然后根据所测试的条件是否满足来决定转移或不转移。计算机中的 CPU 设有一个状态寄存器，用来保存最近执行的算术、逻辑运算指令、位移指令等结果标志。

(4) 陷阱与陷阱指令。

陷阱实际上是一种意外中断事故，中断的目的不是为请求 CPU 的正常处理，而是为了通知 CPU 出现了故障，并根据故障的情况，转入相应的故障处理程序。

(5) 子程序调用指令。

在编写程序的过程中，常常需要编写一些经常使用的、能够独立完成某一特定功能的程序段，在需要时调用，而不必重复编写，以便节省存储空间和简化程序设计，这就是所谓的子程序。子程序调用指令就是在主程序中调用这些子程序段所使用的指令。它类似无条件转移 JMP 指令，所不同的是，子程序执行结束是要返回的。

5.3 任务3 学习指令周期

视频讲解

1. 指令周期的基本概念

计算机之所以能自动地工作是因为 CPU 能从存放程序的内存中取出一条指令并执行这条指令；紧接着又取下一条指令，执行下一条指令……，如此周而复始，构成一个封闭的循环。除非遇到停机指令，否则这个循环将一直继续下去。

2. 指令周期的过程

通常将一条指令从取出到执行完毕所需要的时间称为指令周期。对应指令执行的三个阶段，指令周期一般分为：取指周期、取操作数周期和执行周期三个部分。

(1) 取指周期。

取指周期是取出某条指令所需的时间。

在取指周期中 CPU 主要完成两个操作：①按程序计数器 PC 的内容取指令；②形成后继指令的地址。

取指周期=(指令的长度/存储字的长度)×主存的读写周期。我们可以用设计指令格式时缩短指令长度、设计主存时增加主存储字字宽和采用快速的主存等措施来缩

笔记

短取指周期,提高取指的速度。

(2) 取操作数周期。

取操作数周期是为执行指令而取操作数所需的时间。

取操作数周期的长短与操作数的个数有关、与操作数所处的物理位置有关还与操作数的寻址方式有关。取操作数周期中应完成的操作是,计算操作数地址并取出操作数。操作数有效地址的形成由寻址方式确定。

> **小知识**:寻址方式不同,有效地址获得的方式不同、过程不同,提供操作数的途径也不同。因此操作数周期所进行的操作对不同的寻址方式是不相同的。

(3) 执行周期。

执行周期是完成指令所规定的操作和传送结果所需的时间。

它与指令规定的操作复杂程度有关。例如,一条加法指令与一条乘法指令的指令周期是不同的。执行周期还与目的操作数的物理位置和寻址方式有关。状态信息中的条件码在执行周期中存入程序状态字 PSW。若该指令是转移指令,在该周期中还要生成转移地址。

指令周期常常用若干 CPU 周期表示,CPU 周期也称为机器周期。由于 CPU 内部的操作速度较快,而 CPU 访问一次内存所花的时间较长,因此通常用内存中读取一个指令字的最短时间来规定 CPU 周期。每个机器周期又包含若干时钟周期。

一个指令周期包含的机器周期个数也与指令所要求的动作有关,如单操作数指令,只需要一个取操作数周期,而双操作数指令需要两个取操作数周期。实际上,不同的指令可以有不同的机器周期个数,而每个机器周期又可包含不同的时钟脉冲个数。

在 CPU 的控制中除了有取指周期、取操作数周期、执行周期外,还有中断周期、总线周期及 I/O 周期。中断周期用于完成现行程序与中断处理程序间的切换,总线周期用于完成总线操作及总线控制权的转移,I/O 周期完成输入/输出操作。

> **小知识**:指令周期中所包含的 CPU 周期的长度并不是相同的,因此指令周期又分为定长 CPU 周期组成的指令周期和不定长 CPU 周期组成的指令周期。

视频讲解

5.4 任务 4 学习寻址方式

寻址方式是指如何在指令中表示一个操作数的地址以及如何确定下一条将要执行的指令地址。前者称为操作数寻址,后者称为指令寻址。寻址方式是指令系统中一个重要的内容,与硬件结构密切相关。尤其对于使用汇编语言编写程序的人来说,了解寻址方式在明确数据的流向以及计算指令的执行时间等方面都是非常重要的。

不同系列的微处理器,其寻址方式不完全相同,但其原理基本上是一样的。本节以8088/8086 为例,介绍各种寻址方式。

5.4.1 活动 1 详解操作数寻址

操作数寻址也叫数据寻址,是指寻找和获得操作数或操作数存放地址,是形成操作数有效地址的方法。机器执行指令的目的就是对指定的操作数完成规定的操作,将操作结果存入规定的地方。因此,如何获得操作数的存放地址及操作结果的存放地址就是一个很关键的问题。8088/8086 CPU 有多种方法来获取操作数的存放地址及操作结果的存放地址,这些方法统称为数据寻址方式。

操作数及操作结果存放的地点有三处:存放在指令的地址码字段中;存放在寄存器中;存放在存储器的数据段、堆栈段或附加数据段中。与之对应有三种操作数,即立即操作数、寄存器操作数、存储器操作数。寻找这些操作数有三种基本寻址方式,即立即寻址方式、寄存器寻址方式、存储器寻址方式。其中,存储器寻址又包括多种寻址方式。下面分别介绍这些寻址方式。

1. 立即寻址方式

立即寻址方式是指寻找的操作数紧跟在指令操作码之后,也就是说地址码字段存放的不是操作数的地址,而是操作数本身。立即数作为指令的部分存放于代码段中,紧跟在操作码之后,CPU 在取指令的同时取出立即数参与运算。立即数可以是一个 8 位整数,也可以是一个 16 位整数。

立即寻址方式的特点是:指令执行的时间很短,因为不需要访问存储器获取操作数,从而节省了访问存储器的时间;立即寻址方式的使用范围很有限,主要用于给寄存器赋初值。

【例 5-1】 MOV　AX,67

指令执行后,(AX)=67。

【例 5-2】 MOV　AL,0FFH

操作的示意图如图 5-2 所示。

【例 5-3】 MOV　AX,1234H

操作的示意图如图 5-3 所示。

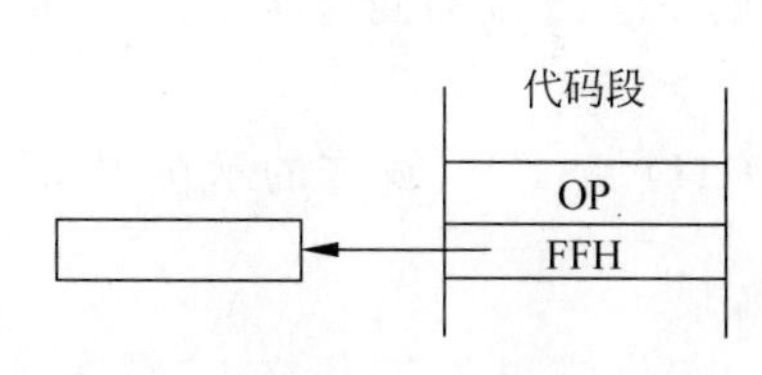

图 5-2　8 位立即寻址操作示意图

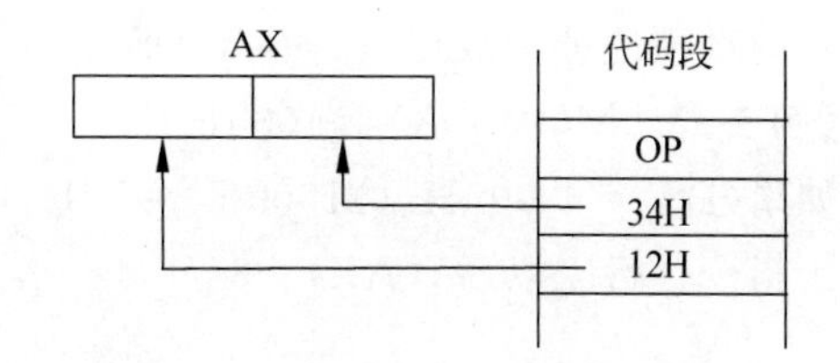

图 5-3　16 位立即寻址操作示意图

另外要注意,这种寻址方式不能用于单操作数指令;若用于双操作数指令,也只能用于源操作数字段,不能用于目的操作数字段。

2. 寄存器寻址方式

寄存器寻址方式是指寻找的操作数存放在某个寄存器中,在指令中指定寄存器号。这里的寄存器可以是 8 位的(AL,AH,BL,BH,CL,CH,DL,DH),也可以是 16 位的(AX,BX,CX,DX,SI,DI,SP,BP)。

这种寻址方式的特点是:寄存器数量一般在几个到几十个,比存储器单元少很多,因此它的地址码短,从而缩短了指令长度,节省了程序存储空间。另一方面,从寄存器里取数比从存储器里取数的速度快得多,从而提高了指令执行速度。

【例 5-4】 MOV　AX,BP

这条指令的执行结果是将寄存器 BP 中的内容送到寄存器 AX 中。如果执行前

笔记

(AX)=0000H,(BP)=1122H,则指令执行后(AX)=1122H,BP 中的值不变。这条指令的执行情况如图 5-4 所示。

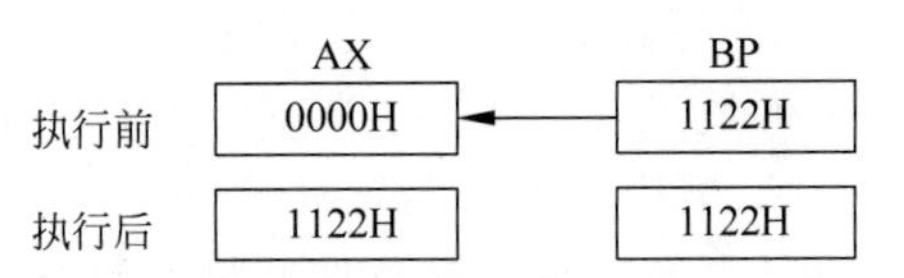

图 5-4 寄存器寻址方式示意图

注意:以上的两种寻址方式在寻找操作数的过程中没有涉及存储器,所以千万不要理解为和内存操作有关系。

3. 存储器寻址方式

当操作数存放在存储器中的某个单元时,CPU 要访问存储器才能获得该操作数。要访问存储器中的某个单元,就必须知道该单元的地址。如果存储器的存储单元地址是 20 位(物理地址),而在指令中一般只会给出段内偏移地址(有效地址),需结合段地址形成 20 位物理地址,才能找到操作数。通过指令中各种不同的形式计算出有效地址的方法就构成了不同的存储器寻址方式。下面分别进行介绍。

(1) 直接寻址方式。

直接寻址方式是指寻找的操作数的有效地址在指令中直接给出,即指令中直接给出的 16 位偏移地址就是操作数的有效地址。该有效地址存放在代码段中的指令操作码之后,其中低 8 位为低地址,高 8 位为高地址。但如果没有特殊说明,操作数通常存放在数据段中,所以必须求出操作数的物理地址,然后再访问存储器才能够获得操作数。操作数的物理地址通过段寄存器和有效地址求得。例如,若数据存放在数据段中,那么它的物理地址为数据段寄存器 DS 左移 4 位再加上 16 位的偏移地址。

【例 5-5】 MOV AX,[1000H]

如果(DS)=30000H,(31000H)=56H,(31001H)=34H。操作的示意图如图 5-5 所示。指令执行完以后,(AX)=3456H。

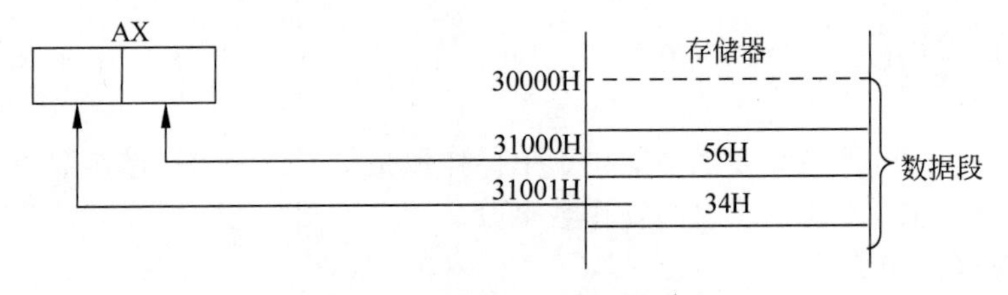

图 5-5 直接寻址方式示意图

需要注意的是,这条指令的功能是将数据段中的偏移地址为 1000H 和 1001H 的存储单元中的内容送到 AX 中,而不是立即将数 1000H 送到 AX 中。

小知识:直接寻址方式默认的段寄存器是 DS,也就是操作数存放在数据段。如果操作数不是存放在数据段中,则需要在偏移地址前加上段超越前缀。

笔记

?思考：直接寻址方式和立即数寻址方式的主要区别是什么?

【例 5-6】 MOV　AL,ES:[2000H]

这条指令的执行结果是,将附加段中偏移地址为 2000H 的存储单元中的内容送入 AL 寄存器中。

(2) 寄存器间接寻址方式。

寄存器间接寻址方式是指操作数的有效地址在基址寄存器(BX、BP)或变址寄存器(SI、DI)中,而操作数则在存储器中。寄存器间接寻址方式与寄存器寻址方式的区别在于指令中指示的寄存器中的内容不是操作数,而是操作数的偏移地址。

寄存器间接寻址方式的特点是:指令中给出的寄存器号必须使用方括号[ ]括起来,以便和寄存器寻址方式相区别;由于寄存器中存放的是操作数的偏移地址,因此指令在执行过程中要访问存储器一次。

【例 5-7】 MOV AX,[BX]
MOV AX,[SI]

其中“[BX]”“[SI]”都是寄存器间接寻址方式。

在使用寄存器间接寻址方式时,需要注意以下几点。

(1) 寄存器间接寻址方式可用的寄存器只能是基址寄存器(BX、BP)或变址寄存器(SI、DI)中的一个,通常将这四个寄存器简称为间址寄存器。

(2) 选择不同的间址寄存器,涉及的段寄存器也不同。如果指令中指定的寄存器是 BX、SI、DI,则操作数默认在数据段中,取 DS 寄存器的值作为操作数的段地址值;如果指令中指定的寄存器是 BP,则操作数默认在堆栈段中,取 SS 寄存器的值作为操作数的段地址值,从而计算得到操作数的 20 位物理地址,继而访问到操作数。

(3) 不论选择哪个间址寄存器,指令中都可以指定段超越前缀来获得指定段中的数据。

【例 5-8】 MOV AX,[BX]

如果(DS)=30000H,(BX)=1010H,(31010H)=12H,(31011H)=24H。则操作数的 20 位物理地址=30000H+1010H=31010H,操作的示意图如图 5-6 所示。

指令执行完以后,(AX)=2412H。

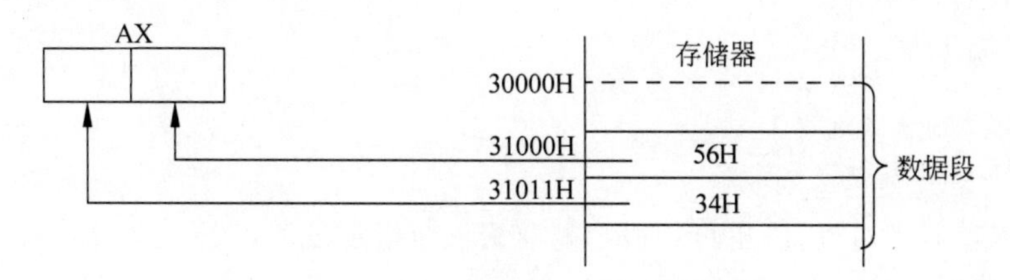

图 5-6　寄存器间接寻址方式示意图

【例 5-9】 MOV　AX,ES:[BX]

这条指令表示将附加数据段偏移量(BX)处的字节数据送到 AX 寄存器中去。

这种寻址方式一般用于访问表格,执行完一条指令后,通过修改 SI、DI、BX 或 BP 的内容就可访问表格的下一数据项的存储单元。

笔记

(3) 寄存器相对寻址方式。

寄存器相对寻址方式是指操作数的偏移地址是指令中指定间址寄存器的内容与指令中给出的一个8位或16位偏移量之和。操作数默认位于哪个段中,是由指令中使用的间址寄存器决定的。指令中指定的寄存器是BX、SI、DI、BP时,它们与操作数默认存放位置和段地址值的对应关系情况同寄存器间接寻址方式中一样。

寄存器相对寻址方式的特点是:指令中给出的8位或16位偏移量是相对于间址寄存器而言的,因此可以把寄存器相对寻址方式看成是带偏移量的寄存器间接寻址。这种寻址方式一般用于访问表格,表格首地址可设置为变量名,通过修改SI、DI、BX或BP的内容来访问表格的任一数据项的存储单元。

【例5-10】 DISP是数据段中16位偏移量的符号地址,假设它为0100H,有指令:

```
MOV  AX,DISP[SI]
```

若(DS)=20000H,(SI)=00A0H,(201A0H)=12H,(201A1H)=34H,则源操作数的20位物理地址=20000H+0100H+00A0H=20000H+01A0H=201A0H。

操作的示意图如图5-7所示,这条指令的执行结果为(AX)=3412H。

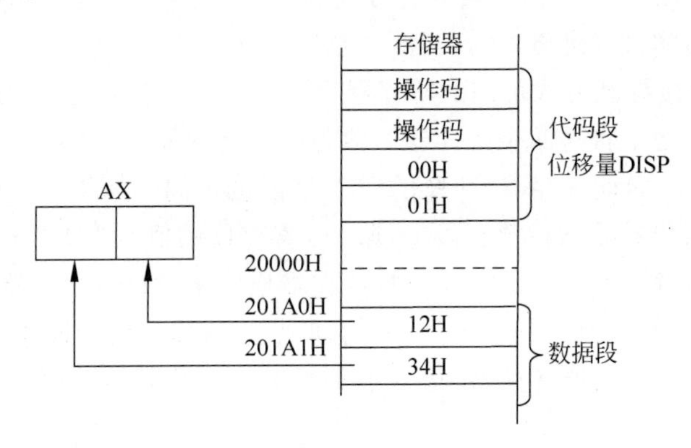

图5-7 寄存器相对寻址方式示意图

在汇编语言中,相对寻址的书写格式非常灵活,例5-10中的指令还可以写成以下的任何一种形式:

```
MOV  AX,[DISP + SI]
MOV  AX,[SI + DISP]
MOV  AX,[SI] + DISP
MOV  AX,DISP + [SI]
MOV  AX,[SI]DISP
```

对于寄存器相对寻址,也可用段超越前缀重新指定段寄存器。

【例5-11】 MOV AL,ES:DISP[SI]

这条指令虽然使用了SI作为间址寄存器,但是同时使用了段超越前缀ES,因此操作数是存放在附加段中,而不是默认的数据段中。故而必须使用ES而不是DS作为段地址来计算操作数的物理地址。这条指令的执行结果是将附加段中偏移地址为(SI)+DISP的存储单元中的内容送入AL中。

?思考：寄存器间接寻址和寄存器相对寻址的区别是什么？

笔记

(4) 基址变址寻址方式。

基址变址寻址方式是指操作数的偏移地址是一个基址寄存器(BX、BP)和一个变址寄存器(SI、DI)的内容之和。基址变址寻址方式的格式表示为：[基址寄存器名][变址寄存器名]或[基址寄存器名＋变址寄存器名]。操作数默认位于哪个段中，是由指令中使用的基址寄存器决定的，同寄存器间接寻址方式中介绍的对应关系一样。

基址变址寻址方式的特点是：指令中使用的两个寄存器都要用方括号[ ]括起来，表示寄存器中的内容不是操作数而是偏移地址。

【例 5-12】 MOV AX,[BX][SI]或写为：MOV AX,[BX＋SI]。

其中"[BX][SI]""[BX＋SI]"都是基址变址寻址方式。

【例 5-13】 MOV　AX,[BX][SI]或写为 MOV　AX,[BX＋SI]。

若(DS)＝20000H,(BX)＝0500H,(SI)＝0010H,则偏移地址＝0500H＋0010H＝0510H。

20 位物理地址＝20000H＋0510H＝20510H。

如(20510H)＝12H,(20511H)＝34H,操作的示意图如图 5-8 所示,这条指令的执行结果为(AX)＝3412H。

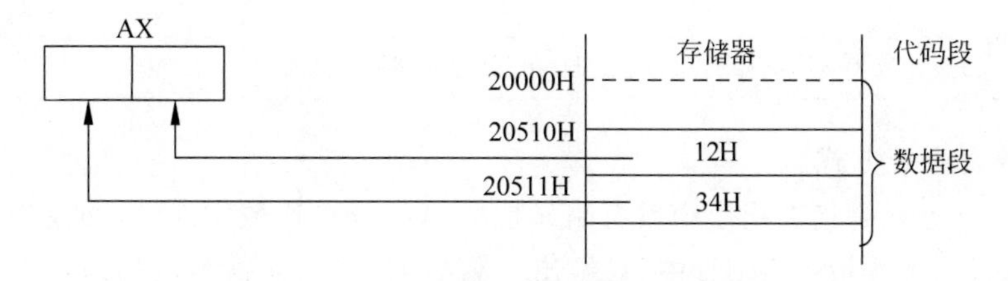

图 5-8　基址变址寻址方式示意图

当然,也可用段超越前缀重新指定段寄存器,如：

```
MOV  AL,ES: [BX][SI]
```

这种寻址方式同样可用于访问表格或数组。将表格或数组首地址存入基址寄存器,通过修改变址寄存器内容可访问到表格或数组的任一数据项的存储单元。由于这种寻址方式两个寄存器内容都可修改,因此它比寄存器相对寻址更灵活。

(5) 相对基址变址寻址方式。

相对基址变址寻址方式是指操作数偏移地址是一个基址寄存器和一个变址寄存器以及一个 8 位或 16 位偏移量之和。操作数默认位于哪个段中,是由指令中使用的基址寄存器决定的,同寄存器间接寻址方式中介绍的对应关系一样。

【例 5-14】 MOV　AL,TABLE[BX][SI]

其中"TABLE [BX][SI]"是相对基址变址寻址方式,也可写成

　　MOV　AL,TABLE[BX＋SI]

或　MOV　AL,[TABLE＋BX＋SI]

【例 5-15】 TABLE 是数据段中定义的一个符号地址,假设它在数据段中的偏移

地址是 1000H。

MOV　AX,TABLE[BX][DI]

若(DS)＝20000H,(BX)＝0100H,(DI)＝0020H,则偏移地址＝1000H＋0100H＋0020H＝1120H。

20 位物理地址＝20000H＋1120H＝21120H。

如(21120H)＝12H,(21121H)＝34H,操作的示意图如图 5-9 所示,执行完指令以后(AX)＝3412H。

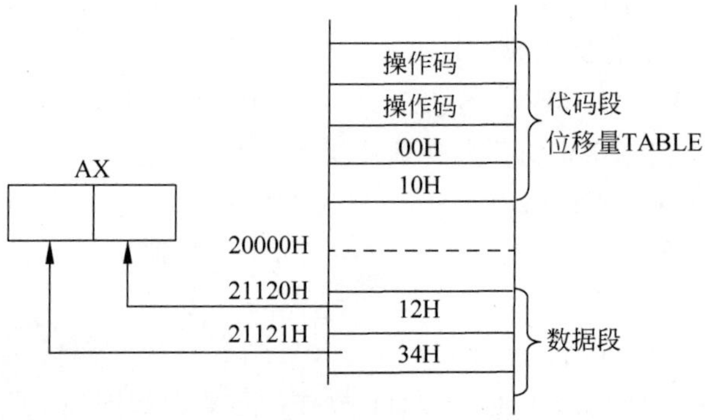

图 5-9　相对基址变址寻址方式示意图

思考：基址变址寻址和相对基址变址寻址的区别是什么？

(6) 隐含寻址方式。

隐含寻址方式是指在指令中没有明显地给出部分操作数的地址,而是隐含于指令码中。例如,在乘法指令 MUL 中,只给出了乘数的地址,而被乘数的地址以及乘积结果的存放地址都是隐含的,被乘数的地址固定取 AL,乘积结果的存放地址固定取 AX。例如,指令 MUL BL 的执行结果为(AL)×(BL)→(AX)。因此,乘法指令中的 AL 和 AX 属于隐含地址。

5.4.2　活动 2　详解指令寻址

指令寻址是指如何确定下一条将要执行的指令所在的地址,即形成指令转移地址的方法。

指令寻址主要有顺序寻址方式和跳转寻址方式两种。顺序寻址方式指通过程序计数器 PC 自动形成下一条指令的地址；跳转寻址方式则通过转移指令来实现。

1. 顺序寻址方式

通常情况下,程序是按照书写的顺序一条接一条地执行,即先从存储器中取出第 1 条指令,然后执行第 1 条指令；接着从存储器中取出第 2 条指令,然后执行第 2 条指令；依次执行下去。这种方式就是指令的顺序寻址方式。为了实现顺序寻址,需要使用程序计数器 PC 来保存指令的地址,每执行完一条指令后,PC 的值进行自加,形成下一条指令的地址。程序执行时总是从程序计数器中获取将要执行的指令地址。对于采用字节编址的存储系统,PC 每次自加的值要根据指令的长度来确定,对于 1 字节长的

笔记

指令，PC每次自加的值为1；对于2字节长的指令，PC每次自加的值为2；对于4字节长的指令，PC每次自加的值为4。

图5-10所示为顺序寻址方式示意图。假设程序在内存中存放的起始地址为1000H，程序从地址为1000H处的指令开始执行，此时程序计数器中的值为1000H，第1条指令执行完成后，程序计数器的值自动加2，于是顺序执行第2条指令。第2条指令执行完成后，程序计数器的值再自动加2，继续顺序执行第3条指令。

程序计数器：1000　+2

指令地址(H)	指令
→1000	MOV AL，01H
1002	MOV BL，02H
1004	ADD AL，BL
1006	JMP 100D
1009	MOV CL，AL
100B	MOV AL，01H
100D	MOV BL，03H
100F	ADD AL，BL
1011	JMP 1000
1014	…

(a) 执行第1条指令时PC的值

程序计数器：1002　+2

指令地址(H)	指令
1000	MOV AL，01H
→1002	MOV BL，02H
1004	ADD AL，BL
1006	JMP 100D
1009	MOV CL，AL
100B	MOV AL，01H
100D	MOV BL，03H
100F	ADD AL，BL
1011	JMP 1000
1014	…

(b) 执行下一条指令时PC的值

图5-10　指令的顺序寻址方式示意图

2. 跳转寻址方式

当程序在执行过程中遇到转移指令时，指令的寻址就会采取跳转寻址方式。所谓跳转寻址，是指下一条指令的地址不是通过程序计数器自加获得的，而是通过本条指令给出。通过使用本条指令给出的转移地址更新程序计数器的内容，完成指令地址的转移。

图5-11所示为指令长度为3字节的跳转寻址方式示意图。假设程序顺序执行到第4条指令，也就是转移指令JMP 100D。第4条指令执行的结果就是把地址100D装载到程序计数器中，因此下一条要执行的指令地址为100D，也就是第7条指令。由于第7条指令不是转移指令，因此这条指令执行完成后，程序计数器自动加2。因此，下一条将执行的指令就是地址为100F的指令，即第8条指令。

3. 8086 CPU中的跳转寻址方式

跳转寻址是指指令突破顺序执行的限制，而转向另一个地址来执行，这种地址的转移在Intel 8086 CPU中是通过修改CS和IP的值来实现的。跳转寻址方式可分为段内寻址和段间寻址两类。由于段内寻址方式的转向地址仍在本代码段内，因此只需修改IP的内容，不需要修改CS的内容；而段间寻址方式由于其转向地址不在原代码段内，因此IP和CS的内容都要发生变化。

笔记

程序计数器：100D

指令地址(H)	指令
1000	MOV AL，01H
1002	MOV BL，02H
1004	ADD AL，BL
→1006	JMP 100D
1009	MOV C，ALL
100B	MOV AL，01H
100D	MOV BL，03H
100F	ADD AL，BL
1011	JMP 1000
1014	…

(a) 执行第4条指令时PC的值

程序计数器：100D　+2

指令地址(H)	指令
1000	MOV AL，01H
1002	MOV BL，02H
1004	ADD AL，BL
1006	JMP 100D
1009	MOV CL，AL
100B	MOV AL，01H
→100D	MOV BL，03H
100F	ADD AL，BL
1011	JMP 1000
1014	…

(b) 执行下一条指令时PC的值

图 5-11　指令的跳转寻址方式示意图

（1）段内直接寻址方式。

段内直接寻址方式下转向的有效地址是当前 IP 寄存器的内容与指令中给出的 8 位或 16 位偏移量之和，此求和结果将成为新的 IP 寄存器值。这种寻址方式下转向的有效地址是通过相对于当前 IP 的偏移量来表示的，因此是一种相对寻址方式。这就保证了不论程序段在哪块内存区域中运行，都不会影响转移指令本身。段内直接寻址方式示意图如图 5-12 所示。

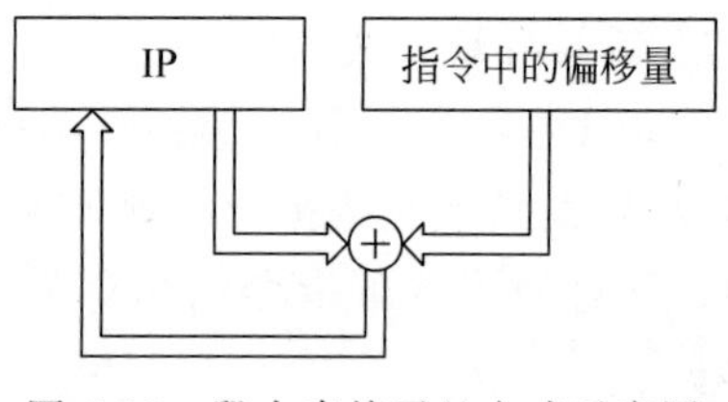

图 5-12　段内直接寻址方式示意图

使用段内直接寻址方式时，需要注意以下几点。

① 偏移量可以是正值，也可以是负值。

② 既适用于条件转移，也适用于无条件转移。

③ 这种寻址方式是条件转移指令唯一可以使用的一种寻址方式，并且当用于条件转移时只能使用 8 位偏移量。对于 JMP 和 CALL，可使用跳转寻址方式 4 种方式中的任何一种。

④ 当用于无条件转移时，若偏移量为 8 位，称为段内直接短转移，转移范围是 －128～＋127，在指令中需在转向的符号地址前面加操作符 SHORT；若偏移量为 16 位，称为段内直接近转移，转移范围是 －32768～＋32767，在指令中需在转向的符号地址前面加操作符 NEAR PTR。

⑤ 指令中通常使用符号地址来指定偏移量，也就是需要程序在执行过程中计算符号地址与转移指令之间的距离。

【例 5-16】　JMP　SHORT　FUNC

这条指令将实现段内直接短转移，其中 FUNC 为程序中的符号地址。

笔记

(2) 段内间接寻址方式。

段内间接寻址方式下转向的有效地址是一个寄存器或一个存储单元的内容，这一内容将成为新的 IP 寄存器值。这个寄存器或存储单元的内容可以通过上面讲的除立即寻址方式以外的任何一种数据寻址方式获得。另外段内间接寻址方式不能用于条件转移指令，段内间接寻址方式示意图如图 5-13 所示。

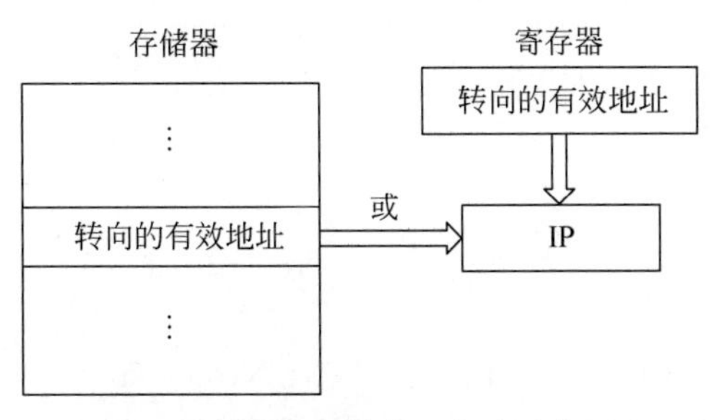

图 5-13 段内间接寻址方式示意图

【例 5-17】 JMP AX

这条指令的寻址方式是段内间接寻址。转向的有效地址存放在寄存器 AX 中。若(AX)＝2000H，则指令执行后(IP)＝2000H。

【例 5-18】 JMP FUNC[BX]

这条指令的寻址方式是段内间接寻址。转向的有效地址存放在数据段中偏移量为 BX＋FUNC 的存储单元中，其中 FUNC 为程序中的符号地址。

若(DS)＝20000H，(BX)＝2288H，FUNC＝1020H，(232A8H)＝5020H，则指令执行后(IP)＝(20000H＋2288H＋1020H)＝(232A8H)＝5020H。

?思考： 段内直接寻址和段内间接寻址的区别是什么？

(3) 段间直接寻址方式。

段间直接寻址方式下使用指令中直接给出的 16 位段地址和 16 位偏移量来分别取代 CS 和 IP 的内容，从而实现段间的转移。段间直接寻址方式示意图如图 5-14 所示。

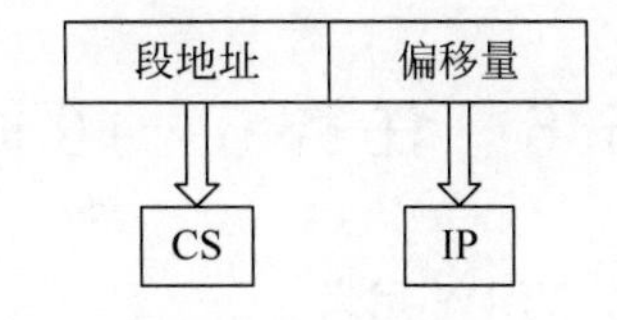

图 5-14 段间直接寻址方式示意图

【例 5-19】 JMP FAR PTR EXTFUNC

这条指令使用直接寻址方式完成段间的转移，其中 EXTFUNC 为转向的符号地址，存放着 CS 和 IP 的新值；FAR PTR 为段间转移的操作符。

(4) 段间间接寻址方式。

段间间接寻址方式下使用存储器中连续两个字的内容分别取代 CS 和 IP 寄存器中原来的内容，每个字在存储器中占用 2 字节，其中高地址单元的字取代 CS 值，低地址单元的字取代 IP 值。保存转向地址的存储单元的有效地址可以通过除立即寻址方式和寄存器寻址方式以外的任何一种寻址方式来获得，段间间接寻址方式示意图如图 5-15 所示。

笔记

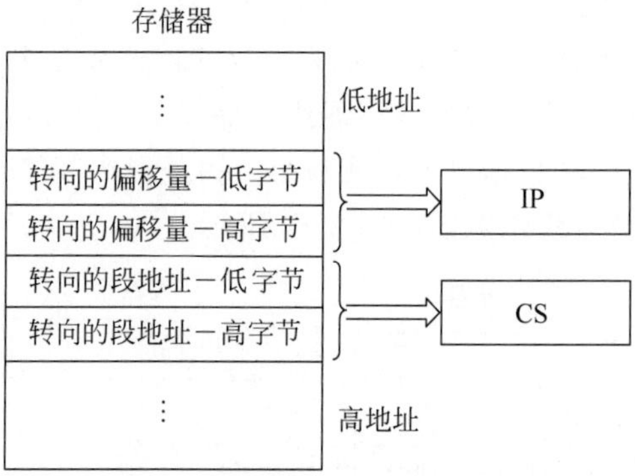

存储器

⋮	低地址
转向的偏移量－低字节	→ IP
转向的偏移量－高字节	
转向的段地址－低字节	→ CS
转向的段地址－高字节	
⋮	高地址

图 5-15　段间间接寻址方式示意图

【例 5-20】 JMP　DWORD PTR［BX＋FUNC］

这条指令使用段间间接寻址方式实现指令的跳转。其中 BX＋FUNC 为数据段中存放转向地址的偏移量，DWORD PTR 为双字操作符，说明转向地址将取两个字。指令的执行结果是将数据段中偏移量为 BX＋FUNC 和 BX＋FUNC＋1 地址单元的内容送到 IP 中，偏移量为 BX＋FUNC＋2 和 BX＋FUNC＋3 地址单元的内容送到 CS 中。

?思考：段间直接寻址和段间间接寻址的区别是什么？

视频讲解

5.5　任务 5　学习 8088/8086 CPU 的指令系统

5.5 节扩展内容

本任务中主要包含的内容有数据传送指令、算术运算指令、逻辑运算和移位指令、串操作指令、控制转移指令和处理器控制指令。如果想学习各类指令的具体内容可扫描此处二维码。

5.6　任务 6　超长指令字指令系统 VLIW

视频讲解

1. VLIW 定义

依据指令长度的不同，指令系统可分为复杂指令系统(Complex Instruction Set Computer，CISC)、精简指令系统(Reduced Instruction Set Computer，RISC)和超长指令字(Very Long Instruction Word，VLIW)指令集三种。CISC 中的指令长度可变；RISC 中的指令长度比较固定；VLIW 本质上来讲是多条同时执行的指令的组合，其“同时执行”的特征由编译器指定，无须硬件进行判断。超长指令字通常会利用两个技术：循环展开和软件管道。

超长指令字指的是一种被设计为可以利用指令级并行(ILP)优势的 CPU 体系结构。传统的中央处理单元(CPU)通常只允许程序指定仅顺序执行的指令，而 VLIW 处理器允许程序明确指定并行执行的指令。此设计旨在能避开一些其他设计固有的缺点，实现更高的性能。改善处理器性能的传统方法包括将指令分为多个子步骤，以便可以部分同时执行这些指令(称为流水线)，在处理器的不同部分(超标量体系结构)独立调度要独立执行的指令，甚至以不同于程序的顺序执行指令（乱序执行）。这些方法都使硬件复杂化（电路更大、成本和能耗更高），因为处理器必须在内部做出所有决策才能使这些方法起作用。

2. VLIW 的特点

对比 CISC 和 RISC，可以看出 VLIW 的特点如图 5-28 所示。

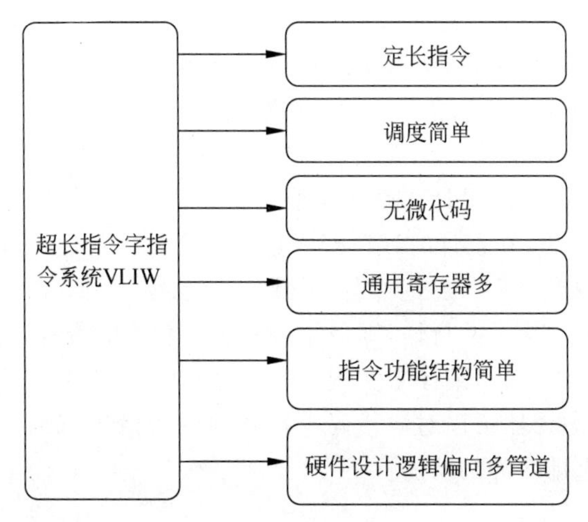

图 5-28　超长指令字指令系统 VLIW 特点

3. VLIW 设计原理

VLIW 结构的最初思想是最大限度利用指令级并行（Instruction Level Parallelism，ILP），VLIW 的一个超长指令字由多个互相不存在相关性（控制相关、数据相关等）的指令组成，可并行进行处理。VLIW 可显著简化硬件实现，但增加了编译器的设计难度。因此，VLIW 的设计原理进行了改进。

VLIW 处理器的一个超长指令字包含多个操作字段，每个字段可与相应的功能部件对应。这些操作字段包括可并行执行的多个运算器控制指令字段、若干个存储器控制指令字段和其他操作控制字段。各运算部件和共享的大容量寄存器堆直接相连，以便提供运算所需要的操作数或存放运算结果，对数据的读/写操作也可以通过存储器指令字段对指定存储模块中的存储单元进行。运行时不需要用软件或硬件来检测其并行性，而直接由超长指令字来控制机器中多个相互独立的功能部件并行操作。虽然这种字段控制方式的思路来自微程序控制器的水平微指令方式，但微指令只对一个运算部件进行控制，而 VLIW 是对多个功能部件并行控制。

实际上，VLIW 的实现是由编译器将多条可以发送的标准指令捆绑在一条超长指令字中。基于多个可以同时执行的功能部件的支持，处理器在一个时钟周期内可以发射超长指令字中的多条指令，实现多条指令的并行执行。VLIW 指令中的字段数是固定的，因此要提高 VLIW 处理器同时发射指令的条数，就需要重新设计 VLIW 指令格式，增加有关功能部件，并重新设计编译系统。这与同样具有多发射指令的超标量处理器不同。超标量处理器具有多条指令执行流水线，指令的并行性由处理模块硬件来检验，无须编译保证。增加处理模块的个数有可能提高超标量处理器同时发射指令的条数。每条指令对应每个功能单元有几个域，每个功能单元可能占用 16～24 位，从而指

笔记

令长度达到 112～168 位。为了充分利用功能单元，要求代码序列必须有较大的并行度来有效填充操作槽。通过循环展开和使用全局的调度技术来对基本块进行调度可获得较高的并行度。除了通过循环展开消除分支转移的开销，全局调度策略可将指令跨转移点移动。

超长指令字有助于开发程序中的指令级并行性。一个超长指令字包含了多条基本指令(primitive instructions)，它们被发送到不同的 VLIW 入口中并行执行。但是这个能力不是在执行时由硬件负责，而是由编译器赋予的。编译器在生成的目标代码中把彼此独立的基本指令分到一个组里，以并行执行。由于超长指令字处理器不需要动态调度，也不需要进行重定向操作，所以它的控制逻辑相当简单。

相比而言，CISC 指令的设计原则在于取出指令，执行完毕再进行下一条，所以其本质上是线性的。而 RISC 在设计时就已经考虑到管道技术的便利性，形象地讲，取出指令，放进管道，就直接去下一条指令了。但无论是哪一种，本质上都是单发射的。VLIW 则是从根本上明确了并行性，即单指令是多个功能的聚合，与上面两者依靠硬件来完成并行不同，VLIW 通过编译来实现并行。这依赖于编译器对指令集的可见度比硬件要大很多，而且编译器可以对源代码进行各项分析优化，最后，大量的寄存器可以轻易实现超标量的重排缓冲的功能。

5.7 项目总结

项目 5 介绍了指令系统和寻址方式。指令系统是构成计算机系统的主要部分。一台计算机所能执行的所有动作构成它的指令系统，指令系统也指示着计算机系统的能力。指令的种类非常多，常见的指令有数据传送指令、运算指令、移位指令等。不同的指令其完成的动作是不一样的，其消耗的时间也是不一样的，因此描述指令的执行周期要借助中央处理器的时钟周期。指令周期由取指令周期、取操作数周期和执行指令周期构成。计算机的工作过程就是在不停地寻找指令地址的过程。指令分为零地址指令、一地址指令、二地址指令和多地址指令，每一条指令都有地址。寻找指令地址就是寻找操作数的地址。操作数存放位置的不同，因此寻址分为立即寻址、寄存器寻址和存储器寻址。最后介绍了 16 位操作系统 8088/8086 CPU 的指令系统和超长指令字指令系统 VLIW。

5.8 拓展训练

1. 一般来说，每条指令包含(　　)和地址码。

A. 操作码　　B. 数据码　　C. 逻辑码　　D. 控制码

2. 在直接寻址方式中，指令中的地址码是(　　)。

A. 操作数　　B. 操作数地址　　C. 指令地址　　D. 变址地址

3. 指令包括操作码和操作数(地址码)，大多数指令需要双操作数，分别称为(　　)和(　　)。

A. 源操作数和目的操作数　　B. 源操作数和逻辑操作数

C. 逻辑操作数和目的操作数　　　　D. 逻辑操作数和状态操作数

4. 取出并执行一条指令的时间为(　　)。

A. 指令周期　　B. 机器周期　　C. 取指周期　　D. 执指周期

5. 在下面的寻址方式中,(　　)速度最快。

A. 立即寻址　　B. 间接寻址　　C. 直接寻址　　D. 变址寻址

6. 下面不属于指令系统的是(　　)。

A. CISC　　B. RISC　　C. VLIW　　D. WWW

笔记

项目6 学习计算机存储系统

计算机的存储系统是具有几个层次的系统结构，从高速缓存（Cache）到外部存储器，特点如下：存取速度从高到低，存取容量从小到大，价格从高到低，并且它们的材料各不相同。目前大多数计算机的存储体系结构称为冯·诺依曼体系结构，由科学家冯·诺依曼提出。冯·诺依曼结构设计思想最重要之处在于明确地提出了“程序存储”的概念，他的全部设计思想实际上是对“程序存储”概念的具体化。本项目主要介绍存储器的分类及其性能指标、Cache 的工作原理、地址映射和存取一致性相关知识、虚拟存储器几种组织方式和存储技术的发展。

冯·诺依曼，原籍匈牙利，布达佩斯大学数学博士，现代计算机、博弈论、核武器和生化武器等领域的科学全才之一，被后人称为“计算机之父”和“博弈论之父”，先后执教于柏林大学和汉堡大学，被誉为 20 世纪为人类作出巨大贡献的科学家之一。1945 年 3 月他起草了一个全新的“存储程序通用电子计算机方案”，对现在的计算机存储结构设计有决定性影响，至今仍为计算机设计者所遵循。在计算机领域，冯·诺依曼为人类做出了巨大贡献。

知识目标：

- 了解存储器的功能、分类、性能指标以及主流技术
- 理解内存的读写原理以及工作方式、存储体系结构
- 掌握内存与 Cache 的映射关系以及虚拟存储器的工作方式

能力目标：

- 具有理解内存的读写原理、存储体系结构原理的能力
- 具有建立虚拟存储器的能力

素质目标：

- 培养学生在课堂小组团队中团队协作的素质
- 培养学生对存储系统产生的数据进行收集、整理、使用的素质
- 培养奉献社会、造福人类的人生态度

学习重点：内存组成及读写原理；静态随机存储器；动态随机存储器；存储系统的层次结构

学习难点：内存组成及读写原理；RAM 与 CPU 连接；高速缓冲存储器；虚拟存储器

视频讲解

6.1　任务1　学习存储器

存储器是计算机系统的重要组成部分之一，它是计算机的记忆部件。存储器主要用来存放程序和数据，CPU在工作过程中要频繁地与存储器进行信息交换，因此主存储器的性能在很大程度上影响整个计算机系统的性能。

6.1.1　活动1　介绍存储器的分类

存储器的分类方法很多，常见的几种分类方法如下。

1. 按存储器的功能和所处的位置分类

按存储器的功能和所处的位置分类，存储器分为主存储器和辅助存储器。主存储器简称主存，又叫内存，用来存储计算机当前正在执行的程序和处理的数据，计算机可以直接对其进行访问。目前应用于微型计算机的主存容量已达1～32GB。辅助存储器简称辅存，又叫外部存储器，简称外存。在微型计算机中常见的辅存有硬盘、光盘和U盘等。内存、硬盘、光盘和U盘分别如图6-1～图6-4所示。

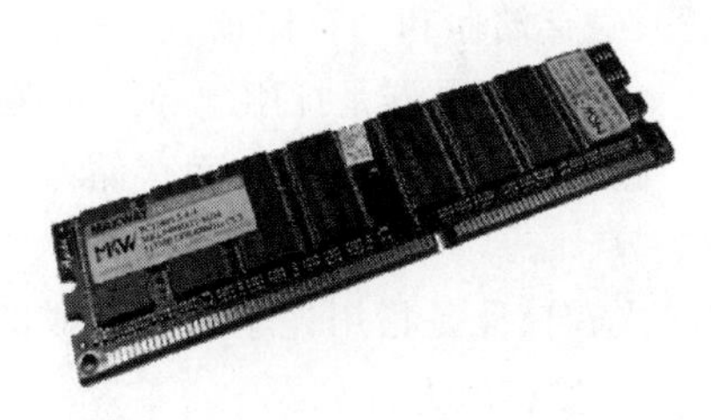
图6-1　内存

图6-2　硬盘

图6-3　光盘

图6-4　U盘

辅存的存储容量相对内存较大；辅存的存取速度相对内存较慢；CPU可以直接访问内存，而辅存不能被CPU直接访问，CPU要访问辅存里的信息时，必须通过内存进行中转。

现在的微型计算机中，内存一般都使用半导体存储器。现代计算机的半导体内存又可以大致分为随机存储器RAM(Random Access Memory)和只读存储器ROM(Read Only Memory)两种。其中RAM在CPU运行的过程中可以对信息进行随机地读出和写入，断电之后信息会丢失；只读存储器ROM中存放的数据和程序只能读出不能写入，断电之后信息并不会丢失。

主存(内存)虽然速度很快，但是存储容量太小，所以计算机系统中通常还需要配置大容量的辅存(外存)。辅存用来存储暂时不使用的数据和程序，当主存没有CPU当前需要的数据时，就从辅存中调入。换句话说，辅存的信息需要调入内存才能被CPU使用。和主存使用半导体存储器不同，辅存一般为磁表面存储器，如硬盘、软盘、光盘和

笔记

U 盘等。存储器的分类如图 6-5 所示。

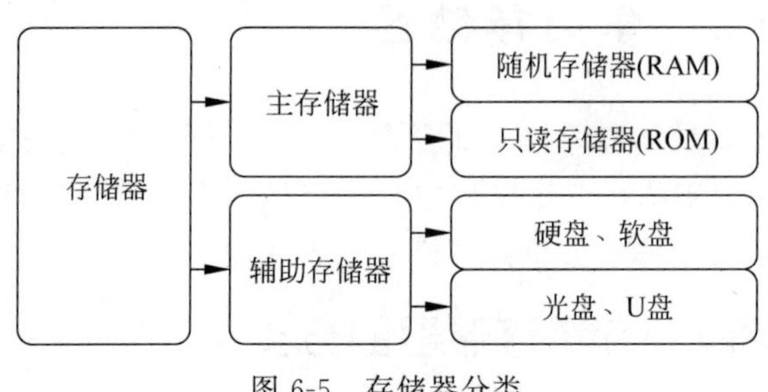

图 6-5　存储器分类

2. 按存储介质分类

存储介质是指用来制作存储信息的物质。按存储介质分类，存储器分为半导体存储器、磁存储器和光存储器。

半导体存储器是指用半导体元件组成的存储器，主要是指由集成电路组成的存储器。

磁存储器又称为磁表面存储器，它是指用磁性材料组成的存储器，主要是指磁盘、磁带等。

光存储器是指用光学原理制成的存储器，如光盘等。

3. 按存取方式分类

按存取方式分类，存储器可以分为随机存取存储器(RAM)、只读存储器(ROM)、顺序存取存储器(SAM)和直接存取存储器(DAM)。

随机存取存储器 RAM 就是指任何存储单元的信息都能被随机存取。其具有存取速度快、可以读写、断电后信息会丢失等特点，常用作内存。

只读存储器 ROM 就是指任何存储单元的信息只能读取不能被写入。其具有存取速度快、只能读不能写、断电后信息不会丢失等特点，常用作内存。

顺序存取存储器 SAM 就是指存取信息只能按某种顺序进行。其具有容量大、存取速度较慢、成本较低等特点，常用于外存，如磁带。

直接存取存储器 DAM 就是指存取信息时不需要对存储介质进行事先搜索而直接存取。其具有容量大、存取速度较快等特点，常用于外存，如磁盘。

4. 按信息的可保护性分类

按信息的可保护性分类，存储器可分为易失性存储器和非易失性存储器。

易失性存储器又称为非永久性记忆存储器，易失性存储器是指断电后信息会丢失的存储器，如 RAM。

非易失性存储器又称为永久性记忆存储器，非易失性存储器是指断电后信息不会丢失的存储器，如 ROM、磁盘、磁带。

6.1.2　活动 2　详解内存的组成及读写原理

内存又叫主存，现在使用的内存都属半导体存储器。在现代以冯·诺依曼结构为主的计算机中，内存处于整个系统的核心地位。CPU 执行的指令以及处理的数据都存放在内存中，由于 CPU 是高速器件，因此内存的读写速度直接影响着指令的执行速度。较慢的内存读写速度是影响整个计算机系统性能提高的瓶颈之一。因此，提高内

存的访问速度，是提高系统性能的关键因素之一。下面从内存的组成入手，简单介绍内存的读写原理。

1. 内存的组成

内存主要包括存储体、地址译码器、驱动器、读写电路和控制电路等，如图 6-6 所示。

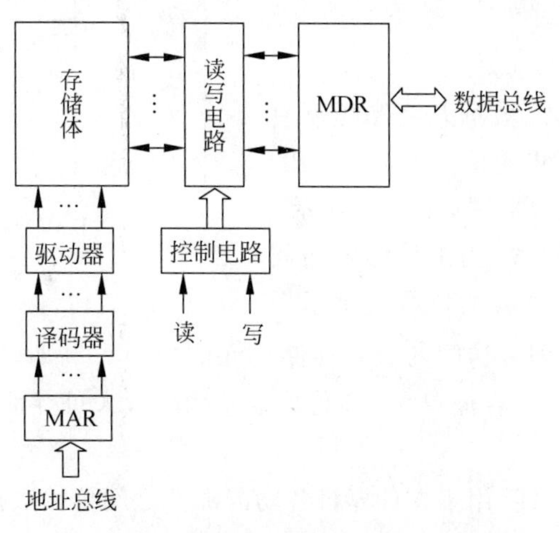

图 6-6　内存的组成

存储体是存储信息的集合体，由若干存储单元组成，每个存储单元存放一串多位二进制数。位(bit)，是在数字电路与计算机技术中的最小单位。在逻辑上，它可以是假，也可以是真；在电路中，它可以代表高、低。每一个能存放二进制位的都是具有两态特征的电子元件。一个存储单元存放的一串二进制数被称为一个存储字，一个存储字所包含的二进制位数称为存储字长。存储字长可以是 8 位、16 位、32 位或 64 位等。一个存储字可以代表一个数值、一串字符、一条指令等所有存放在存储器中的信息。即若干位组成一个存储单元，又由若干存储单元组成一个存储体。

每个存储单元都被分配了一个物理地址，只有知道存储单元的物理地址，才能实现对存储器的按地址存取。为了正确实现主存的按地址访问，还必须为主存配备两个寄存器：存储器地址寄存器(Memory Address Register，MAR)和存储数据寄存器(Memory Data Register，MDR)。MAR 用来缓存将要访问的存储单元的地址，MDR 用来缓存读写的数据。MAR 和 MDR 被封装在 CPU 内，其他电路如译码器、驱动器和读写电路则被封装在存储芯片中。

译码器和驱动器是用来将 MAR 中的地址翻译成所要访问的存储单元的电路。它们与存储体相连的线，称为字线，一个存储单元对应一条字线。字线用于地址译码器所选定存储单元的信息传输(协助地址译码器确定选定存储单元的位置)。数据寄存器与存储体相连的线称为位线或数据线。数据线用于数据的传入与传出。一条数据线对应存储单元的一位。下面我们来看看，已知一个存储芯片的规格，求其地址线和数据线的条数。

若一个存储芯片的规格为 64K×8bit，则此芯片有 16 条地址线($64K=2^{16}$)和 8 条数据线。

读写电路用来实现 MDR 和存储单元之间数据的正常读写。控制电路用来正确传

笔记

输控制信号,保证实现正确的读或写操作。

为了实现一次正常的存储操作。读信号控制存储器将被选中的存储单元数据读出,写信号控制存储器向被选中的存储单元写入数据。

2. 内存的接口

内存通过地址总线、数据总线和控制总线与CPU和其他设备相连接。内存与CPU及输入/输出设备的连接框图如图6-7所示。

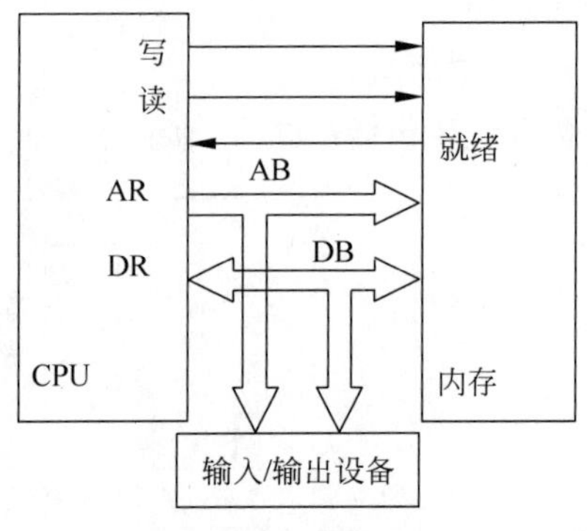

图6-7　内存接口

地址总线为单向总线,用来传输要访问存储单元的地址,地址总线的位数决定了系统的最大可寻址空间,即可访问的最大存储单元的数目。例如,10位地址总线的最大可寻址空间为$2^{10}=1K$个存储单元,20位地址总线的最大可寻址空间为$2^{20}=1M$个存储单元。

数据总线为双向总线,用于在计算机各功能部件之间传输数据。

> **注意**:很多初学者对数据总线的传输能力不是很理解。其实数据总线的传输能力是由数据总线的位数以及总线的时钟频率决定的。

控制总线用来传输各种控制信号,如读信号、写信号、就绪信号等。读写信号是相对CPU而言的,用于控制数据的流向,决定是从内存读还是向内存写。就绪信号则是内存提供的应答信号。由于CPU和内存的运行速度一致,当CPU发出读写信号后,数据不能马上完成读写操作,因此内存通过就绪信号告诉CPU读写操作的完成。

3. 内存的读写

CPU要想从内存读一个字,需要执行以下操作。首先CPU将该字的地址送到AR中,并经地址总线送到内存,同时CPU应使用"读"控制线发出读命令,接着等待读操作的完成。内存接到读命令后,将指定地址的存储单元中的内容经数据总线送到DR中,并发出就绪信号通知CPU所请求的内容已经被读出。接下来CPU就可以从DR中取出从存储器中读出的数据来执行其他处理操作。

CPU要想向内存写一个字,需要执行以下操作。首先CPU将该字的地址送到AR中,并经地址总线送到内存,同时将要写入内存中的字送到DR中,接下来CPU应使用"写"控制线发出写命令,并等待写操作的完成。内存接到写命令后,经数据总线将DR中的内容写入指定地址的存储单元中,并发出就绪信号通知CPU写操作已经完成。

6.1.3 活动3 介绍存储器的主要性能指标

衡量存储器的指标主要有存储容量、存取速度和价格。一般说来容量较大的存储器速度相对较慢;而速度快的存储器,如内部存储器价格相对较高,且容量较小。所以,在一台计算机当中,要恰当地选择各种不同类型的存储器,并且通过总线相连形成一个有机的存储系统,才能发挥最大的效应。

笔记

1. 存储容量

存储容量是指存储器所能存储的二进制数的位数。例如，1024 位/片，即指芯片内集成了 1024 位的存储器。但是，一般情况下，存储器芯片都是按若干二进制位为一个单元来进行寻址，所以在标定存储器容量时，经常同时标出存储单元的数目和位数，因此：

存储器芯片容量＝单元数×数据线位数

如 Intel 2114 芯片容量为 1K×4 位/片。

在 PC 当中数据大都是以字节(Byte)为单位并行传送的，同样，对存储器的读写也是以字节为单位寻址的。虽然现在的微型计算机的字长已经达到 32 位甚至 64 位，但其内存仍以 1 字节为一个单元，所以，表示 PC 的存储器容量仍然以字节为单位。8 个二进制位为 1 字节(Byte)，基本换算单位如下：

$$1\text{Byte}=8\text{bit}$$

$$1\text{KB}=2^{10}\text{Byte}$$

$$1\text{MB}=2^{10}\text{KB}=2^{20}\text{Byte}$$

$$1\text{GB}=2^{10}\text{MB}=2^{20}\text{KB}=2^{30}\text{Byte}$$

2. 存取速度

存储器另一个重要指标是存取速度，通常存取速度可以用存取时间和存储周期来衡量。

存取时间又叫存储器访问时间，是指启动一次存储器操作到完成这次操作所需要的时间。存取时间越小，则速度越快。超高速存储器的存取速度已小于 10ns，中速存储器的存取速度为 100～200ns，低速存储器的存取速度在 300ns 以上。现在 Pentium 4 CPU 时钟已达 3GHz 以上，这说明存储器的存取速度已非常高。

> ⚠**注意**：随着半导体技术的进步，存储器的发展趋势是容量越来越大，速度越来越快，而体积却越来越小。许多初学者不知道这背后的原因，其根本原因就在于制作工艺的提高。

存储周期是指连续启动两次独立的存储器操作之间间隔的时间，所以相对来讲，存储周期略大于存取时间。

3. 价格

当然，价格也是制约存储器选择的一个重要指标。现在半导体的价格已经大大下降，外部存储器也在下降，随着技术的进步，存储器的性价比肯定会越来越高。

视频讲解

6.2 任务2 学习随机存储器

目前广泛使用的半导体存储器是 MOS 半导体存储器。根据存储信息的原理不同，又分为静态 MOS 存储器(SRAM)和动态 MOS 存储器(DRAM)。半导体存储器的优点是存取速度快、存储体积小、可靠性高、价格低廉；缺点是断电后存储器不能保存信息。

笔记

6.2.1 活动1 详解静态随机存储器

随机存储器按存储元件在运行中能否长时间保存信息来分，可分为静态随机存储器SRAM和动态随机存储器DRAM。其中SRAM采用双稳态触发器来保存信息，在使用过程中只要不掉电，信息就不会丢失；DRAM则是采用MOS电容来保存信息，使用时需要不断充电，才能使信息不丢失。

> **小知识**：SRAM和DRAM各有优点，SRAM集成度低、速度快，但功耗大、价格贵，一般在计算机中用作CPU中的高速缓冲存储器(Cache)。DRAM集成度高、速度相对较慢，但功耗小、价格相对便宜，一般用作主机的内存条。

如图6-8所示，SRAM的基本存储单元由6个MOS管组成。在此电路中，$T_1 \sim T_4$管组成双稳态触发器，T_1、T_2为放大管，T_3、T_4为负载管，若T_1截止，则A点为高电平，它使T_2导通，于是B点为低电平，这又保证了T_1的截止。同样，T_1导通而T_2截止，这是另一个稳定状态。因此可用T_1管的两种状态表示“1”或“0”。由此可知静态RAM保存信息的特点是和这个双稳态触发器的稳定状态密切相关的。显然，仅仅能保持这两个状态中的一种还是不够的，还要对状态进行控制，于是就加上了控制管T_5、T_6。

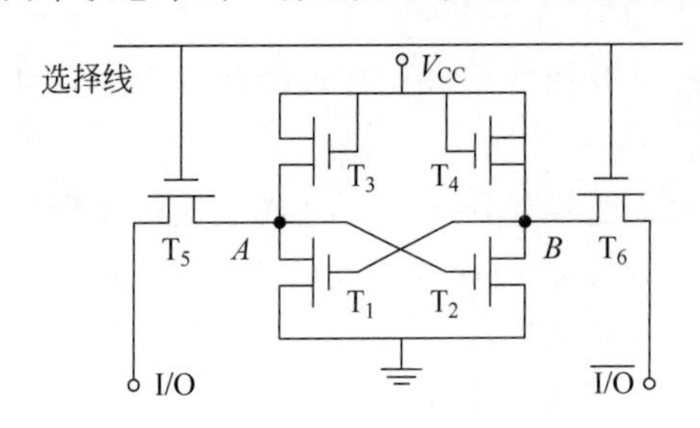

图6-8 SRAM的存储单元

当地址译码器的某一个输出线送出高电平到T_5、T_6控制管的栅极时，T_5、T_6导通，于是，A与I/O线相连，B点与$\overline{I/O}$线相连。这时如要写“1”，则I/O为“1”，$\overline{I/O}$为“0”，它们通过T_5、T_6管与A、B点相连，即A=“1”，B=“0”，使T_1截止，T_2导通。而当写入信号和地址译码信号消失后，T_5、T_6截止，该状态仍能保持。如要写“0”，$\overline{I/O}$线为“1”，I/O线为“0”，这使T_1导通，T_2截止，只要不掉电，这个状态会一直保持，除非重新写入一个新的数据。

对所存的内容读出时，仍需地址译码器的某一输出线送出高电平到T_5、T_6管栅极，即此存储单元被选中，此时T_5、T_6导通，于是T_1、T_2管的状态被分别送至I/O，$\overline{I/O}$线，这样就读取了所保存的信息。显然，所存储的信息被读出后，所存储的内容并不改变，除非重写一个数据。

由于SRAM存储电路中，MOS管数目多，故集成度较低，而T_1、T_2管组成的双稳态触发器必有一个是导通的，功耗也比DRAM大，这是SRAM的两大缺点。其优点是不需要刷新电路，从而简化了外部电路。

6.2.2 活动2 详解动态随机存储器

为了减少MOS管数目、提高集成度和降低功耗，人们进一步研制了动态随机存储器DRAM，其基本存储电路为单管动态存储电路，如图6-9所示。

由图6-9可见，DRAM存放信息靠的是电容C。电容C有电荷时，为逻辑“1”，没有电荷时，为逻辑“0”。但由于任何电容都存在漏电，因此当电容C存有电荷时，过一

笔记

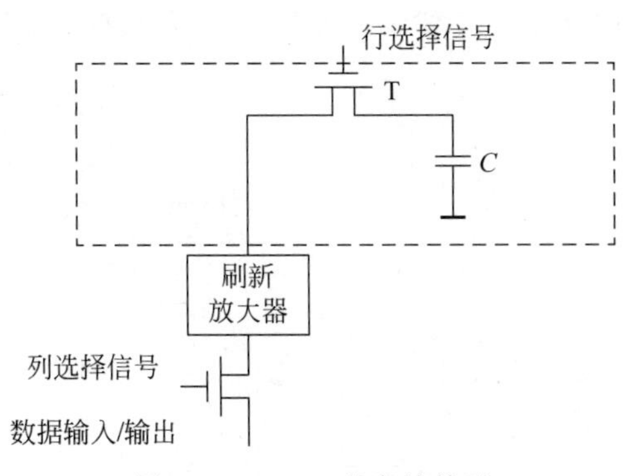

图 6-9 DRAM 的存储单元

段时间由于电容的放电过程导致电荷流失，信息也就丢失了。解决的办法是刷新，即每隔一定时间（一般为 2ms）就要刷新一次，使原来处于逻辑电平“1”的电容的电荷又得到补充，而原来处于电平“0”的电容仍保持“0”。在进行读操作时，根据行地址译码，使某一条行选择线为高电平，于是使本行上所有的基本存储电路中的管子 T 导通，使连在每一列上的刷新放大器读取对应存储电容上的电压值。刷新放大器将此电压值转换为对应的逻辑电平“0”或“1”，又重写到存储电容上，而列地址译码产生列选择信号，所选中那一列的基本存储电路才受到驱动，从而可读取信息。

在写操作时，行选择信号为“1”，T 管处于导通状态，此时列选择信号也为“1”，则此基本存储电路被选中，于是由外接数据线送来的信息通过刷新放大器和 T 管送到电容 C 上。

刷新是逐行进行的，当某一行选择信号为“1”时，选中了该行，电容上信息送到刷新放大器上，刷新放大器又对这些电容立即进行重写。由于刷新时，列选择信号总为“0”，因此电容上的信息不可能被送到数据总线上。

6.2.3 活动 3 详解 RAM 与 CPU 连接

CPU 对存储器进行读写操作，首先由地址总线给出地址信号，然后发出读操作或写操作的控制信号，最后在数据总线上进行信息交流。

> **注意**：存储器同 CPU 连接时，地址线的连接、数据线的连接和控制线的连接都要完成，才能协同工作。

目前生产的存储器芯片的容量是有限的，它在字数或字长方面与实际存储器的要求都有差距，所以需要在字向和位向两方面进行扩充才能满足实际存储器的容量要求，通常采用位扩展法、字扩展法、字位同时扩展法三种方法。

1. 位扩展法

位扩展又称位并联，此方法是通过存储芯片位线的并联实现了扩展存储器的字长。假定使用 8 片 8K×1bit 的 RAM 存储器芯片组成一个 8K×8bit 的存储器，可采用如图 6-10 所示的位扩展法。图中，每一片 RAM 是 8192×1bit，故其地址线为 13 条（A0～A12），可满足整个存储体容量的要求。每一片对应于数据的 1 位（只有 1 条数据线），故只需将它们分别接到数据总线上的相应位即可。在这种方式中，对芯片没有选片要求，就是说芯片按已被选中来考虑。如果芯片有选片输入端，可将它们直接接地。

笔记

在这种连接中，每一条地址总线接有 8 个负载，每一条数据线接有一个负载。

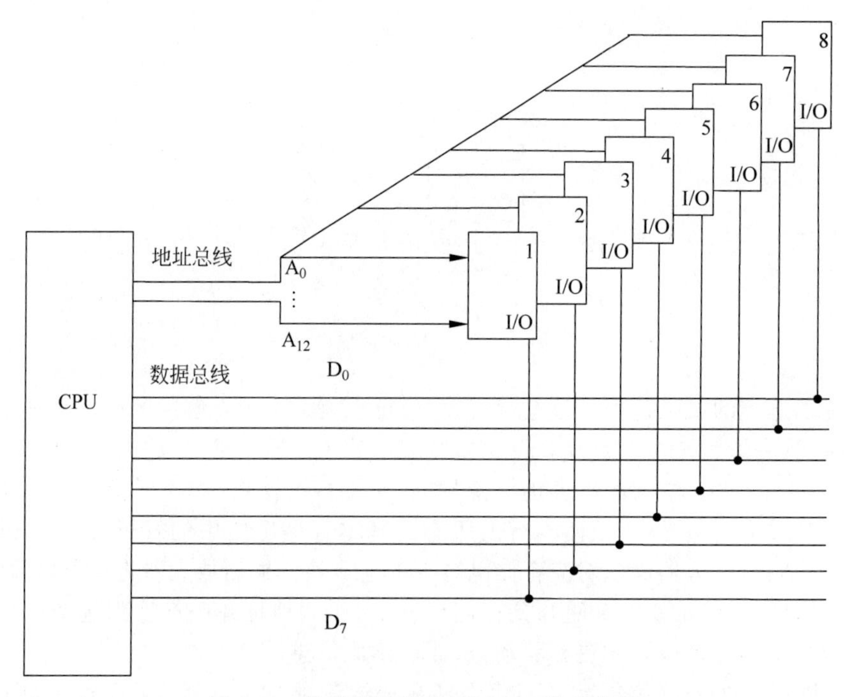

图 6-10　位扩展法组成 8K×8bit 的存储器

2. 字扩展法

字扩展又称地址串联，此方法是通过存储芯片地址线的串联实现了扩展存储器的数量。假定使用 4 片 16K×8bit 的 RAM 存储器芯片组成一个 64K×8bit 的存储器，可采用如图 6-11 所示的字扩展法。字扩展是仅在字向扩充，而位数不变，因此将芯片的地址线、数据线、读写控制线并联，而由片选信号来区分各片地址，故片选信号端连接到选片译码器的输出端。图中 4 个芯片的数据线与数据总线 $D_0 \sim D_7$ 相连，地址总线

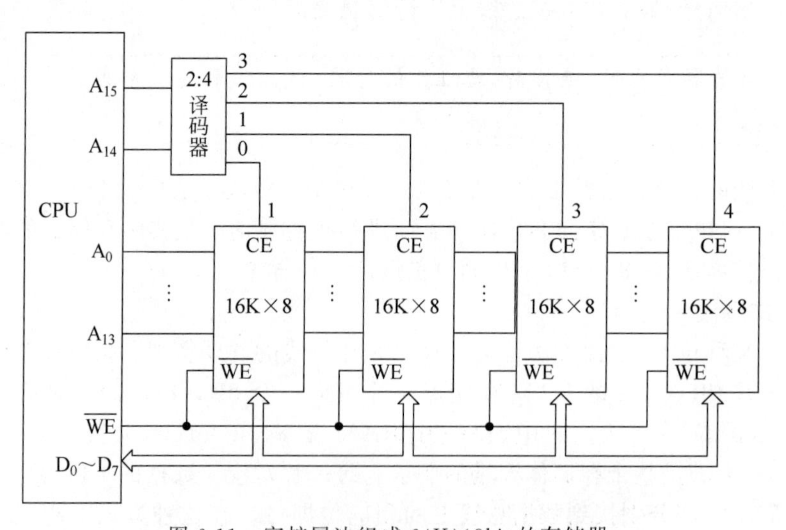

图 6-11　字扩展法组成 64K×8bit 的存储器

低位地址 $A_0 \sim A_{13}$ 与各芯片的 14 位地址端相连，两位高位地址 A_{14}、A_{15} 经译码器和 4 个片选端相连。

3. 字位同时扩展法

字位同时扩展法又称地址复用技术。通过地址复用技术在不增加地址线的情况下就可以扩展存储芯片的容量。地址复用技术是将地址分批送入芯片内部，不增加芯片的地址引脚。一个存储器的容量假定为 $M \times N$ 位，若使用 $i \times j$ 位的芯片（$i < M, j < N$），需要在字线和位线同时进行扩展。此时共需要 $(M/i) \times (N/j)$ 个存储器芯片。

视频讲解

6.3 任务 3 学习只读存储器

只读存储器 ROM 的信息在使用时是不能被改变的，即只能读出，不能写入，故一般只能存放固定程序，如监控程序、BIOS 程序、汉字字型库、字符以及图形符号等。

某些情况下，用户需要一次性写入数据到存储器中，而不对写入的数据进行修改，这时需要使用可编程只读存储器 PROM。

> **注意**：ROM 的特点是非易失性，即掉电后存储信息不会改变，这是和 RAM 最主要的区别。

在某些应用中，程序需要经常修改，因此能够重复擦写的可擦除可编程只读存储器 EPROM 被广泛应用。这种存储器利用编程器写入后，信息可长久保持，因此可作为只读存储器。当其内容需要变更时，可利用擦除器（由紫外线灯照射）将其擦除，各单位内容复原，再根据需要利用 EPROM 编程器编程，因此这种芯片可反复使用。

EPROM 的优点是一块芯片可多次使用，缺点是整个芯片哪怕只写错一位，也必须从电路板上取下擦掉重写，这对于实际使用是很不方便的。在实际应用中，往往只要改写几字节的内容即可，因此多数情况下需要以字节为单位的擦写。而电可擦除的可编程只读存储器 EEPROM（E^2PROM）在这方面具有很大的优越性，现在使用得非常多的闪存就具有 E^2PROM 的特点。

视频讲解

6.4 任务 4 学习存储体系

6.4.1 活动 1 划分存储系统的层次结构

存储系统是存储器硬件设备和管理存储器的软件的合称。计算机系统对存储器的要求可概括为"大容量、高速度、低成本"。一般来说，如果要求存储器速度很高，存储容量就不可能很大，价格也不可能很低；如果要求存储器容量很大，存储速度就不可能很高，成本也不会很低，三者之间是相互矛盾的。为了能较好地满足上述三个方面的要求，有效的办法是采用由不同介质形成的存储器构成存储器的层次结构。

1. 一级存储体

一级存储体只有主存，它直接与 CPU 相连。一级存储体是最早的存储体，它的容量小、存储结构简单。其结构如图 6-12 所示。

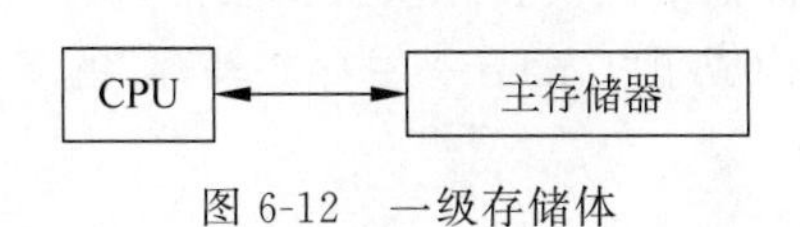

图 6-12 一级存储体

笔记

2. 二级存储体

二级存储体是在一级存储体基础上发展而来的。二级存储体的出现主要是为满足人们对计算机存储容量的需求,解决了主存容量不足的问题。二级存储体是在一级存储体的基础上增加了辅助存储器(辅存)。二级存储体结构如图 6-13 所示。整个存储系统由主存储器和辅助存储器两级构成。主存储器一般由半导体存储器构成,它速度快,但容量较小、成本较高,通常用来存放程序的“活跃部分”,直接与 CPU 交换信息;辅助存储器一般由磁表面存储器构成,它速度慢,但容量大、成本低,通常用来存放程序的“不活跃部分”,即暂时不执行的程序或暂时不用的数据。需要时,将程序或数据以信息块为单位从辅助存储器调入主存储器中。那么,什么时候应将辅存中的信息块调入主存?什么时候应将主存中已用完的信息块调入辅存?所有这些操作都是由图 6-13 中上方所示的辅助软硬件来完成,只有这样,由主、辅存构成的两级存储层次才能成为一个完整的存储系统。对 CPU 来说,访问存储器的速度是主存储器的,而存储器的容量和成本是辅助存储器的,这较好地满足了上述三个方面的要求。

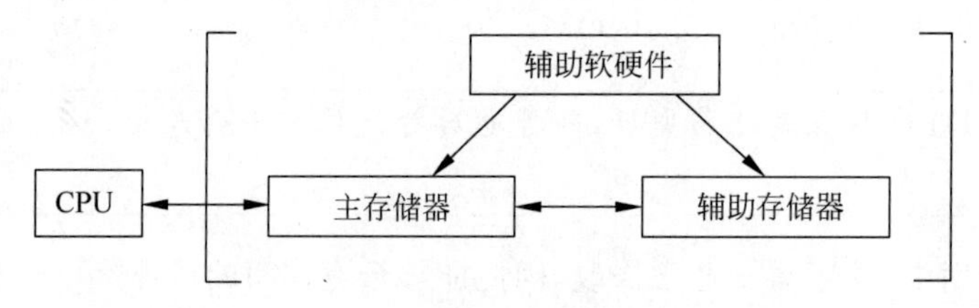

图 6-13 二级存储体层次结构

3. 多级存储体

多级存储体是在二级存储体的基础上发展而来的。它在二级存储体的基础上引入了高速缓冲存储器(Cache)。多级存储体主要解决了 CPU 和主存的速度匹配问题。最简单的多级存储体结构如图 6-14 所示。

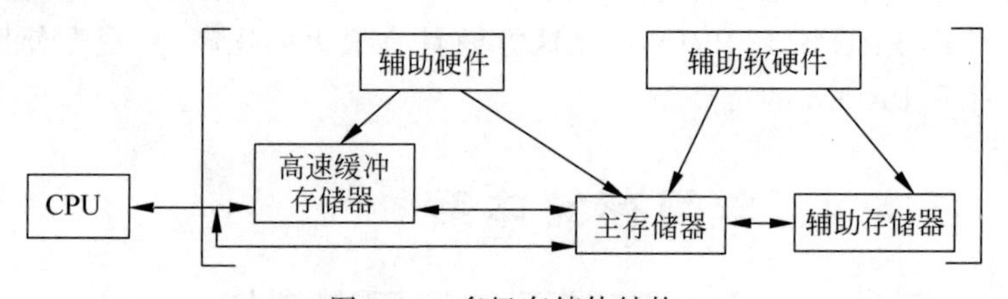

图 6-14 多级存储体结构

在多级存储体中,高速缓冲存储器的访问速度可与 CPU 相匹配,但是其容量比主存储器更小,Cache 中的信息是主存储器中一部分信息的副本。当 CPU 需要访问主存储器时,根据给定的主存储器地址迅速判定该地址中的信息是否已进入 Cache 中,如果已进入 Cache 中,则经地址变换后立即访问 Cache,如果 Cache 不命中,则直接访问主存储器,显然,Cache 命中率越高越好。为提高访问 Cache 的速度,需要在 Cache 与主存储器之间设置一块辅助硬件,由它来完成主存与 Cache 之间的地址变换功能。这样就构成了“Cache 一主存一辅存”的多级存储结构。

笔记

小知识：在理想情况下，访问主存储器的速度决定于Cache，而其容量和成本则决定于辅存，它能更好地满足“高速度、大容量、低成本”三方面的要求。

6.4.2　活动2　详解高速缓冲存储器

经过大量的实验证明，在一个较短的时间间隔之内，CPU对存储器的访问往往集中在逻辑地址空间一段很小的范围内，这就是所谓的程序访问的局部性。程序访问的局部性是Cache引入的理论依据。正因为CPU访问的内存地址空间往往集中在某段区域，其他内存空间大多数时候处于闲置，而内存和CPU之间存在速度的瓶颈，所以可以在内存和CPU之间设置一个高速缓冲存储器，它不需要大容量，只用来集中保存当前CPU要调用的内存中的数据，这就是Cache，一块集成在CPU中的高速缓冲存储器。

1. Cache的工作原理

从存储介质分类，Cache是静态随机存储器SRAM，它是在CPU和主存储器之间的一块高速缓冲存储器，用来保存内存中被经常调用的数据，由于Cache的速度远快于内存，所以设置Cache后，计算机的性能会大大提高。可以将Intel公司的奔腾(Pentium)4系列和赛扬系列的CPU对比，相同主频的CPU两者之间差价很大，一个重要原因就是，奔腾4系列的CPU中集成的Cache容量要大很多(现代CPU中集成的Cache又分为成了若干个层次，即所谓的一级缓存、二级缓存等)。

小知识：为了使计算机的运算速度加快，就应该将内存中最常用的数据存放到Cache，使CPU尽量访问高速的Cache获取数据和指令，而尽量不访问低速的内存，以最大限度地提高计算机性能。

在探讨通过怎样的机制使Cache尽可能达到预想的理想状况之前，先建立一个衡量Cache使用效率的指标——命中率。如果将Cache的存储空间当作这场测试的“靶子”，那CPU发出的存取指令就是射向靶心的“箭”。当存取指令所要访问的数据和程序指令恰好在“靶子”上，就叫一次命中，如果“靶子”上没有发现“箭”所指定的内容，那就不得不舍近求远地到内存上获取想要的信息，这就是一次“脱靶”。图6-15是Cache CPU、主存和辅存的连接示意图，图6-16和图6-17分别为命中Cache和未命中Cache时CPU访问存储器的过程。

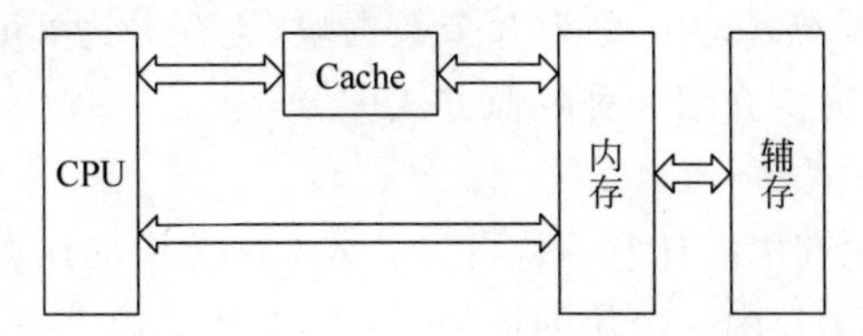

图6-15　CPU、Cache、主存和辅存的连接

笔记

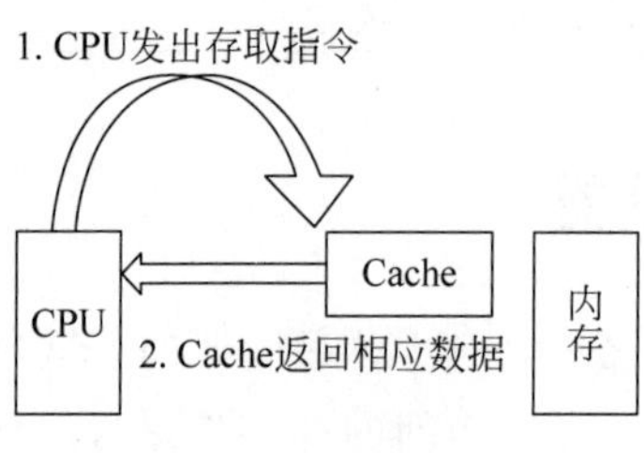

图 6-16 CPU 命中 Cache

1. CPU发出存取指令
Cache
CPU
2. Cache中没有相应数据
内存
3. 内存返回相应数据

图 6-17 CPU 未命中 Cache

因为 Cache 的速度远快于内存，所以每中一次靶，就会提高计算机的性能。简而言之，Cache 的命中率就是指命中 Cache 的访问次数和 CPU 总访问次数(包括访问 Cache 和内存)之比。例如，在执行程序的一段时间内，CPU 访问 Cache 的次数是 N_c，访问内存的次数是 N_m，h 为命中率，则有

$$h = N_c/(N_c + N_m)$$

若访问一次 Cache 的平均时间为 T_c，访问一次内存的平均时间为 T_m，则平均存取时间为

$$T_a = T_c \times h + T_m \times (1 - h)$$

从上面公式可以看出，理想状况的命中率是 1，即 CPU 访问的信息全部在 Cache 中，无须再访问内存。为了尽可能提高命中率，缩短平均存取时间，有几个环节必须要得到很好的解决。首先，Cache 保存的是内存的副本，那么怎样将内存的地址映射到 Cache，也就是说，将内存某个区域的数据放到 Cache 的哪个地方的问题；其次，当需要往 Cache 中写入数据而 Cache 已满时，应采用怎样的替换算法替换 Cache 中现有的数据；最后，当 Cache 中存放的数据经过一段时间后，已经和内存中的“原稿”不一致时应如何处理，即 Cache 和主存“存取一致性”的问题。后面我们将重点探讨这几个问题。

2. 主存与 Cache 的地址映像

Cache 的容量比主存容量小得多，它保存的内容只是主存内容的一个子集，而 Cache 与主存之间的数据交换是以块为单位进行的，所以，一个 Cache 块对应多个主存块。把主存块装入 Cache 需按某种规则进行，主存地址与 Cache 地址之间的对应关系，称为地址映像。当 CPU 访问存储器时，它给出的一个字的内存地址会自动变换成 Cache 地址，首先在 Cache 中查找所需数据。

主存与 Cache 之间的地址映像有全相联映像、直接映像、组相联映像 3 种方式。假设有一个 Cache-主存系统，Cache 分为 8 个数据块，主存分为 256 块，每块中有同样多的字，下面以这个系统为例介绍 3 种映像方式。

(1) 全相联映像方式。

全相联映像是指主存中的任意一块可以装入 Cache 中的任意块位置，如图 6-18 所示。在这种方式中，将主存中一个块的地址(块号)与块的内容一起存到 Cache 块中，其中块号存于 Cache 块的标记部分。因为全部块地址一起保存在 Cache 中，使主存的一个块可以直接复制到 Cache 中的任意块位置，非常灵活。图 6-18 中的主存分为 256

(2^8)块,块地址为 8 位,因而 Cache 的标记部分为 8 位。

当 CPU 访问存储器时,要把内存地址中的块号和 Cache 中所有块的标记相比较,如果块号命中,则从 Cache 中读出一个字,如果块号未命中,则按内存地址从主存中读取这个字。

全相联映像方式的缺点是比较器电路难以设计和实现,因此这种映像方式只适合于小容量 Cache 采用。

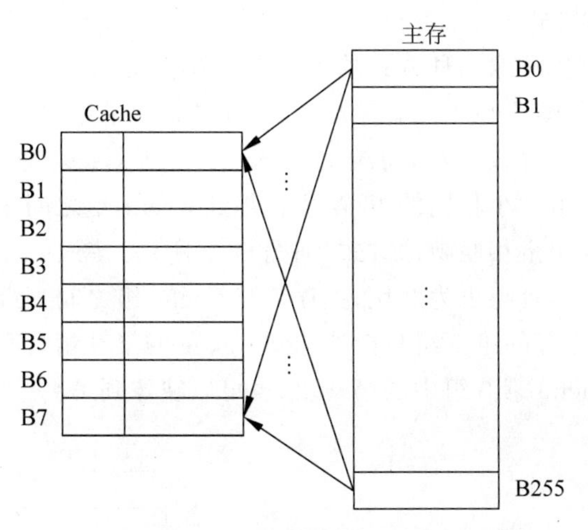

图 6-18　全相联映像示意图

(2) 直接映像方式。

直接映像是指主存中的一个块只能装入 Cache 中的一个特定块位置上去。直接映像方式把主存分成若干页,每一页与整个 Cache 的大小相同,每页的块数与 Cache 的块数相等,只能把内存各页中相对块号(偏移量)相同的那些块映像到 Cache 中同一块号的特定块位置中,如图 6-19 所示。例如,主存的第 0,8,…,248 块(共 32 块)只能装入 Cache 的第 0 块,主存的第 1,9,…,249 块(共 32 块)只能装入 Cache 的第 1 块,以此类推。图中能映像到任一 Cache 块位置的主存块为 32(2^5)块,Cache 的标记部分为 5 位。

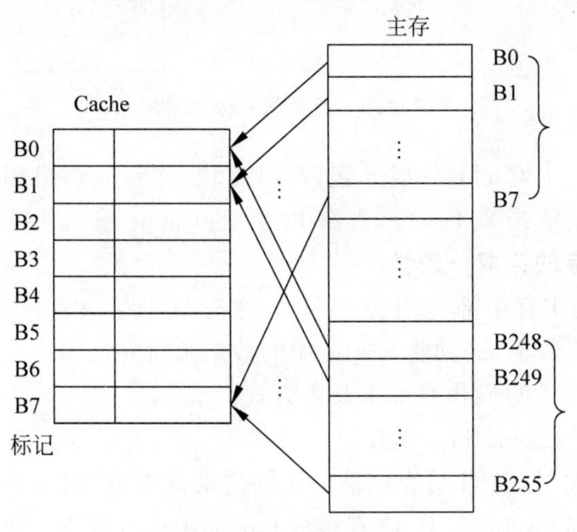

图 6-19　直接映像示意图

当CPU访问存储器时,先找到Cache中确定的一块,只与该块的标记相比较即可。

直接映像方式的优点是,访问地址只与Cache中一个确定块的标记相比较即可,因而硬件简单、成本低。缺点是每一主存块只能存放到Cache中的一个固定位置,不够灵活,如果相对块号相同的两个主存块存于同一Cache块时,就要发生冲突,只能将原块替换出去,频繁的替换会使Cache的命中率下降,因此直接映像方式适合于大容量的Cache,更多的块数可以减少冲突的机会。

(3) 组相联映像方式。

全相联映像和直接映像两种方式的优缺点正好相反,而组相联映像方式适度地兼顾了二者的优点,又尽量避免了二者的缺点,因此被普遍采用。

这种方式将Cache分成u组,每组v块($u \times v$等于Cache总的块数),主存也对应地分成若干与Cache组大小相同的组,从主存组到Cache组之间采用直接映像方式,而两个对应的组内部采用全相联映像方式,如图6-20所示。图中Cache分为4组,每组2块,主存共分成128组,每组也为2块,主存组与Cache组之间直接映像,而组内部采用全相联映像。例如,主存的第0组只能映像到Cache的第0组,而主存第0组中的第0块,既可以映像到Cache第0组中的第0块,也可以映像到第0组中的第1块。

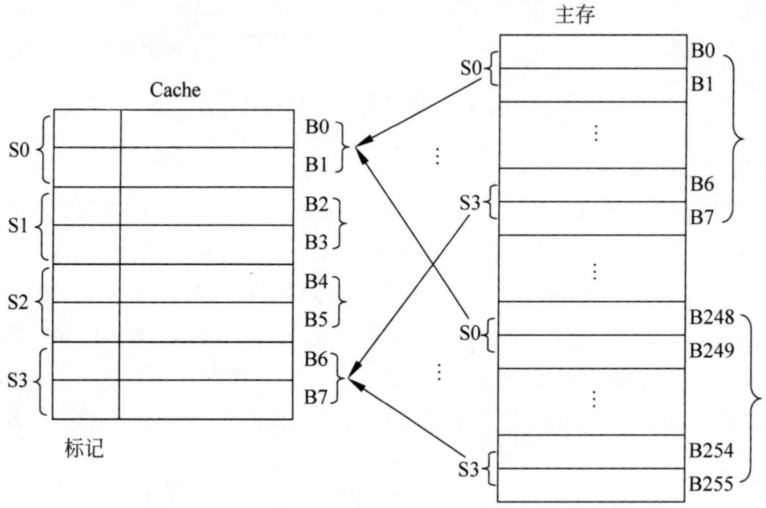

图6-20 组相联映像示意图

组相联映像方式中Cache分成u组,每组v块,称为v路组相联映像,其中的每组块数,取值较小,典型值是2、4、8等,奔腾PC中的Cache采用的是2路组相联映像。

3. Cache与主存的存取一致性

Cache的内容是主存中部分内容的副本,它应与主存内容保持一致,为避免CPU在读写过程中丢失新数据,必须将Cache中的数据及时并准确地反映到主存中。为此,对Cache-主存统一的读写操作有如下几种方式。

(1) 贯穿读出式(Look Through)。

在贯穿读出方式下,CPU对存储器的访问请求首先送到Cache,先在Cache中查找所需数据。如果访问Cache命中,则直接从Cache中读取数据;如果未命中,则将访问请求传给主存,访问主存取得数据。这种方法的优点是降低了CPU对主存的访问次

笔记

数，缺点是延迟了 CPU 对主存的访问时间。

(2) 旁路读出式(Look Aside)。

在旁路读出方式下，CPU 发出的访存请求同时送到 Cache 和主存。由于 Cache 的速度更快，如果命中，则 Cache 在将数据送给 CPU 的同时，中断 CPU 对主存的请求。如果未命中，则 Cache 不动作，由 CPU 直接访问主存取得数据。这种方式的优点是没有时间延迟，缺点是每次 CPU 都要访问主存，占用了部分总线时间。

(3) 全写法(Write Through)。

全写法是指 CPU 发出的写信号同时送到 Cache 和主存，当写 Cache 命中时，Cache 与主存同时发生写修改，因而较好地维护了 Cache 与主存内容的一致性。当写 Cache 未命中时，只能直接向主存进行写入。

全写法的优点是操作简单；缺点是 Cache 对 CPU 向主存的写操作无高速缓冲功能，降低了 Cache 的功效。

(4) 写回法(Write Back)。

写回法是指当 CPU 写 Cache 命中时，只修改 Cache 的内容，而并不立即写入主存，只有当此行被换出时才写回主存。对一个 Cache 块的多次写命中都在 Cache 中快速完成，只是需要替换时才写回速度较慢的主存，减少了访问主存的次数。在这种方式下，每个 Cache 块必须设置一个修改位，以反映此块是否被 CPU 修改过。当某块被换出时，根据此块的修改位是 1 还是 0，来决定将该块的内容写回主存还是简单弃去。

4. PC 中 Cache 技术的实现

目前 PC 系统中一般采用两级 Cache 结构。一级缓存(L1 Cache)直接集成在 CPU 内部，又称为内部 Cache，容量一般在 8～64KB 之间；L1 Cache 速度快，非常灵活、方便，极大地提高了 PC 的性能。二级缓存(L2 Cache)的容量远大于 L1 Cache 的容量，一般在 128KB～2MB 之间，以前的 PC 一般都将 L2 Cache 做在主板上，新型的 CPU 采用了全新的封装方式，把 CPU 芯片与 L2 Cache 装在一起。

在 Cache 的分级结构中，一级 Cache 的内容是二级 Cache 的子集，而二级 Cache 的内容是主存的子集。一般来说，80%的内存申请都可在一级缓存中实现，即在 CPU 内部就可完成数据的存取，只有 20%的内存申请与外部内存打交道，而这 20%的外部内存申请中的 80%又与二级缓存打交道，因此，只有 4%的内存申请定向到主存 DRAM 中。

小知识：随着计算机技术的发展，CPU 的速度越来越快，而主存 DRAM 的存取时间缩短的进程则相对较慢，因而 Cache 技术就越显得重要，其已成为 PC 中不可缺少的组成部分及衡量系统性能优劣的一项重要指标。

6.4.3 活动 3 详解虚拟存储器

虚拟存储器是指存储器层次结构中主存一外存层次的存储系统，它是以主存和外存为基础，在存储器管理硬部件和操作系统中存储管理软件的支持下组成的一种存储体系。虚拟存储器看起来是借助于磁盘等辅助存储器来扩大主存容量，它以透明的方

笔记

式提供给用户一个比实际内存空间大得多的地址空间。对用户来说,虚拟存储器可以理解为这样一个存储器:其速度接近于主存的速度,价格接近于辅存的价格,容量比实际主存容量大得多,它只是一个容量非常大的存储器的逻辑模型,而不是任何实际的存储器。虚拟存储器的概念可以总结为:操作系统把辅存的一部分当作主存使用,我们把这种由主存和部分辅存组成的存储结构称为虚拟存储器。

在虚拟存储器中有3种地址空间。程序员编写程序时使用的地址空间称为虚拟地址空间或虚存地址空间,与此相对应的地址称为虚地址或逻辑地址;主存地址空间又称为实存地址空间,用来存放运行程序和数据,其相应的地址称为主存地址、实地址或物理地址;辅存地址空间也就是磁盘存储器的地址空间,用来存放暂时不使用的程序和数据,相应的地址称为辅存地址。

CPU运行程序访问存储器时,给出的地址是虚地址,首先要进行地址变换,如果要访问的信息在主存中,则根据变换所得的物理地址访问主存;如果要访问的信息不在主存中,则要根据虚地址进行外部地址变换,得到辅存地址,把辅存中相应的数据块送往主存,然后才能访问。调入辅存信息时,还需检查主存中是否有空闲区,如果主存中有空闲区域,则直接把辅存中有关的块调入主存;如果主存中没有空闲区,就要根据替换算法,把主存中暂时不用的块送往辅存,再把辅存中有关的块调入主存。

?思考:虚拟存储器的作用是什么?

在虚拟存储系统中,主存和辅存间信息传送的基本单位可采用段、页、或段页等3种不同的方式,对应有页式虚拟存储器、段式虚拟存储器和段页式虚拟存储器3种管理方式。

1. 段式虚拟存储器

由于程序的模块化性质,一个程序通常由相对独立的部分组成,在段式虚拟存储器中,把程序按照逻辑结构划分成若干段并按这些段来分配内存,各段的长度因程序而异。

编程时使用的虚拟地址由段号和段内地址两部分组成,为了将虚拟地址转换成主存地址,需要建立一个段表来表明各段在内存中的位置以及是否调入了内存,每一程序段在段表中都占一个表目。段表中记录了各段在内存的首地址,由于段的长度可大可小,段表中还需指出段的长度,装入位指明某段是否已装入内存,装入位为“1”表示该段已调入内存,为“0”则表示不在内存中。段表本身也是一个段,一般驻留在内存中。

虚拟地址向主存地址的变换过程如图6-21所示。

段式虚拟存储器的优点是:段是按照程序的逻辑结构来划分的,段的逻辑独立性使其容易编译、管理、修改和保护,也便于程序和数据的共享。其缺点是:每段的长度、起点、终点各不相同,给主存空间分配带来麻烦,而且容易在段间留下不好利用的零碎存储空间(简称碎片),造成浪费。

2. 页式虚拟存储器

在页式虚拟存储器中,主存和虚拟空间都被分成固定大小的页,主存的页称为实页或物理页,虚拟空间的页称为虚页或逻辑页,实页与虚页的页面大小相同。程序中使用的虚拟地址分为虚页号和页内地址两部分,实存地址也分为实页号和页内地址两部分。

笔记

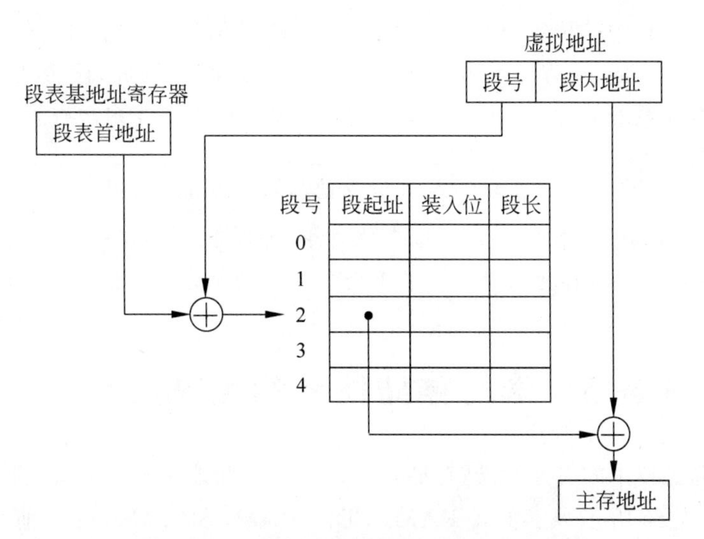

图 6-21 段式虚拟存储器的地址变换过程

由于实页和虚页的页面大小相同,故两者的页内地址部分也相同。

编程时使用的是虚拟地址,计算机必须将虚拟地址变换成主存的实地址才能访问主存,虚拟地址到主存实地址的变换是通过页表来实现的,如图 6-22 所示。页表按虚页号顺序排列,每一个虚页都占一个表目,表目内容包括该虚页所在的主存页面地址(实页号),把实页号与虚拟地址的页内地址字段相拼接,就产生了完整的实存地址。页表中除了给出实页号,还包括一些控制位。例如,装入位记录该虚页是否被装入主存,为"1"表示已装入;修改位指出对应的实页内容是否被修改过。

页式虚拟存储器的优点:页表大小固定,主存的利用率高,浪费的空间少。其缺点是逻辑上独立的实体,处理、保护和共享都不如段式方便。

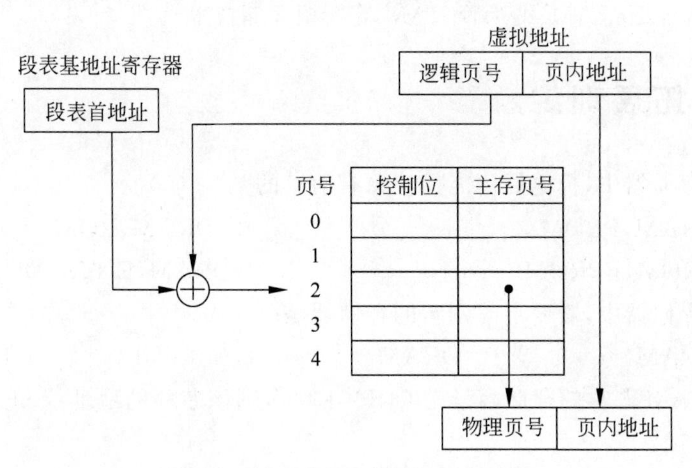

图 6-22 页式虚拟存储器的地址变换

3. 段页式虚拟存储器

在段页式虚拟存储器中,每道程序是通过一组段表和一组页表来进行定位的,段表中的每个表目对应各段,指出该段页表的起始地址及该段的控制保护信息。由页表指

6.5 节扩展内容

视频讲解

出该段各页在主存中的位置以及是否已装入、修改等信息。外存和主存间的信息交换是以页为单位进行的,而程序又可以按段实现共享和保护,因此,段页式虚拟存储器兼顾了段式和页式系统的优点,其缺点是在地址变换过程中需要多次查表。

小知识: 段式虚拟存储器和页式虚拟存储器各有优缺点,把二者结合起来就组成了段页式虚拟存储器。在段页式虚拟存储器中,先把程序按逻辑功能模块分段,以保证每个模块的独立性,再把每段分成若干固定大小的页,页面大小与主存页相同。

6.5 任务5 学习存储技术的主流技术

随着计算机技术的飞速发展,存储技术也必须不断地改进才能适应其发展的需要,内存条的种类经历了从 FPM RAM、EDO RAM、SDRAM 到目前流行的 DDR SDRAM、RDRAM 的发展历程,以及现在的新型存储技术。如果想学习存储技术的主流技术的具体内容可扫描此处二维码。

6.6 项目总结

项目 6 介绍了计算机硬件系统的存储系统。首先介绍了存储器的多种分类方式,内存的组成及工作原理和存储器的主要性能指标。接着详细介绍了随机存储器,包括 SRAM 和 DRAM 以及 RAM 如何与 CPU 相连,地址线和数据线如何连接,如何扩展 RAM 地址线和数据线以组成更大的 RAM。在存储体系结构中介绍了存储体系的层次结构、高速缓存、地址映像、虚拟存储器等。最后介绍了内存条的发展历程和 Optane、MRAM、ReRAM、纳米管 RAM 等新型存储技术。

6.7 拓展训练

1. 下列存储器中,掉电后仍能保持原有信息的是(　　)。

A. SRAM,PROM　　B. DRAM,ROM

C. PROM,EPROM　　D. RAM,E^2PROM

2. 下列存储器中,需要定时刷新的存储器是(　　)。

A. SRAM　　B. DRAM　　C. PROM　　D. EPROM

3. 某 SRAM 芯片的存储容量是 64K×16 位,则该芯片的地址线和数据线数目为(　　)。

A. 64,16　　B. 16,64　　C. 64,8　　D. 16,16

4. 计算机的存储器采用分级存储体系的主要目的是(　　)。

A. 减小机箱的体积

B. 便于读写数据

C. 便于系统升级

笔记

D. 解决存储容量、存取速度和价格之间的矛盾

5. 主存储器和 CPU 之间增加 Cache 的目的是(　　)。

A. 扩大主存储器的容量

B. 解决 CPU 和主存之间的速度匹配问题

C. 提高主存储器的速度

D. 扩大 CPU 中通用寄存器的数量

6. 下面不属于新型存储技术的是(　　)。

A. Optane　　B. MRAM　　C. ReRAM　　D. TnRAM

笔记

项目7 学习计算机外部存储器

外部存储器是通过外部设备接口与CPU连接的存储设备。在计算机整个存储体系结构中,外部存储器主要用来扩展计算机的存储容量,是计算机配置高低的一个体现。常用的外部存储器包括硬盘、软盘和光盘等,其中硬盘是用于计算机外部存储的主要存储器,是基于科学家王安提出的磁芯原理研制出的磁体存储器。另外,还有便于用户携带的移动硬盘、USB接口的Flash盘(俗称U盘或闪盘)等新型外部存储器。本项目主要介绍硬盘、光盘和移动硬盘的组成、工作原理及技术参数。

王安(1920年2月7日—1990年3月24日),生于上海,江苏昆山人,著名的科学家、发明家、企业家。1940年毕业于交通大学电机工程专业(现西安交通大学电气工程学院),1945年赴美留学,1948年在哈佛大学获应用物理学博士学位。1951年创办王安实验室(Wang Laboratories),后成为"电脑大王"。创办实验室之后的王安将磁芯存储器的专利卖给IBM公司后获利50万美元,但之后他并没有安于现状、满足于安逸享乐;接下来的20年,他锐意进取、不遗余力地推陈出新,使事业蒸蒸日上,在鼎盛时期年收入达30亿美元。1986年10月,邓小平在人民大会堂会见王安时,握着他的手赞赏地说:"你在美国很出名,现在是家大业大,这可是你自己奋斗出来的啊!"

知识目标:

- 了解硬盘、光盘、移动硬盘和U盘的发展历程、构成、分类以及性能指标
- 理解硬盘、光盘、移动硬盘和U盘的工作原理
- 掌握硬盘容量的计算方法

能力目标:

- 具有正确购买硬盘、移动硬盘和U盘的能力
- 具有计算外存储器存储大小的能力
- 具有存储大小单位换算的能力

素质目标:

- 培养学生在课堂小组团队中主动积极学习、共同进步的意识
- 培养学生在课堂小组团队中善于与同伴沟通与分享的素质
- 培养具有奋斗精神的人生态度

学习重点: 硬盘的组成及工作原理;硬盘的性能参数;光盘的物理构造;移动硬盘的组成

学习难点: 硬盘的工作原理;光盘驱动器的工作原理

笔记

视频讲解

7.1 任务1 学习硬盘

硬盘为计算机提供了大容量的、可靠的与高速的外部存储手段，其存储容量比内存和软盘大，而存取速度比内部存储器低，又比软盘和光盘等其他外部存储器高，是目前最常用的大容量存储设备。

7.1.1 活动1 回顾硬盘的发展

1. 硬盘的发展

在发明磁盘系统之前，计算机使用穿孔纸带、磁带等来存储程序与数据，这些存储方式不仅容量低、速度慢，而且有个缺陷：它们都是顺序存储，要想读取后面的数据，必须从头开始读，无法实现随机存取数据。

(1) 硬盘的产生。

1956年9月，IBM的一个工程小组向世界展示了第一台磁盘存储系统IBM 350 RAMAC(Random Access Method of Accounting and Control)，其磁头可以直接移动到盘片上的任何一块存储区域，从而成功地实现了随机存储。这套系统的总容量只有5MB，共使用了50个直径为24英寸(in)的磁盘，盘片表面涂有一层磁性物质。它们被叠起来固定在一起，绕着同一个轴旋转。IBM 350 RAMAC的出现使得在航空售票、银行自动化、医疗诊断和航空航天等领域引入计算机成为了可能。

(2) 技术的发展——温切斯特技术。

1973年，IBM又发明了Winchester(温切斯特)硬盘，其特点是工作时磁头悬浮在高速转动的盘片上方，而不与盘片直接接触，这便是现代硬盘的原型。IBM随后生产的3340硬盘系统即采用了温氏技术，共有两个30MB的子系统。"密封、固定并高速旋转的镀磁盘片、磁头沿盘片径向移动"是"温切斯特"硬盘技术的精髓。今天PC中的硬盘容量虽然已经高达几十吉字节(GB)以上，但仍然没有脱离"温切斯特"模式。

(3) GB时代。

20世纪80年代末期，IBM发明了MR(Magneto Resistive Heads)磁头，即磁阻磁头。这是IBM对硬盘发展的一项重大贡献，这种磁头在读取数据时对信号变化相当敏感，使得盘片的存储密度能够比以往20MB每英寸提高了数十倍。磁头是硬盘中最昂贵的部件，也是硬盘技术中最重要和最关键的一环。

传统的磁头是读写合一的电磁感应式磁头，但是，硬盘的读写却是两种截然不同的操作。为此，这种二合一磁头在设计时必须要同时兼顾到读写两种特性，从而造成了硬盘设计上的局限。而MR磁头，采用的是分离式的磁头结构，写入磁头仍采用传统的磁感应磁头，读取磁头则采用新型的MR磁头，即所谓的感应写、磁阻读。

这样，在设计时就可以针对两者的不同特性分别进行优化，以得到最好的读写性能。另外，MR磁头是通过阻值变化而不是电流变化去感应信号幅度，因而对信号变化相当敏感，读取数据的准确性也相应提高。而且由于读取的信号幅度与磁道宽度无关，故磁道可以做得很窄，从而提高了盘片密度，达到200MB/in^2，而使用传统的磁头只能达到20MB/in^2。

1991年，IBM生产出了3.5英寸的硬盘0663-E12(使用MR磁头)，PC硬盘的容

笔记

量首次达到了1GB。从此硬盘容量开始进入了GB数量级,3.5英寸的硬盘规格也由此成为现代计算机硬盘的标准规格。

(4) 高速发展时期。

20世纪90年代后期,GMR(Giant Magneto Resistive,巨磁阻磁头)磁头技术出现。GMR磁头与MR磁头一样,是利用特殊材料的电阻值随磁场变化的原理来读取盘片上的数据,但是GMR磁头使用了磁阻效应更好的材料和多层薄膜结构,比MR磁头更为敏感,相同的磁场变化能引起更大的电阻值变化,从而可以实现更高的存储密度,现有的MR磁头能够达到的盘片密度为3～5Gbit/in^2,而GMR磁头可以达到10～40Gbit/in^2以上。

1999年,单碟容量高达10GB的ATA硬盘面世。该年9月7日,Maxtor宣布了首块单碟容量高达10.2GB的ATA硬盘(Diamond Max 40,即"钻石九代"),从而把硬盘的容量引入了一个新里程碑。

2000年2月23日,希捷发布了转速高达15000转的Cheetah X15"捷豹"系列硬盘,其平均寻道时间只有3.9ms,此系列产品的内部数据传输率高达48MBps,数据缓存为4 MB或16MB,支持Ultra160/m SCSI及Fiber Channel(光纤通道),这将硬盘外部数据传输率提高到了160～200MBps。希捷的此款硬盘将硬盘的性能提高到了一个新的里程碑。

2. 硬盘的分类

硬盘有不同的分类方式。

按盘径尺寸分类,可分为:5.25英寸、3.5英寸、2.5英寸和1.8英寸。

盘径为5.25英寸的硬盘是昆腾公司生产的Bigfoot(大脚)系列硬盘,现在很少再见到。盘径为3.5英寸的硬盘是目前大多数台式机使用的硬盘。而盘径为2.5英寸和1.8英寸的硬盘主要用于笔记本计算机及部分便携仪器中。

按接口类型分类,可分为:IDE接口硬盘、SATA接口硬盘和SCSI接口硬盘。

7.1.2 活动2 详述硬盘的组成

硬盘主要由盘片、磁头、盘片转轴及控制电机、磁头控制器、数据转换器、接口、缓存等几个部分组成,常见的硬盘如图7-1所示。

硬盘中所有的盘片都装在一个旋转轴上,每张盘片之间是平行的,在每个盘片的存储面上有一个磁头,磁头与盘片之间的距离比头发丝的直径还小,所有的磁头连在一个磁头控制器上,由磁头控制器负责各个磁头的运动。磁头可沿盘片的半径方向运动,加上盘片每分钟几千转的高速旋转,磁头就可以定位在盘片的指定位置上进行数据的读写操作。

图7-1 硬盘

注意:硬盘作为精密设备,尘埃是其大敌,所以必须完全密封。

1. 硬盘的外部结构

常用的硬盘外形大同小异,在没有元件的一面贴有产品标签,标签上是一些与硬盘相关的内容。在硬盘的一端有电源插座,硬盘主、从状态设置跳线器和数据线连接插

笔记

座。主要包括接口、控制电路板、固定盖板等,如图 7-2 所示。

(1) 接口。

接口包括电源插口和数据接口两部分,其中电源插口与主机电源相连,为硬盘工作提供电力保证。数据接口则是硬盘数据和主板控制器之间进行传输交换的纽带,根据连接方式的差异,分为 IDE 接口、SATA 接口和 SCSI 接口等。

图 7-2　硬盘的外部结构

(2) 控制电路板。

控制电路板大多采用贴片式元件焊接,包括主轴调速电路、磁头驱动与伺服定位电路、读写电路、控制与接口电路等。在电路板上还有一块高效的单片机 ROM 芯片,其固化的软件可以进行硬盘的初始化,进行加电和启动主轴电机,加电初始寻道、定位以及故障检测等。在电路板上还安装有容量不等的高速缓存芯片。

(3) 固定盖板。

固定盖板就是硬盘的面板,标注产品的型号、产地、设置数据等,和底板结合成一个密封的整体,保证硬盘盘片和机构的稳定运行。固定盖板和盘体侧面还设有安装孔,以方便安装。

2. 硬盘的内部结构

硬盘内部结构由固定面板、控制电路板、盘头组件、接口及附件等几大部分组成,而盘头组件(Hard Disk Assembly,HDA)是构成硬盘的核心,封装在硬盘的净化腔体内,包括浮动磁头组件、磁头驱动机构、盘片及主轴驱动机构、前置读写控制电路等。硬盘内部结构如图 7-3 所示。

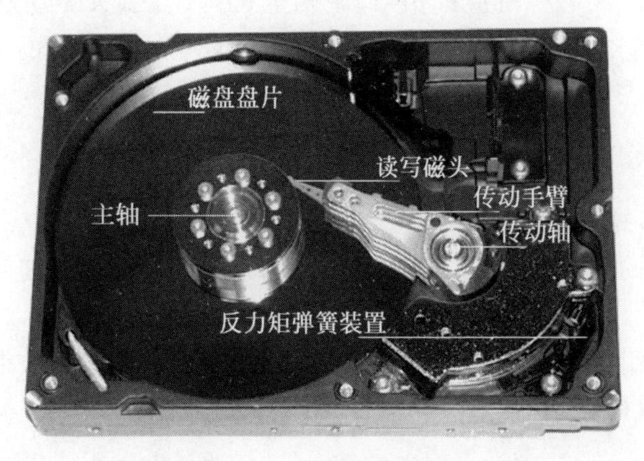

图 7-3　硬盘内部结构

(1) 浮动磁头组件。

浮动磁头组件由读写磁头、传动手臂、传动轴三部分组成,如图 7-4 所示。磁头是硬盘技术最重要和关键的一环,实际上是集成工艺制成的多个磁头的组合,它采用了非接触式头、盘结构,加电后在高速旋转的磁盘表面飞行,飞高间隙只有 0.1～0.3μm,可以获得极高的数据传输率。现在转速 5400rpm 的硬盘飞高都低于 0.3μm,以利于读取较大的高信噪比信号,提供数据传输存储的可靠性。

笔记

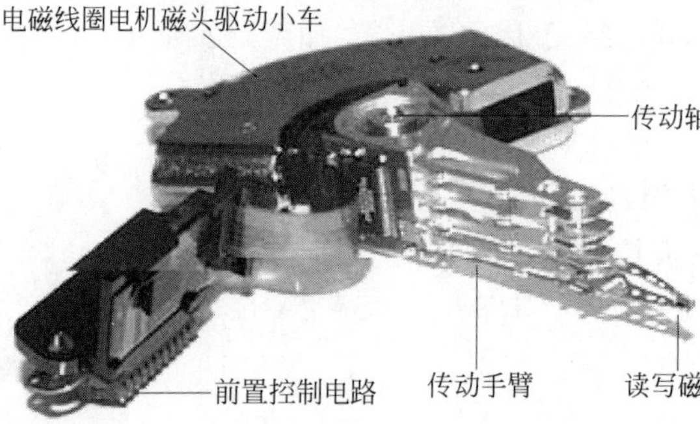

图 7-4 硬盘磁头部分

(2) 磁头驱动机构。

磁头驱动机构由电磁线圈电机和磁头驱动小车组成,新型大容量硬盘还具有高效的防震动机构。高精度的轻型磁头驱动机构能够对磁头进行正确的驱动和定位,并在很短的时间内精确定位系统指令指定的磁道,保证数据读写的可靠性。

(3) 盘片及主轴组件。

盘片是硬盘存储数据的载体,现在的盘片大都采用金属薄膜磁盘,这种金属薄膜较之软磁盘的不连续颗粒载体具有更高的记录密度,同时还具有高剩磁和高矫顽力的特点。主轴组件包括主轴部件,如轴瓦和驱动电机等。

> **注意**:随着硬盘容量的扩大和速度的提高,主轴电机的速度在不断提升,特别值得关注的是有的厂商已开始采用精密机械工业的液态轴承电机技术。

(4) 前置控制电路。

前置放大电路控制磁头感应的信号、主轴电机调速、磁头驱动和伺服定位等,由于磁头读取的信号微弱,将放大电路密封在腔体内可减少外来信号的干扰,提高操作指令的准确性。

7.1.3 活动 3 详解硬盘的工作原理

1. 信息存储格式

磁盘由最基本的盘片组成,盘片可划分为磁道、扇区和柱面,如图 7-5 所示。

(1) 盘片。

硬盘最基本的组成单元就是盘片,盘片的两个面都可以存储数据,磁头在盘片上移动进行数据的读写(即存取数据)。

(2) 磁道。

一个盘片上面被分成若干个同心圆,这些同心圆每一条就是一个磁道,最外面的磁道为 0 磁道,各磁道都有编号,通常称磁道号。

(3) 扇区。

每个磁道被分成若干个扇区,每个扇区可存储一定字节的数据,通常是 512B。硬盘的磁道数一般为 300～3000,每磁道的扇区数通常是 63。

(4) 柱面。

硬盘由很多个盘片叠在一起,柱面指的就是多个盘片上具有相同编号的磁道,它的数目和编号与磁道是相同的。

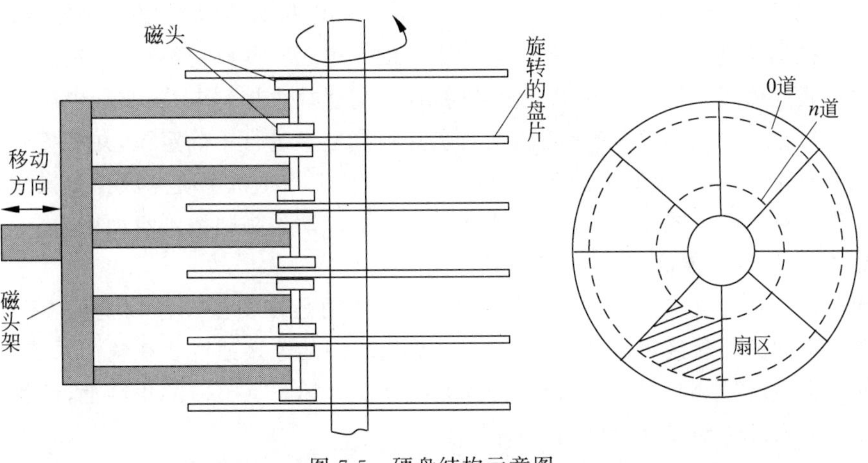

图 7-5　硬盘结构示意图

小知识：

▶ 磁盘上盘面的数目与磁头数目是一样的，所以，一般可以用磁头号来代替盘片号。

▶ 每个盘面上有几十到上千个磁道，磁道的编址是由外向内依次编号的。柱面数则等于每个盘面上的磁道数。

▶ 每一个磁道被划分为若干个扇区。扇区的编号有多种方法，可以连续编号，也可间断编号。

▶ 磁盘上信息的组织是按照磁头（盘片）→磁道（柱面）→扇区这样的顺序进行的。

▶ 真正的硬盘实际上是由磁盘组成，对于磁盘组来说，磁盘物理地址由磁头号、磁道号和扇区号三部分组成。

2. 磁盘数据读写

硬盘的最基本组成单元——盘片是在非磁性的合金材料（最新的磁盘则采用玻璃材料）表面涂上一层很薄的磁性材料，通过磁层的磁化方向来存储“0”“1”信息。

信息存储在盘片上，由磁头来进行信息的读写，磁头采用轻质薄膜部件，盘片在高速旋转下产生的气流浮力迫使磁头离开盘面悬浮在盘片上方。当硬盘接到系统读写数据的指令后，由相应的磁头根据给出的地址，首先按磁道进行定位，然后再通过盘片的转动找到相应的扇区，实现扇区的定位。最后，由磁头在寻址的位置上进行信息的读写并将相应的信息传送给指定位置（如硬盘自带的缓存上）。

概括地说，硬盘的工作原理是利用盘片上特定的磁粒子的极性来记录数据。磁头在读取数据时，将磁粒子的不同极性转换成不同的电脉冲信号，再利用数据转换器将这些原始信号变成计算机可以使用的数据，写的操作正好与此相反。

注意：硬盘中还有一个存储缓冲区，这是为了协调硬盘与主机在数据处理速度上的差异而设的。值得注意的是，现在大多数机械硬盘的存储缓冲区都采用了 SSD 技术。

笔记

硬盘驱动器加电正常工作后，利用控制电路中的单片机初始化模块进行初始化工作，此时磁头置于盘片中心位置，初始化完成后主轴电机将启动并以高速旋转，装载磁头的小车机构移动，将浮动磁头置于盘片表面的0道，处于等待指令的启动状态。当接口电路接收到微机系统传来的指令信号时，通过前置放大控制电路，驱动电磁线圈电机发出磁信号，根据感应阻值变化的磁头对盘片数据信息进行正确定位，并将接收后的数据信息解码，通过放大控制电路传输到接口电路，反馈给主机系统完成指令操作。结束硬盘操作后进入断电状态，在反力矩弹簧的作用下浮动磁头驻留到盘面中心。

3. 接口类型及传输模式

硬盘接口是硬盘与主机系统间的连接部件，作用是在硬盘缓存和主机内存之间传输数据。不同的硬盘接口，决定着硬盘与计算机之间的连接速度。在整个系统中，硬盘接口的优劣，直接影响着程序运行快慢和系统性能好坏。从整体的角度上，硬盘接口分为IDE、SATA、SCSI和光纤通道四种。

(1) IDE接口硬盘，多用于家用产品中，也部分应用于服务器。

(2) SATA是一种新的硬盘接口类型，还正处于市场普及阶段，在家用市场中有着广泛的前景。

(3) SCSI接口的硬盘，则主要应用于服务器市场。

(4) 光纤通道，只用在高端服务器上，价格昂贵。光纤接口如图7-6所示。

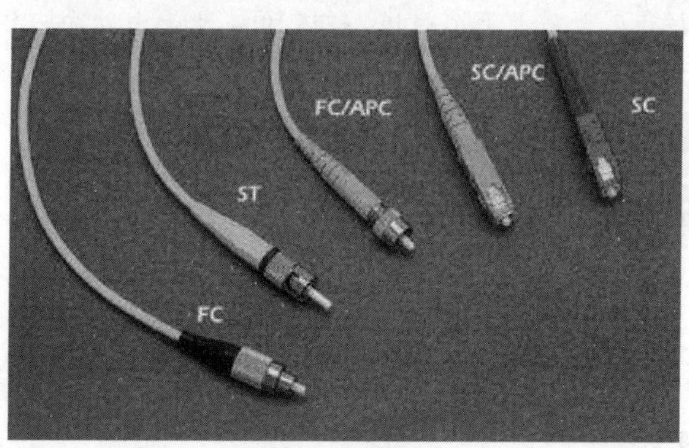

图7-6　光纤接口

在IDE和SCSI的大类别下，又可以分出多种具体的接口类型，又各自拥有不同的技术规范，具备不同的传输速度。比如，ATA 100和SATA，Ultra 160 SCSI和Ultra 320 SCSI，都代表着一种具体的硬盘接口，各自的速度差异也较大。

相应地，硬盘与主机之间的数据传送方式也有两种：PIO(程序控制传输)模式和DMA模式(直接存储器存取)。

下面首先简单了解一下硬盘与主机的数据传送模式，然后再详细介绍各种接口标准以及它们采用的数据传送技术。

(1) PIO模式。

PIO(Programmed I/O，程序控制传输)模式是指通过CPU执行程序，用I/O指令来完成数据的传送。由于完全用软件方法实现，因此灵活性好，并且可以精细地控制数据传送中的所有细节问题。缺点是数据传送的速度不高。

笔记

注意：早期的硬盘与主机之间都采用 PIO 数据传送模式，现已淘汰。

(2) DMA 模式。

DMA(Direct Memory Access)模式的出现解决了硬盘接口的传送速度问题。DMA 模式在数据传输过程中不通过 CPU 而直接在外设与内存之间完成数据传输，它以总线主控方式，由 DMA 控制器控制硬盘的读写，在硬盘与内存之间直接进行数据传输，提高了传输速度并且节省了宝贵的 CPU 资源。

目前常见的 DMA 模式有 Ultra DMA33、Ultra DMA66、Ultra DMA/100、Ultra DMA160 和 Ultra DMA320 等，它们的传输速度分别是 33MBps、66MBps、100MBps、160MBps 和 320MBps。

以下将详细介绍这几类接口标准。

(1) IDE。

IDE 的英文全称为 Integrated Drive Electronics，它有另一个名称，叫 ATA(AT Attachment)。这两个名词都有厂商在用，指的是相同的东西。IDE 的规格后来有所进步，而推出了 EIDE(Enhanced IDE)的规格名称，而这个规格同时又被称为 Fast ATA。所不同的是 Fast ATA 是专指硬盘接口，而 EIDE 还制定了连接光盘等非硬盘产品的标准。这个连接非硬盘类的 IDE 标准，又称为 ATAPI 接口。之后再推出更快的接口，名称都只剩下 ATA 的字样，像 Ultra ATA、ATA/66、ATA/100 等。

小知识：IDE 代表着硬盘的一种类型，但在实际的应用中，人们也习惯用 IDE 来称呼最早出现的 IDE 类型的硬盘 ATA-1，这种类型的接口，随着接口技术的发展已经被淘汰了。而其后发展分支出更多类型的硬盘接口，如 ATA、Ultra ATA、DMA、Ultra DMA 等接口，都属于 IDE 硬盘。

早期的 IDE 接口，有两种传输模式：一个是 PIO(程序控制传输)模式，另一个是 DMA(直接存储器存取)模式。虽然 DMA 模式系统资源占用少，但需要额外的驱动程序或设置，因此被接受的程度比较低。后来在对速度要求越来越高的情况下，DMA 模式由于执行效率较好，操作系统开始直接支持，而且厂商更推出了越来越快的 DMA 模式传输速度标准。

各种 IDE 标准都能很好地向下兼容。例如，ATA 133 兼容 ATA 66/100 和 Ultra DMA33，而 ATA 100 也兼容 Ultra DMA 33/66。

要特别注意的是，对 ATA 66 以及以上的 IDE 接口传输标准而言，必须使用专门的 80 芯 IDE 排线，其与普通的 40 芯 IDE 排线相比，增加了 40 条地线，以提高信号的稳定性。

以上这些，都是传统的并行 ATA 传输方式。现在又出现了串行 ATA(Serial ATA，SATA)，其最大数据传输率更进一步提高到了 150MBps，将来还会提高到 300MBps，而且其接口非常小巧，排线也很细，有利于机箱内部空气流动，从而加强散热效果，也使机箱内部显得不太凌乱。

注意：与并行 ATA 相比，SATA 还有一大优点，就是支持热插拔。

笔记

(2) SATA。

使用 SATA(Serial ATA)口的硬盘,又叫串口硬盘,是未来 PC 硬盘的趋势。SATA 采用串行连接方式,串行 ATA 总线使用嵌入式时钟信号,具备了更强的纠错能力,与以往相比,其最大的区别在于,能对传输指令(不仅仅是数据)进行检查,如果发现错误会自动矫正,这在很大程度上提高了数据传输的可靠性。串行接口还具有结构简单、支持热插拔的优点。主板支持 SATA 技术的标志如图 7-7 所示。

图 7-7 主板支持 SATA 技术的标志

(3) SCSI。

SCSI(Small Computer System Interface,小型计算机系统接口)是同 IDE(ATA)完全不同的接口。IDE 接口是普通 PC 的标准接口,而 SCSI 并不是专门为硬盘设计的接口,而是一种广泛应用于小型机上的高速数据传输技术。SCSI 接口具有应用范围广、多任务、带宽大、CPU 占用率低以及支持热插拔等优点,但较高的价格,使得它很难如 IDE 硬盘那般普及。因此,SCSI 硬盘主要应用于中、高端服务器和高档工作站中。

小知识: SCSI 接口技术将 DMA 模式的传输速度进一步提高,Ultra DMA160 和 Ultra DMA320 的传输速度分别达到了 160MBps 和 320MBps。

(4) 光纤通道。

光纤通道(Fiber Channel)和 SCIS 接口一样,最初也不是为硬盘设计开发的接口技术,而是专门为网络系统设计的。随着存储系统对速度的需求越来越高,其才逐渐应用到硬盘系统中。光纤通道硬盘是为提高多硬盘存储系统的速度和灵活性才开发的,它的出现大大提高了多硬盘系统的通信速度。

光纤通道是为在像服务器这样的多硬盘系统环境而设计的,能满足高端工作站,服务器,海量存储子网络,外设间通过集线器、交换机和点对点连接进行双向、串行数据通信等系统对高数据传输率的要求。

小知识: 光纤通道的主要特性有热插拔性、高速带宽、远程连接、连接设备数量大等。

7.1.4 活动 4 介绍硬盘的性能参数

在介绍硬盘的构成及工作原理之后,我们有必要先了解一下硬盘的主要性能参数。关于硬盘的性能参数有很多,这里只介绍与性能有关的主要参数,它们是使用和选择硬盘时的主要技术指标。

1. 硬盘容量

硬盘内部往往有多个叠起来的磁盘片,所以说影响硬盘容量的因素有单碟容量和碟片数,容量的单位为兆字节(MB)或吉字节(GB),硬盘容量当然是越大越好了,可以装下更多的数据。

笔记

要特别说明的是，单碟容量对硬盘的性能也有一定的影响：单碟容量越大，硬盘的密度越高，磁头在相同时间内可以读取到更多的信息，这就意味着读取速度得以提高。

硬盘的容量可按如下公式计算：

硬盘容量＝柱面数×扇区数×每扇区字节数×磁头数

计算机中显示出来的容量往往比硬盘容量的标称值要小，这是由于不同的单位转换关系造成的。我们知道，在计算机中1GB＝1024MB，而硬盘厂家通常是按照1GB＝1000MB进行换算的。

小知识：目前市场上主流硬盘的容量为500GB～4TB，单碟容量也达到了20GB以上。

2. 转速

硬盘转速（Rotational Speed）是指硬盘片每分钟转过的圈数，单位为r/min（Rotation per Minute）。一般硬盘的转速都能达到5400r/min（每分钟5400转），有的硬盘的转速能达到7200r/min。硬盘转速对硬盘的数据传输率有直接的影响，从理论上说，转速越快越好，因为较高的转速可缩短硬盘的平均寻道时间和实际读写时间，从而提高在硬盘上的读写速度；可任何事物都有两面性，在转速提高的同时，硬盘的发热量也会增加，它的稳定性就会有一定程度的降低。所以说我们应该在技术成熟的情况下，尽量选用高转速的硬盘。

3. 缓存

一般硬盘的平均访问时间为十几毫秒，但RAM（内存）的速度要比硬盘快几百倍。所以RAM通常会花大量的时间去等待硬盘读出数据，从而也使CPU效率下降。于是，人们采用高速缓冲存储器（又叫高速缓存）技术来解决这个矛盾。

简单地说，硬盘上的缓存容量是越大越好，大容量的缓存对提高硬盘速度很有好处，不过提高缓存容量就意味着成本上升。目前市面上的硬盘缓存容量通常为512KB～2MB。

4. 平均寻道时间

平均寻道时间（Average Seek Time）是硬盘的磁头从初始位置移动到数据所在磁道时所用的时间，单位为毫秒（ms），是影响硬盘内部数据传输率的重要参数，平均寻道时间越短硬盘速度越快。

硬盘读取数据的实际过程大致是：硬盘接收到读取指令后，磁头从当前位置移到目标磁道位置（经过一个寻道时间），然后从目标磁道上找到所需读取的数据（经过一个等待时间）。这样，硬盘在读取数据时，就要经过一个平均寻道时间和一个平均等待时间，平均访问时间＝平均寻道时间＋平均等待时间。在等待时间内，磁头已达到目标磁道上方，只等所需数据扇区旋转到磁头下方即可读取，因此，平均等待时间可认为是盘片旋转半周的时间。这个时间当然越小越好，但它受限于硬盘的机械结构。目前硬盘的平均寻道时间通常在9～11ms，如迈拓的钻石7代系列平均寻道时间为9ms。

5. 硬盘的数据传输率

硬盘的数据传输率（Data Transfer Rate）也称吞吐率，它表示在磁头定位后，硬盘读或写数据的速度。硬盘的数据传输率有以下两个指标。

笔记

(1) 突发数据传输率(Burst Data Transfer Rate)也称为外部传输率(External Transfer Rate)或接口传输率,即微机系统总线与硬盘缓冲区之间的数据传输率。突发数据传输率与硬盘接口类型和硬盘缓冲区容量大小有关。目前支持ATA/100的硬盘最快的传输速率能达到100MBps。

(2) 持续传输率(Sustained Transfer Rate)也称为内部传输率(Internal Transfer Rate),指磁头至硬盘缓存间的数据传输率,它反映硬盘缓冲区未用时的性能。内部传输率主要依赖硬盘的转速。

7.1.5 活动5 展望硬盘技术的最新发展

1. 热插拔技术

热拔插SCSI连接/断接功能深受市场的欢迎。在开启或关闭电源时,硬盘在活跃的SCSI总线上不会造成电源瞬变或数据失误的情况,因此热拔插功能特别适用于阵列应用程序,在拆机安装硬盘时,阵列仍可照常运作而不会中断。目前IBM、Compaq、HP等品牌服务器都采用了80针热拔插硬盘,并配有专用的硬盘架和电源。

2. 磁盘阵列技术

随着硬盘技术的进一步发展,出现了磁盘阵列技术,它是对磁盘功能的进一步扩充。磁盘阵列起源于集中式大、中、小型计算机网络系统中,专门为主计算机存储系统数据。随着计算机网络、Internet和Intranet网的普及,磁盘阵列已向我们走来。为确保网络系统可靠地保存数据,使系统正常运行,磁盘阵列已成为高可靠性网络系统解决方案中不可缺少的存储设备。

磁盘阵列的全名为廉价磁盘冗余阵列(Redundant Array of Inexpensive Disks, RAID),属于超大容量的外部存储子系统。磁盘阵列由磁盘阵列控制器及若干性能近似的、按一定要求排列的硬盘组成。该类设备具有高速度、大容量、安全可靠等特点,通过冗余纠错技术保证设备可靠性。

磁盘阵列(RAID)在现代网络系统中作为海量存储器,广泛用于磁盘服务器中。用磁盘阵列作为存储设备,可以将单个硬盘的30万小时的平均无故障工作时间(MTBF)提高到80万小时。磁盘阵列一般通过SCSI接口与主机相连接,目前最快的Ultra Wide SCSI接口的通道传输速率达到80MBps。磁盘阵列通常需要配备冗余设备。磁盘阵列都提供了电源和风扇作为冗余设备,以保证磁盘阵列机箱内的散热和系统的可靠性。为使存储数据更加完整可靠,有些磁盘阵列还配置了电池。在阵列双电源同时掉电时,对磁盘阵列缓存进行保护,以实现数据的完整性。

磁盘阵列(RAID)技术分为几种不同的等级,分别可以提供不同的速度、安全性和性价比,常见的有以下几种。

(1) RAID 0。

RAID 0是最简单的一种形式。RAID 0可以把多块硬盘连接在一起形成一个容量更大的存储设备。最简单的RAID 0技术只是提供更多的磁盘空间,不过我们也可以通过设置,即可以通过创建带区集,在同一时间内向多块磁盘写入数据,使RAID 0磁盘的性能和吞吐量得到提高。RAID 0没有冗余或错误修复能力,但是实现成本是最低的。

RAID 0 具有成本低、读写性能极高和存储空间利用率高等特点。但由于没有数据冗余，其安全性大大降低，阵列中的任何一块硬盘的损坏都将带来灾难性的数据损失，所以 RAID 0 中配置的硬盘不宜太多。

(2) RAID 1。

RAID 1 和 RAID 0 截然不同，其技术重点全部放在如何能够在不影响性能的情况下最大限度地保证系统的可靠性和可修复性上。RAID 1 是所有 RAID 等级中实现成本最高的一种，尽管如此，人们还是选择 RAID 1 来保存那些关键性的重要数据。

RAID 1 又被称为磁盘镜像，每一个磁盘都具有一个对应的镜像盘。对任何一个磁盘的数据写入都会被复制到镜像盘中；系统可以从一组镜像盘中的任何一个磁盘读取数据。显然，磁盘镜像肯定会提高系统成本。因为我们所能使用的空间只是所有磁盘容量总和的一半。例如，由 4 块硬盘组成的磁盘镜像，其中可以作为存储空间使用的仅为 2 块硬盘，另外 2 块作为镜像部分。

RAID 1 下，任何一块硬盘的故障都不会影响到系统的正常运行，而且只要任何一对镜像盘中至少有一块磁盘可以使用即可，RAID 1 甚至可以在一半数量的硬盘出现问题时不间断地工作。当一块硬盘失效时，系统会忽略该硬盘，转而使用剩余的镜像盘读写数据。

小知识：通常，我们把出现硬盘故障的 RAID 系统称为在降级模式下运行。虽然这时保存的数据仍然可以继续使用，但是 RAID 系统将不再可靠。如果剩余的镜像盘也出现问题，那么整个系统就会崩溃。因此，我们应当及时更换损坏的硬盘，避免出现新的问题。

RAID 1 由 2 块硬盘数据互为镜像，它具有安全性高、技术简单、管理方便、读写性能良好等特点。但它无法扩展单块硬盘容量，数据空间浪费大。

(3) RAID 0+1。

单独使用 RAID 1 也会出现类似单独使用 RAID 0 那样的问题，即在同一时间内只能向一块磁盘写入数据，不能充分利用所有的资源。为了解决这一问题，可以在磁盘镜像中建立带区集。这种配置方式综合了带区集和镜像的优势，被称为 RAID 0+1。

RAID 0+1 综合了 RAID 0 和 RAID 1 的特点，独立磁盘配置成 RAID 0，2 套完整的 RAID 0 互为镜像。它的读写性能出色、安全性高，但构建此类阵列的成本投入大，数据空间利用率低，不能称之为经济高效的方案。

(4) RAID 5。

RAID 5 是目前应用最广泛的 RAID 技术。各块硬盘进行条带化分割，相同的条带区进行奇偶校验，校验数据平均分布在每块硬盘上。以 n 块硬盘构建的 RAID 5 阵列可以有 $n-1$ 块硬盘的容量，存储空间利用率非常高。任何一块硬盘上的数据丢失，均可以通过校验数据推算出来。

注意：RAID 5 具有数据安全、读写速度快、空间利用率高等优点，应用非常广泛，但不足之处是如果一块硬盘出现故障以后，整个系统的性能将大大降低。这也是为什么大多数使用者觉得 RAID 5 还是属于鸡肋。

笔记

3. 移动硬盘

随着硬件技术和业务系统的不断发展,对于移动存储的需求越来越多,相应地产生了移动磁盘技术。关于这一新型技术及产品,将在7.3节中详细讨论。它是对硬盘技术的进一步扩展。

4. 微型硬盘

越来越小也是硬盘的发展方向之一,除了1.8英寸的硬盘,更小的1英寸HDD(Micro Drive),容量已达到了4GB,其外观和接口为CF TYPEⅡ型卡,传送模式为Ultra DMA mode 2。

CF卡的全称为"Compact Flash"卡,意为"标准闪存卡",简称"CF卡",CF卡作为一种先进的移动数码存储产品,当时其优势是很明显的,它具有高速度、大容量、体积小、重量轻、功耗低等优点,很容易就获得了一致的认可。CF卡分为两类:TypeⅠ和TypeⅡ,二者的规格和特性基本相同。TypeⅡ型CF卡和TypeⅠ型CF卡相比,只是在外形上显得厚了一些。

随着数码产品对大容量和小体积存储介质的要求,早在1998年IBM就凭借强大的研发实力最早推出容量为170MB/340MB的微型硬盘。而现在,日立、东芝、南方汇通等公司,继续推出了4GB甚至更大的微型硬盘。微型硬盘最大的特点就是体积小巧、容量适中,大多采用CFⅡ插槽,只比普通CF卡稍厚一些。微型硬盘可以说是凝聚了磁储技术方面的精髓,其内部结构与普通硬盘几乎完全相同,在有限的体积里包含相当多的部件。新第一代1英寸以下的硬盘也上市了,东芝是最早推出这种硬盘的公司之一,其直径仅为0.8英寸左右(SD卡大小),容量却高达4GB以上。

SD卡是Secure Digital Card卡的简称,直译成汉语就是"安全数字卡",是由日本松下公司、东芝公司和美国SANDISK公司共同开发研制的全新的存储卡产品。SD存储卡是一个完全开放的标准(系统),多用于MP3、数码摄像机、数码相机、电子图书、AV器材等,尤其是被广泛应用在超薄数码相机上。

?思考:目前有哪些品牌的微型硬盘?容量是多大?

7.2 任务2 学习光盘

视频讲解

光存储器简称光盘,是近年来越来越受到重视的一种外存设备,已经逐步成为多媒体计算机不可缺少的设备。

7.2.1 活动1 回顾光盘的发展

1. 光盘的发展

光存储技术的研究从20世纪70年代开始。人们发现通过对激光聚焦后,可获得直径为1μm的激光束。根据这个事实,荷兰Philips公司的研究人员开始研究用激光束来记录信息。1972年9月5日,该公司向新闻界展示了可以长时间播放电视节目的光盘系统,这个系统被正式命名为LV(Laser Vision)光盘系统(又称激光视盘系统),并于1978年投放市场。这个产品对世界产生了深远的影响,从此,拉开了利用激光来

笔记

记录信息的序幕。光盘的发展历程如图 7-8 所示。

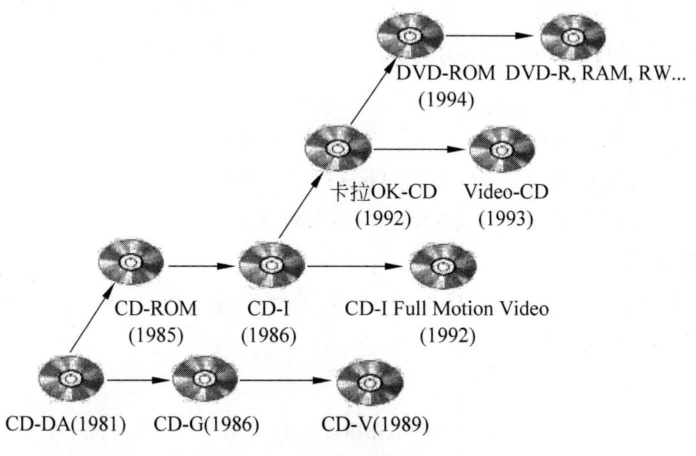

图 7-8 光盘的发展历程

2. 光盘的特点

光盘与其他存储介质，如传统的磁带、软磁盘等相比，其优点极为显著。

(1) 与传统的大容量存储介质磁带相比。

磁带特别是数据流磁带的单盘容量虽然较大，可达到 500GB，但这样的磁带价格昂贵，同时磁带如果保管不善则易发霉、易磨损，接近磁体时数据易丢失，而且不同厂家的不同格式的磁带驱动器也互不兼容，以至于数据交换很不方便。

(2) 与软磁盘相比。

软磁盘容量小，即使 Zip 软盘，容量也仅有 120MB，且安全可靠性差，目前也已经很少使用。

(3) 与硬盘相比。

光盘具有坚固、抗震性好、不易损坏等优点。CD/DVD 光盘具有容量大、易保存(其保存期长达 30 年以上)、可靠性高、表面磨损后可进行修复、携带方便、数据交换方便等特点，在近年来的存储市场上发展十分迅速。

注意： 光盘在抗震性、对保存环境的要求等方面，与传统的数据存储介质相比，也具备许多优势。

7.2.2 活动 2 介绍光盘的分类

可以从不同角度对光盘进行分类，其中最常用的有按照物理格式划分，按照应用格式划分，按照读写限制划分等。

1. 按照物理格式分类

所谓物理格式，是指记录数据的格式。按照物理格式划分，光盘大致可分为以下两类。

(1) CD 系列。

CD 是 Compact Disc 的简称，意为小型、紧凑的盘片。CD 的外径为 120mm，厚度

笔记

为1.2mm。

CD-ROM(Compact Disc Read Only Memory,只读光盘)是这种系列中最基本的保持数据的格式。CD-ROM包括可记录的多种变种类型,如CD-R、CD-RW等。

(2) DVD系列。

DVD是Digital Versatile Disc的简称,即数字通用光盘。

DVD-ROM是这种系列中最基本的保持数据的格式。DVD-ROM包括可记录的多种变种类型,如DVD-R、DVD-RAM、DVD-RW等。

2. 按照应用格式分类

应用格式是指数据内容(节目)如何储存在盘上以及如何重放。按照应用格式划分,光盘大致可分为以下几类。

(1) 音频(Audio)。

如CD-DA(Compact Disc Digital Audio,音频光盘)、DVD-Audio。

(2) 视频(Video)。

如VCD (Video CD,视频光盘)、DVD-Video等。

(3) 文档。

文档可以是计算机数据(data)、文本(text)等。

(4) 混合(Mixed)。

音频、视频、文档等混合在一个盘上。

3. 按照读写限制分类

按照读写限制,光盘大致可分为三种类型:只读式、一次性写入式和可读写式。

(1) 只读式。

只读式光盘以CD-ROM为代表,当然,CD-DA、V-CD、DVD-ROM等也都是只读式光盘。对于只读式光盘,用户只能读取光盘上已经记录的各种信息,但不能修改或写入新的信息。只读式光盘由专业化工厂规模生产,CD-ROM盘上的凹坑是用金属压模压出的。首先要精心制作好金属原模,也称为母盘,然后根据母盘在塑料基片上制成复制盘。因此,只读式光盘特别适合于廉价、大批量地发行信息。

(2) 一次性写入式。

目前这种光盘以CD-R(Recordable)为主,就是只允许写一次,写完以后,记录在CD-R盘上的信息无法被改写,但可以像CD-ROM盘片一样,在CD-ROM驱动器和CD-R驱动器上被反复地读取多次。

CD-R的结构与CD-ROM相似,上层是保护胶膜,中间是反射层,底层是聚碳酸酯塑料。CD-ROM的反射层为铝膜,故也称为“银盘”;而CD-R的反射层为金膜,故又称为“金盘”。CD-R信息的写入系统主要由写入器和写入控制软件构成。写入器也称为刻录机,是写入系统的核心,其指标与CD-ROM驱动器基本相同。目前的CD-R大都支持整盘写入、轨道(Track)写入和多段(Multi-session)写入等,并且还支持增量包刻写(Incremental Packet Writing)。因此可随时往CD-R盘上追加数据,直到盘满为止。

CD-R的出现对电子出版也是一个极大的推动,它使得小批量多媒体光盘的生产既方便又省钱。一般开发的软件如果要复制80盘以下则用CD-R写入更经济。对要大批量生产的多媒体光盘,可将写好的CD-R盘送到工厂去做压模并大批量复制,既方

笔记

便又省时省钱,可大大缩短开发周期。另外,CD-R对于其他需少量CD盘的场合,如教育部门、图书馆、档案管理、会议、培训、广告等都很适用,它可免除高成本母盘录制和大批量CD-ROM复制过程,具有良好的经济性。

(3) 可读写式。

CD-RW(CD Rewritable)光盘即可擦写的光盘,这种光盘可反复写入及抹除光盘的数据,擦写次数可达1000次。

CD-RW与CD-R一样也有预刻槽。记录原理也基本相似。只是记录层不是有机染料,而是一种相变材料。现在,大多数刻录机都支持CD-RW刻录。在"抹除"状态下,激光头能发出比刻录时还要强的激光束,使相变材料恢复到初始状态,所以CD-RW能多次写入。

> ⚠**注意**:可读写式光盘由于其具有硬盘的大容量、软盘的抽取方便的特点,所以人们认为如果性能稳定、读取速度提高,应该比只读式光盘有前景,但最终逃脱不了被U盘替代的命运。

4. 按照工作原理分类

光盘存储器按其工作原理的不同,大致可分为以下两种类型。

(1) 光技术。

在这种类型中,又可分为两个子类,一种是介质的凹凸形状,一种是介质的相位状态。CD-ROM、DVD-ROM等就属于前者,相变光盘则属于后者。

(2) 磁、光技术结合。

例子如磁光盘、光软盘等。

除上述划分外,还可按照其他原则分类。例如,按照可存储的介质面是单面或双面划分。CD是单面单层光盘,DVD则可以是双面的,每面还可以双层。

另外光盘存储器由光盘盘片和光盘驱动器组成。光盘驱动器如图7-9所示。

图7-9 光盘驱动器

7.2.3 活动3 详解CD光盘的物理构造

CD(Compact Disc)意为高密盘,称为CD光盘,因为它是通过光学方式来记录和读取二进制信息的。

1. 光盘的材料

CD光盘采用聚碳酸酯(Polycarbonate)制成,这种材料寿命很长而且不易损坏,摩托车头盔和防弹玻璃也是采用这种材料制成的。

笔记

2. 物理构造

CD光盘上记录的信息最小单元是比特(bit)。在聚碳酸酯材料上用凹痕和凸痕的形式记录二进制"0"和"1",然后覆上一层薄反射层,最后再覆上一层透明胶膜保护层,并在保护层的一面印上标记。我们通常称光盘的两面分别为数据面和标记面。CD-ROM盘片数据面呈银白色,使用的是铝反射层。CD-R盘片的感光层都使用有机染料制成,目前主要有金、绿、蓝三种颜色,分别称为金盘、绿盘和蓝盘。目前通常用的光盘直径为12cm,厚度约为1mm,中心孔直径为15mm,重约14～18g。CD盘片的结构如图7-10所示。

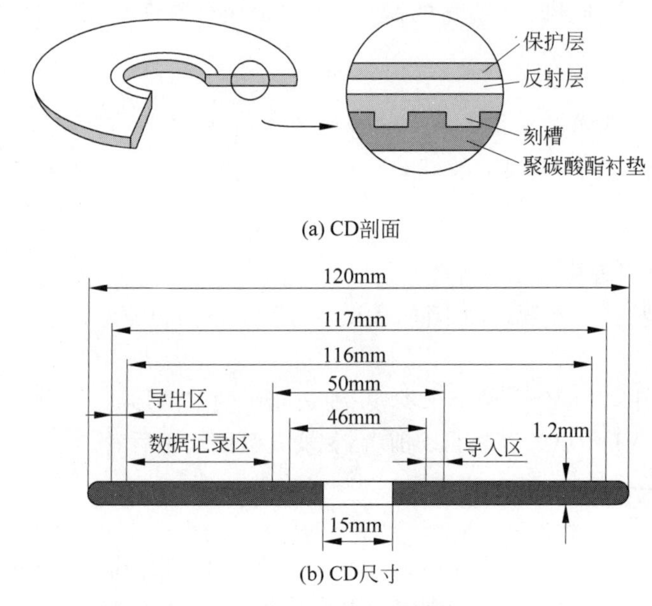

图7-10 CD盘片的结构

3. 数据记录和读取方式

二进制数据以微观的凹痕形式记录在螺旋轨道(track,也称光道)上,光道从盘的中心开始直到盘的边缘结束(见图7-11(a)),这与磁盘的同心环形磁道(见图7-11(b))不一样。

(a) CD光盘的螺旋形光道　　(b) 磁盘的同心环形磁道

图7-11 CD光盘的螺旋形光道与磁盘的同心环形磁道

光道上凹凸交界的跳变沿均代表数字"1",两个边缘之间代表数字"0"。"0"的个数是由边缘之间的长度决定的。信息读取时,CD机的激光头发出一束激光照到CD盘的

笔记

数据面并拾取由凹痕反射回来的光信号，由此判别记录的是"1"或"0"，如图 7-12 所示。

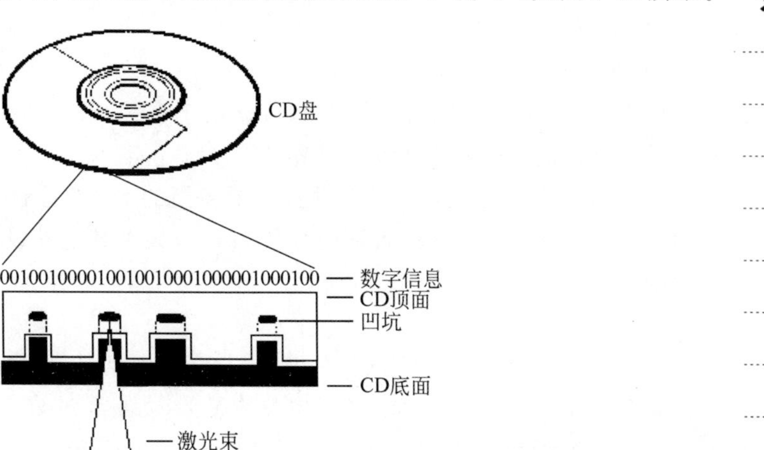

图 7-12　CD 盘的读出原理

4. 数据容量

普通光盘凹痕宽约 0.5μm，凹痕最小长度约 0.83μm，光道间距约 1.6μm。每张光盘大约包含 8 亿个凹痕，可容纳高达 680MB 的数据量，因此光盘的容量很大。

7.2.4　活动 4　详解 CD-ROM 驱动器工作原理

激光头是光驱的心脏，也是光驱中最精密的部分，它主要负责数据的读取工作，激光头主要包括：激光发生器（又称激光二极管）、半反光棱镜、物镜、透镜以及光电二极管等部分。

CD-ROM 驱动器以下述方式工作。

（1）激光二极管向一个反射镜发射一束低功率的红外线光束。

（2）伺服电机根据微处理器的命令，通过移动反射镜将光束定位在 CD-ROM 正确的轨道上。

（3）当光束照到光盘时，这个红外光已通过盘片下面的第一个透镜聚集起来并聚焦，从镜子反射回来的光束送到光束分离器。

（4）光束分离器将返回的激光束送往另一个聚焦透镜。

（5）这个最后的透镜将光束送往光电二极管，在那里将光信号转换成电脉冲。

（6）这些电脉冲由微处理器解码，然后以数据的形式送往主机。

由于在盘片上刻出的小坑代表"1"，空白处代表"0"，如果它不反射激光（那里有一个小坑），那么计算机就知道它代表一个"1"。如果激光被反射回来，计算机就知道这个点是一个"0"。然后，这些成千上万或者数以百万计的"1"和"0"又被计算机或激光唱机恢复成音乐、文件或程序。

7.2.5　活动 5　介绍光驱的接口

光驱的接口是指从光盘驱动器到主机扩展总线的物理连接，这个接口是光驱到主机的数据通道,对于光驱的性能有非常重要的作用。

光驱接口主要有以下几种。

(1) SCSI 接口。

SCSI 接口即小型计算机系统接口,能用于多种不同类型的外没进行通信。SCSI 标准为光驱提供了最大的灵活性和适用的接口性能。

SCSI 接口的问题是价格较高并且需要专门的 SCSI 适配器,虽然这种适配器可以同时供 7 个或更多的外部设备同时使用,但是,如果其他外设都不需要 SCSI 接口,则这种配置方法就不具备合适的性价比。

(2) IDE 接口。

实际应为 EIDE 接口,EIDE 是用于连接光盘驱动器的增强型 IDE 接口工业标准,它是原 IDE 接口的一种扩展。在大多数情况下,光驱通过第 2 个接口连接器和通道与主机系统相连,而将主要通道让于系统中的主要外部存储器——硬盘驱动器。

(3) 并行接口。

并行口连接方法是一种最简单的将光驱连接到主机的方法,通过并行口安装光驱既不需要专门的 SCSI 适配器,也不需要连接到内部驱动器上,只需简单地用一根电缆将光驱与并行口连接起来,甚至不需要打开计算机机箱。

使用并行口连接光驱的优点是易于安装和携带且可以做到一个光驱由多台计算机共用,缺点则是数据传输速率较低,访问时间也较长,而且价格相对也较高。

(4) USB 接口。

USB 是最新型的接口,能够提供极大的灵活性和应用范围且携带和移动非常方便。与同样可以移动的并行接口连接方式相比,USB 接口还具备很高的数据传输速率且具有支持热插拔的明显优势。

7.2.6 活动 6 介绍光驱的主要技术指标

1. 数据传输速率

数据传输速率是指在给定的时间内,驱动器能从光盘上读出并传送给主机的数据量。一般来说,数据传输速率反映了驱动器读取大量连续数据流的能力。

在工业界,标准的计量单位是每秒千字节,通常缩写成 kBps,而现代快速光驱,则用每秒兆字节(MBps)。假设一个制造商声称某光驱的传输速率为 150kBps,则表示在该光驱达到正常转速后,能从光盘上以 150kBps 的速度读取连续的数据流。注意,这是对单个大文件持续、顺序地读,而不是读盘片中不同部位的数据。显然,数据传输速率规格反映的是驱动器读取数据的峰值能力。有一个高速的数据传输率固然好,但是还有许多其他因素对性能来说也很重要。

标准的 CD 格式规定,每秒传输 75 块(或扇区)数据,每块包含 2048 字节。这样,光驱的数据传输速率正好为 50kBps。这是 CD-DA(数字音频)驱动器的标准,在 CD-ROM 驱动器中,此速率称为单倍速。单倍速一词来源于最初的 150kBps 驱动器,因为 CD 是以恒定线速度的格式记录数据的,这意味着光盘的旋转速度必须变化,以保持恒定的轨道速度。这也是音乐 CD 在任何速度的 CD-ROM 光驱中的播放速度。双倍速(或用 2x 表示)驱动器的数据传输速率为 300kBps,是单倍速驱动器的两倍。

由于CD-ROM光驱并不需要像音频播放机那样实时地读和播放数据，这就有可能让光驱以一个更高的线速度旋转光盘，从而提高数据传输速率。近年来，CD-ROM驱动器的速度得到了很大的提高，现在有各种速度的光驱，它们的速度都是单倍速光驱的若干倍。表7-1列出了CD-ROM驱动器的工作速度。

表7-1 光驱速度及数据传输速率

光驱速度	传输速率/bps	传输速率/kBps
单倍速	153 600	150
2倍速(2x)	307 200	130
8倍速(8x)	1 228 800	1200
16倍速(16x)	2 457 600	2400
24倍速(24x)	3 686 400	3600
32倍速(32x)	4 915 200	4800
48倍速(48x)	7 372 800	7200
52倍速(52x)	7 987 200	7500

小知识：从16倍速驱动器开始往上，常规驱动器的额定速率是最大速率。例如，一个所谓的32x CD-ROM驱动器，仅仅是当在读取CD-ROM光盘的外道信息时才能达到32倍速度。根据驱动器的型号，大多数CD盘的读出速度为12～16倍速。由于光盘能容纳650MB信息，而大多数光盘又存不满，光盘上的数据又是从内向外存放的，因此多数情况下达不到这个最高速率。

2. 访问时间

CD-ROM驱动器访问时间的测量方法与PC硬盘驱动器相同。访问时间是指驱动器从接到读取命令后到实际读出第一个数据位之间的时间延迟。这个时间以毫秒为单位，对24倍速光驱，标称的访问时间一般为75ms。这里指的是平均访问速率，实际的访问速率主要取决于数据在盘上的位置。当读取机构被定位在盘中心附近时，其访问速率要比被定位在外道附近快。许多制造商标称的访问速率是通过一系列的随机读取操作后统计出来的平均值。

很显然，较快的平均访问速率是我们所希望的，特别是当指望驱动器能快速地定位和读取数据的时候。CD-ROM驱动器的访问时间在稳步地改进，但这些平均访问时间与PC的硬盘相比是很慢的，其范围从200ms到100ms左右。而典型的硬盘访问时间为8ms。这主要归咎于两类驱动器的结构不同。硬盘拥有多个磁头，每个磁头只在一个较小的介质表面区域内移动，而CD-ROM光驱只有一个读激光束，必须到整个盘面的范围内去读数据。此外，CD盘上的数据是存储在单个很长的螺旋线上，当驱动器定位激光头去读一个轨道上的数据时，必须评估出距离，并向前或向后跳到螺旋线上适当的数据点。读外道的数据需要的访问时间比读内道长，除非采用恒定角速度技术的驱动器，这种驱动器能以恒定的速度旋转，使外道与内道的访问时间相同。

自从最初的单倍速驱动器问世以来，访问时间已在逐步减少。每次数据传输速率的提高，都能见到访问时间在加快。但是，正如在表7-2中列出的那样，这些提高都不大，因为受到单激光束的物理限制。

笔记

表 7-2 典型 CD-ROM 驱动器访问时间

驱动器速度	访问时间/ms	驱动器速度	访问时间/ms
单倍速(1x)	400	16 倍速(16x)	90
双倍速(2x)	300	24 倍速(24x)	90
八倍速(8x)	100	48 倍速(48x)	75

3. 缓存/高速缓存

大多数 CD-ROM 驱动器中,都在板上装有内部缓存或存储器的高速缓存。这些缓存其实就是安装在驱动器电路板上的存储器芯片,使在将数据发送给 PC 以前先在这里积累成一个较大的段。虽然 CD-ROM 驱动器的缓存数量有多有少,但典型数量为 256KB。通常,较快的驱动器使用较多的缓存来处理较高的数据传输速率。但是,许多低价 CD-ROM 驱动器只有 128KB 缓存,虽节省了成本,却牺牲了性能。

带缓存或高速缓存的 CD-ROM 驱动器有许多优点。当应用程序从 CD-ROM 上请求数据时,而这些数据分散在盘中不同的区段上,使用缓存能确保 PC 以一个恒速来接收数据。由于驱动器的访问时间相对较慢,读数据过程中的停顿将导致数据断断续续地发往 PC。在典型的文本型应用中一般不会引起注意,但在一个没有缓存的较慢访问速率的驱动器上,这种现象十分显眼,尤其是在播放视频或音频节目时,可能会出现断续。

4. CPU 利用率

CPU 利用率参数是指为了帮助硬件或软件正常工作,占用 CPU 资源的时间的多少。当然大家都希望有较低的 CPU 利用率,因为节省下来的 CPU 时间可用于其他任务,从而提高整个系统的性能。在 CD-ROM 驱动器中,有三个因素影响 CPU 利用率:驱动器的速度和记录方式、驱动器缓存大小以及接口类型。

⚠**注意**:从接口类型来说,很多人认为 SCSI 接口比 IDE/ATAPI 接口的效率要高。但值得注意的是,在 CPU 利用率上,以相同倍速的条件比较,SCSI 接口驱动器的 CPU 利用率远低于 IDE/ATAPI 接口的驱动器。

5. DMA(直接存储器访问)

目前,在主流计算机的主板上,都采用 DMA 传输方式宋提高性能并降低 CPU 的利用率。所以,只要系统允许,就应该让光盘驱动器以 DMA 方式工作。

7.2.7 活动 7 概述 CD 光盘与 DVD 光盘的区别

DVD-ROM 技术类似于 CD-ROM 技术,但是可以提供更高的存储容量。从表面上看,DVD 盘与 CD/VCD 盘也很相似,其直径为 80mm 或 120mm,厚度为 1.2mm。但实质上,两者之间有本质的差别。

1. 容量

按单/双面与单/双层结构的各种组合,DVD 可以分为单面单层、单面双层、双面单层和双面双层四种物理结构。相对于 CD-ROM 光碟只有单面单层,存储容量为 650MB 左右,而 DVD-ROM 光碟的存储容量可达到 17GB。

笔记

2. 最小凹坑长度

CD的最小凹坑长度为0.83μm，道间距为1.6μm，采用波长为780～790nm的红外激光器读取数据，而DVD的最小凹坑长度仅为0.4μm，道间距为0.74μm，采用波长为635～650nm的红外激光器读取数据，图7-13为DVD与CD凹坑比较。

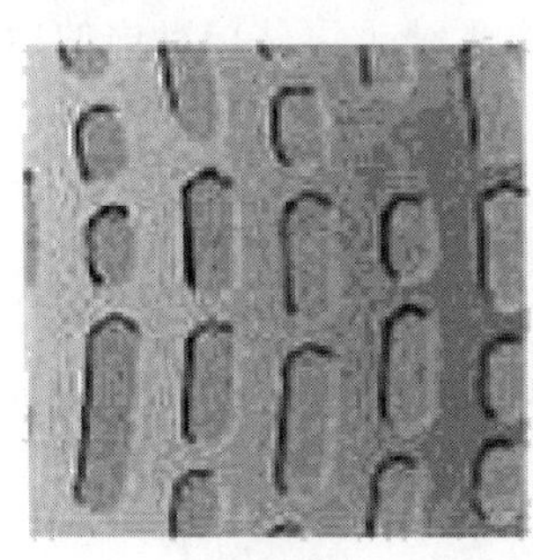
(a) CD

(b) DVD

图7-13　CD与DVD凹坑比较

3. 单速传输速率

CD-ROM的单速传输速率是150kBps，而DVD-ROM的1x则是1358kBps。相比较而言DVD-ROM的1x就等于CD-ROM 9.053x。如果只是单纯看DVD影碟，其实1x的DVD速度就够了。

DVD与CD的主要技术参数比较见表7-3。

表7-3　CD与DVD的主要技术参数比较

参　数	CD	DVD
光盘直径	12cm	12cm
记录层数	1	1或2
读取面数	1	1或2
基板厚度	1.2mm	0.6mm
每面记录层数	1	2
标准容量	0.68GB	4.7～17GB
旋转转模式	CLV	CLV
数据轨道间距	1.6μm	0.74μm
最小记录点长度	0.83μm	0.4μm
最低线速度/(m/s)	1.3	3.49
激光波长	780	635/650
物镜 NA	0.45	0.6
信号调制	EFM	EFMplus
错误纠正	CIRC	RSPC
第三层 ECC	CD-ROM	不需要
子代码 / 轨道	需要	不需要

DVD的存储容量远高于CD-ROM的存储容量的原因在于：现在的CD光盘(包括CD,VCD,CD-ROM等)厚度是1.2mm。而单层的DVD盘片是0.6mm，这样使得从

笔记

盘片表面到存放信息的物理坑点的距离大大减少，读取信息的激光束不用再穿越像现在的CD-ROM那么厚的塑料体，而是在更小的区域聚焦，所以存放信息的物理坑点能做得更小，排布得更加紧密，从而提高了存储量。

不过这么高密度的盘片可不是一般的激光头能读的，读DVD盘片的激光波长要短一些，这样它每次能识别的坑点就更多，也不至于误认坑点内的信息。所以现在的CD-ROM是不能读DVD盘片的，同时，为了让DVD和现在的CD-ROM盘片兼容，DVD的光头也要特别设计。

> ⚠**注意**：我们一般会觉得DVD比CD的质量要好，价格也比CD要高。这主要是因为DVD采用的纠错方式比较特殊，比以往的CD方式要强数十倍，这样即使DVD盘片很差也可以毫不费力地读过去。

视频讲解

7.3 任务3 学习移动硬盘

作为硬盘技术的进一步发展和延伸，移动硬盘技术本身在某些方面(如数据存储格式、技术指标等)与硬盘有着相同或相近的地方，对于这些将不再重复介绍，本节侧重介绍移动硬盘独有的特点。

7.3.1 活动1 回顾移动硬盘的发展

随着多媒体技术和宽带网络的发展，人们对移动存储的需求越来越高。在日益兴起的移动存储市场上，U盘和移动硬盘是两类主要产品。

1. U盘(小容量移动硬盘，俗称U盘)

特点：袖珍型产品、容量小、体积小、携带方便，常用于个人日常工作文档的存储。目前常见的规格有64MB、128MB、256MB、…、64GB、128GB等。

2. 移动硬盘(大容量)

移动硬盘主要指采用计算机标准接口的硬盘，就是用硬盘加上特制的配套硬盘盒构成的一个便携的大容量存储系统。通常与个人计算机硬盘容量的存储级别相同，可用于存储和传输大量信息，常见的规格有40GB、60GB、…、1TB、2TB等。

按照采用硬盘的类型又分为2.5英寸的移动硬盘和3.5英寸的移动硬盘，前者较后者重量轻、体积小。

移动硬盘从接口类型上大致可分为四种：并口、PCMCIA接口、USB口和IEEE 1394接口。

PCMCIA(Personal Computer Memory Card International Association)是专门用在笔记本或PDA、数码相机等便携设备上的一种接口规范(总线结构)。笔记本网卡通常都支持PCMCIA规范，而台式机网卡则不支持此规范。

早期的移动硬盘多是并口和PCMCIA接口，现已基本从市场上消失。

并口移动硬盘是最早的移动硬盘的接口方式，比串口速度要快一些，通常为115kBps，因为最早没有更好的接口方案，虽然速度慢些以及需要外接电源等不便之处,但其还是存在一定的市场需求,现在已基本淘汰。

USB 接口和 IEEE 1394 接口的移动硬盘以大容量、传输速度快和良好的兼容性逐渐成为市场的主导。

注意:USB 移动硬盘之所以能够广泛普及,主要是因为 USB 接口的广泛普及。USB 移动硬盘各方面的性能都比以前的移动硬盘要好许多,尤其是其对操作系统、机型的全面适应,为其迅速流行提供了很好的条件。

7.3.2 活动 2 详述移动硬盘的组成

1. U 盘的构成

(1) IC 控制芯片。

控制芯片是整个 U 盘的核心,关系到 U 盘是否能够当作驱动盘使用,是否可以实现附加的功能(如加密功能)等。目前厂商通常使用的控制芯片(IC)有 3S、PEOLIFIC、CYPRESS、OTI 等,打开 U 盘外壳就可以看到。

(2) 存储器。

U 盘的存储器是一种半导体存储器 Flash ROM,具有掉电后仍可以保留信息、在线写入等优点,并且它的读写速度比 EEPROM 更快且成本更低。但是,由于现在各个厂商之间所使用的技术不同,存储器的类型也有很多。

U 盘之所以称盘,并非其中真有盘,而是因为:①其功能胜似盘;②其存储组织仿效盘结构,即盘分磁道,道分扇区,实质为二维数据结构。

(3) PCB 和元器件。

PCB 和元器件是 U 盘的辅助部分,但是它们对 U 盘的质量也有着决定性的影响。

2. 大容量移动硬盘的构成

大容量移动硬盘由普通硬盘、硬盘盒和连接线组成。

(1) 移动硬盘盒。

移动硬盘盒内部安置一块普通硬盘,正是这种类型的硬盘,使其存储能力轻而易举地达到了 G 级水平。同时,由于国际和国内的硬盘市场产品价格的不断下滑,假如以单位存储容量的价格来计算,它也将大大超越 U 盘,可见大容量移动硬盘的潜在发展动力是相当强大的。

(2) 移动硬盘接口及连接线。

移动硬盘盒通过移动硬盘连接线连接到计算机,根据移动硬盘盒接口的不同主要分为:IEEE 1394 连接线和 USB 连接线两种,IEEE 1394 连接线如图 7-14 所示,USB 连接线如图 7-15 所示。

小知识:IEEE 1394 也称 Fire Wire(火线),它是苹果公司在 20 世纪 80 年代中期提出的,是苹果计算机标准接口。其数据传输速度理论上可达 400MBps,并支持热插拔。但只有一些高端 PC 主板才配有 IEEE 1394 接口,所以普及性较差。推荐有特殊需要的朋友使用。

笔记

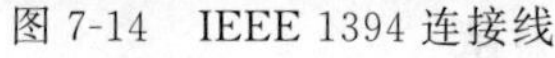

图 7-14　IEEE 1394 连接线

图 7-15　USB 连接线

USB 接口的移动硬盘盒是的主流接口，支持热插拔。USB 有两种标准，USB1.1 和 USB2.0。USB2.0 传输速度高达 480MBps，是 USB1.1 接口的 40 倍，USB2.0 需要主板的支持，可向下兼容。同品牌 USB2.0 移动硬盘盒比 USB1.1 的要贵 30～50 元。但考虑到其速度的巨大差异和 USB2.0 已成为市场的主流，所以推荐购买支持 USB2.0 的移动硬盘盒。即使现在的主板不支持，也可为以后的升级做好准备。

> **注意**：现在市场上出现不少 USB3.0 与 IEEE 1394 双接口的移动硬盘盒，配置较为灵活，但售价也相对较高。移动硬盘盒之所以采用 USB3.0 与 IEEE 1394 双接口的配置主要是想跟上不断发展的笔记本计算机的需求。

7.3.3　活动 3　介绍移动硬盘的主要技术指标

1. 移动硬盘盒的尺寸

移动硬盘盒分为 2.5 英寸和 3.5 英寸两种。2.5 英寸移动硬盘盒使用笔记本计算机硬盘，即 2.5 英寸硬盘，2.5 寸移动硬盘盒体积小、重量轻，便于携带，一般没有外置电源。2.5 英寸移动硬盘盒如图 7-16 所示。

3.5 英寸的硬盘盒使用台式计算机硬盘，即 3.5 英寸硬盘，体积较大，便携性相对较差。3.5 英寸的硬盘盒内一般都自带外置电源和散热风扇，价格也相对较高。3.5 英寸移动硬盘盒如图 7-17 所示。

此外还有 5.25 英寸移动硬盘盒，不仅可以装台式机硬盘，还能装光驱来组成外置光驱，但它的体积实在难与“便携”扯上关系。推荐选购更符合便携性要求的 2.5 英寸移动硬盘盒。

图 7-16　2.5 英寸移动硬盘盒

图 7-17　3.5 英寸移动硬盘盒

笔记

2. 供电

2.5 英寸 USB 移动硬盘工作时,硬盘和数据接口由计算机 USB 接口供电。USB 接口可提供 0.5A 电流,而笔记本计算机硬盘的工作电流为 0.7～1A,一般的数据复制不会出现问题。但如果硬盘容量较大或移动文件较大时很容易出现供电不足,而且 USB 接口同时给多个 USB 设备供电时也容易出现供电不足的现象,造成数据丢失甚至硬盘损坏。为加强供电,目前 2.5 寸 USB 硬盘盒一般会提供两接头的 USB 连接线。所以在移动较大文件等时就需要同时接上两个接头(同时接在主机上)。

3.5 英寸的硬盘盒一般都自带外置电源,所以供电基本不存在问题。IEEE 1394 接口最大可提供 1.5A 电流,所以也无须外接电源。

3. 移动硬盘盒的材料、散热及防震问题

移动硬盘盒的材料来主要有铝合金和塑料两种。铝合金散热较好,而且可以有效屏蔽电磁干扰。震动是硬盘最大的敌人,设计良好的移动硬盘盒一般都在易于磕碰的边角覆盖橡胶等弹性材料或做圆角处理,以减少外来冲击的影响,确保硬盘盒内数据的安全可靠。一些一味追求轻巧便携的移动硬盘盒是以牺牲安全为代价的。所以选购时请务必注意,因为硬盘有价数据无价。

7.4 任务 4 外部网络存储新技术

视频讲解

7.4.1 活动 1 直接连接存储 DAS

DAS(Direct Attached Storage,直接连接存储)指将外置存储设备通过连接电缆,直接连接到一台计算机上。采用直接外挂存储方案的服务器结构如同 PC 架构,外部数据存储设备采用 SCSI 技术或 FC 技术,直接挂接在内部总线上,数据存储是整个服务器结构的一部分,在这种情况下往往是数据和操作系统都未分离。DAS 这种直连方式,能够解决单台服务器的存储空间扩展、高性能传输需求,并且单台外置存储系统的容量,已经从不到 1TB 发展到了 2TB,随着大容量硬盘的推出,单台外置存储系统容量还会上升。此外,DAS 还可以构成基于磁盘阵列的双机高可用系统,满足数据存储对高可用的要求。从趋势上看,DAS 仍然会作为一种存储模式,继续得到应用。

DAS 依赖于服务器,其本身是硬件的堆叠,不带有任何存储操作系统。DAS 方案中外接式存储设备目前主要是 RAID、JBOD 等。RAID(Redundant Array of Independent Disks,独立磁盘冗余阵列),有时也简称磁盘阵列(Disk Array)。磁盘阵列是我们见得最多,也是用得最多的一种数据备份设备,同时也是一种数据备份技术。它是指将多个类型、容量、接口,甚至品牌一致的专用硬磁盘或普通硬磁盘连成一个阵列,使其能以某种快速、准确和安全的方式来读/写磁盘数据,从而达到提高数据读取速度和安全性的。DAS 存储是最常见的一种存储方式,购置成本低,配置简单,因此对于小型企业很有吸引力。JBOD(Just a Bunch of Disks,简单磁盘捆绑),通常又称为 Span。JBOD 不是标准的 RAID 级别,它只是在近几年才被一些厂家提出,并被广泛采用。Span 是在逻辑上把几个物理磁盘一个接一个串联到一起,从而提供一个大的逻辑磁盘。Span 上的数据简单地从第一个磁盘开始存储,当第一个磁盘的存储空间用完后,再依次从后面的磁盘开始存储数据。Span 存取性能完全等同于对单一磁盘的存取

笔记

操作。Span 也不提供数据安全保障,它只是简单地提供一种利用磁盘空间的方法,Span 的存储容量等于组成 Span 的所有磁盘容量的总和。

7.4.2 活动 2 网络接入存储 NAS

NAS(Network Attached Storage,网络附加存储)是 1996 年从美国硅谷提出的,其主要特征是把存储设备和网络接口(现在主要是以太网技术)集成在一起,直接通过以太网存取数据。也就是说,把存储功能从通用文件服务器中分离出来,使其更加专门化,从而获得更高的存取效率和更低的存储成本。NAS 设备以可靠稳定的性能、特别优化的文件管理系统和低廉的价格,使 NAS 市场得到了一定的增长。NAS 作为一个网络附加存储设备,采用了信息技术中的流行技术——嵌入式技术。嵌入式技术的采用,使得 NAS 具有无人值守、高度智能、性能稳定、功能专一的特点。

NAS 实际上是一个带有瘦服务器的存储设备,其作用类似于一个专用的文件服务器。这种专用存储服务器去掉了通用服务器原有的不适用的大多数计算功能,而仅仅提供文件系统功能。与传统以服务器为中心的存储系统相比,数据不再通过服务器内存转发,而是直接在客户机和存储设备间传送,服务器仅起控制管理的作用。在 NAS 存储结构中,存储系统不再通过 I/O 总线附属于某个服务器或客户机,而直接通过网络接口与网络直接相连,由用户通过网络访问。

与 DAS、SAN 不同,NAS 是文件级的存储方法。采用 NAS 较多的功能是用来进行文件共享。NAS 存储也通常被称为附加存储,顾名思义,就是存储设备通过标准的网络拓扑结构(例如以太网)添加到一群计算机上。NAS 是文件级的存储方法,它的重点在于帮助工作组和部门级机构解决迅速增加存储容量的需求。如今采用 NAS 较多的功能是用来文档共享、图片共享、电影共享等,随着云计算的发展,一些 NAS 厂商也推出了云存储功能,大大方便了企业和个人用户的使用。

但 NAS 有一个关键性问题,即备份过程中的带宽消耗。与将备份数据流从 LAN 中转移出去的存储区域网(SAN)不同,NAS 仍使用网络进行备份和恢复。NAS 的一个缺点是它将存储事务由并行 SCSI 连接转移到了网络上,这就是说,LAN 除了必须处理正常的最终用户传输流外,还必须处理包括备份操作的存储磁盘请求。

一般情况下,NAS 设备的数据传输带宽仅能达到 9～15MBps,另外,NAS 是在 TCP/IP 技术上以文件为单元进行传输,TCP/IP 在帧传输时的丢包也限制了 NAS 的速度,甚至威胁到数据唯一性和安全,速度、安全、性能成为 NAS 的一个弱点。

7.4.3 活动 3 存储区域网络 SAN

SAN(Storage Area Network,即存储区域网络)专注于企业级存储的特有问题。当前企业存储方案遇到的两个问题:数据与应用系统紧密结合所产生的结构性限制;目前小型计算机系统接口(SCSI)标准的限制。SAN 中,存储设备通过专用交换机连到一群计算机上。在该网络中提供了多主机连接,允许任何服务器连接到任何存储阵列,让多主机访问存储器和主机间互相访问一样方便,这样不管数据放在哪里,服务器都可直接存取所需的数据。同时,随着存储容量的爆炸性增长,SAN 也允许企业独立地增加它们的存储容量。

笔记

1991年,IBM公司在S/390服务器中推出了ESCON(Enterprise System Connection)技术,它基于光纤介质,最大传输速率达17MBps,是服务器访问存储器的一种连接方式。在此基础上,进一步推出了功能更强的ESCON Director(一种FC Switch),构建了一套最原始的SAN系统。为了更好地满足从容量、性能、可用性、数据安全、数据共享、数据整合等方面的应用,对存储提出要求:必须采用网络化的存储体系。存储网络化顺应了计算机服务器体系结构网络化的趋势,即目前的内部总线架构将逐渐走向消亡,形成交换式(fabrics)网络化发展方向的趋势。我们知道,最初数据存储、计算处理和I/O是合为一体的,而目前数据存储部分已经独立出来,未来将是I/O和计算处理的进一步分离,形成数据存储、计算处理、I/O吞吐三足鼎立的局面,这就是真正的服务器网络化体系结构。HPS(High Performance Server,高性能服务器)和SAN,是这种趋势的两个重要体现。

SAN的支撑技术是光纤通道(Fibre Channel,FC)技术。光纤通道标准目前是建立SAN架构的唯一选择,但是随着新技术和市场的双重作用,将来可能会用万兆以太网和/或InfiniBand架构(IBA)来实现SAN。

7.5　项目总结

项目7介绍了硬盘、光盘和移动硬盘等外部存储器的发展历史、硬件组成、工作原理、技术参数以及最新的发展,最后介绍了直接式存储DAS、网络存储设备NAS、存储网络SAN等外部网络存储新技术。

7.6　拓展训练

1. 下列不属于外存储器的是(　　)。

   A. 硬盘　　B. 软盘　　C. 内存　　D. 光盘

2. 一张CD-ROM盘片可存放字节数是(　　)。

   A. 640KB　　B. 680MB　　C. 1024MB　　D. 512GB

3. 常用的外部存储器包括(　　)。

   A. 硬盘　　B. 软盘　　C. 软盘　　D. 以上都是

4. 在下列存储设备中,信息保存时间最长的是(　　)。

   A. 硬盘　　B. 光盘　　C. ROM　　D. RAM

5. 以下不是网络接入存储NAS特点的是(　　)。

   A. 高度智能　　B. 性能稳定

   C. 功能专一　　D. 不依赖硬件设备

笔记

项目8 学习计算机总线与主板技术

计算机总线是计算机各种功能部件之间传送信息的公共通信干线，计算机主板是计算机总线的集成线路板，不同的总线结构会使得主板提供的线路平台在交换数据方面体现出不同的效率。效率越高，计算机的性能越好。总线结构可分为设备内部总线和设备外部总线，在计算机通信领域涉及很多设备外部总线。总线结构标准有很多，如PCI总线标准、3GIO总线标准、AGP总线标准、USB总线标准、5G通信标准和现场总线标准等。本项目主要介绍总线基本概念、分类、总线层次结构、几种常见系统总线和主板的组成及主板芯片组。

在中国通信技术领域，5G通信技术无疑是佼佼者。中国通信行业已经从2G、3G标准制定的“边缘人”一跃成为5G标准的“领导者”之一。党的二十大报告中提出加速建设网络强国，除了推动国内5G覆盖率与其他技术结合增值外，在国际上通信标准的话语权也是必须要进一步提升的，这对提升我国的国际地位有着重要作用。一般制定技术标准越多的国家，越具有国际标准话语权。我国在计算机设备及通信领域起步较晚，早期制定的标准较少；近几年国家越来越重视，不断推动技术创新，主导和参与制定的国际总线标准越来越多。在5G国际标准的制定过程中，中国力量不可或缺，极大地提升了我国的国际标准“话语权”。

知识目标：

- 了解总线、主板的概念、结构、分类，以及主板的新技术
- 理解主板上常见的系统总线ISA、PCI、AGP及PCI Express
- 掌握常见系统总线的性能指标和主板的组成

能力目标：

- 具有对主流主板了解的能力
- 具有正确选购主板的能力
- 具有识别系统总线ISA、PCI、AGP及PCI Express的能力

素质目标：

- 培养学生在理解主板构造时独立思考、决策的素质
- 培养学生善于时间管理的素质
- 培养学生学习理解主板构造时寻找自己学习方法的素质
- 培养大国自信

学习重点：总线层次结构划分；PCI 总线；AGP 总线
学习难点：PCI 总线；AGP 总线；主板上主流芯片组

笔记

视频讲解

8.1 任务 1 学习总线技术

8.1.1 活动 1 概述总线的基本概念

1. 概述

总线是计算机系统各功能部件之间进行信息传送的公共通道，它由一组导线和相关的控制、驱动电路组成。构成计算机系统的各功能部件/模块（如主板、存储器、I/O 接口板等）通过总线来互联和通信，总线以分时的方法来为这些部件服务。总线结构很大程度上决定了计算机系统硬件的组成结构，是计算机系统总体结构的支柱，目前在计算机系统中常把总线作为一个独立的功能部件来看待。

总线技术之所以能够得到迅速发展，是由于采用总线结构在系统设计、生产方面有很多优越性，概括起来有以下几点。

(1) 便于采用模块结构设计方法，简化了系统设计。

(2) 标准总线可以得到多个厂商的广泛支持，便于生产与之兼容的硬件板卡和软件。

(3) 模块结构方式便于系统的扩充和升级。

(4) 便于故障诊断和维修，同时也降低了成本。

早期的传统总线实际上是 CPU 芯片引脚的延伸，按功能可分为 3 类：地址总线、数据总线和控制总线。传统总线存在以下不足。

(1) CPU 是总线上唯一的主控者。

(2) 总线结构与 CPU 紧密相关，通用性较差。

现代总线都是标准总线，与结构、CPU、技术等无关，系统中允许有多个处理器模块，总线控制器完成几个总线请求者之间的协调与仲裁。现代总线可分为 4 个部分。

(1) 数据传送总线：由地址线、数据线、控制线组成。

(2) 仲裁总线：包括总线请求线和总线授权线。

(3) 中断和同步总线：包括中断请求线和中断认可线。

(4) 公用线：时钟信号、电源等。

注意：随着计算机技术的发展，总线技术得到了广泛的应用和发展，许多性能优良的总线得到了广泛的应用，有的总线仍在发展、完善，有的已经衰亡、被淘汰，同时也会不断出现新的概念和新的总线。

2. 总线的分类

总线从不同角度有多种分类方法。

(1) 按相对于 CPU 与其他芯片的位置可分为片内总线和片外总线。

片内总线即芯片内部总线，是指在 CPU 内部，各寄存器、算术逻辑部件 ALU、控制部件之间传输数据所用的总线。而通常所说的总线是指片外总线，是 CPU、内存、I/O 设备接口之间进行通信的总线。

笔记

(2) 按总线传送信息的类别,可分为地址总线、数据总线和控制总线。

地址总线(Address Bus,AB)用于传送存储器地址码或I/O设备地址码;数据总线(Data Bus,DB)用于传送指令或数据;控制总线(Control Bus,CB)用于传送各种控制信号,通常所说的总线都包括这3个组成部分。

(3) 按照总线传送信息的方向,可分为单向总线和双向总线。

单向总线是指挂在总线上的一些部件将信息有选择地传向另一些部件,而不能反向传送。双向总线是指任何挂在总线上的部件之间可以互相传送信息。

(4) 按总线在微机系统中的位置,可分为机内总线和外设总线。

上面介绍的各类总线都属于机内总线。外设总线(Peripheral Bus,PB)是指用来连接外部设备的总线,实际上是一种外设的接口标准。

(5) 按总线的层次结构可分为CPU总线、存储总线、系统总线和外部总线。

这是总线最常用的分类方法。CPU总线又称处理器总线,它用来连接CPU和控制芯片;存储总线用来连接存储控制器和DRAM;系统总线也称I/O通道总线,用来与主板扩充插槽上的各板卡相连,系统总线有多种标准以适用于各种系统;外部总线用来连接外设控制芯片,如主板上的I/O控制器和键盘控制器。

3. 总线系统的主要技术参数

总线的技术参数主要有以下3个方面。

(1) 总线的带宽。

总线的带宽指的是单位时间内总线上可传送的数据量,一般用每秒传送字节数来表示。与总线带宽密切相关的两个概念是总线的位宽和总线的工作频率。

(2) 总线的位宽。

总线的位宽指的是总线能同时传送的数据位数,即总线宽度,如16位、32位、64位等。在工作频率一定的条件下,总线的带宽与总线的位宽成正比。

(3) 总线的工作频率。

总线的工作频率也称为总线的时钟频率,是指用于协调总线上各种操作时钟信号的频率,单位为MHz。工作频率越高,总线工作速度越快,总线带宽也越宽。

总线带宽的计算公式为

$$总线带宽(MBps)=(总线位宽/8)\times总线工作频率(MHz)$$

例如,32位总线,工作频率为66MHz,则:总线带宽=(32bit/8)×66MHz=264MBps。

8.1.2 活动2 划分总线层次结构

计算机的总线系统是由处于计算机系统不同层次上的若干总线组成的,一般可分为以下几个层次:CPU总线、存储总线、系统总线和外部总线。

1. CPU总线

CPU总线又称处理器总线,是CPU与主板芯片组特别是北桥芯片之间进行通信的通道。CPU总线包括地址总线、数据总线和控制总线三部分,其中地址总线是单向输出的,数据总线是双向输入/输出的,控制总线包括很多具体的控制线,从总体上看,控制总线是双向的,但具体到某个控制线则是单向的。

笔记

小知识：CPU总线作为CPU与外界的公共通道，实现了CPU与主存储器、I/O接口以及多个CPU之间的连接，并提供了与系统总线的接口。CPU总线一般是生产厂家针对其具体的处理器而设计的，与处理器密切相关，无法实现标准化，因此还没有统一的规范。

2. 存储总线

存储总线是在CPU和主存之间设置的一组高速专用总线，CPU可以通过存储总线直接与存储器交换信息，减轻了系统总线的负担。在现代总线结构中，存储总线并不是直接和CPU相连，而是通过主板芯片组的北桥芯片和CPU总线相连。

3. 系统总线

系统总线是指模块式计算机机箱内的底板总线，用来连接作为计算机子系统的插件板。在计算机主板上，系统总线表现为与扩展插槽相连接的一组逻辑电路和导线，I/O插槽中可以插入各种扩充板卡，作为各种外设的适配器与外设连接，因而系统总线也叫I/O通道总线。

小知识：系统总线必须有统一的标准，以便按照这些标准设计各类适配器。各种总线标准主要是指系统总线的标准，包括与系统总线相连的插槽的标准。系统总线一般不针对某一处理器开发，标准化程度较高。

随着微型计算机结构的不断改进，系统总线也在不断发展，目前系统总线已制订了若干标准，如ISA总线、EISA总线、VESA总线、AGP总线、MCA总线、PCI总线等，其中ISA总线、PCI总线和AGP总线是当前计算机中最流行、最常见的系统总线。主板上的系统总线插槽如图8-1所示。

图8-1　主板系统总线插槽外形图

4. 外部总线

外部总线是输入/输出设备与系统中其他部件间的公共通路，标准化程度最高。常用的标准外部总线有：小型计算机系统互连总线SCSI、通用串行总线USB和IEEE 1394等，这些外部总线实际上是主机与外设的接口。有关的详细论述参见后面几节。

5. 多总线结构

目前计算机通常采用多总线结构，即系统中拥有两个以上的总线。例如，Pentium

笔记

系统中的总线有CPU总线、PCI总线、ISA总线、AGP总线、USB总线等，系统中各部件分别连接在不同的总线上。

小知识：多总线结构将不同类型的设备划分到不同的总线层次中，这样做的目的是兼顾速度和成本的要求。连接高速部件的总线对带宽要求高，其生产成本也很高；反之，用于连接速度较低部件的总线对带宽的要求较低，其生产成本也低。

8.1.3 活动3 介绍系统总线的标准化

系统总线用来连接各子系统的插件板，为使各插件板的插槽之间具有通用性，使一个系统中的各插件板可以插在任何一个插槽上，方便用户的安装和使用，并且不同厂家的插件板可以互连、互换，这就要求有一个规范化的可通用的系统总线，即系统总线必须有统一的标准。为了兼容，还要求插件的几何尺寸相同，插槽的针数相同，插槽中各针的定义相同，信号的电平和工作的时序相同。

系统总线中的信号线可分为5个主要类型。

(1) 数据线：决定数据宽度。

(2) 地址线：决定直接寻址范围。

(3) 控制线：包括控制、时序和中断线，决定总线功能和适应性的好坏。

(4) 电源线和地线：决定电源的种类及地线的分布和用法。

(5) 备用线：留给厂家或用户自己定义。

有关这些信号线的标准主要涉及如下几个方面。

(1) 信号的名称。

(2) 信号的定时关系。

(3) 信号的电平。

(4) 连接插件的几何尺寸。

(5) 连接插件的电气参数。

(6) 引脚的定义、名称和序号。

(7) 引脚的个数。

(8) 引脚的位置。

(9) 电源及地线。

8.2 任务2 学习常见的系统总线

视频讲解

随着微型计算机的发展，为了适应数据宽度的增加和系统性能的提高，依次推出了多种标准的系统总线，下面主要介绍现在常用的ISA总线、PCI总线、AGP总线和新型总线PCI Express。

8.2.1 活动1 详述ISA总线

ISA(Industry Standard Architecture，工业标准体系结构)总线，也叫AT总线，它

笔记

是 IBM-PC/XT、AT 及其兼容机所使用的总线，其总线带宽为 8MBps 或 16MBps，支持 8 位或 16 位数据传送。

ISA 总线是在早期的 PC 总线的基础上扩展而成的，ISA 总线的插座(插槽)结构是在原 PC 总线 62 线插座的基础上又增加了一个 36 线的插座，即在同一轴线的总线插座分 62 线插座和 36 线插座两部分，共 98 根线。这种 I/O 插槽既可支持 8 位的插卡，也可支持 16 位的插卡，其中的 62 线插座用于插入 8 位的插卡，其引脚排列、信号定义与 PC 总线基本相同，以保证与 PC 总线兼容。

ISA 总线的主要性能指标如下。

(1) 62+36 引脚。

(2) 最大位宽 16 位。

(3) 最高时钟频率 8MHz。

(4) 最大稳态数据传输率 16MBps。

(5) 8/16 位数据线。

(6) 24 位地址线，可直接寻址的内存容量为 16MB。

(7) I/O 地址空间为 0100H～03FFH。

(8) 中断功能。

(9) DMA 通道功能。

(10) 开放式总线结构，允许多个 CPU 共享系统资源。

ISA 总线插槽如图 8-2 所示。

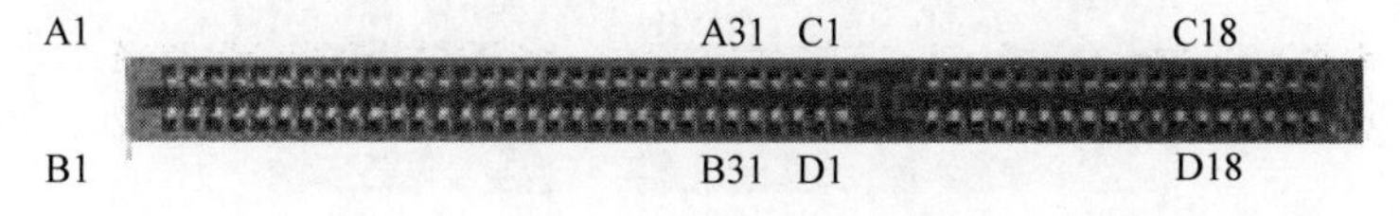

图 8-2　ISA 总线插槽外形

ISA 总线插槽中标有 A1～A31 及 B1～B31 的 62 线插槽用于插入 8 位数据宽度的插卡。8 位 ISA 总线的信号全部连接到 62 线插座上，分成 A、B 两排，每排 31 线，其中数据线 8 根，地址线 20 根，可接收 6 路中断请求及 3 路 DMA 请求，此外还包括时钟、电源线和地线。C1～C18 及 D1～D18 为 16 位 ISA 总线增加的 36 线插槽，它和 62 线插槽一起供 16 位插卡使用。16 位 ISA 总线在 8 位 ISA 总线的基础上将数据线扩充到 16 根，地址线扩充到 24 根，可支持 15 级中断和 7 个 DMA 通道。

小知识：在早期的 PC 中，ISA 总线应用非常广泛，大多数计算机主板上只提供 ISA 插槽，随着技术的进步，ISA 总线已逐渐被淘汰，现在，大多数主板上只保留了一个 ISA 插槽，有些新型的主板上已不再提供 ISA 插槽。

80386 微处理器推出后，为了改进 ISA 总线的性能，曾设计了 EISA(Extend Industry Standard Architecture，扩展工业标准体系结构)总线，它在 ISA 总线的基础上又增加了 100 线，其中数据线增加到 32 位。EISA 总线插槽的尺寸大小与 ISA 插槽大致相同，所不同的是 EISA 插头和插槽都分成两层：上层为 ISA 连接点，其结构和引脚信号定义均与 ISA 总线完全兼容，下层为 EISA 连接点，用于扩展方式，它与上层联

笔记

合起来构成 32 位 EISA 总线。EISA 总线数据位增加,最高数据传输速率可达 33MBps,但由于其结构比较复杂,成本高,故并未得到广泛的推广。

8.2.2 活动 2 详述 PCI 总线

随着图形处理技术和多媒体技术的广泛应用,计算机处理的信息除了传统的文字、图形信息外,还包括了音频和视频信息。与文字信息相比,音频与视频的信息量要大得多,这就对总线的速度提出了新的要求,原有的 ISA、EISA 总线已远不能适应要求,从而成为整个系统的主要瓶颈。在这种情况下,由 Intel 公司首先提出的 PCI 总线标准应运而生。

PCI(Peripheral Component Interconnect,外设部件互联标准)是目前 PC 中使用最为广泛的接口,几乎所有的主板产品上都带有这种插槽。PCI 总线是以 Intel 公司为首的 PCI 集团于 1992 年推出的一种高性能的系统总线,它采用同步时序协议和集中式仲裁策略并具有自动配置能力,是目前最流行的 PC 扩展总线标准,其总线插槽的外形如图 8-3 所示。

图 8-3 PCI 总线插槽外形图

1. PCI 总线的主要性能和特点

(1) 总线时钟频率 33.3MHz/66MHz;总线宽度 32 位(5V)/64 位(3.3V);最大数据传输速率 133MBps 或 266MBps。

(2) 与 CPU 及时钟频率无关。PCI 总线是一种不依附于某个具体处理器的系统总线,即 PCI 总线不受处理器的限制,总线结构与处理器无关,在更改处理器品种或设计时,只要更换 PCI 总线控制器即可。

(3) 能自动识别外设(即插即用功能)。当外设或外设接口卡与系统连接时,能自动为其分配系统资源,如决定中断号、端口地址等配置以及软件默认配置,这种技术主要是通过在扩展卡中存储有关 PCI 外设的权限信息来完成的。

(4) 高性能的突发数据传输模式。在突发数据传输方式下,PCI 能在一瞬间发送大量数据,因而能满足多媒体和高速网络的传输要求。

(5) 支持 10 台外设。由于 PCI 总线在 CPU 和外设之间插入了一个复杂的管理层,可以协调数据传输并提供一个一致的总线接口和信号的缓存,因此使 PCI 总线最多可支持 10 台外设,即在主板上最多可安排 10 个 PCI 总线插槽,可以同时插入 10 块 PCI 插卡。

笔记

(6) 采用多路复用方式减少了引脚数。PCI 总线采用了多路复用技术，即其地址线和数据线引脚共用，这样可以减少引脚数量。

(7) 时钟同步方式。

(8) 具有与处理器和存储器子系统完全并行操作的能力，支持 32 位和 64 位寻址的能力，完全的多总线主控能力。

(9) 具有隐含的中央仲裁系统。

(10) PCI 总线特别适合与 Intel 的 CPU 协同工作。

2. PCI 总线结构

PCI 总线的基本连接方式如图 8-4 所示。CPU 总线和 PCI 总线由 PCI 总线控制器相连。PCI 总线控制器又称 PCI 桥，习惯上称为北桥芯片，用来实现驱动 PCI 总线所需的全部控制，北桥芯片中除了含有桥接电路外，还有 Cache 控制器和 DRAM 控制器等其他控制电路。PCI 总线上挂接高速设备，如图形控制器(图形卡)、IDE 设备或 SCSI 设备、网络控制(网卡)器等。PCI 总线和 ISA/EISA 总线之间也通过标准总线(ISA、EISA 等)控制器相连，ISA 总线控制器习惯上称为南桥芯片，它将 PCI 总线转换成其他标准总线，如 ISA、EISA 总线等，ISA/EISA 总线上挂接传统的慢速设备，如打印机、调制解调器、传真机、扫描仪等。除图 8-4 中的基本连接方式外，PCI 总线还有其他一些连接方式，如双 PCI 总线方式、PCI 到 PCI 方式、多处理器服务器方式等。

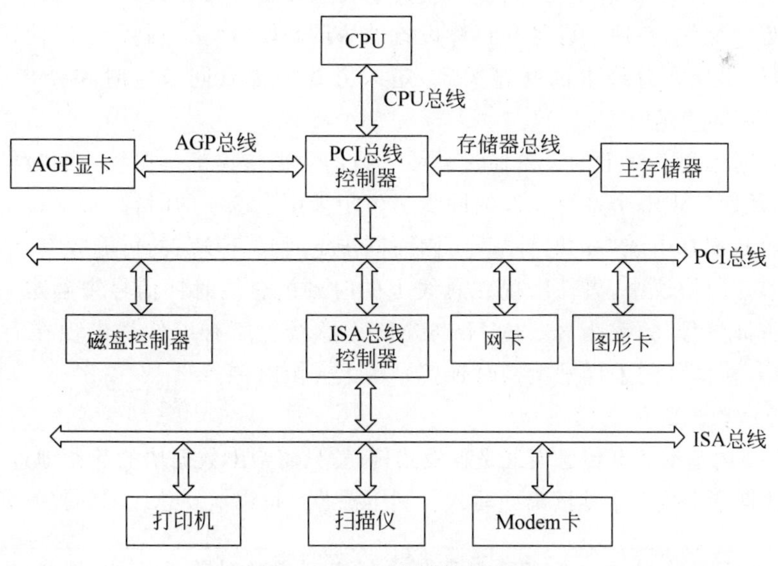

图 8-4　PCI 总线的连接方式

PCI 总线结构中的桥芯片起着重要作用，它连接两条总线，使两条总线能够相互通信。桥芯片又是一个总线转换部件，可以把一条总线的地址空间映射到另一条总线的地址空间上，从而使系统中任意一个总线、主设备都能看到同样一份地址表。另外，利用桥芯片可以实现总线间的猝发式传送。

3. PCI 总线信号引脚

(1) 引脚总数：49×2(长槽部分)+11×2(短槽部分)=120。

(2) 主要引脚：主设备 49 条，目标设备 47 条。

笔记

PCI 总线标准定义了两种设备：主设备和目标设备。主设备是智能化的，能独立于总线和其他设备引导运行，目标设备接收主设备的命令和响应主设备的请求。总线主设备、处理器和目标设备可以共享总线，主设备也能成为其他设备的目标设备。

(3) 可选引脚：51 条，主要用于 64 位扩展、中断请求、高速缓存支持等。

4. 总线的仲裁、定时和数据传送模式

(1) 总线的仲裁。

PCI 总线采用独立请求的集中式仲裁方式，每个 PCI 主设备都有一对独立的总线仲裁线(总线请求线 REQ 和总线授权线 GNT)与中央仲裁器相连。总线上的任一个主设备要想获得对总线的控制权，必须向中央仲裁器发出总线请求信号 REQ。如果此刻该设备有权控制总线，总线仲裁器就让该设备的总线授权信号 GNT 有效，进而获得总线的使用权。当有多个主设备同时发出总线请求时，就必须由仲裁器根据一定的算法对各主设备的总线请求进行仲裁，决定把总线使用权授予哪一个主设备。

注意：PCI 总线只支持隐蔽式仲裁，即进行一次数据传送的同时进行下一次仲裁操作，这也是为什么 PCI 总线的利用率较高的原因。

(2) 总线的定时。

总线主设备在获得总线使用权后，就开始在主设备和目标设备间进行数据传送，为了同步双方的操作，实现主设备和目标设备的协调和配合，必须制定定时协议。所谓定时，是指事件出现在总线上的时序关系，定时方式通常有同步定时和异步定时两种。PCI 总线使用同步定时方式。

同步定时是指总线上的设备通过总线进行的数据传输都是在统一的时钟信号控制下进行的，从而实现整个系统工作的同步。由于采用了统一的时钟，每个设备什么时候发送或接收数据都由统一的时钟规定，因而同步定时具有较高的传输频率。

在同步定时协议中，事件出现在总线上的时刻由总线时钟信号来确定。PCI 的总线时钟为方波信号，频率为 33.3MHz/66MHz，总线上所有事件都出现在时钟信号的下降沿时刻，对信号的采样发生在时钟信号的上升沿时刻。

(3) 总线数据的传送模式。

PCI 总线的基本数据传送模式是猝发式传送，只需给出数据块的起始地址，然后对固定长度的数据一个接一个地读出或写入。利用桥芯片可以实现总线间的猝发式传送。

注意：PCI 除支持主设备和目标设备之间点到点的对等访问外，还支持某些主设备的广播读写功能，即一个主设备对多个目标设备进行读写操作。

8.2.3 活动 3 详述 AGP 总线

1. AGP 总线概述

AGP(Accelerated Graphics Port，图形加速端口)是一种显示卡专用的局部总线，是为提高视频带宽而设计的总线规范。

随着计算机的图形处理能力越来越强，显卡处理的数据也越来越多，PCI 总线越来越无法满足其需求。Intel 公司于 1996 年 7 月正式推出了 AGP 接口,推出 AGP 的主要目的就是要大幅提高 PC 的图形尤其是 3D 图形的处理能力。

AGP 总线完全独立于 PCI 总线之外,在主存和显卡之间提供了一条直接的通道,使 3D 图形数据可以不经过 PCI 总线,而直接送入显示子系统,这样就能突破由 PCI 总线形成的系统瓶颈,增加 3D 图形的数据传输速度。严格地说,AGP 不能称为总线,它与 PCI 总线不同,因为它是点对点连接,即连接控制芯片和 AGP 显示卡,但在习惯上依然称其为 AGP 总线。采用 AGP 总线的系统结构如图 8-5 所示。

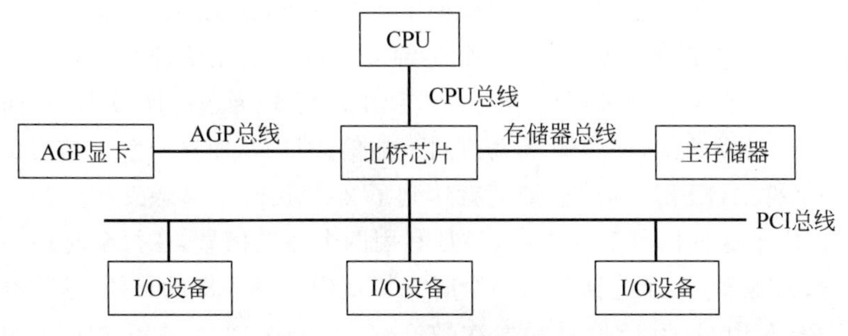

图 8-5 AGP 总线的系统结构

AGP 插槽外形如图 8-6 所示。AGP 插槽和 AGP 插卡的插脚都采用了与 EISA 相似的上下两层结构,因此减小了 AGP 插槽的尺寸。

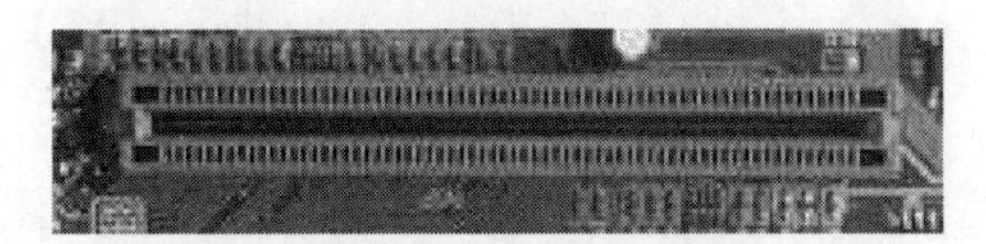

图 8-6 AGP 总线插槽外形

2. AGP 总线的性能特点

AGP 以 66MHz PCI Revision 2.1 规范为基础,在此基础上扩充了以下主要功能。

(1) 数据读写的流水线操作。

流水线(Pipelining)操作是 AGP 提供的仅针对主存的增强协议,由于采用了流水线操作,减少了内存等待时间,故数据传输速度有了很大提高。

(2) 具有 133MHz 的数据传输频率。

AGP1.0 使用了 32 位数据总线和双时钟技术的 66MHz 时钟。双时钟技术允许 AGP 在一个时钟周期内传输双倍的数据,即在工作脉冲波形的两边沿(即上升沿和下降沿)都传输数据而达到 133MHz 的传输速率,即 532MBps(133M×4Bps)的突发数据传输率。

(3) 直接内存执行 DIME。

AGP 允许 3D 纹理数据不存入拥挤的帧缓冲区(即图形控制器内存),而将其存入系统内存,从而让出帧缓冲区和带宽供其他功能使用,这种允许显示卡直接操作主存的技术称为 DIME(Direct Memory Execute)。

(4) 地址信号与数据信号分离。

采用多路信号分离技术(Demulfiplexing),并通过使用边带寻址(Side Band

笔记

Address,SBA)总线来提高随机内存访问的速度。

(5) 并行操作。

在 CPU 访问系统 RAM 的同时,允许 AGP 显示卡访问 AGP 显存,从而进一步提高了系统性能。

3. AGP 的工作模式

AGP 标准分为 AGP1.0(AGP 1X 和 AGP 2X)、AGP2.0(AGP 4X)、AGP3.0(AGP 8X)。不同 AGP 接口模式的传输方式不同,1X 模式的 AGP,工作频率达到了 PCI 总线的两倍——66MHz,传输带宽理论上可达到 266MBps。AGP 2X 工作频率同样为 66MHz,但是它使用了正负沿(一个时钟周期的上升沿和下降沿)触发的工作方式。这种触发方式在一个时钟周期的上升沿和下降沿各传送一次数据,从而使得一个工作周期先后被触发两次,使传输带宽达到了加倍的目的,而这种触发信号的工作频率为 133MHz,这样 AGP 2X 的传输带宽就达到了 266MBps×2(触发次数)=532MBps。AGP 4X 仍使用了这种信号触发方式,只是利用两个触发信号,在每个时钟周期的下降沿分别引起两次触发,从而达到了在一个时钟周期中触发 4 次的目的,这样在理论上它就可以达到 266MBps×2(单信号触发次数)×2(信号个数)=1064MBps 的带宽。在 AGP 8X 规范中,这种触发模式仍然使用,只是触发信号的工作频率变成 266MHz,两个信号触发点也变成了每个时钟周期的上升沿,单信号触发次数为 4 次,这样它在一个时钟周期所能传输的数据就从 AGP 4X 的 4 倍变成了 8 倍,理论传输带宽将可达到 266MBps×4(单信号触发次数)×2(信号个数)=2128MBps。AGP 的工作模式见表 8-1。

表 8-1 AGP 的工作模式

AGP 标准	AGP1.0	AGP2.0	AGP3.0
接口速率	AGP 1X	AGP 4X	AGP 8X
工作频率	66MHz	66MHz	66MHz
传输带宽	266MBps	1064MBps	2128MBps
工作电压	3.3V	1.5V	1.5V
单信号触发次数	1	2	4
数据传输位宽	32bit	32bit	32bit
触发信号频率	66MHz	133MHz	266MHz

8.2.4 活动 4 详述新型总线 PCI Express

1. PCI Express 的发展历程

随着计算机技术的不断发展,处理器的主频越来越高,显卡的速度越来越快,存储系统和网络的性能也越来越好,已经在 PC 系统中使用了 10 多年的 PCI 总线面对现在巨大的数据吞吐量,已经显得不堪重负,它已逐渐成为当前计算机性能的瓶颈。

AGP 总线的出现解放了图形芯片,南北桥芯片之间也陆续地采用了专用的互联总线,如 Intel Hub Link 架构、VIA V-Link 和 SiS MuTIOL-Link。服务器和工作站也陆续地在 20 世纪 90 年代末期开始采用 66MHz/64bit PCI 总线,后来升级为 PCI-X 总线技术。然而这些改变只是局部的,真正要彻底解决 PCI 的瓶颈问题,必须从根本上改变总线设计,采用一种新的总线来彻底取代 PCI。

笔记

由 Intel 等开发的 PCI Express(原名 3GIO,第 3 代 I/O 总线)就是为满足这一需求而推出的一种新型的高速串行 I/O 互联总线,2002 年 7 月,PCI Express 1.0 版规范正式发布。

2. PCI Express 技术概要

PCI Express 是一种串行总线,其最大数据传输速率可以达到 8～10GBps,导线数量与 PCI 相比减少了近 75%,而它提供的速度却几乎达到 PCI-X 2.0 的两倍,并且容易扩充。PCI Express 采用了点到点的连接技术,也就是说每个设备都有自己专用的连接,不需要向共享总线请求带宽。

最基本的 PCI Express 连接利用 4 根连线和低电压差分信号技术实现连接,两根一组,分别负责接收和发送。利用 PCI Express 可以让采用 4 层 PCB 板和标准接头设计的设备的连接距离达到 20cm 以上。另外,PCI Express 还采用了内嵌时钟编码技术,从而使得其信号串扰、电磁干扰和电容性问题都明显降低。

小知识:PCI Express 系统以 Root Complex(根联合体)为中心枢纽,各种端点设备直接或者通过交换器组合而成。通过 PCI 桥接设备可以实现对老的 PCI 设备的支持,在进行对等通信的时候,一个端点可以直接经过 Root Complex 同另外一个端点通信,也可以通过 Switch(交换器)向另外一个端点通信。

3. PCI Express 的系统结构

PCI Express 的系统结构采用分层结构模型,自上而下共分为 5 层:软件层、会话层、事务处理层、数据链路层和物理层,如图 8-7 所示。软件层产生读写请求;会话层主要建立会话连接;事务处理层负责拆分和组装数据包、发送读写请求和处理连接设置和控制信号;数据链路层为这些数据包增加顺序号和 CRC 校验码,以实现高度可靠的数据传输机制,保证数据完整地从一端传输到另外一端;物理层实现数据编码/解码和多个通道数据拆分/解拆分操作,每个通道都是全双工的,可提供 2.5GBps 的传输速率。

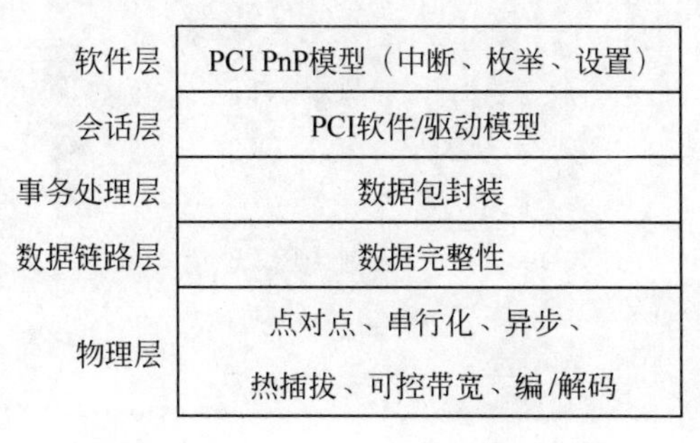

图 8-7 PCI Express 的分层结构模型

4. 展望 PCI Express

总的来说,PCI Express 不仅在基本性能上有了显著的提升,还能对现有的 PCI 设备提供软件层的兼容功能,提供了平滑升级的可能。Intel 计划让 PCI Express 成为未来 10 年 PC 系统中的标准化 I/O 连接,业内普遍认为 PCI Express 最先取代的很可能

是 AGP 总线,预计未来这种新的连接规范会逐步地淘汰现有的 PCI 总线系统。

视频讲解

8.3 任务3 学习主板

主板又称系统板(或称母板),是位于机箱内底部的一块多层印刷电路板。主板是微机硬件系统集中管理的核心载体,是 PC 的核心部件。

主板是一台 PC 的主体所在,要完成计算机系统的管理和协调,支持各种 CPU、功能卡和各总线接口的正常运行。主板不仅是用来承载计算机关键设备的基础平台,而且还起着硬件资源调度中心的作用,担负各种配件之间的通信、控制和传输任务。可以说,主板是一台计算机的灵魂,它对于整个系统的稳定性、兼容性及性能起着举足轻重的作用。

本节先介绍主板的结构与分类及其控制芯片组,然后介绍主板的主要组成部件,最后介绍主板采用的新技术。

8.3.1 活动1 划分主板的结构与分类

1. 主板的结构

主板是一块矩形印刷电路板,它采用开放式结构,如图 8-8 所示。

图 8-8 主板结构图

主板主要包括以下组成部件:CPU 插槽、内存条插槽、控制芯片组、BIOS 及 CMOS 芯片、各类标准 I/O 插槽,下面逐一进行介绍。

（1）CPU 插槽。

CPU 插槽用于插入 CPU 芯片，目前主流的 CPU 插槽主要有 Socket 478 和 Socket A 两种。Socket 478 插槽是 Pentium 4 系列处理器所采用的接口类型，插孔数为 478，如图 8-9 所示。采用 Socket 478 插槽的主板产品数量众多，是目前应用最为广泛的插槽类型。Socket A 接口，也叫 Socket 462，是目前 AMD 公司 AthBnXP 和 Duron 处理器的插座标准。Socket A 接口具有 462 个插孔，可以支持 133MHz 外频。Socket A 插槽如图 8-10 所示。

图 8-9 Socket 478 插槽

图 8-10 Socket A 插槽

（2）控制芯片组。

控制芯片组是主板的关键部件，由一组超大规模集成电路构成，芯片组固定在主板上，不能更换，芯片组一旦确定，整个系统所用的组件范围随之确定。除 CPU 外，主板上所有控制功能几乎都集成在芯片组内，芯片组是 CPU 与其他周边设备沟通的桥梁，它的性能好坏决定了主板性能的好坏与级别的高低。

（3）内存插槽。

内存插槽用于插入内存条。内存条通过正反两面都带有的金手指与主板连接。金手指可以在两面提供不同的信号，也可以提供相同的信号。SIMM 就是一种两侧金手指都提供相同信号的内存结构，它多用于早期的 FPM 和 EDO DRAM，在内存发展进入 SDRAM 时代后，SIMM 逐渐被 DIMM 技术取代。

DIMM 与 SIMM 类似，不同的只是 DIMM 的金手指两端各自独立传输信号，因此可以满足更多数据信号的传送需要。同样采用 DIMM，SDRAM 的接口与 DDR 内存的接口也略有不同，SDRAM DIMM 为 168 针 DIMM 结构，金手指每面为 84 针，其上有两个卡口，用来避免插入插槽时，将内存反向插入而导致烧毁，如图 8-11 所示；DDR DIMM 则采用 184 针 DIMM 结构，金手指每面有 92 针，其上只有一个卡口。图 8-12 所示为常用的 184 针 DDR DIMM 插槽。

图 8-11 168 针的 SDRAM DIMM 插槽

笔记

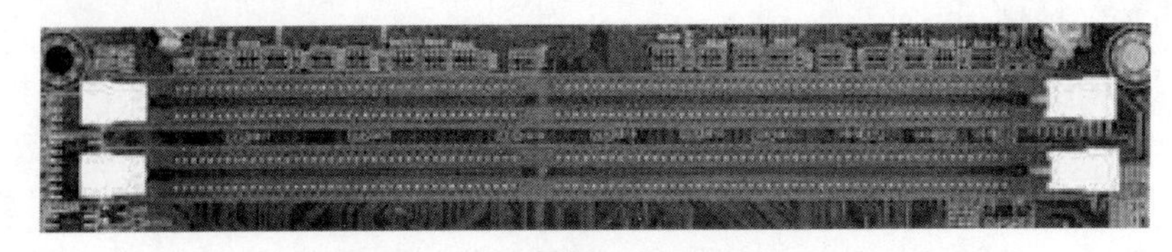

图 8-12 184 针的 DDR DIMM 插槽

(4) BIOS 芯片及 CMOS 芯片。

① BIOS 芯片。

BIOS(Basic Input Output System,基本输入/输出系统)芯片是主板上存放计算机基本输入/输出程序的只读存储器,其功能是负责计算机的上电自检、开机引导、基本外设 I/O 以及系统 CMOS 设置。

BIOS 主要对硬件进行管理,是开机后首先自动调入内存执行的程序,它对硬件进行检测并初始化系统,然后启动磁盘上的系统程序最终完成系统的启动。

> **注意**:常见的 BIOS 芯片有 AMI、Award、Phoenix 等,AMI、Award 常用于台式机;Phoenix 常用于笔记本计算机。

② CMOS 芯片。

CMOS 芯片是一块专用的静态存储器芯片,靠一块 3.5V 的锂电池和主板上的电源共同供电,用来保存系统配置和设置程序。新型主板已把 CMOS 集成到南桥芯片中,清除 CMOS 数据只要把主板上 CMOS 插针的 1、2 脚拔下,短接到 2、3 脚即可。

(5) 标准 I/O 插槽。

I/O 插槽用来接插各种标准总线接口卡,包括 PCI 插槽、AGP 插槽和其他接口插槽。新型主板上不再配置 ISA 插槽。

① PCI 插槽。

PCI 总线插槽一般为白色,用来插入符合 PCI 接口的各种适配卡,主流主板上一般有 3～5 条 PCI 扩展槽,如图 8-3 所示。

② AGP 插槽。

AGP 是 Intel 公司推出的图形显示专用数据通道,只能安装 AGP 显示卡。它将显示卡同主板内存芯片组直接相连,大幅提高了 3D 图形的处理速度。主板上只有一个 AGP 插槽,长度比 PCI 插槽略短,一般为棕色,如图 8-13 所示。

图 8-13 AGP 插槽

③ IDE 接口插槽和 FDD 插槽。

IDE 接口是为连接硬盘和光驱等设备而设的,主板上一般有两个 IDE 接口插槽(IDEl、IDE2),每个插槽可串接两台设备,共可接 4 台设备。FDD 插槽是 34 芯的软驱接口,主板上只有一个 FDD 插槽。IDE 插槽和 FDD 插槽分别如图 8-14 所示。

笔记

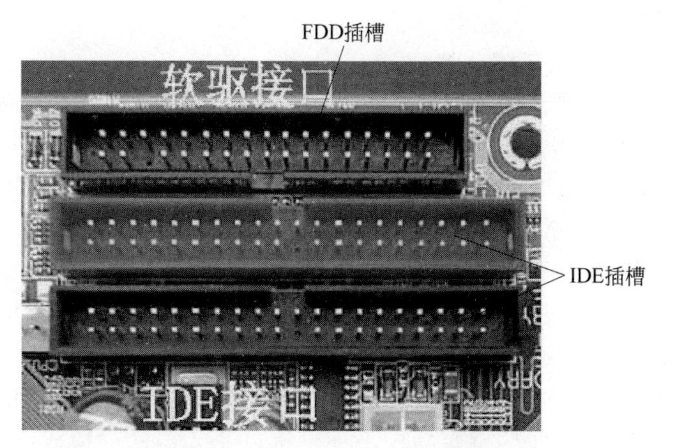

图 8-14　IDE 插槽和 FDD 插槽

④ AMR、CNR 和 NCR 插槽。

AMR 总线插槽用来插入 AMR 规范的声卡和 Modem 卡等。现在的新型主板上一般有 CNR 和 NCR 插槽，NCR 是 Intel 发布的用来替代 AMR 的技术标准，它扩展了网络应用功能，但与 AMR 不兼容；CNR 是 AMD 和 VIA 等厂家推出的网络通信接口标准，它与 AMR 卡完全兼容。CNR 插槽如图 8-15 所示。

图 8-15　CNR 插槽

⑤ 各种外部设备的输入/输出接口。

外部设备的输入/输出接口简称 I/O 接口，是各种主板接口，包括一个打印机接口、两个串行接口(COM1、COM2)、两个 USB 接口、一个 PS/2 鼠标接口和一个 PS/2 键盘接口。另外，主板上还有电源线插座，如图 8-16 所示。

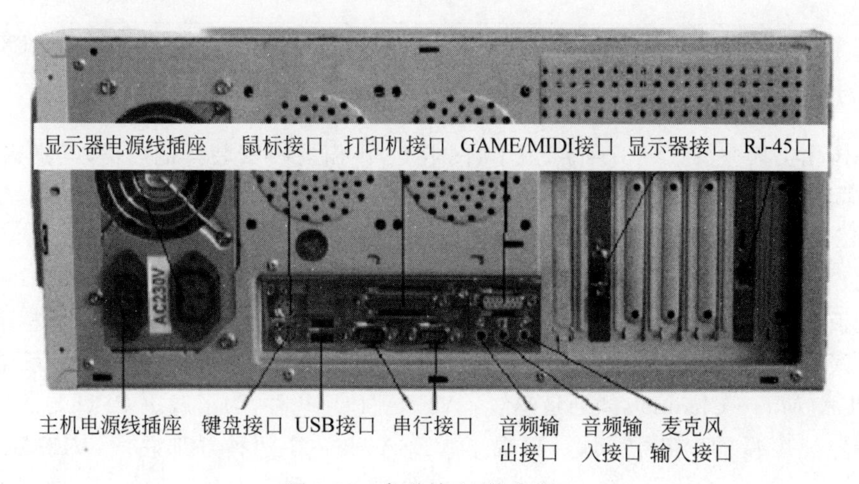

图 8-16　各种输入/输出接口

2. 主板的分类

根据主板的大小不同或者所采用的相关芯片和 CPU 的不同，主板有不同的分类，

笔记

下面是几种常见的分类。

(1) 根据主板结构的不同分类。

主板按其结构可分为AT主板、ATX主板、一体化主板和NLX主板等类型。

AT主板是"竖"型板设计,即短边位于机箱后面板。它最初应用于IBMPC/AT机上。AT主板大小为:13英寸×12英寸。AT板型是最基本的板型,一般应用在586以前的主板上。AT主板包括标准AT主板和Baby AT主板两种。它们都使用AT电源。AT电源是通过两条形状相似的排线与主板相连,AT主板上连接外设的接口只有键盘接口、串口和并口,部分的AT主板也支持USB接口。目前,ATX结构的主板已取代了AT结构的主板。Baby AT主板大小为13.5英寸×8.5英寸。Baby AT主板是AT主板的改良型,比AT主板略长,而宽度大大窄于AT主板。Baby AT主板沿袭了AT主板的I/O扩展插槽、键盘插座等外设接口及元器件的摆放位置,而对内存槽等内部元器件结构进行紧缩,再加上大规模集成电路使内部元器件减少,使Baby AT主板比AT主板布局更合理些,Baby AT主板是袖珍型的主板,多用于品牌机上。

ATX主板布局是"横"板设计,就像把Baby AT主板放倒了过来,这样做增加了主板引出端口的空间,使主板可以集成更多的扩展功能。ATX是目前最常见的主板结构,它在Baby AT的基础上逆时针旋转了90°,这使主板的长边紧贴机箱后部,外设接口可以置接集成到主板上。ATX结构中具有标准的I/O面板插座,提供有两个串行口、一个并行口、一个PS/2鼠标接口和一个PS/2键盘接口,其尺寸为159mm×44.5mm。这些I/O接口信号直接从主板上引出,取消了连接线缆,使得主板上可以集成更多的功能,也就消除了电磁辐射、争用空间等弊端,进一步提高了系统的稳定性和可维护性。另外在主板设计上,由于横向宽度加宽,内存插槽可以紧挨最右边的I/O槽设计,CPU插槽也设计在内存插槽的右侧或下部,使I/O槽上插全长板卡不再受限,内存条更换也更加方便快捷。软驱接口与硬盘接口的排列位置,更是节省数据线,方便安装。

注意: ATX主板也有Micro ATX和Mini ATX两种。Micro ATX比ATX版型小,因为省去了很多插槽,所以其扩展性能差,主要用于小机箱。

一体化主板一般集成了声卡、显卡、网卡等,不需要再安装其他插槽,其集成度高、节约空间,但维修和升级困难,主要用于品牌机。

NLX主板多用于原装机和品牌机。

(2) 根据主板上I/O总线的类型分类。

主板按I/O总线的类型分为ISA(Industry Standard Architecture,工业标准体系结构总线)、EISA(Extension Industry Standard Architecture,扩展标准体系结构总线)、MCA(Micro Channel,微通道总线)、VESA、PCI几种,为了解决CPU与高速外设之间传输速度慢的"瓶颈"问题,出现了VESA和PCI两种局部总线,VESA(Video Electronic Standards Association)视频电子标准协会局部总线,简称VL总线和PCI(Peripheral Component Interconnect)外围部件互连局部总线,简称PCI总线。486级的主板多采用VL总线,而奔腾主板多采用PCI总线。目前,继PCI之后又开发了更外围的接口总线——USB(Universal Serial Bus,通用串行总线)。

笔记

(3) 根据主板上使用的CPU分类。

根据主板上使用的CPU分类可分为386主板、486主板、奔腾(Pentium,即586)主板、高能奔腾(Pentium Pro,即686)主板。同一级的CPU往往也还有进一步的划分,如奔腾主板,就有是否支持多能奔腾(P55C,MMX要求主板内建双电压),是否支持Cyrix 6x86、AMD 5k86(都是奔腾级的CPU,要求主板有更好的散热性)等区别。

?思考:除了以上分类方法以外,主板还有其他哪些分类方法?

8.3.2 活动2 详解主板上的主流芯片组

芯片组(Chipset)是主板的关键部件,是构成主板控制电路的核心。芯片组与CPU有着密切的关系,每一代CPU都有与其配套的芯片组,例如,Pentium主要使用的芯片组有Intel的430FX/VX/HX/T系列芯片组以及VIA的VPl、VP2、VP3、VP4、MVP4系列芯片组;PentiumⅡ主要使用的芯片组有Intel的440FX/LX/BX/GX/EX/ZX以及VIA的Apollo pro133/133A芯片组系列;Pentium Ⅲ主要使用的芯片组有Intel的i810、i820、i815芯片组以及VIA的693/694等;Pentium 4主要使用的有i850芯片组等。

注意:目前主板所用的芯片组主要由Intel、VIA、SiS、Ali、AMD等公司生产,其中以Intel的芯片组最为常见。

1. 主板架构

芯片组是主板的核心部件,以它为中心的主板有两种架构,下面通过了解这两种架构,来了解芯片组的功能。

(1) 传统南/北桥架构(South Bridge/North Bridge)。

传统南/北桥架构的主板芯片组由南桥、北桥两块芯片构成,连接不同速率的三组总线,如图8-17所示。其中北桥芯片控制的是CPU总线、L2 Cache、AGP总线、内存以及PCI总线,决定着支持内存的类型及最大容量,是否支持AGP高速图形接口及ECC数据纠错等。南桥芯片则是负责对USB、Ultra DMA/33/66 EIDE传输和大部分I/O设备的控制和支持。Intel的440FX/LX/BX/GX/EX/ZX系列芯片组和VIA的Apollo pro 133A芯片组所采用的就是这种南/北桥架构。

小知识:在南/北桥架构中,南/北桥之间通过PCI总线进行沟通,PCI总线由北桥控制,而南桥控制的器件必须和整个PCI总线共享带宽,这样就导致了数据传输的瓶颈。为了让主板芯片的结构更加明确,Intel在开发i8XX芯片组的时候,超越过去传统的南/北桥架构,提出了加速集线架构。

(2) 加速集线架构AHA(Accelerated Hub Architecture)。

加速集线架构AHA由GMCH、ICH和FWH三块芯片构成。GMCH(Graphic/Memory Controller Hub)相当于传统北桥芯片,ICH(I/O Controller Hub,I/O主控器)相当于传统南桥芯片,新增的FWH(Firmware Hub,固件主控器)相当于传统南北

笔记

桥架构中的 BIOS ROM,如图 8-18 所示。

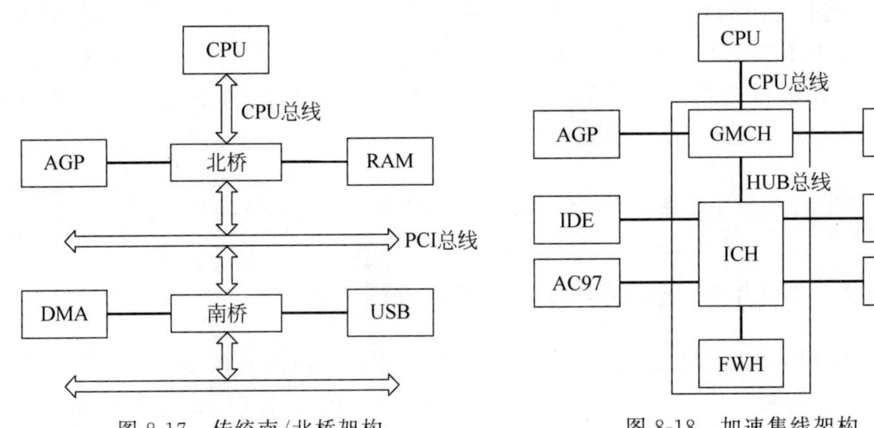

图 8-17 传统南/北桥架构

图 8-18 加速集线架构

AHA 架构的变化并不是简单地加入了一块 FWH 芯片,最重要的变化在于 GMCH 和 ICH 之间的连接总线。两块芯片不是通过 PCI 总线进行连接,而是利用能提供两倍于 PCI 总线带宽的专用总线连接。这样,各子系统都直接和芯片组相连,整个系统呈放射性的网状结构,每种设备包括 PCI 总线都可以与 CPU 直接通信,很好地解决了南/北桥结构中的瓶颈问题。Intel 的 i8XX 芯片组所采用的就是这种架构。

2. 主流芯片组简介

芯片组目前有两大阵营,一方是 Intel 阵营,Intel 在生产 CPU 的同时也为自己的 CPU 设计相应的控制芯片组。另一方是以 VIA、SIS 及 AMD 为代表的非 Intel 阵营,他们开发的芯片组有与 Intel 芯片组相近或者更高的性能,在价格上却比 Intel 芯片组便宜,因此也占领了相当一部分市场。

(1) Intel 芯片组。

Intel 从 Pentium 时代起就提供了性能优越的芯片组系列,其型号很齐全。其中,支持 Pentium 系列的芯片组有 430FX/VX/HX/TX,支持 Pentinm Ⅱ 系列的芯片组有 440FX/LX/BX/GX/EX/ZX,支持 Pentium Ⅲ 系列的芯片组有 i810、i820、i815、i840 等。目前支持 Pentium 4 系列的主流 Intel 芯片组主要有 i845 系列、i848 系列、i865 系列以及 i875 系列等,各个系列都有不少型号相近的产品。

① Intel i845D/G/GL/GV/GE/PE:i845 系列可以分为集成了 Intel Extreme Graphics 图形芯片的 i845G/GL/GV/GE 系列和未集成图形芯片的 i845D/E/PE 系列两大派系(带有 G 的都是集成图形芯片的)。

i845D 由 MCH(Memory Controller Hub,内存控制中心)和 ICH2(Input/Output Controller Hub 输入/输出控制中心)两个芯片组成,两个芯片之间采用 32bit、66MHz 的 Hub Link 技术连接,连接速度为 266MBps。在内存控制部分,i845D MCH 集成了"写入缓存"和 12 级深度的"顺序列队"数据缓冲单元,以保证 CPU 与 DDR 内存之间数据传输的连贯性,支持 DDR200/266。i845G 是集成了 Intel Extreme Graphics 图形芯片的 i845D,在 i845G 的基础上再去掉对 AGP 的支持,就是 i845GL。i845D 的缺点是不支持 ATA/133、USB2.0。

笔记

Intel随后推出了533FSB(Front Side Bus,前端总线,是将CPU连接到北桥芯片的总线,计算机的前端总线频率是由CPU和北桥芯片共同决定的)的Pentium 4,并推出了与之配套的i845E芯片组,i845E除增加了对533MHz FSB的支持外,同时由配套的ICH4提供了对USB2.0的支持,但i845E仍然只支持DDR200/266,内存的瓶颈问题严重。

i845GE/GV/PE的ICH4芯片基本架构和i845E相同,新的GMCH改进了内存管理器,使i845GE/GV/PE正式支持DDR333内存规范,内存与GMCH之间的带宽由原来的2.1MBps提升至2.7MBps,而Pentium 4处理器与GMCH之间的带宽为3.2MBps并支持USB2.0。三款芯片的区别在于:i845GE集成了频率提升到266MHz的Extreme Graphics显示核心,同时还提供了AGP 4X插槽供升级之用;i845GV是去掉了AGP插槽的i845GE,适合对图形性能要求不太高的场合;i845PE则是屏蔽了显示核心的i845GE。

② Intel i865P/PE/G:Intel 865由GMCH/MCH(Graphics/Memory Controller Hub,图形/存储控制中心)和ICH(I/O Controller Hub,I/O控制中心)两块芯片组成。其中,GMCH/MCH芯片的编号为"RG82865PE/G/P",而ICH芯片的编号为"Fwg2801EB"(ICH5)。i865系列支持FSB 800MHz的Pentium 4处理器,同时支持旧版533MHz FSB的Pentium 4处理器以及0.09μm工艺的Prescott处理器。内存方面支持DDR266/333/400双通道内存,支持AGP 8X的显卡接口,并且还有Intel全新的Communications Streaming Architecture(通信流架构)用于支持千兆以太网。同时由于i865内部由两个不同的内存控制器组成双通道模式,所以用户可以选择用一条内存,使用单通道模式,或者用两条内存,使用双通道模式。i865系列标配的ICH5支持SATA和最多8个USB2.0接口。

③ Intel i848P:i848采用82848+ICH5的组合,与支持双通道DDR333的i865P不同的是i848支持单通道DDR400,更重要的是支持800MHz的Pentium 4。虽然i848P的理论带宽只有i865PE/GE的一半,和800FSB的Pentium 4的实际需求相差甚远,但其实际性能只和i865PE相差不到5%,而848P搭配单通道的成本和865PE搭配双通道相比,却廉价许多。

④ Intel i875P:在推出i865系列的同时,Intel推出了i875P,i875P与i865的架构基本相同。相对于i865系列,i875P最大的不同在于提供了PAT技术(Performance Acceleration Technology,性能加速技术),性能可以提升5%左右。同时,i875P标配的ICH5-R在ICH5的基础上增加了对SATA Raid的支持。

(2) VIA芯片组。

VIA是一家以生产主板芯片组为主的高科技企业,从Pentium时代的VP1、VP2、VP3、MVP3、MVP4,到PentiumⅡ时代的Apollo pro133、Apollo pro 133A,直到支持K7的Apollo KT133,VIA一直紧跟时代潮流。VIA支持Pentium 4处理器的芯片组主要包括如下两种。

① P4X266A:P4X266A是P4X266的改进版本。P4X266A可以同时支持SDRAM和DDR SDRAM,可以支持内存异步运行方式,支持133MHz的外频,使用8位带宽的V-Link总线,使得南/北桥芯片之间的数据传输速率能够达到266MBps。和

笔记

P4X266 相比,P4X266A 芯片组内加入了一项名为 Enhanced Memory Controller With Performance Driven Design 的技术,其作用是在内存控制器上做了改进以增进性能,包括对 S2K 系统前端总线的紧凑重新排列、对指令和数据的更深层次排列和每时钟周期并发传输 8 个 Quad Word 的数据传输能力。

② P4X400：P4X400 支持 DDR200/266/333SDRAM,支持 200/266/333MHz 前端总线,同时加入了对 AGP8X 的支持,提供了 1.1MBps 的 AGP 总线带宽,是目前支持 Pentium 4 处理器功能比较全面的芯片组。

VIA 支持 AMD 处理器的芯片组包括如下几种。

① KT266A：KT266A 是 KT266 的改进版本,由北桥 VT8653 和南桥 VT8233 组成,虽然采用南/北桥的命名,但 KT266A 中的南/北桥并不是传统的南/北桥结构,实质上属于加速集线结构。KT266A 加入了增强型内存控制器(Enhanced Memory Controller With Performance Driven Design),支持 200/266MHz 前端总线,支持 DDR200 和 DDR266 标准的内存和 PC100/133 的 SDRAM,显示方面不但支持 AGP2/4X 的显卡,还支持 AGP PRO 显卡。

② KT333：KT333 与 KT266A 的结构基本相同。KT333 与 KT266A 相比最大的改进就是提供了对 DDR333 的支持,另外提供了对 333MHz 外频的支持,其他方面和 KT266A 基本没有区别。

③ KT400：相对于从 KT266A 到 KT333 来说,从 KT333 到 KT400 的进步非常大。KT400 芯片组支持 DDR200/266/333 内存,支持 200/266/333MHz 前端总线,并且提供了对 AGP8X 的支持,AGP 总线带宽提高到了 2.1MBps,同时采用了第 2 代 533MBps 的 8x V-link 连接标配的 VT8235 南桥芯片。

(3) SIS 芯片组。

SIS 是中国台湾地区一家高科技公司,以生产主板控制芯片组而闻名,从早期的 SIS5598 到 SIS530、SIS620、SIS630,一直占据了 PC 市场低端应用的半壁江山。目前 SIS 的主流芯片组既有支持 Pentium 4 处理器的产品,也有支持 AMD 处理器的产品。SIS 支持 Pentium 4 处理器的芯片组包括如下几种。

① SIS645：SIS645 芯片组不同于以往 SIS 采用单芯片的做法,而是将其重新分离,北桥芯片为 SIS645,南桥芯片则是 SIS961,支持 400/533MHz 外频,在内存方面支持 DDR333 规格,同时也支持 SDRAM,Multiply I/O 技术提供了南/北桥之间高达 533MBps 的带宽。

② SIS648：SIS648 芯片组的北桥芯片为 SIS648,支持 DDR400,南桥芯片为 SIS963,支持 USB2.0、IEEE 1394A、ATA133,而其他方面,SIS963 和 SIS961 基本相同。

③ SIS655：SIS655FX 支持双通道 DDR400 内存及 800MHz 前端总线,支持 Pentium 4 处理器超线程技术(Hyper-Threading Technology),同时提供 DDR 双通道功能,处理器、北桥芯片与内存之间的传输带宽高达 6.4MBps。南桥芯片 SIS964 整合 SerialATA 高速传输接口,将存储设备的传输速度大幅提高,同时还可支持 RAID 磁盘阵列功能,提高系统运算速度,提供资料备份处理。

SIS 支持 AMD 处理器的芯片组包括如下几种。

笔记

① SIS735：SIS735 芯片组将传统的南/北桥芯片同时整合进单一芯片内部，可支持 PC100/133 SDRAM 以及 PC1600/2100(200/266MHz)规格的 DDR SDRAM，采用了独有的芯片内部总线传输技术(Multi-threaded I/O Link)。SIS735 芯片内部北桥部分与南桥部分的数据传输频带宽度因此而加大，可超过 1GB，这也是 SIS 芯片组相对于 VIA 芯片组更具优势的地方。SIS735 芯片组并没有内置显示核心 SIS300，而直接提供了一个 AGP4X 插槽。PCI 插槽也已可以提供多达 6 个 PCI 设备的支持，并且整合带有 S/PDIF 输出接口的软声卡、调制解调器控制器以及 2 组 4 个 ATA/100 硬盘、6 个 USB 接口，支持 AMR、CNR、ACR 插槽等功能。

② SIS745：SIS745 是 SIS735 的升级版本，SIS745 支持目前 AMD Athlon/Duron 全系列处理器和 Palomino 核心处理器。SIS745 芯片组提供了对 ACR 插槽的支持，并且 SIS745 在 SIS735 的基础上正式提供了对 DDR333(PC2700)的支持，同时兼顾原有的 SDRAM(PC133 规格)内存，支持 3 个 DIMM 插槽最大 1.5GB 内存(DDR333)，支持 AGP4X 和 ATA100。SIS745 芯片组最大的改进就是芯片内部提供了对 IEEE 1394A 的支持。

(4) AMD 芯片组。

① AMD750：AMD750 芯片组由北桥芯片 AMD751 和南桥芯片 AMD756 构成，能够在 K7 所支持的 200MHz 的 EV6 总线上提供 1.6GBps 的带宽。AMD750 芯片组支持 AGP2X、PC100、SDRAM、ECC 内存、Ultra ATA/66、4 个 USB 接口和 PCI2.2 规范。

② AMD761：AMD761 支持全系列 AMD 处理器并率先支持 DDR 内存，AMD761 在内存方面可以支持到最高 4GB，同时提供了对 AGP4X 的支持。

③ AMD762/768：AMD762 是 AMD 自己推出的面向于服务器市场支持双处理器的芯片组，支持 AthlonMP 双处理器的运行，支持 4GB 的 DDR 内存，与 AMD762 芯片配合的南桥芯片是来自 AMD 的 768 芯片，除了提供一般南桥芯片的功能外，768 还可以支持 64 位的 PCI 设备。

8.3.3 活动 3 展望主板的新技术

1. 超线程技术

超线程技术是指一个物理处理器能够同时执行两个独立的代码流(称为线程)。从体系结构上讲，一个具有超线程技术的 IA-32 处理器包含两个逻辑处理器，其中每个逻辑处理器都有自己的 IA-32 架构中心。在加电初始化后，每个逻辑处理器都可单独被停止、中断或安排执行某一特定线程，而不会影响芯片上另一逻辑处理器的性能。与传统双路(DP)配置不同，在具有超线程技术的处理器中，两个逻辑处理器共享处理器内核的执行资源，其中包括执行引擎、高速缓存、系统总线接口和固件等。这种配置可使每个逻辑处理器都执行一个线程，来自两个线程的指令被同时发送到处理器内核来执行，处理器内核并发执行这两个线程，使用乱序指令调度，以求在每个时钟周期内使尽可能多的执行单元投入运行。

2. PAT

PAT(Performance Acceleration Technology，性能加速技术)主要被用来改进芯片

笔记

组的性能。简单地说,对芯片组性能的提升并非通过超频处理器、芯片组或内存来实现,而是采用减少芯片组内部FSB和系统内存之间延迟的技术来实现。其实PAT技术是用来解决CPU与高带宽DUALDDR 400内存架构之间的响应速度问题,使得系统内存的效率得到提高,来提升整体的系统效能。Intel i865PE和i875P芯片组采用了PAT技术,i865PE芯片组已经提供了相当出色的性能,i875P芯片组则是为那些要求更高的用户提供附加的性能。i875P芯片组在相同的配置下会比i865芯片组的性能提升2%~5%。另外,PAT模式只能在800MHz FSB和双通道DDR400的情况下才能实现。

3. 双通道DDR

双通道DDR技术是一种内存控制技术,是在现有的DDR内存技术上,通过扩展内存子系统位宽,使得内存子系统的带宽在频率不变的情况下提高了一倍。即通过两个64bit内存控制器来获得128bit内存总线所达到的带宽,且两个64bit内存所提供的带宽比一个128bit内存所提供的带宽效果好得多。双通道体系包含了两个独立的、具备互补性的智能内存控制器,两个内存控制器都能够在彼此间零等待时间的情况下同时运作。当控制器A准备进行下一次存取内存的时候,控制器B就在读写主内存。反过来也一样,B在准备的时候,A又在读写主内存。这样的内存控制模式可以使有效等待时间减少50%。双通道技术使内存的带宽翻了一番。

注意: 在支持双通道DDR的主板上安装内存时,只有按照主板DIMM插槽上面的颜色标志来正确安装,才能让两个内存控制器同时工作,实现双通道DDR功能。

4. PCI Express

PCI Express是一种新的总线标准,PCI Express x16使用16对线路,单向传输速率最高达到4GBps,双向传输速率可达8GBps。相对于目前的PCI总线来说,PCI Express将从根本上超越AGP 4X/8X,突破数据传输的瓶颈。在Intel发布的新主板芯片组中,Intel加入了对PCI Express总线的支持,而显卡芯片厂商也纷纷支持PCI Express总线。这种新的连接规范会逐步地淘汰现有的PCI总线系统。

5. Serial ATA

Serial ATA即串行ATA,它是一种完全不同于并行ATA的新型硬盘接口类型。相对于并行ATA来说,串行ATA具有很多优势。首先,Serial ATA以连续串行的方式传送数据,一次只会传送1位数据。这样能减少SATA接口的针脚数目,使连接电缆数目变少,效率也会更高。实际上,Serial ATA仅用4支针脚就能完成所有的工作,分别用于连接电源、连接地线、发送数据和接收数据,同时这样的架构还能降低系统能耗和减小系统复杂性。其次,Serial ATA的起点更高、发展潜力更大。

6. USB3.0

USB2.0(通用串行总线)是一种计算机外设连接规范,由PC行业的一系列著名IT企业联合制定,它在现行的USB1.1规格上增加了高速数据传输模式。由于增加了高速模式,USB的应用范围得到了进一步扩大。由于总线的整体传输速度提高了,所以即使同时使用多个设备也不会导致各设备的传输速度减慢。

7. 四相供电电路技术

单相是指在一个开关脉冲周期中只有一组脉冲方波，而四相即一个开关脉冲周期中有4组脉冲方波，这四相的关系是并联同时供电，所以相数越多其供电推挽能力越强。四相供电可以看作4个单相电源结合周围的MOSFET（这里每相两个）、电容（包括高频SMD电容）等构成的新型供电电路。

8.4 任务4 主流品牌的主板新产品

1. 英特尔主板新产品

如果说中央处理器（CPU）是整个电脑系统的大脑，那么芯片组将是整个身体的心脏。对于主板而言，芯片组几乎决定了这块主板的功能，进而影响到整个电脑系统性能的发挥，芯片组是主板的灵魂，一定意义上讲，它决定了主板的级别和档次。芯片组是“南桥”和“北桥”的统称，就是把以前复杂的电路和元件最大限度地集成在几颗芯片内。英特尔芯片组是专为英特尔的处理器设计的，用来连接CPU与其他的设备，如内存、显卡等。目前Intel芯片组产品主要有W680芯片组、Q670E芯片组、R680E芯片组、Q670芯片组、B660芯片组、H670芯片组等。

2. 华硕主板新产品

华硕主板具有静音散热、免风扇、双通道等特点。从华硕官网得知，华硕目前主板系列如图8-19所示。

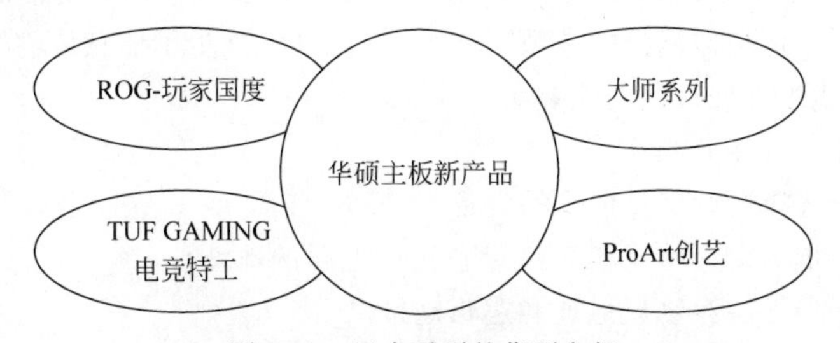

图8-19 四个系列的华硕主板

(1) ROG-玩家国度为玩家及发烧友带来先进的调校功能，五重优化技术让用户一键即可进行专业级的调校，AI超频系统可依据芯片与散热质量自动设定速度，并可持续训练以达到长期的优化效能。

(2) TUF GAMING电竞特工系列可发挥新一代AMD和Intel平台重要组件的功能，并结合各种电竞功能与通过考验的耐用性。这些主板采用TUF级组件、怪兽级供电解决方案及全方位的散热选项，可提供坚如磐石的性能及出色的游戏稳定性。

(3) 大师系列经过专业设计，可完全发挥AMD和Intel处理器的潜能。大师系列主板具备强大的供电设计、全面的散热解决方案和智能调校选项，以直观的软件和固件功能，为日常用户和DIY计算机组装玩家提供各种性能调校选项。

(4) ProArt创艺系列主板可消除各方面的障碍，为从事3D建模和渲染、动画或媒体制作的内容创作者提供更佳性能。此系列能专注于自己的创造力，拓展各种可能。

3. 微星主板新产品

微星是一线三大厂之一，主板的系列和型号繁多，微星将自家的主板产品细分为商

笔记

用主板和电竞主板，不过差异不大，可以混用。微星主板主要有 MAG 系列(兵器库系列)、MPG 系列(高端系列)和 MEG 系列(旗舰系列)。

4. 技嘉主板新产品

技嘉的主板对入门消费群体来说是性价比非常高的产品。近两年技嘉专注紧凑型小板设计，小板凭借其出色的实用性，还可以搭配小机箱的优势，逐渐被主板厂商们所应用。技嘉主板主要有 AORUS、AERO、GAMING、ULTRA DURABLE 四个系列。

8.5 项目总结

项目 8 主要介绍了总线技术和主板技术。总线是计算机系统各功能部件之间进行信息传送的公共通道。总线按照不同的分类方法可以分为不同的总线类型，但是可以归纳总结为数据总线、地址总线和控制总线三类，它们都受中央处理器控制。主板是总线的承载体，主板对计算机各元器件起到了连接作用，而具体连接就是靠主板上的总线来实现的。最后介绍了英特尔、华硕、微星、技嘉等主流品牌的主板新产品。

8.6 拓展训练

1. 计算机使用总线结构的主要优点是便于实现积木化，同时(　　)。

A. 减少了信息传输量　　B. 提高了信息传输的速度

C. 减少了信息传输线的条数　　D. 减少了信息传输线的带宽

2. 系统总线中地址线的功能是(　　)。

A. 用于选择主存单元

B. 用于选择进行信息传输的设备

C. 用于指定主存单元和 I/O 设备接口电路的地址

D. 用于传送主存物理地址和逻辑地址

3. 以下描述当代流行总线结构的基本概念中，正确的选项是(　　)。

A. 当代流行的总线结构不是标准总线

B. 当代总线结构中，CPU 和它私有的 Cache 一起作为一个模块与总线相连

C. 系统中只允许有一个这样的 CPU 模块

D. 系统中只允许有两个这样的 CPU 模块

4. 以下描述 PCI 总线的基本概念中，正确的选项是(　　)。

A. PCI 总线是一个与处理器无关的高速外围总线

B. 以桥连接实现的 PCI 总线结构不允许多条总线并行工作

C. PCI 设备一定是主设备

D. 系统中只允许有一条 PCI 总线

5. 以下主板系列中是华硕主板的是(　　)。

A. MAG 系列　　B. MPG 系列

C. MEG 系列　　D. ProArt 创艺

项目9 学习计算机输入/输出系统

随着计算机技术和计算机应用的不断扩展，需要送入计算机进行处理的数据不断增加，对计算机输入/输出设备的要求也在不断提高，这些都使得计算机输入/输出设备在计算机系统中的影响日益显著。本项目在介绍计算机输入/输出系统的同时，还将介绍数据的输入/输出控制方式和常见的输入/输出设备，如键盘、鼠标、显示器和打印机等。

鼠标、键盘属于人体工程学输入设备，是所有输入设备中技术更新最快的设备，具有悠久的发展历史。1968 年，被称为"鼠标之父"的道格拉斯·恩格尔巴特根据电阻的变化研制出了全球第一只鼠标，之后他继续专心致志、深思钻研，对机械、光机鼠标的研究做出了巨大贡献，为之后科学家们对光电、光学、激光等鼠标的深入探索研制提供了借鉴。1860 年，被称为"打字机之父"的克里斯托夫·拉森·肖尔斯研制出了 QWERTY 键位的键盘，为了提高打字速度，后人不断探索、苦心钻研，又相继研制出了德沃夏克键盘系统、莫尔特键盘，成为现在 Windows 104 键布局的雏形。

知识目标：

- 了解输入/输出系统的功能及组成，以及接口的分类
- 理解接口的基本功能、外围设备的编码方式
- 掌握数据传输的控制方式

能力目标：

- 具有识别常见的外围设备的能力
- 具有识别计算机各类接口的能力
- 具有分析输入/输出系统数据传输方式的能力

素质目标：

- 培养学生善于时间管理的素质
- 培养学生在课堂小组团队中善于与同伴沟通与分享的素质
- 培养不断探索、苦心钻研的学习和科研态度

学习重点：接口的功能与类型；程序直接控制方式；程序中断方式；DMA 输入/输出方式

学习难点：程序直接控制方式；程序中断方式；DMA 输入/输出方式

视频讲解

9.1 任务1 概述输入/输出系统

9.1.1 活动1 介绍输入/输出系统功能与组成

输入/输出系统就是指CPU与除主存以外的其他部件之间传输数据的软硬件机构,简称I/O系统。I/O系统的基本功能是如下。

(1) 完成计算机内部二进制信息与外部多种信息形式间的交流。

(2) CPU正确选择输入/输出设备并实现对其控制,传输大量数据,避免数据出错。

(3) 利用数据缓冲、选择合适的数据传送方式等,实现主机与外设间速度的匹配。

9.1.2 活动2 详述接口的功能与类型

I/O设备在结构和工作原理上与主机有很大的差异,它们都有各自单独的时钟、独立的时序控制和状态标准。主机与外部设备工作在不同速度下,它们速度之间的差别一般能达到几个数量级。同时主机与外设在数据格式上也不相同:主机采用二进制编码表示数据,而外部设备一般采用ASCII编码。因此在主机与外设进行数据交换时必须引入相应的逻辑部件解决两者之间的同步与协调、数据格式转换等问题,这些逻辑部件就称为输入/输出接口,简称为接口。接口与CPU、外设的连接示意图,如图9-1所示。计算机接口大致分布如图9-2所示。

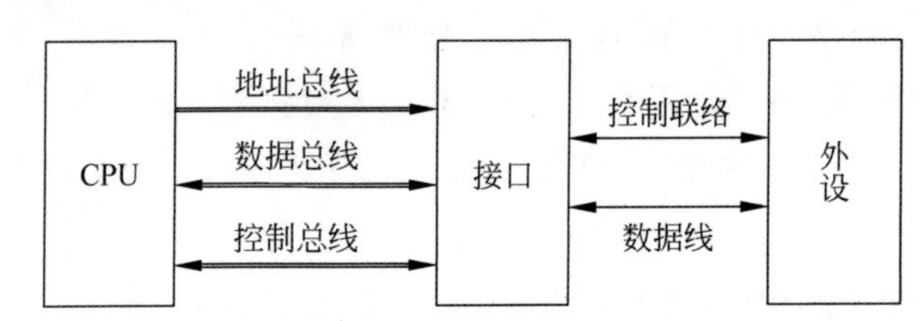

图9-1 接口与CPU、外设连接示意图

1. 接口的基本功能

一般来说,接口的基本功能如下。

(1) 利用内部的缓冲寄存器实现数据缓冲,使主机与外设在工作速度上达到匹配,避免数据丢失和错乱。

(2) 实现数据格式的转换。主机与接口间传输的数据是数字信号,但接口与外设间传输的数据格式却因外设而异。为满足各种外设的要求,接口电路中必须实现各种数据格式的相互转换,如并/串转换、串/并转换、模/数转换、数/模转换等。

(3) 实现主机和外设的通信联络控制。接口为CPU提供外设状态,传递CPU控制命令,使CPU更好地控制各种外设。

(4) 进行地址译码和设备选择。CPU向接口送出地址信息,由接口中的地址译码电路译码后,选定唯一的外设。

2. 接口的分类

接口的类型与I/O设备的类型、I/O设备对接口的特殊要求、CPU与接口(或I/O

笔记

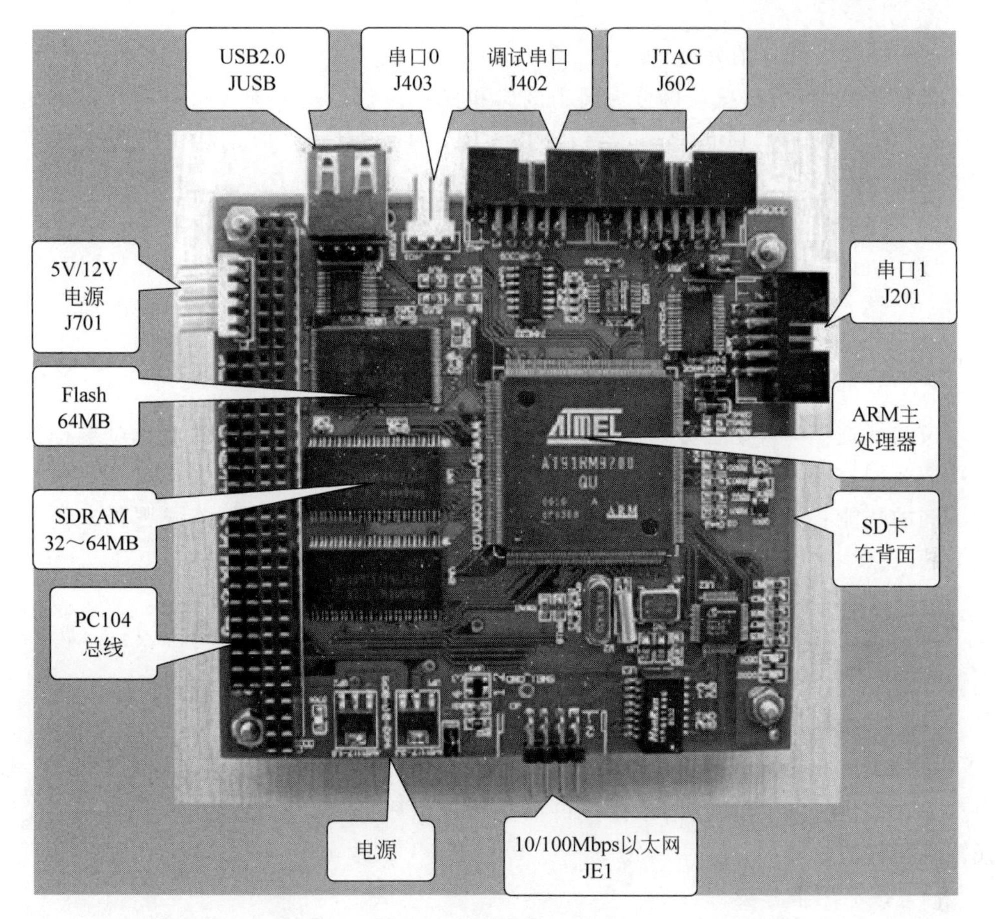

图 9-2 计算机接口分布

设备)之间信息交换的方式等因素有关,可从不同的角度来考虑划分其种类。

(1) 按数据传输的宽度分类。

按数据传输的宽度分,接口分为并行接口与串行接口两类。在主机和接口一侧,数据总是并行传送的,并行接口每次可传送一字节(或字)的所有位,所以传送速率高,但传输线宽。在串行接口中,外设和接口间的数据每次只传送一位数据,传送速率低,但只需一根数据线,常用在远程终端和计算机网络等设备离主机较远的场合下。并行接口和串行接口如图 9-3、图 9-4 所示。

图 9-3 并行接口

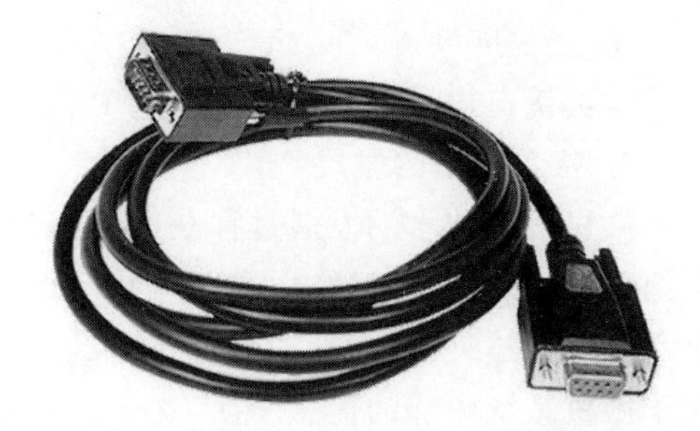

图 9-4 串行接口

笔记

(2) 按操作的节拍分类。

按操作的节拍分,接口可分为同步接口和异步接口两类。同步接口的数据传送按照 CPU 的控制节拍进行。异步接口不由 CPU 的时钟控制,而是利用应答方式实现 CPU 与 I/O 设备之间的信息交换。

(3) 按主机访问 I/O 设备的控制方式分类。

按主机访问 I/O 设备的控制方式分,接口可以分为:程序控制的输入/输出接口,程序中断输入/输出接口和直接存储器存取(DMA)接口,以及更复杂一些的通道控制器、I/O 处理机。这将在以后几节详细介绍。

(4) 按功能选择的灵活性分类。

按功能选择的灵活性分,接口分为可编程接口和不可编程接口两类。可编程接口的功能及操作方式可以由程序来改变或选择,用编程的手段可使一块接口芯片执行多种不同的功能。不可编程接口不能由程序来改变其功能,只能用硬连线逻辑来实现不同的功能。

(5) 按通用性分类。

按通用性分,接口分为通用接口和专用接口两类。通用接口是可供多种外设使用的标准接口,专用接口是为某类外设或某种用途专门设计的接口。

(6) 按输入/输出的信号分类。

按输入/输出的信号分,接口分为数字接口和模拟接口两类。数字接口的输入/输出全为数字信号,并行接口与串行接口都是数字信号接口。而模/数转换器和数/模转换器是模拟信号接口。

(7) 按应用来分类。

按应用来分,接口分为运行辅助接口、用户交互接口、传感接口、控制接口。

① 运行辅助接口。

运行辅助接口是计算机日常工作所必需的接口器件,包括:数据总线、地址总线和控制总线的驱动器和接收器、时钟电路、磁盘接口和磁带接口等。

② 用户交互接口。

这类接口包括计算机终端接口、键盘接口、图形显示器接口及语音识别与合成接口等。

③ 传感接口。

如温度传感接口、压力传感接口和流量传感接口等。

④ 控制接口。

这类接口用于计算机控制系统中。

3. 接口技术的发展

微机接口技术的发展过程是微机接口电路及相关编程技术的发展过程。进入 20 世纪 70 年代后,由于微电子技术的发展和微处理器的诞生,产生了微型计算机。在微机系统设计过程中,微处理器与存储器、微处理器与输入/输出设备之间的信息交换,都属于微机系统内部的信息交换,这类信息交换,都要通过相应的接口来实现,由此可见接口技术的重要性。微型计算机的诞生和发展,促进了接口技术的发展,使接口电路进入了标准化时代。

笔记

⚠**注意**：早期的计算机系统设计是把接口电路设计在内的。但当时的接口电路时是非标准的。

除了通用的系统控制器、内存分配器、DMA 控制器、总线驱动器、优先中断控制器、输入/输出接口控制器等设备外，还发展了一系列的专用外部设备控制器，如 USB 控制器、显示器控制器、键盘控制器，打印机控制器以及数/模、模/数转换器等。

近年来，外围接口电路已向组合化方向发展，发展成为接口电路芯片组，简化了系统设计，提高了微机系统的可靠性，使外围接口电路进入了一个新的时期。其特点是：出现了大量专用化的专用接口芯片组，接口芯片的集成度和复杂程度不亚于微处理器芯片，并且许多外围接口芯片不但可以承担基本的接口功能，而且还具有更高的"智能"，可以替代微处理器的某些功能，甚至某些接口芯片本身内部还有自身的微处理器，从而大大减轻了主微处理器的负担，使微机系统性能大大提高。

9.2　任务2　学习外设的编址方式

视频讲解

为了能让 CPU 在众多的外设中正确寻找出要与主机进行信息交换的外设，就必须对外设进行编址。外设识别是通过地址总线和接口电路中的外设识别电路来实现的，I/O 端口地址就是主机与外设直接通信的地址。CPU 通过端口向外设发送命令、读取状态和传送数据。但一个微机系统中端口很多，要实现对这些端口的正确访问，必须对其进行编址，这就是 I/O 端口的寻址方式。

I/O 端口寻址方式有两种：一种是存储器映射方式，即把端口地址与存储器地址统一编址；另一种是 I/O 映射方式，即把 I/O 端口地址与存储器地址分别进行独立的编址。CPU 对输入/输出设备的访问采用按地址访问的形式，即先送地址码，以确定访问的具体设备，然后进行信息交换。因此，各种外设都要进行编址。目前有两种编址方式：独立编址与存储器统一编址。

1. 独立编址

独立编址方式又称单独编址方式，给外部设备分配专用的端口地址，进行独立编址，与内存编址无关。比如，在 8086 中，其内存地址范围为 00000H～FFFFFH 连续的 1MB，其 I/O 端口地址范围为 0000H～FFFFH，它们互相独立，互不影响。单独编址需要 CPU 用不同于内存读写操作的命令控制外部设备，因此在单独编址方式中有专门的外部设备输入/输出指令，它们与访问内存指令是不一样的，很容易辨认。CPU 需要访问内存时，由内存读写控制线路控制；CPU 需要访问 I/O 设备时，由 I/O 读写控制线路控制。

2. 存储器统一编址

统一编址方式又称存储器映射方式。它是将输入/输出设备和内存统一进行编址，将 I/O 端口地址作为内存的一部分。在这种方式的 I/O 系统中，把 I/O 接口中的端口作为内存单元一样进行访问，不设置专门的 I/O 指令。利用存储器的读写指令就可以实现 I/O 之间的数据传送，用比较指令可以比较 I/O 设备中状态寄存器的值，判断输入/输出操作的执行情况，以及完成算术逻辑运算、移位比较等操作，比较灵活，方便了

笔记

用户，但这种编址方式中，由于I/O端口地址占用了内存地址的一部分，所以减少了内存储器的存储空间。

?思考：存储器独立编址和统一编址各自的优缺点是什么？

3. 输入/输出指令

对于统一编址方式的计算机不需要专门的I/O指令，可以利用内存的读写命令来完成I/O的操作。对于单独编址的计算机则需要专门的I/O操作命令，通过执行这些命令，来完成主机与外设间的数据传输，如常见的IBM-PC中的输入(IN)和输出(OUT)指令。I/O指令一般具有如下功能。

(1) 启动、关闭外设的功能。

使接口中控制寄存器的某些位置"1"或置"0"，以控制外设实现启动、关闭等动作。

(2) 获取外设状态的功能。

I/O指令可从外设状态寄存器中取出其内容，以判别外设当前的状态，如打印机是否"忙"，是否"准备就绪"等，以便决定下一步的操作。

(3) 传送数据的功能。

使用I/O指令，可实现外设数据寄存器中的数据与CPU寄存器中的数据的相互传输。

9.3 任务3 学习数据传送控制方式

视频讲解

主机和外设间信息的传送控制方式，经历了由低级到高级、由简单到复杂、由集中管理到各部件分散管理的发展过程，它们之间信息传送的方式有程序控制方式、中断传送方式、直接存储器访问(DMA)方式和通道控制方式、I/O处理机方式等。

9.3.1 活动1 详解程序直接控制方式

由CPU执行一段输入/输出程序来实现主机与外设之间的数据传送的方式叫程序控制方式，它是早期一种比较低级的传送数据的控制方式。程序控制方式分为无条件传送方式和程序查询传送方式两种。

1. 无条件传送方式

无条件传送方式是在程序的适当位置直接安排IN/OUT指令，当程序执行到这些输入/输出指令时，CPU默认外设始终是准备就绪的(I/O端口总是准备好接收CPU的输出数据，或总是准备好向CPU输入数据)，无须检查端口的状态，就进行数据的传输。

无条件传送方式的硬件接口电路和软件控制程序都比较简单，接口有锁存能力，使数据在设备接口电路中能保持一段时间。但要求时序配合精确，输入时，必须确保CPU执行IN指令读取数据时，外设已将数据准备好；输出时，CPU执行OUT指令，必须确保外部设备的数据锁存器为空，即外设已将上次的数据取走，等待接收新的数据，否则会导致数据传送出错，但一般的外设难以满足这种要求。

笔记

2. 程序查询传送方式

与无条件传送方式不同的是，程序查询方式的接口电路中设有设备状态标志端口（占用一个端口地址）。在CPU传送数据前，CPU首先要查询外设的状态，即读入设备状态端口中的标志信息位，再根据读入的信息标志位进行判断，若信息位表示端口未准备好，CPU就继续查询并等待外设准备数据。若数据准备好了，则执行数据传送的I/O指令，开始传送数据，直到数据传送完毕后，CPU才可以转去执行其他的操作。

> **小知识**：查询方式的优点是：能较好地协调高速CPU与慢速外设之间的速度匹配问题。缺点是：CPU要不断地去查询外设的状态，外设没有准备好时，CPU则循环查询等待，不能执行其他程序，降低了CPU的效率。

（1）程序查询传送方式的工作过程。

程序查询传送方式的工作过程如下。

① 向外设接口发出命令字，请求数据传送。

当CPU选中某台外设时，执行输出指令向外设接口发出命令字启动外设，让外设为接收数据或发送数据做应有的操作准备。

② 从外设状态字寄存器中读入状态字。

CPU执行输入指令，从外设接口中取回状态字并进行状态字分析，确定数据传送是否可以进行。

③ 分析状态标志位的不同，执行不同的操作。

CPU查询状态标志位，如果外设没有准备就绪，CPU就踏步等待，不断重复②、③两步一直到这个外设准备就绪，状态标志位为外设准备就绪，则进行数据传送。

④ 传送数据。

外设准备就绪，主机与外设间就实现一次数据传送。输入时，CPU执行输入指令，从外设接口的数据缓冲寄存器中接收数据；输出时，CPU执行输出指令，将数据写入外设接口的数据缓冲寄存器中。

（2）程序查询传送方式的工作流程。

程序查询传送方式的工作流程如图9-5所示。

（3）多台外设的程序查询过程。

当计算机系统带有多台外设时，越重要的外设越要首先查询，称为优先级排队。可用软件实现多台外设的查询过程，如图9-6所示。

9.3.2　活动2　详解程序中断方式

在查询方式下，CPU主动查询，外设处于被动位置。而在一般实时系统中，外设要求CPU为其服务的时间是随机的，这就要求外设有主动申请CPU为其服务的主动地位，因此采用了中断传送方式。此外，在查询方式下，外设数据没有准备就绪时，CPU循环等待，造成CPU资源的浪费。中断传送方式很好地解决了这个问题，在外设没有做好数据传送准备时，CPU可以运行与传送数据无关的其他指令；外设做好数据传送准备后，主动向CPU提出申请，若CPU响应这一申请，则暂停正在运行的程序，转去

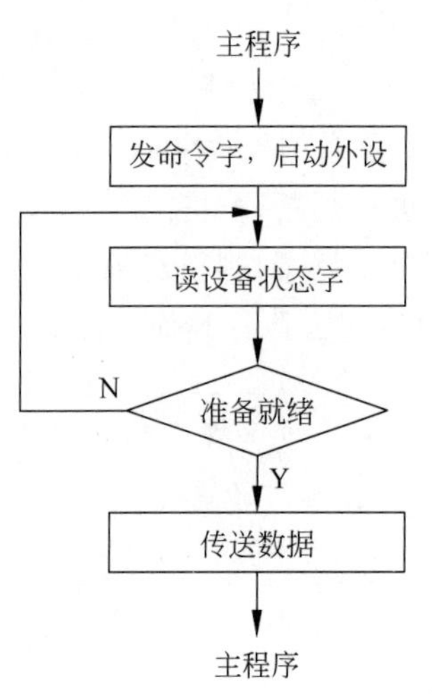

图 9-5 程序查询传送方式流程图

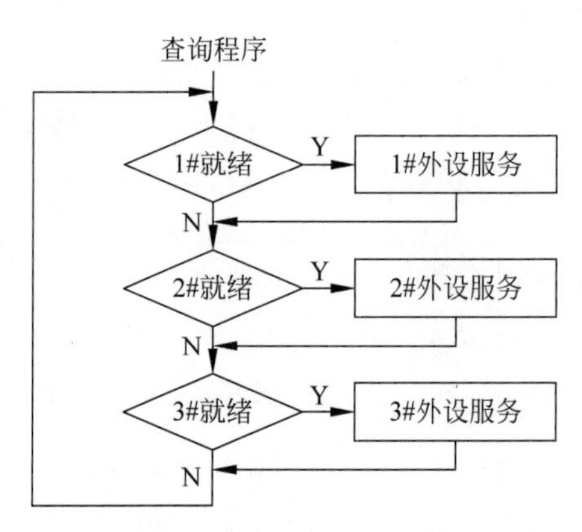

图 9-6 多台外设查询流程图

执行数据输入/输出操作的指令，数据传送完后返回，CPU 继续执行原来运行的程序，这样使外设与 CPU 可以并行工作，提高了系统的效率。如今中断技术已经是现代计算机普遍采用的一项技术。

1. 什么是中断

中断是指计算机中 CPU 正在执行的程序被打断，而转去执行相应的中断服务程序，在中断服务程序执行完毕后，再返回到原程序继续执行的情形。

2. 中断源和中断请求信号

中断源是指引起计算机中断事件发生的原因，它包括软件、硬件两方面造成中断的原因来源。

一台计算机可以有多个中断源，中断源向中断系统发出请求中断的申请，多数具有随机性，计算机为记录中断源的来源，对应每个中断源有一个具有存储功能的中断请求触发器(INTR)，当某一个中断源有中断请求时，它对应的中断请求触发器置“1”状态，表示向 CPU 发出了中断请求信号。

> **注意**：在中断接口电路中，多个中断触发器构成中断寄存器，其内容称为中断字，记录中断源的来源。

3. 开中断与关中断

CPU 在处理一些紧要事件时不允许中断，因为这类事件执行过程一旦被中断，将会引起严重后果，为避免中断请求信号的干扰，设置了开中断/关中断触发器 INH，当 INH 置“0”时，中断源的中断请求信号被允许进入排队，称为“开中断”；当 INH 置“1”时，所有中断源发出的中断请求被禁止，称为“关中断”。

4. 中断系统

实现中断的硬件和软件所组成的系统，就叫中断系统。计算机正是依靠中断系统实现了分时处理、故障处理、实时处理等功能。

中断系统的组成包括：微处理器内特有的中断的相关硬件电路，用来接收中断请

笔记

求、响应请求、保护现场、转向中断服务程序、处理完返回等；外围有与该处理器匹配的中断控制器即中断接口，实现管理多个中断源，完成优先级裁决、中断源屏蔽等功能；此外还包括依据处理器、控制器的结构编写的中断处理程序、系统初始化程序等实现中断管理的软件。

?思考：中断系统有哪些功能？

5. 中断的分类

(1) 简单中断与程序中断。

简单中断是指只用硬件，不用软件即可实现的中断，也叫硬中断。又由于这类中断一般都是输入/输出设备通过向 CPU 提出中断申请，CPU 响应后才能进行的中断，故也叫 I/O 中断。程序中断是指由软件实现的中断，因此，也叫软中断，一般是由中断指令来完成。

(2) 内中断与外中断。

由 CPU 内部软、硬件原因引起的中断叫内中断，如单步中断。外中断是指由 CPU 以外的部件引起的中断，叫外中断。

(3) 向量中断和非向量中断。

中断服务程序的中断入口地址由中断向量表事先提供的中断，叫作向量中断，非向量中断的中断事件不能提供中断服务入口地址。

9.3.3　活动 3　详解 DMA 输入/输出方式

DMA 是在存储器和 I/O 设备之间建立数据通路，让 I/O 设备和内存通过该数据通路直接交换数据，不经过 CPU 的干预，实现内存与外设，或外设与外设之间的快速数据传送。这种数据传输的方式称为直接存储器存取方式(DMA)。DMAC 是为这种工作方式而设计的专用接口电路，叫 DMA 控制器，它与处理器配合实现系统的 DMA 功能。

1. DMA 系统组成及其工作过程

DMA 系统组成如图 9-7 所示。

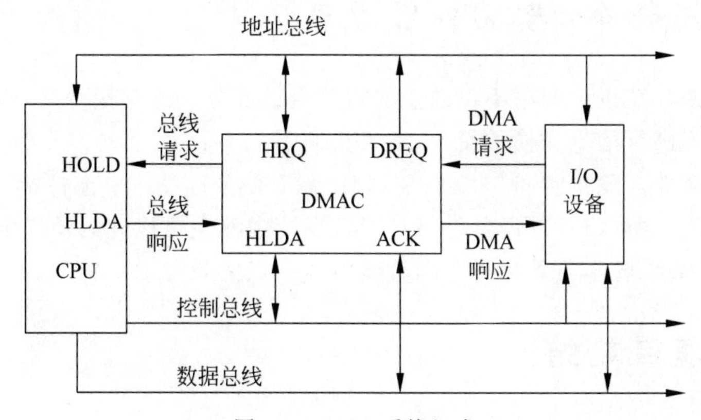

图 9-7　DMA 系统组成

笔记

(1) HOLD(HRQ)：DMA 控制器向 CPU 发出的总线请求信号 HRQ。

(2) HLDA：CPU 向 DMA 控制器发出的总线响应信号。

(3) DREQ：I/O 设备向 DMA 控制器发出的 DMA 请求信号。

(4) ACK：DMA 控制器向外设发出的 DMA 响应信号。

2. DMA 的工作过程

DMA 的工作过程如图 9-8 所示。

(1) 外设发出 DMA 请求，DMA 控制器接到请求后，便把该请求送到 CPU。

(2) CPU 在适当的时候，响应 DMA 请求，其工作方式变为 DMA 操作方式，同时 DMA 控制器从 CPU 接管总线控制权。

(3) DMA 控制器接到 CPU 响应信号后，对现有外设 DMA 请求中优先权最高的请求给予 DMA 响应；由 DMA 控制器对内存寻址，进行数据传送，直到数据块传送完毕。

(4) 向 CPU 报告 DMA 结束。

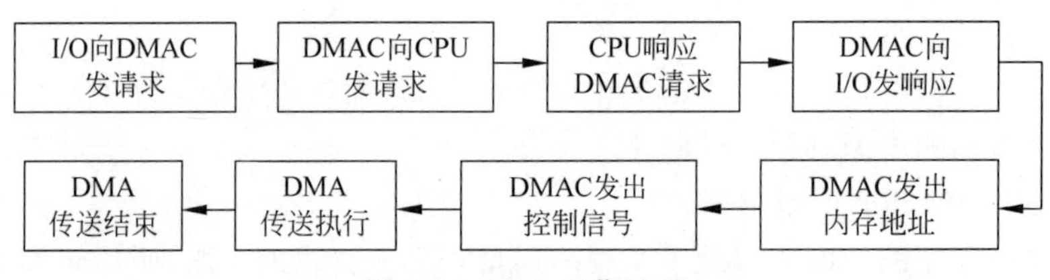

图 9-8 DMA 工作过程

9.3.4 活动 4 简述 I/O 处理机方式

引入 DMA 方式后，数据的传送速度和响应速度均有很大提高，但对于有大量 I/O 设备的微机系统，DMA 方式也不能满足需要，而且数据输入之后或输出之前的运算和处理，如装配、拆卸和数码的校验等，还是要由 CPU 来完成。为了使 CPU 完全摆脱输入/输出信息的负担，又出现了 I/O 处理机方式，由 I/O 处理机(IOP)专门执行输入/输出操作。I/O 处理机是与主 CPU 不同的微处理器，它有自己的指令系统，可以通过执行程序来实现对数据的处理。

视频讲解

9.4 节扩展内容

9.4 任务 4 学习外部设备

外部设备是计算机系统中不可缺少的重要组成部分。外部设备是计算机与外部世界或计算机与人进行信息交换的设备，是人机联系的界面和桥梁。外部设备涉及相当广泛的计算机部件。除了 CPU 和主存外，计算机系统的每一个部件都可以作为一个外部设备来看待。所以，外部设备是指计算机系统中除主机以外的硬件设备，也称为输入/输出设备。如果想学习外部设备的具体内容可扫描此处二维码。

9.5 项目总结

项目 9 主要介绍了计算机硬件系统的输入/输出系统，特别介绍了柔性显示屏、指纹输入输出技术及设备，见 9.4 节扩展内容。输入/输出系统就是指 CPU 与除主存以

笔记

外的其他部件之间传输数据的软硬件机构，简称 I/O 系统，是用户与计算机交流最常用最频繁的部件，如键鼠、显示器等部属于输入/输出设备。输入/输出设备有属于自己在计算机系统中的编址方式，编址方式的类别也各不相同。计算机系统通过输入/输出设备的编址来控制数据的输入和输出。控制数据传送的方式有程序直接控制方式、程序中断方式、DMA 方式和 I/O 处理机方式等。这些数据传送方式的特点各不相同，需要充分理解和掌握。

9.6　拓展训练

1. 在下列选项中，既是输入设备又是输出设备的是(　　)。
   A. 触摸屏　　B. 键盘　　C. 显示器　　D. 扫描仪
2. 下列设备中，只能作输出设备的是(　　　)。
   A. 磁盘存储器　　B. 键盘　　C. 鼠标器　　D. 打印机
3. 计算机系统的输入/输出接口是(　　)之间的交接界面。
   A. CPU 和存储器　　B. 主机和外围设备
   C. 存储器和外围设备　　D. CPU 和系统总线
4. 若某个接口与设备之间的数据传送是并行传送，则此接口为(　　)接口。
   A. 同步　　B. 异步　　C. 串行　　D. 并行

笔记

项目10 学习计算机与人工智能

探索能够计算、推理和思维的智能机器，是人们多年梦寐以求的理想。人工智能(Artificial Intelligence，AI)是集控制论、信息论、系统论、计算机科学、神经生理学、心理学、数学和哲学等多学科而发展起来的。本项目主要介绍人工智能的发展、人工智能相关技术和人工智能的应用。

党的二十大报告指出，推动战略新兴产业融合发展，构建新一代信息技术、人工智能、生物技术、绿色环保等一批新的增长引擎。人工智能是战略新兴产业发展的引擎之一，人工智能只有赋能实体产业，自身才有不断发展的动力之源。如今人工智能在各领域实体的应用逐渐深入，都得了不错的效果，其中收效最大的应用之一是犯罪追逃方面。2018 年苏州人工智能平台——“蜂巢”1 小时内助力抓获 1 名逃亡了 15 年的逃犯；2019 年北京铁路公安局情报信息指挥中心通过“智慧警务系统”助力抓获 4 名因涉嫌寻衅滋事被网上通缉的犯罪嫌疑人；2022 年云南保山边境管理支队打黑边境检查站通过“滇仁杰”人工智能警务专家平台查获一名网上在逃人员。可见人工智能在犯罪追逃方面可以对违法犯罪分子形成有力震慑，有助于国家安定、人民安居乐业，助力法治社会的建设。

知识目标：

- 了解计算机发展到人工智能的过程、现状及趋势
- 理解人工智能的应用领域及应用现状
- 掌握机器学习的学习方法

能力目标：

- 具有熟知人工智能前沿技术的能力
- 具有开发深度学习模型的能力

素质目标：

- 培养学生关心国内外人工智能发展的素质
- 培养学生适应新环境、接受人工智能新技术的素质
- 培养学生崇尚人工智能等科学技术的素质
- 培养学生的想象力和较强的人工智能创新意识
- 培养法治意识

学习重点：机器学习；计算机视觉；人机交互；增强现实与虚拟现实；智能家居

学习难点：机器学习；计算机视觉；增强现实与虚拟现实

笔记

视频讲解

10.1 任务1 回顾计算机到人工智能的发展

10.1.1 活动1 引入人工智能

人工智能是研究、开发用于模拟、延伸和扩展人的智能的理论、方法、技术及应用系统的一门技术科学，是计算机学科的一个分支。

什么是人工智能？迄今关于人工智能没有一个完全的统一的定义。狭义的人工智能是计算机科学的一个分支，它企图了解智能的实质，并生产出一种新的、能用与人类智能相似的方式做出反应的智能机器，该领域的研究包括机器人、语言识别、图像识别、自然语言处理和专家系统等。人工智能从诞生以来，理论和技术日益成熟，应用领域也不断扩大，可以设想，未来人工智能带来的科技产品，将会是人类智慧的"容器"。人工智能可以对人的意识、思维的信息过程进行模拟。人工智能不是人的智能，但能像人那样思考，甚至可能超过人的智能。

人工智能是一门极富挑战性的科学，从事这项工作的人必须懂得计算机、心理学和哲学知识。人工智能是包含十分广泛的科学，它由不同的领域组成，如机器学习、计算机视觉等，总的说来，人工智能研究的一个主要目标是使机器能够胜任一些通常需要人类智能才能完成的复杂工作。但不同的时代、不同的人对这种"复杂工作"的理解是不同的。

广义的人工智能是自然科学与社会科学交叉的学科，综合了信息、逻辑、思维、生物、心理、计算机、电子、语音、机器人、自动化等学科。其基础学科是数学，指导学科是哲学。脑科学为人工智能研究提供人脑神经系统功能的本质和机理，认知科学为人工智能研究提供认知、情感、意识等心理过程及联系，生物学为人工智能研究提供自然界生物运行机制，逻辑学为人工智能研究提供思维规律描述的理论和方法，信息科学为人工智能提供模拟的物质基础和技术手段，数学为人工智能研究提供各种有效的计算模型和方法。

什么是智能呢？什么样的行为称得上是智能行为？这两个问题如同"什么是人工智能？"一样，至今在学术界都没有达成共识。具有权威性的字典对智能给出如下的定义。

(1) 通过适当的行为调整，成功地满足各种新的状况的能力；

(2) 以导致所希望目标的方式来理解现有事实间的相互关系。

第一种定义反映了智能的学习能力，第二种定义描述了智能的面向目标、问题求解和理解等几方面的属性。通常，人们认为智能是在客观世界中解决实际问题的能力，而具备这种能力至少需要以下几个方面的知识。

(1) 关于客观世界中的诸多背景知识，包括历史资料和现实状况；

(2) 能对所掌握的知识进行分析、选择、归纳和总结的知识；

(3) 解决问题所需的策略、决策和预测的知识；

(4) 问题本身所包含的专门知识。

如果计算机系统掌握了上述知识，具有一定解决问题的能力之后，就可认为该系统具有智能了。

为现代人工智能产生做出卓越贡献的英国天才数学家图灵(A. M. Turing)1950年提出了著名的图灵测试，对智能标准做了明确的定义。

笔记

图灵测试由计算机、被测试的人和主持测试的人组成。计算机和被测试的人分别在两个不同的房间内测试，由主持人提出问题，由计算机和被测人分别回答。被测人回答问题时尽可能地表明他是"真正的"人，计算机也尽可能逼真地模仿人的思维方式和思维过程。如果主持人听取对问题的回答后，分辨不清哪个是人回答的，哪个是计算机回答的，则可以认为被测试计算机是有智能的。

目前关于什么是智能，什么是智能活动，仍然处于"各抒己见、众说纷纭"的阶段，人们还不能够准确地揭示其本质。这也许正是人工智能工作者锲而不舍的一个重要原因。

我们认为：如果计算机系统具有学习能力，能够对某领域的有关问题给出正确的结论或者有用的建议，而其中所使用的手段和方法(诸如学习、发现、推理、决策等)与人相似，并且能够解释系统的智能活动过程，那么，就可以认为此计算机系统具有智能。

?思考：你心里面的人工智能是什么样的？

10.1.2 活动2 回顾人工智能的发展过程

从1946年美国数学家麦卡锡(J. W. McCarthy)和研究生埃克特(J. D. Eckert)合作，研制成功世界上第一台通用电子数字积分计算机ENIAC以来，计算机作为一门学科得到了迅速发展。其理论研究和实际应用的深度和广度，是其他学科所无法比拟的。可以说，计算机的诞生和发展是20世纪科学技术最伟大的成就之一，对推动科学技术和社会的进步起到了巨大的作用。

1956年夏季，以麦卡锡、明斯基、罗切斯特和香农等为首的一批有远见卓识的年轻科学家在一起聚会，共同研究和探讨用机器模拟智能的一系列有关问题，并首次提出了"人工智能"这一术语，它标志着"人工智能"这门新兴学科的正式诞生。IBM公司"深蓝"计算机击败了人类的世界国际象棋冠军更是人工智能技术的一个完美表现。

从1956年正式提出人工智能学科算起，60多年来，其取得了长足的发展，成为了一门广泛的交叉和前沿科学。总的说来，人工智能的目的就是让计算机这台机器能够像人一样思考。如果希望做出一台能够思考的机器，那就必须知道什么是思考，更进一步讲就是什么是智慧。什么样的机器才是智慧的呢？科学家已经发明了汽车、火车、飞机、收音机等，它们模仿我们身体器官的功能，但是能不能模仿人类大脑的功能呢？到目前为止，我们也仅仅知道这个装在我们天灵盖里面的东西是由数十亿个神经细胞组成的器官，我们对这个东西知之甚少，模仿它或许是天下最困难的事情了。

当计算机出现后，人类开始真正有了一个可以模拟人类思维的工具，在以后的岁月中，无数科学家为这个目标努力着。如今人工智能已经不再是几个科学家的专利了，全世界几乎所有大学的计算机系都有人在研究这门学科，学习计算机的大学生也必须学习这样一门课程，在大家不懈的努力下，如今计算机似乎已经变得十分聪明了。例如，1997年5月，IBM公司研制的深蓝(Deep Blue)计算机战胜了国际象棋大师卡斯帕罗夫(Kasparov)。2017年5月，在中国乌镇围棋峰会上，来自谷歌的AlphaGo与排名世界第一的世界围棋冠军柯洁对战，以3比0的总比分获胜。围棋界公认AlphaGo的棋力已经超过人类职业围棋顶尖水平，在GoRatings网站公布的世界职业围棋排名中，其等级分曾超过人类排名第一的棋手柯洁。大家或许不会注意到，在一些地方计算机帮助人类进行着其他一些原来只属于人类的工作，计算机以它的高速和准确性为人类发挥着它的作用。人工智能始终是计算机科学的前沿学科。

10.1.3 活动3 介绍人工智能的发展现状

人工智能经过近年来的发展，在计算机人为操作方面取得了很大的突破，但在应用于类人操作方面，却遇到了比较大的挑战。目前的人工智能，主要是在研究"智能"，即使得机器更加智能化，这点做得已经相当不错，至于"人工"，虽然现在世界很多国家已经研究出具备初步模拟和处理人脑信号能力的智能机器，但要实现像人类一样思考和操作，实现自主信息处理，脱离外在的人工监测，还有很长的路要走。目前人工智能的主要应用都是建立在对自然界现存的、容易转换成数字信号的模拟符号系统的假设上的，人工智能利用最广泛的领域是在网站异常信息的监测、法律判别、经济交易、医疗诊断等，但这些应用主要着眼于计算机技术和机械操作相结合，使机械的自动化程度更高，但是这还只是机器，还远远不是绝对意义上的人工智能。

当前人工智能技术正处于飞速发展时期，大量的人工智能公司如雨后春笋般层出不穷，国际的大型IT企业在不断收购新建立的公司，网络行业内的顶尖人才试图抢占行业制高点。人工智能技术发展过程中催生了许多新兴行业的出现，如智能机器人、手势控制、自然语言处理、虚拟私人助理等。

在人工智能研究的过程中，机器学习是行业研究的核心，也是人工智能目标实现的最根本途径，是人工智能发展的主要瓶颈。为了突破这个瓶颈，目前研究者们找到了突破口，引入卷积神经网络，即机器学习迈入了深度学习阶段。有关于机器学习问题的研究是行业研究的重点，无论是融资金额，还是公司的数量都明显超过其他研究内容。

人工智能的发展大致可以分为形成期、发展期和繁荣期三个阶段。

(1) 形成期(1956—1980年)。

这个时期掀起了以联结主义尤其是以感知机(Perceptron)为代表的脑模型的研究热潮。

1956年，在达特茅斯(Dartmouth)学院举办的会议以使计算机变得更"聪明"，或者计算机具有智能为宗旨。会议提出了"人工智能"这个名词，并正式确立了其研究领域。

1958年由两层神经元组成的神经网络——感知机被提出。感知机是当时首个可以进行机器学习的人工神经网络。

1959年一个国际象棋程序被设计出来。这个程序具有学习能力，它可以在不断的对弈中提升自己的棋艺。

1965年世界上第一个带有视觉传感器的机器人诞生。

1968年美国斯坦福国际研究所研制的移动式机器人Shakey具备一定的人工智能，能够进行感知、环境搭建、行为规划和执行任务等操作，是世界上第一台智能机器人，具有划时代的意义。

1970年到1980年由于受到当时的理论模型、生物原型和技术条件的限制，科学家们提出的设想没能成为现实。人工智能开始遭受批评，随之而来的还有资金困难等问题，人工智能的发展落入低谷，这一时期是人工智能的低谷期。

(2) 发展期(1981—2000年)。

梦想是美好的，梦想落地有各种各样的困难，但是科学家们从未停止实现梦想的脚步。

笔记

1980 年 XCON 基于生产规则开发的专家系统问世。它能按照用户的需求，为计算机系统自动选择组件，取得了巨大成功。

1982 年到 1986 年 Hopfield 专家系统网络诞生。Hopfield 网络是一种结合了存储系统和二元系统的神经网络，它让计算机以一种全新的方式学习和处理信息。

1986 年到 2000 年由于 XCON 等最初大获成功的专家系统的维护费用居高不下，难以使用和升级，且专家系统的应用也局限于特定情景，所以随着各方资金投入的缩减，人工智能的发展再次落入低谷。

(3) 繁荣期(2001 年至今)。

进入 21 世纪，随着计算机能力的提升，计算速度已不再是人工智能发展的阻碍，人工智能开始蓬勃发展。

1997 年深蓝(Deep Blue)成为战胜国际象棋世界冠军的计算机系统。

2006 年辛顿(G. Hinton)提出“深度学习”神经网络。深度学习的提出以及模型训练的改进打破了 BP 神经网络发展的瓶颈。

2011 年人工智能系统“沃森”作为选手参加“危险边缘”节目并成为冠军。之后开始涉足很多不同的领域，如烹饪、医疗、客服、自动驾驶等。

2012 年辛顿团队为了证明深度学习的潜力，应用卷积神经网络(Convolutional Neural Network，CNN)参加 ImageNet 图像识别比赛并夺冠。同年自动驾驶汽车上路。自动驾驶汽车项目通过 16 000 个 CPU 训练 10 亿个节点的深度神经网络，对两万个不同物体的 1400 万张图片进行识别。

2013 年深度学习算法在语音和视觉识别上，识别率分别超过 99% 和 95%。深度学习在语音和视觉上取得重要进步并且应用广泛。

2016 年 AlphaGo 诞生。通过自我对弈数万盘进行联系强化，谷歌公司的 DeepMind 团队的 AlphaGo 在一场围棋比赛中击败了韩国棋手李世石，成为第一个不借助于让子而击败围棋职业九段选手的计算机围棋程序。

2017 年 AlphaGo Zero 不借助于人类专家的数据集训练，仅通过自主学习，便完全战胜了此前所有版本的 AlphaGo。同年机器人 Sofia 问世。

2020 年，Deepfake 诞生。当生成对抗网络渗透到文化、社会和科学领域时，它们正悄悄地在网络中充斥着无数的合成图像。Deepfake 出现在主流娱乐活动、商业广告、政治活动中，甚至出现在纪录片中，用来替换当事人的真实面貌以提供隐私保护。

小知识：20 世纪 80 年代，科学家们进一步研究人工智能的基本原理和技术，并开展实用化研究。这个时期出现了专家系统与知识工程，人工智能迎来了新一波的发展热潮。专家系统一般采用人工智能中的知识标志和知识推理技术来解决通常由领域专家才能解决的复杂问题。

10.1.4 活动 4 展望人工智能的发展趋势

AI 在各行业垂直领域应用具有巨大的潜力。人工智能市场在零售、交通运输和自动化、制造业及农业等各行业垂直领域具有巨大的潜力。而驱动市场的主要因素，是人工智能技术在各种终端用户垂直领域的应用数量不断增加，尤其是改善对终端消费者的服务。当然人工智能市场要起来也有赖于IT基础设施完善、智能手机及智能穿戴式设备的普及。其中，自然语言处理（Natural Language Processing，NLP）应用市场占AI市场的很大一部分。自然语言处理技术不断精进，进而驱动了消费者服务的成长。AI还可以应用于汽车信息通信娱乐系统、AI机器人及支持AI的智能手机等领域。

AI在医疗保健行业的应用维持高速成长。由于医疗保健行业大量使用大数据及人工智能，进而精准改善了疾病诊断、医疗人员与患者之间人力的不平衡，降低了医疗成本，促进了跨行业合作关系。此外AI还广泛应用于临床试验、大型医疗计划、医疗咨询与宣传推广和销售开发。人工智能导入医疗保健行业从2016年到2022年都将维持高速成长，预计从2016年的6.671亿美元达到2022年的79.888亿美元，年均复合增长率为52.68%。

AI取代屏幕成为新UI/UX接口。从PC到手机时代以来，用户接口都是透过屏幕或键盘来互动。随着智能喇叭（Smart Speaker）、虚拟/增强现实（VR/AR）与自动驾驶车系统陆续进入人类生活环境，在不需要屏幕的情况下，人们也能够很轻松自在加地与运算系统沟通。这表示人工智能透过自然语言处理与机器学习让技术变得更为直观，也变得较易操控，未来将可以取代屏幕在用户接口与用户体验方面的地位。人工智能除了在企业后端扮演重要角色外，在技术接口中也可承担更复杂的角色。例如，使用视觉图形的自动驾驶车，透过人工神经网络以实现实时翻译，也就是说，人工智能让接口变得更为简单且更有智能，也因此设定了未来互动的高标准模式。

AI芯片关键在于成功整合软硬件。AI芯片的核心是半导体及算法。AI硬件主要是要求更快指令周期与低功耗，包括GPU、DSP、ASIC、FPGA和神经元芯片，且须与深度学习算法相结合，而成功相结合的关键在于先进的封装技术。总体来说GPU比FPGA快，而在功率效能方面FPGA比GPU好，所以AI硬件选择就看产品供货商的需求考虑而定。例如，苹果公司的FaceID脸部辨识就是3D深度感测芯片加上神经引擎运算功能，整合高达8个组件进行分析，分别是红外线镜头、泛光感应组件、距离传感器、环境光传感器、前端相机、点阵投影器、喇叭与麦克风。苹果公司强调用户的生物识别数据，包含指纹或脸部辨识数据都以加密形式储存在iPhone内部，所以不易被窃取。

AI自主学习是终极目标。AI“大脑”变聪明是分阶段进行的，从机器学习进化到深度学习，再进化至自主学习。目前，仍处于机器学习及深度学习的阶段，若要达到自主学习需要解决四大关键问题。首先，是为自主机器打造一个AI平台；还要提供一个能够让自主机器进行自主学习的虚拟环境，必须符合物理法则，碰撞、压力、效果都要与现实世界一样；然后再将AI“大脑”放到自主机器的框架中；最后建立虚拟世界入口。目前，NVIDIA推出自主机器处理器Xavier，就是在为自主机器的商用和普及做准备工作。

最完美的架构是把CPU和GPU（或其他处理器）结合起来。未来，还会推出许多专门的领域所需的超强性能的处理器，但是CPU通用于各种设备，什么场景都可以适用。所以，最完美的架构是把CPU和GPU（或其他处理器）结合起来。例如，NVIDIA推出CUDA计算架构，将专用功能ASIC与通用编程模型相结合，使开发人员实现多种算法。

笔记

AR成为AI的眼睛,两者是互补、缺一不可。未来的AI需要AR,未来的AR也需要AI,可以将AR比喻成AI的眼睛。为了机器人学习而创造的虚拟世界,本身就是虚拟现实。还有,如果要让人进入虚拟环境去对机器人进行训练,还需要更多其他的技术。

就这些领域的应用,人工智能可以总结为以下三个方面。

(1) 人工智能应用于智能决策。

以现在比较常见的医院的检查身体的机械为例,其可以自己给出检查结果并且根据与之前的结果和疾病数据库中的样本比对得出初步的诊断意见,在很大程度上减轻了医疗人员的工作压力,也减少了因为人工误查误检而造成的不可逆的后果。这个便是利用人工智能的专家决策系统和人工神经网络,通过其严格规范化的程序操作和海量的数据库样本,可靠并且快速得出的结论,又因为一般的初步诊断具有比较大的普适性,所以人工智能可以很好地胜任。

(2) 人工智能应用于最优路径规划。

人工智能的优势在于迅速地查找和匹配,尤其是对于比较容易转换成数字信号的信号来讲。在完成一件任务时,人类常常根据经验思考如何去做才能更加节省时间、更加高效,但是由于人脑有时候容易漏考虑问题造成选择的实施路径不一定完全科学,这时候就是人工智能体现其优势的时候。人工智能依据其储存的路径信息,会迅速地对各种可能的路径进行比较,并且此比较是以大量数据为依托的,相当有效。比如,在寻找甲地到乙地的最佳路线时,会考虑哪个方案用时最短,哪个方案路程最短。

(3) 人工智能应用于智能计算机系统的搭建。

现今很多计算机的操作需要是程序化的,随意性比较小,规范性的要求更高,在这方面用人工智能可以代替人类从事脑力劳动,使现有的计算机变得更加好用。这也是人工智能近期的一大研究目标,人工智能可以理解为计算机科学的拓展。除了作为计算机科学的延续和拓展之外,人工智能还有更长远的研究目标,即用自动机模拟人类的思维方式和独特的行为。这个目标已经不局限于计算机科学的范畴,而是和自然科学和社会科学的很多学科都相关。例如,在复现历史的过程中,哲学家、历史学家和人工智能研究者会合作来解决知识的模糊性以及不同人对于同一历史事件认知的不一致性。对不同人认知的综合可以使得知识更加全面也更加合理,也能够推断出更符合事实的论断。

10.2 任务2 学习人工智能技术

10.2.1 活动1 介绍人工智能技术之机器学习

视频讲解

机器学习(Machine Learning)是一门涉及统计学、系统辨识、逼近理论、神经网络、优化理论、计算机科学和脑科学等诸多领域的交叉学科,是人工智能技术的核心,主要研究计算机怎样模拟或实现人类的学习行为,以获取新的知识或技能,如何重新组织已有的知识结构使之不断改善自身的性能。基于数据的机器学习是现代智能技术的重要方法之一,主要研究从观测数据样本中寻找规律,然后利用这些规律对未来数据或无法观测的数据进行预测。根据学习方法、学习模式和算法的不同,机器学习存在不同的分

类方法。

根据学习方法的不同，可以将机器学习分为传统机器学习和深度学习，见表10-1。

表10-1　学习方法

说明	传统机器学习	深度学习
定义	从一些观测（训练）样本出发，试图发现不能通过原理分析获得的规律，实现对未来数据行为或趋势的准确预测	建立深层结构模型的学习方法
特点	平衡了学习结果的有效性与学习模型的可解释性，为解决有限样本的学习问题提供框架。主要用于有限样本情况下的模式分类、回归分析、概率密度估计等	源于多层神经网络，其实质是给出一种将特征表示和学习合二为一的方式
应用	自然语言处理、语言识别、图形识别和信息检索以及生物信息处理等	应用卷积神经网络分析空间性分布数据；应用循环神经网络并引入记忆和反馈，分析时间性分布数据

根据学习模式，可以将机器学习分为监督学习、无监督学习和强化学习等，见表10-2。

表10-2　根本学习模式分类的机器学习

说明	监督学习	无监督学习	强化学习
定义	利用已标记的有限训练数据集，通过某种学习策略建立一个模型，实现对新数据的分类	利用无标记的有限数据描述隐藏在未标记数据中的结构或规律	通过使强化信息函数值最大，实现智能体从环境到行为映射的学习
特点	样本的分类需已知	不需要训练样本和人工标注数据	没有监督站，只有一个反馈信号，反馈是延迟的

就算法特点，可以将机器学习分为迁移学习、主动学习和演化学习等，见表10-3。

表10-3　根据算法特点分类的机器学习

说明	迁移学习	主动学习	演化学习
定义	当在某些领域无法取得足够多的数据进行模型训练时，利用另一领域的数据获得的关系	通过一定的算法查询最有用的未标记样本，并交由专家进行标记，然后用查询到的样本训练分类模型，从而提高模型的准确度	基于演化算法设计机器学习算法
特点	把已训练好的模型参数迁移到新的模型中，指导新模型训练，以更有效地学习底层规则、减少数据量	能够选择性地学习知识，通过较少的训练样本获得高性能的模型	对优化问题性质要求极少，只需能够评估解的好坏即可。适用于求解复杂的优化问题，也能直接用于多目标化
应用	基于传感器网络的定位、文字分类和图像分类等变量，进行有限的小规模应用	样本分类	演化数据聚类，更有效地分类演化数据，以及提高某种自适应机制以确定演化机制的影响

笔记

?思考：人工智能与机器学习的关系是什么？

10.2.2 活动2 介绍人工智能技术之自然语言处理

自然语言处理是计算机科学领域与人工智能领域中的一个重要研究方向。它主要研究如何实现人与计算机直接用自然语言进行有效通信的各种理论和方法。自然语言处理涉及的领域较多，主要包括机器翻译和语义理解等。

机器翻译是利用计算机技术实现从一种自然语言到另一种自然语言的翻译过程。基于统计的机器翻译方法突破了之前基于规则和实例翻译方法的局限性，翻译性能取得巨大提升。基于深度神经网络的机器翻译在日常口语等一些场景的成功应用，显现出巨大的潜力。

语义理解是利用计算机技术实现对文本篇章的理解，并且回答与篇章相关问题的过程。语义理解更注重于对上下文的理解以及对答案精度的把控。语义理解技术将在智能客服、产品自动问答等相关领域发挥重要作用，进一步提高问答与对话系统的精度。

10.2.3 活动3 介绍人工智能技术之人机交互

人机交互主要研究人和计算机之间的信息交换，是人工智能领域重要的外围技术。人机交互技术除了传统的基本交互和图像交互外，还包括语言交互、情感交互、体感交互和脑机交互等技术。

传统交互是指人与计算机之间利用传统的信息交换方式进行交互，主要包括键盘、鼠标、触摸屏、位置跟踪仪、交互笔等输入设备，以及打印机、显示器、音响和投影仪等输出设备。

体感交互是指个体不需要借助于任何复杂的控制系统，以体感技术为基础，直接通过肢体动作与周边数字设备装置和环境进行自然交互。根据体感方式与原理的不同，体感交互主要分为：惯性感测、光学感测和光学联合感测。体感交互通常由运动追踪、手势识别、运动捕捉、面部表情识别等技术支撑。

脑机交互是指不依赖于外围神经和肌肉等神经通道，直接实现大脑与外界信息传递。脑机接口系统检测中枢神经系统活动，并将其转换为人工输出指令，以替代、修复、增强、补充或者改善中枢神经系统的输出信息，从而改变中枢神经系统与外界环境之间的交互作用。脑机交互通过对神经信号的解码，实现脑信息到机器指令的转化，一般包括信号采集、特征提取和命令输出三个过程。

情感交互就是要赋予计算机观察、理解和生成各种情感的能力，最终使计算机像人一样进行自然、亲切和生动的交互。

语言交互是一种高效的交互方式，是人以自然语言或机器合成语言和计算机进行交互的综合性技术，结合了语言学、心理学、工程和计算机技术等领域的知识。语言交互过程包括语言采集、语义理解和语言合成几部分。

10.2.4 活动4 介绍人工智能之计算机视觉

计算机视觉是使用计算机模仿人类视觉系统的科学。它主要研究如何让计算机拥有类似人类提取、处理、理解和分析图像以及图像序列的能力。自动驾驶、机器人、智能

笔记

医疗等领域均需要通过计算机视觉技术从视觉信号中提取并处理信息。随着深度学习的发展，预处理、特征提取与算法处理渐渐融合，形成端到端的人工智能算法技术。根据解决的问题，计算机视觉包括计算机成像学、图像理解、三维视觉、动态视觉等技术。

计算机成像学是探索人眼结构、相机成像原理及其延伸应用的科学。该技术可以提升相机的能力，通过后续的算法处理，完善在受限条件下拍摄的图像，如图像去噪、去模糊、暗光增强、去雾霾等，以及实现新的功能，如全景图、图像虚化、超分辨率等。

图像理解是通过用计算机系统解释图像，使计算机像人类视觉系统那样理解外部世界的科学。通常根据理解信息的抽象程度可分为三个层次：浅层理解，包括图像边缘、图像特征点、纹理元素等；中层理解，包括物体边界、区域与平面等；高层理解是根据需要抽取的高层语义信息，可大致分为识别、检测、分割、姿态估计、图像文字说明等。

三维视觉是研究如何通过视觉获取三维信息（三维重建）以及如何理解所获取的三维信息的科学。三维重建可以根据重建的信息的来源，分为单目图像重建、多目图像重建和深度图像重建等。

动态视觉是分析视频或图像序列，模拟人类处理时序图像的科学。通常动态视觉问题可以定义为寻找图像元素，如像素、区域、物体在时序上的对应，以及提取其语义信息的问题。动态视觉研究被广泛应用在视频分析以及人机交互等方面。

?思考：人工智能与计算机视觉的关系是什么？

10.2.5 活动5 介绍人工智能技术之增强现实与虚拟现实

增强现实（Augmented Reality，AR）和虚拟现实（Virtual Reality，VR）是以计算机为核心的新型视听技术，结合相关科学技术，在一定范围内生成与真实环境在视觉、听觉、触觉等方面高度近似的数字化环境。用户借助必要的装备与数字化环境中的对象进行交互，互相影响，从而获得近似真实环境的感受和体验。增强现实与虚拟现实一般通过显示设备、跟踪定位设备、触觉交互设备、数据获取设备、专用芯片等实现。

人工智能技术是集合了“百家”之长，融汇各种技术的集合。通过学习和掌握这些技术可以发现人工智能的研究目标可划分为近期目标和远期目标。

人工智能近期目标的中心任务是研究如何使计算机去做那些过去只有靠人的智力才能完成的工作。根据这个近期目标，人工智能作为计算机科学的一个重要学科，主要研究依赖于现有计算机去模拟人类某些智力行为的基本理论、基本技术和基本方法。几十年来，虽然人工智能在理论探讨和实际应用上都取得了不少成果，但是仍有不尽如人意之处。尽管在发展的过程中，人工智能受到过重重阻力，而且曾陷于困境，但它仍然在艰难地向前发展着。探讨智能的基本机理，研究如何利用自动机去模拟人的某些思维过程和智能行为，最终造出智能机器，这可以作为人工智能的远期目标。这里所说的自动机并非常规的计算机。因为现有常规计算机属冯·诺依曼体系结构，它的出现并非为人工智能而设计，常规计算机以处理数据世界中的问题为对象，而人工智能所面临的是事实世界和知识世界。智能机器将以事实世界和知识世界的问题求解为目标，面向它本身处理的对象和对象的处理过程而重新构造人工智能研究的远期目标的实体

笔记

是智能机器,这种机器能够在现实世界中模拟人类的思维行为,高效率地解决问题。

从研究的内容出发,李艾特和费根鲍姆提出了人工智能的九个最终目标。

(1) 理解人类的认识。此目标研究人如何进行思维,而不是研究机器如何工作。要尽量深入了解人的记忆、问题求解能力、学习的能力和一般的决策等过程。

(2) 有效的自动化。此目标是在需要智能的各种任务上用机器取代人,其结果是要建造执行起来和人一样好的程序。

(3) 有效的智能拓展。此目标是建造思维上的弥补物,有助于使我们的思维更富有成效、更快、更深刻、更清晰。

(4) 超人的智力。此目标是建造超过人的性能的程序。如果越过这一知识值,就可以导致进一步的增殖,如制造行业上的革新、理论的突破、超人的教师和非凡的研究人员等。

(5) 通用问题求解。此目标的研究可以使程序能够解决或至少能够尝试其范围之外的一系列问题,包括过去从未听说过的领域。

(6) 连贯性交谈。此目标类似于图灵测试,它可以令人满意地与人交谈。交谈过程中,人工智能使用人类的语言构成完整的句子。

(7) 自治。此目标是一个系统,它能够主动地在现实世界中完成任务,它与下列情况形成对比:仅在某一抽象的空间作规划,在一个模拟世界中执行,建议人去做某种事情。该目标的思想是:现实世界永远比我们的模型要复杂得多,因此它才成为测试所谓智能程序的唯一公正的手段。

(8) 学习。该目标是建造一个程序,它能够选择收集什么数据和如何收集数据,然后再进行数据的收集工作。学习是将经验进行概括,成为有用的观念、方法、启发性知识,并能以类似方式进行推理。

(9) 存储信息。此目标就是要储存大量的知识,系统要有一个类似于百科词典式的、包含广泛范围知识的知识库。

总之,无论是人工智能研究的近期目标,还是远期目标,摆在我们面前的任务都异常艰巨,还有一段很长的路要走。在人工智能的基础理论和物理实现上,还有许多问题要解决。当然,仅仅只靠人工智能工作者是远远不行的,还应该聚集诸如心理学家、逻辑学家、数学家、哲学家、生物学家和计算机科学家等,依靠群体的共同努力,去实现人类梦想的"第二次知识革命"。

10.3 任务3 学习人工智能应用

随着计算机硬件计算能力的提升,以及由于互联网、移动互联网、物联网等的发展而形成的大量数据储备,再加上人工智能算法的日趋成熟,越来越多的科学家投入人工智能应用中,人工智能在各行各业百花齐放。

视频讲解

10.3.1 活动1 介绍人工智能应用之零售领域

随着图像识别、机器学习和自然语言处理等技术的发展,智能服务机器人能够轻松地与顾客打招呼、交流,提供下订单和引导等服务,甚至可以根据消费者的个人行为信

笔记

息进行个性化促销，在顾客浏览店铺时自动推送客户可能感兴趣的优惠信息。

通过计算机视觉技术，人工智能可以识别顾客要购买的商品，加上传感器获得的数据，使得自动结账和付款成为可能。刷脸进店、智能标价、自动结算等“黑科技”已经在“无人超市”中成功应用。

在传统服装专卖店中，虚拟试衣镜已投入使用。通过识别顾客的脸部，根据顾客输入的体重身高等数据，系统生成模拟真人平面图，从而让顾客选择店家所售卖的服装进行虚拟试衣。顾客在逛商店的同时体验互动，通过虚拟试衣镜不需要脱衣服就可以完成衣服的试穿。同样在网上商城中，虚拟穿衣也已经投入使用，方便了顾客在没有触摸商品的情况下完成穿衣效果的体验，更好地达到沟通的效果。

国内各大快递公司的分拣机器人可以灵活快速地将货物分类投放。利用人工智能技术，无人机快递可以完成零售业务链最后一千米的交付，在送货过程中自动避障，还可以应对收货人不在的状况，送货无人机如图 10-1 所示。

图 10-1 送货无人机

10.3.2 活动 2 介绍人工智能应用之智能交通

卫星定位系统、物联网、大数据和人工智能在规划决策领域的快速发展，使自动驾驶成为可能。自动驾驶汽车在公路系统测试中，安全行驶了数十万千米，无人驾驶汽车行驶在路上如图 10-2 所示。

道路交通监控系统在车辆颜色识别、车辆厂商标志识别、无牌车检测、非机动车检测与分类、车头车尾判断、车辆检索、人脸识别等相关的技术方面也日趋成熟。在基于人工智能的视频分析技术的帮助下，道路交通监控系统已经可以自动识别违法违规车辆。该应用可在人流量大的地方进行安防监测，为交警抓捕疑犯提供帮助。

人工智能城市大脑实时掌握着道路上通行车辆的轨迹信息，停车场的车辆信息以及小区的停车信息，能提前半小时预测交通流量变化和停车位数量变化，合理调配资源、疏导交通，实现机场、火车站、汽车站、商圈的大规模交通联动调度，从而提升整个城市的运行效率，为居民的出行畅通提供保障。

笔记

图 10-2 无人驾驶汽车行驶在路上

10.3.3 活动 3 介绍人工智能应用之智能家居

世界上第一座智能家居于 20 世纪 90 年代建造。这座"未来屋"内部的所有家用电器都通过无线网络连接,配备声控和指纹识别技术,做到进门不用钥匙,留言不用纸笔,墙上有"耳",随时待命。时至今日已经有很多家用电器打上了智能化标签,并随着技术的发展而不断完善。

近几年不断面世的智能音响、智能扫地机器人、智能马桶等智能家居设备,就是人工智能落地的重要产品。

10.3.4 活动 4 介绍人工智能应用之智慧农业

在我国,运用无人机自动喷洒肥料、农药和巡视田地已不是太新鲜的事情。很多农民已懂得使用传感器和取样技术收集土壤水分和养分水平的数据,使用软件工具来辅助实地考察。从移动应用到无人机,这些工具收集的数据可以用来评估作物的健康状况,并检测不同季节的病虫害情况。利用各种各样的农业信息管理系统,农业生产变得更便捷。

美国一家公司运用人工智能和计算机视觉技术开发了 See and Spray 系统,用机器人代替人手,减少杂草密度。系统工作时,利用人工智能分析高分辨率图像,检测杂草的位置,同时通过高度精确和有针对性的喷雾应用,从而去除棉花中的杂草。

西班牙科研人员发明了由一台装备了计算机的拖拉机、一套光学视觉系统和一个机械手等组成的采摘柑橘机器人。它能够利用计算机视觉技术从大小、形状和颜色等特点判断柑橘是否成熟,自动决定是否采摘,并能对摘下来的柑橘大小进行即时的分类。

10.3.5 活动 5 介绍人工智能应用之创作领域

继人工智能机器人"小冰"写出现代诗歌后,2017 年 12 月清华大学开发的"九歌"计算机诗词创作系统亮相中央电视台"机智过人"栏目,与人类选手一争高下。在被认

笔记

视频讲解

为人工智能最高门槛之一的文化艺术创作领域,研究人员正在不断进行着新的尝试。

除了以上领域,人工智能正在加速融入智慧城市、智慧金融、智慧医疗、智慧旅游、公共安全等各个领域。人工智能在各领域商业化大繁荣的背后,靠的是基础层的软硬件支撑,以及技术层的语言识别、自然语言处理、计算机视觉等应用的渐入佳境。

?思考:人工智能还在哪些领域有应用?

10.4　任务4　人工智能前沿技术——深度学习

10.4.1　活动1　深度学习基础

深度学习(Deep Learning,DL)是机器学习(Machine Learning,ML)领域中一个新的研究方向,它被引入机器学习使其更接近于最初的目标——人工智能。深度学习是学习样本数据的内在规律和表示层次,这些学习过程中获得的信息对诸如文字、图像和声音等数据的解释有很大的帮助。它的最终目标是让机器能够像人一样具有分析学习能力,能够识别文字、图像和声音等数据。

深度学习典型模型分为卷积神经网络模型、深度信任网络模型和堆栈自编码网络模型。

深度学习训练分为自下上升的非监督学习和自顶向下的监督学习。非监督学习就是从底层开始,一层一层地往顶层训练。采用无标定数据(有标定数据也可)分层训练各层参数,这一步可以看作一个无监督训练过程,这也是和传统神经网络区别最大的部分,可以看作特征学习过程。监督学习就是通过带标签的数据去训练,误差自顶向下传输,对网络进行微调。基于第一步得到的各层参数进一步优调整个多层模型的参数,这一步是一个有监督训练过程。

10.4.2　活动2　深度学习支持设备

1. GPU

深度学习在训练和应用时需要处理大量的数据,对所支撑的硬件设备要求较高。往往应用于深度学习的设备都需要有加速器,最常见的支持设备有GPU,现在市面上主要的品牌有AMD、NVIDIA、Xeon Phi等。GPU(Graphics Processing Unit,图形处理器)作为硬件加速器之一,通过大量图形处理单元与CPU协同工作,对深度学习、数据分析以及大量计算的工程应用进行加速。GPU是图形处理器,一般焊接在显卡上的,GPU本身并不能单独工作,只有配合上附属电路和接口才能工作。

随着显卡的发展,GPU越来越强大,从最初的为显示图像做优化,到现在计算上已经超越了通用的CPU。如此强大的芯片如果只是作为显卡就太浪费了,因此NVIDIA推出CUDA(Compute Unified Device Architecture,统一计算设备架构),该架构使GPU能够解决复杂的计算问题 。

2. CPU

CPU也可以作为深度学习的支持设备。CPU使用几个核心处理单元去优化串行顺序任务;GPU的大规模并行架构拥有数以千计的更小、更高效的处理单元,用于处

笔记

理多个并行小任务。CPU 拥有复杂的系统指令,能够进行复杂的任务操作和调度;GPU 是大规模并行架构,处理并行任务非常快,深度学习需要高效的矩阵操作和大量的卷积操作,GPU 的并行架构再适合不过。在执行多任务时,CPU 需要等待带宽,而 GPU 能够优化带宽。换言之,CPU 擅长操作小的内存块,GPU 则擅长操作大的内存块。CPU 集群可以达到约 50GBps 的带宽总量,而等量的 GPU 集群可以达到 750GBps 的带宽量。

深度学习技术已经开始渗透各个领域,使得深度学习能够实现更多的应用场景,并且极大地拓展了人工智能的领域范畴。深度学习应用领域如图 10-3 所示。

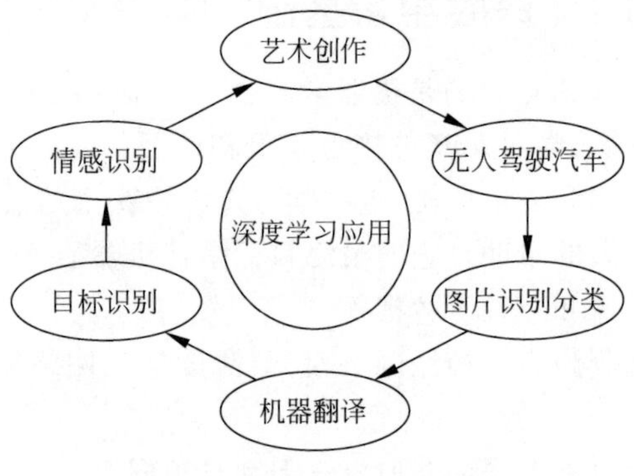

图 10-3 深度学习应用领域

10.5 项目总结

项目 10 主要介绍了人工智能的发展历史、发展状况、发展前景,人工智能技术和人工智能的应用等,特别介绍了人工智能发展的前沿技术——深度学习技术。

10.6 拓展训练

1. 什么是人工智能?一个人工智能系统应该具有哪些能力?
2. 什么是智能?它应至少具有哪些知识?
3. 人工智能研究中有哪些学派?它们各自的特点是什么?
4. 人工智能研究的对象和目标是什么?
5. 列举人工智能的应用领域。
6. 你认为人工智能作为一门学科,今后的发展方向应该如何?
7. 简述自下上升的非监督学习与自顶向下的监督学习的区别。
8. 网上查询并列举 NVIDIA 显卡各版本支持深度学习的算力。

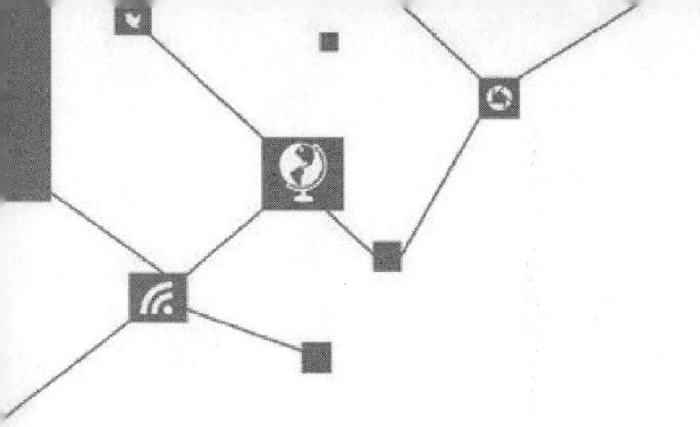

实践篇

项目11 安装计算机软硬件系统

计算机系统包括计算机硬件系统和计算机软件系统，计算机硬件系统是软件系统的基石，计算机软件系统是硬件系统的灵魂，但在计算机出现的早期，计算机基本上只有硬件系统。现代计算机奠基人艾伦·图灵把人需要机器所做的工作分解成一个一个简单有序的动作，并在整个计算过程中采用了二进制，这就是后来人们所称“图灵机”的基本原理，也是计算机软件系统诞生前的缩影，从此以后，计算机软件系统得到了长足发展，与计算机硬件系统的发展并驾齐驱。本项目主要介绍计算机硬件系统和软件系统的安装。

艾伦·麦席森·图灵(1912年6月23日—1954年6月7日)，数学家、逻辑学家，被称为计算机科学之父、人工智能之父。在第二次世界大战中，他曾协助军方破解德国的著名密码系统Enigma，帮助盟军取得了二战的胜利。战争结束后，他废寝忘食、潜精研思，终于研制出了“曼彻斯特马克一号”——著名的现代计算机之一。1999年，他被《时代》杂志评选为20世纪100个最重要的人物之一，为人类做出了巨大的贡献。

知识目标：

- 理解计算机硬件系统组装、设置BIOS的方法，以及硬盘的分区和格式化
- 掌握计算机软件系统的安装、备份及还原

能力目标：

- 具有识别计算机硬件部件的能力
- 具有组装计算机硬件系统的能力
- 具有设置BIOS、制作Windows系统维护盘、备份和还原系统的能力

素质目标：

- 培养学生对计算机软硬件的求知欲和好奇心
- 培养学生对计算机软硬件产生浓厚的兴趣
- 培养学生在软硬件讨论活动中团队协作的素质
- 培养潜精研思的学习态度和甘于奉献的工作态度

学习重点：计算机硬件组装；BIOS设置；硬盘分区与格式化；操作系统安装；系统备份与还原

学习难点：BIOS设置；硬盘分区与格式化

笔记

视频讲解

11.1 任务1 安装计算机硬件系统

11.1.1 活动1 认识计算机主要硬件部件

1. 计算机类别

第一步 认识台式机

台式机是一种独立相分离的计算机,完完全全跟其他部件无联系,相对于笔记本计算机和一体机体来说积较大,主机、显示器等设备一般都是相对独立的,一般需要放置在电脑桌或者专门的工作台上。因此命名为台式机。台式机又分为组装机和品牌机,HP台式机如图11-1所示。

第二步 认识一体机

一体机是目前台式机和笔记本计算机之间的一个新型的市场产物,它是将主机部分、显示器部分整合到一起的新形态计算机,该产品的创新在于内部元件的高度集成。随着无线技术的发展,计算机一体机的键盘、鼠标与显示器可实现无线连接,机器只有一根电源线。这就解决了一直为人诟病的台式机线缆多而杂的问题。在现在和未来的市场,台式机的份额逐渐减少,在遇到一体机和笔记本计算机的冲击后肯定会更加岌岌可危。而一体机的优势不断被人们接受成为客户选择的又一个亮点,一体机如图11-2所示。

图11-1 HP台式机

图11-2 一体机

第三步 认识笔记本计算机

笔记本计算机(NoteBook Computer,NoteBook),也称笔记型、手提或膝上计算机(Laptop Computer,可简为Laptop),是一种小型、可方便携带的个人计算机。笔记本计算机通常重1～3kg。其发展趋势是体积越来越小,重量越来越轻,而功能却越来越强大。笔记本计算机在体积和重量上的优势也是其与台式机最大的区别,笔记本计算机如图11-3所示。

第四步 认识平板计算机

平板计算机也叫便携式计算机(Tablet Personal Computer,可简为Tablet PC、Flat Pc、Tablet、Slates),是一种小型、方便携带的个人计算机,以触摸屏作为基本的输入设备。它拥有的触摸屏(也称为数位板技术)允许用户通过触控笔或数字笔来进行作业而不是传统的键盘或鼠标。用户可以通过内建的手写识别、屏幕上的软键盘、语音识

笔记

别或者一个真正的键盘(如果该机型配备的话)实现输入,平板计算机如图 11-4 所示。

图 11-3　笔记本计算机

图 11-4　平板计算机

2. 计算机主要硬部件

第一步　认识 CPU

(1) 认识 CPU 封装。

CPU(Central Precessing Unit)即中央处理器,其功能主要是解释计算机指令以及处理计算机软件中的数据。作为整个计算机系统的核心,CPU 也是整个系统最高的执行单元,因此 CPU 是决定计算机性能的核心部件。目前市面上只有两家公司生产 CPU,即 Intel 和 AMD 公司,如图 11-5 和图 11-6 所示。

图 11-5　Intel CPU 背面

图 11-6　AMD CPU 背面

早期两家公司的 CPU 都采用 PGA 封装,底面有针脚,主板一般而言可以支持 Intel 公司的 CPU,也可以支持 AMD 公司的 CPU。如今 Intel 公司的 CPU 都采用 LGA 封装,底面用触点取代针脚如图 11-7 所示,ADM 公司依然采用 PGA 封装如图 11-8 所示。两种封装方式的 CPU 需要支持的主板是不同的。

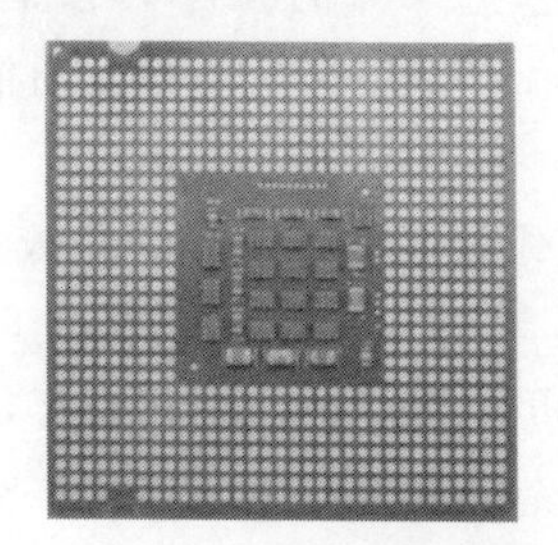

图 11-7　Intel CPU 底面

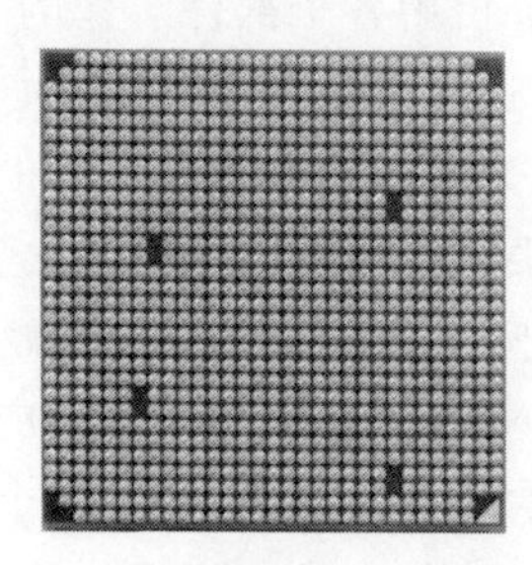

图 11-8　AMD CPU 底面

笔记

(2) 认识CPU编号。

CPU编号上由刻印或印刷在CPU背面的若干字符数字构成,用来标识CPU的型号、参数、生产日期、生产地点等信息,图11-5和图11-6所示的两种CPU背面均有不同的编号信息。通过对CPU编号的解读,可以了解CPU的参数或查询CPU的真实身份。

Intel公司CPU编号包含以下信息(以图11-5为例)。

第1行和第2行表示属于Intel公司注册商标、产品系列为i系列和系列的型号为i5-3450。

第3行: SR0PE 3.10GHz,SR0PE是CPU的S-Spec编号,这是Intel公司为方便用户查询CPU设置的一个规格代码。3.10GHz是指CPU的主频。

第4行代表CPU的产地。MALAY表示产地是马来西亚。

第5行L202B797,表示产品的序列号,该序列号是唯一的,每个CPU的序列号都不一样。

AMD公司CPU编号包含以下信息(以图11-6为例)。

第1行AMD Athlon 64表示这款CPU是AMD公司生产的,属于速龙二代系列,64位处理器。

第2行ADA3800DAA4BP是CPU的主要规格定义,又叫OPN码,是AMD CPU最重要的编码。通过这些编码可以掌握CPU的型号、核心数、主频、缓存、功耗等重要信息。

小技巧:OPN码前3个字母表示CPU隶属于哪一系列。例如,ADA代表AMD Athlon 64桌面处理器;ADA(X2)代表AMD Athlon 64 X2双核处理器;ADAFX代表AMD Athlon 64 FX。第4～7位编码表示该CPU的PR频率,需要注意的是,这并不是CPU的实际频率,而是表示该CPU的性能相当于Intel奔腾处理器的频率值。实际频率=(PR值+500)×2/3。第8位表示CPU的封装形式和接口类型。第9位表示CPU的工作电压,A代表不确定可变电压。第10位表示CPU的最高工作温度,A表示不确定温度。第11位代表CPU二级缓存容量,4表示512KB。最后两位表示步进。

第二步 认识主板

主板是计算机中各个部件工作的一个平台,它把计算机的各个部件紧密连接在一起,各个部件通过主板进行数据传输。也就是说,计算机中重要的"交通枢纽"都在主板上,它工作的稳定性影响着整机工作的稳定性。

如果把中央处理器CPU比喻为整个计算机系统的心脏,那么主板上的芯片组就是整个身体的躯干,主板如图11-9所示。主板上有各种插座、插槽和接口,在组装计算机时,将各种硬件设备安装到主板对应的接口就可以了。对于主板而言,芯片组几乎决定了这块主板的功能,进而影响到整个计算机系统性能的发挥,芯片组是主板的灵魂。

芯片组(Chipset)是主板的核心组成部分,按照在主板上的排列位置的不同,通常分为北桥芯片和南桥芯片。北桥芯片提供对CPU的类型和主频、内存的类型和最大容量、AGP插槽、PCI Express X16插槽、ECC纠错等的支持。南桥芯片则提供对KBC

笔记

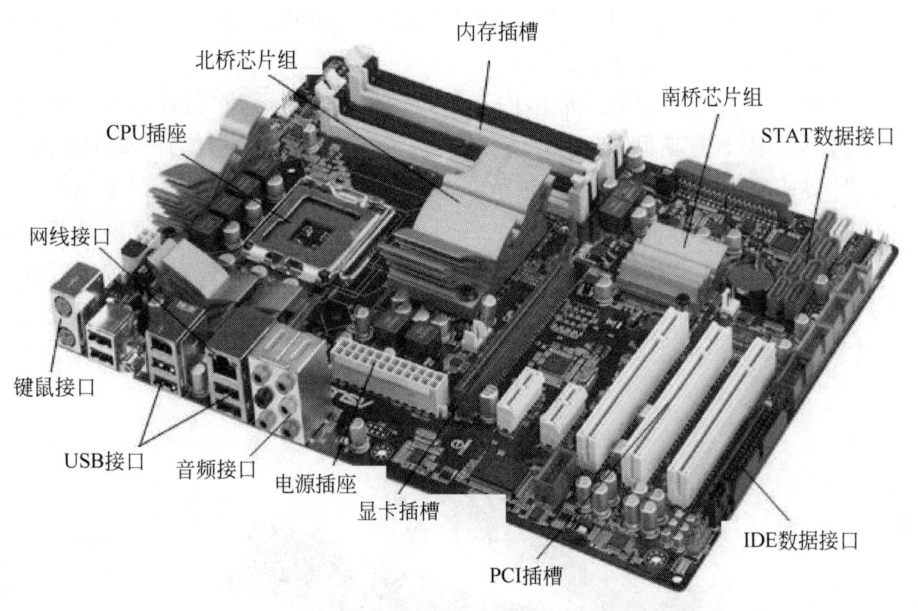

图 11-9　主板

(键盘控制器)、RTC(实时时钟控制器)、USB(通用串行总线)、Ultra DMA/33(66) EIDE 数据传输方式和 ACPI(高级能源管理)、PCI 插槽、ISA 插槽等的支持。其中北桥芯片起着主导性的作用,也称为主桥(Host Bridge)。除了最通用的南/北桥结构外,目前芯片组正向更高级的加速集线架构发展,主流芯片组公司有 Intel、AMD 等。

第三步　认识显卡

显卡在工作时与显示器配合输出图形、文字,其作用是负责将 CPU 送来的数字信号转换成显示器识别的模拟信号,传送到显示器上显示出来。

现今,主板都自带有显卡,称为板载显卡或者集成显卡。一般而言集成显卡的性能要比独立显卡差一些,也不需要独立安装。生产显卡的两大厂商分别是 NVIDIA 和 ATI。NVIDIA 的有 Geforce 6200 系列、6600 系列、6800 系列等,6800 系列如图 11-10 所示,与之对应的 ATI 的有 X300 系列、X700 系列、X800 系列,X800 显卡如图 11-11 所示。

图 11-10　Geforce 6800 显卡

图 11-11　X800 显卡

第四步　认识内存

内存又叫内部存储器(RAM),属于电子式存储设备,它由电路板和芯片组成,特点

笔记

是体积小、速度快、有电可存、无电清空，即计算机在开机状态时内存中可存储数据，关机后将自动清空其中的所有数据。

内存是PC不可缺少的核心部件，内存条如图11-12所示，它陪伴着计算机硬件走过了多年进程。从286期间的30针SIMM内存、486期间的72针SIMM内存，到Pentium期间的EDODRAM内存、Pentium Ⅱ的SDRAM内存，再到Pentium 4的DDR内存、9X5平台的DDR2内存和如今的DDR3和DDR4内存，内存从规格、技能、总线带宽等方面不断更新换代。内存的更新换代可谓万变不离其宗，细数内存条的发展历程，就是以数据总线宽度满足CPU不断攀升的带宽要求，让其不至于成为高速CPU运算的瓶颈。

图11-12　内存条

第五步　认识硬盘

(1) 硬盘的分类和外观。

硬盘属于外部存储器，由金属磁片制成，而磁片有记功能，所以存储到磁片上的数据，不论在开机状况下，还是关机后，都不会丢失。硬盘有固态硬盘(SSD盘，新式硬盘)、机械硬盘(HDD传统硬盘)、混合硬盘(HHD，一块基于传统机械硬盘诞生出来的新硬盘)几种。SSD采用闪存颗粒来存储，HDD采用磁性碟片来存储，混合硬盘(Hybrid Hard Disk，HHD)是把磁性硬盘和闪存集成到一起的一种硬盘。绝大多数硬盘都是固定硬盘，被永久性地密封固定在硬盘驱动器中。

> ⚠**注意**：大多数固态硬盘用于笔记本计算机或者品牌计算机，并且逐渐普及了起来，但其价格比机械硬盘要贵。不过值得注意的是，第一款固态硬盘问世早在1989年，但由于当时固态硬盘的技术不够成熟，而且容量小，价格非常高昂，故在刚开始的20年内发展缓慢，最终是在2009年之后才呈现井喷式发展。

固态混合硬盘(Solid State Hybrid Drive，SSHD)是把磁性硬盘和闪存集成到一起的一种硬盘。混合硬盘是处于磁性硬盘和固态硬盘(Solid State Disk，SSD)中间的一种解决方案。

机械硬盘的背面和正面如图11-13、图11-14所示。硬盘的背面有硬盘的厂商、硬盘的大小、硬盘的相关参数等信息，而正面则是硬盘的数据接口、电源接口、主轴及磁盘等信息。1956年，IBM的IBM 350RAMAC是现代硬盘的雏形，它相当于两个冰箱的体积，不过其储存容量只有5MB。1973年IBM 3340问世，它拥有“温切斯特”这个绰

笔记

号，来源于它两个 30MB 的存储单元，恰是当时出名的“温切斯特来复枪”的口径和填弹量。至此，硬盘的基本架构就被确立了。经过长期的发展，现今机械硬盘的技术已非常成熟，性能稳定，到 2002 年串行 ATA(Serial ATA)技术走向实用。机械硬盘容量大，价格相对便宜，性能稳定，被大多数商家和个人采用。

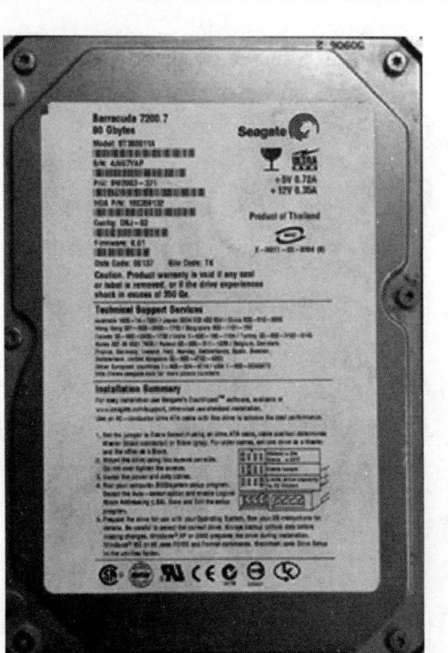

图 11-13　机械硬盘背面

图 11-14　机械硬盘正面

(2) 硬盘的接口。

常用的硬盘接口主要有 IDE、SATA、SCSI、USB 通道四种，IDE 和 SATA 接口硬盘多用于家用产品中，也部分应用于服务器，SCSI 接口的硬盘则主要应用于服务器市场，而光纤通道只用于高端服务器上，价格昂贵。

① IDE(Integrated Drive Electronics，电子集成驱动器)是指把“硬盘控制器”与“盘体”集成在一起的硬盘驱动器。把盘体与控制器集成在一起的做法减少了硬盘接口的电缆数目与长度，数据传输的可靠性得到了增强，硬盘制造起来变得更容易，因为硬盘生产厂商不需要再担心自己的硬盘是否与其他厂商生产的控制器兼容。对用户而言，硬盘安装起来也更为方便。IDE 这一接口技术从诞生至今就一直在不断发展，性能也在不断提高，其拥有的价格低廉、兼容性强的特点，为其造就了其他类型硬盘无法替代的地位。IDE 接口硬盘如图 11-15 所示。

图 11-15　IDE 接口硬盘

笔记

② SATA(Serial ATA,串行 ATA)1.0 定义的数据传输率可达 150MBps,这比目前最新的并行 ATA(即 ATA/133)所能达到的最高数据传输率(133MB/s)还高,而 Serial ATA 2.0 的数据传输率将达到 300MBps,最终 SATA 将实现 600MBps 的最高数据传输率。SATA 接口硬盘如图 11-16 所示。

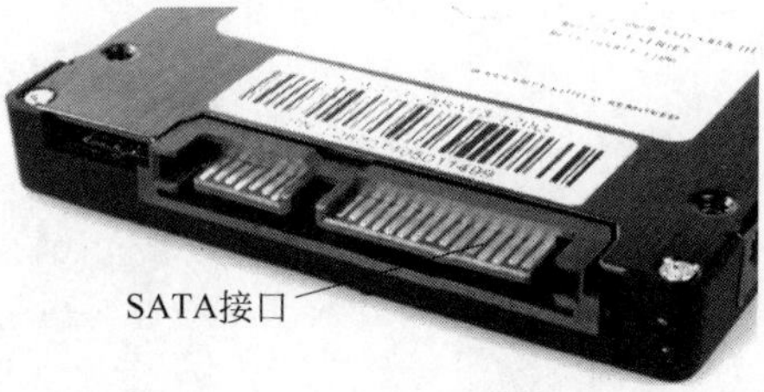

SATA接口

图 11-16 SATA 接口硬盘

③ SCSI(Small Computer System Interface,小型计算机系统接口)是同 IDE(ATA)完全不同的接口,IDE 接口是普通 PC 的标准接口,而 SCSI 并不是专门为硬盘设计的接口,而是一种广泛应用于小型机上的高速数据传输技术。

④ USB 接口。大多用于移动硬盘中,跟普通的 U 盘接口类似。

第六步 认识鼠标和键盘

鼠标是计算机最主要的一种输入设备,分有线和无线两种,也是计算机显示系统纵横坐标定位的指示器,因形似老鼠而得名"鼠标"(也作滑鼠)。"鼠标"的标准称呼应该是"鼠标器",英文名为"Mouse",鼠标的使用是为了使计算机的操作更加简便快捷,用来代替键盘那繁琐的指令。

键盘也是最主要的输入设备之一,通过键盘可以将英文字母、数字、标点符号等输入计算机中,从而向计算机发出命令、输入数据等。起初这类键盘多用于品牌机,如 HP、联想等品牌机都率先采用了这类键盘,受到广泛的好评,并曾一度被视为品牌机的特色。随着时间的推移,市场上也渐渐出现了独立的、具有各种快捷功能的产品单独出售,并带有专用的驱动和设定软件,在兼容机上也能实现个性化的操作。

有线的鼠标和键盘有 PS/2 口和 USB 口两种接口模式。PS/2 是传统的(默认的)鼠标键盘接口,小圆头,紫色为键盘,绿色为鼠标。由于 USB 口支持即插即用,因此现在大多数鼠标键盘都是 USB 口的。但主板上还保留着 PS/2 接口,因为 PS/2 接口的鼠标键盘在 DOS 下能够被识别,在有些时候需要用到 BIOS、CMOS 设置的情况下,PS/2 鼠标键盘就非常有用了。PS/2 键盘和 USB 鼠标如图 11-17 所示。

图 11-17 PS/2 键盘和 USB 鼠标

第七步　认识电源

计算机属于弱电产品，也就是说部件的工作电压比较低，一般在±12V以内，并且是直流电。而普通的市电为220V（有些国家为110V）交流电，不能直接在计算机部件上使用。因此计算机和很多家电一样需要一个电源部分，负责将普通市电转换为计算机可以使用的电压，一般安装在计算机内部。计算机的核心部件工作电压非常低，并且由于计算机工作频率非常高，因此对电源的要求比较高。目前计算机的电源为开关电路，将普通220V交流电转为计算机中使用的5V、12V、3.3V直流电，再通过斩波控制电压，将不同的电压分别输出给主板、硬盘、光驱等计算机部件。因此计算机电源的性能，直接影响到其他设备工作的稳定性，进而会影响整机的稳定性。电源如图11-18所示，电源内部结构如图11-19所示。

图11-18　电源

图11-19　电源内部结构

11.1.2　活动2　组装计算机硬件系统

第一步　安装CPU

（1）将CPU安装到主板CPU卡槽里，如图11-20所示。安装CPU前需要打开锁杆，使锁杆垂直于主板面，CPU安装操作如图11-21所示。在CPU的安装过程中，注意CPU卡槽边上有与CPU周边对应的缺口，对准缺口，轻轻放下去。在安装过程中，要轻拿轻放，以免损坏CPU主板插槽的针脚。

图11-20　CPU安装位置

笔记

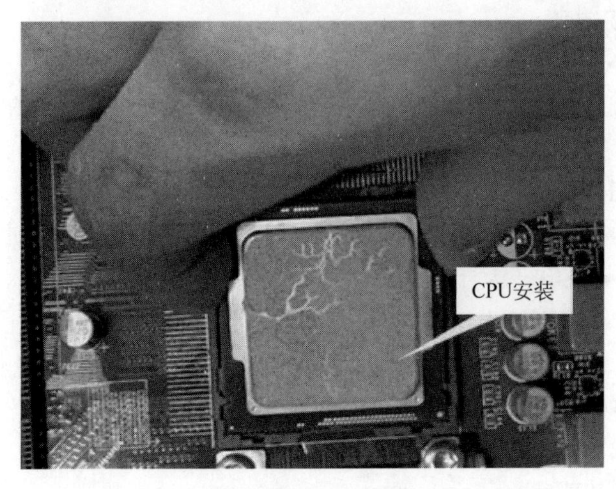

图 11-21 CPU 安装

在安装好 CPU 之后，就要固定 CPU 了。与安装 CPU 时打开锁杆相反，此时需要关闭锁杆。将锁杆垂直压下，让锁杆的前段压低到主板上的卡针下，向里压一下，然后松开锁杆，固定好 CPU，如图 11-22 所示。

图 11-22 固定 CPU

(2) CPU 风扇的安装固定。CPU 在工作时，温度是非常高的，CPU 风扇就是给 CPU 降温的，让 CPU 工作在适合的温度下，因此 CPU 风扇也是相当重要的。将 CPU 风扇的 4 个固定螺丝垂直于 CPU 之上，对准 CPU 周围的 4 个螺丝孔，用螺丝刀拧紧 CPU 风扇螺丝。同时稍微拧紧对角螺丝，然后再逐一将螺丝拧紧。CPU 风扇固定如图 11-23 所示。

小技巧： *在拧螺丝时不要用力过大以免压碎 CPU。*

将 CPU 风扇固定好之后，CPU 和 CPU 风扇还不能工作，因为 CPU 风扇还需要电源供给，因此还需要将 CPU 风扇的电源接口插入主板的风扇接口。CPU 风扇电源安

笔记

图 11-23 CPU 风扇固定

装如图 11-24 所示。

注意：这个 CPU 风扇的电源接口在主板上，对于新手来说，很容易被忽视。

图 11-24 CPU 风扇电源安装

第二步 安装内存

内存的安装位置位于 CPU 附近，非常接近 CPU，便于 CPU 读取和传送指令，如图 11-25 所示。内存是一块长方形的条子，中间有个缺口。在主板上内存的卡槽上面也有同样的缺口。

内存安装时首先将主板上内存卡槽两边的卡夹扳起来，然后让内存的缺口对齐卡槽的缺口，用力按下去，听到“咯”的一声(卡槽两边卡夹固定内存时产生的声音)，内存就安装好了，如图 11-26 所示。

第三步 安装硬盘

不同的机箱，硬盘的安装位置也是不同的，但是大体都有如图 11-27 所示一块矩形状的区域用于安装硬盘。

笔记

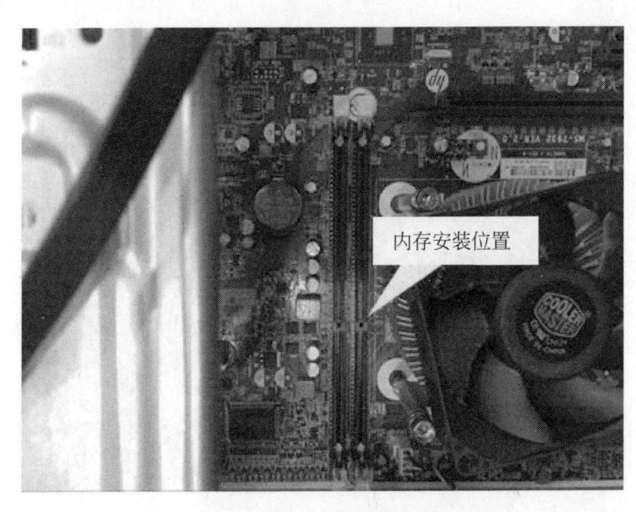

图 11-25　内存安装位置

图 11-26　内存安装

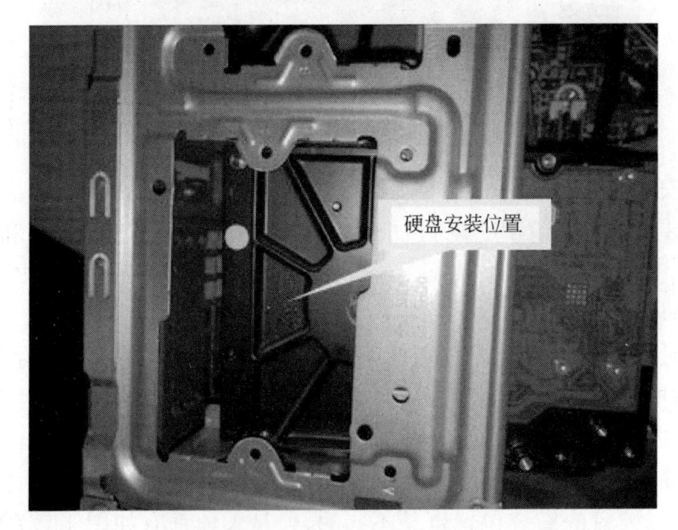

图 11-27　硬盘安装位置

安装时将硬盘的正面带有螺丝孔的一面向上，且带有接口的一端朝外，插入硬盘安装位置里，然后通过螺丝固定好硬盘。接着将硬盘电源接口插入，再将连接硬盘数据接口的一端插入，这样硬盘就安装好了，如图 11-28 所示。

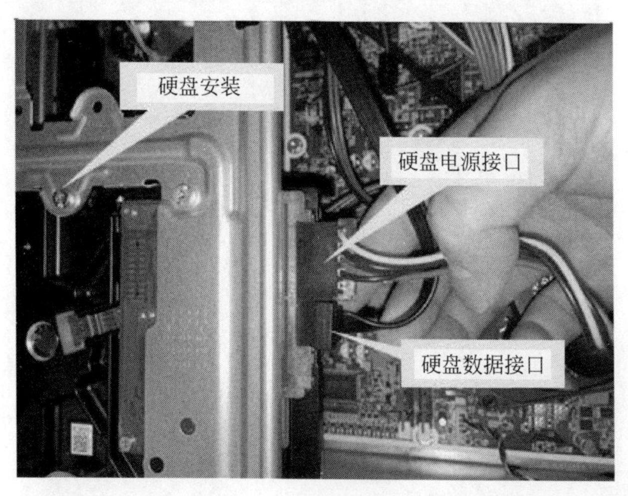

图 11-28　硬盘安装

安装好硬盘之后，再将硬盘数据线与主板上对应接口且在主板上标有 SATA1、SATA2 等字样的一端相连，一般而言主板上会有 4 种这样的接口，并行两行排列，分别是 SATA1、SATA2、SATA3、SATA4，SATA 接口表示串口硬盘接口，也是现今最普遍的硬盘接口方式，如图 11-29 所示。

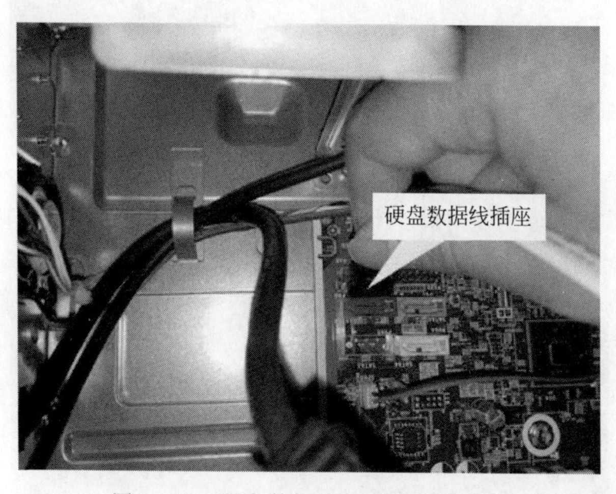

图 11-29　硬盘数据线与主板数据连接

第四步　安装电源

计算机电源设备是整个计算机系统的供电系统，在安装时将带有电源插头的一端置于机箱外面，机箱里面则留下电源外壳与电源线，如图 11-30 所示。在机箱外面有螺丝固定电源，而机箱里面是电源的各种电源接口线。

在主板上有一块 20 针的电源插座，将计算机电源上最大的一根电源线接口，即 20 针插座插入主板上的 20 针插座，如图 11-31 所示。

笔记

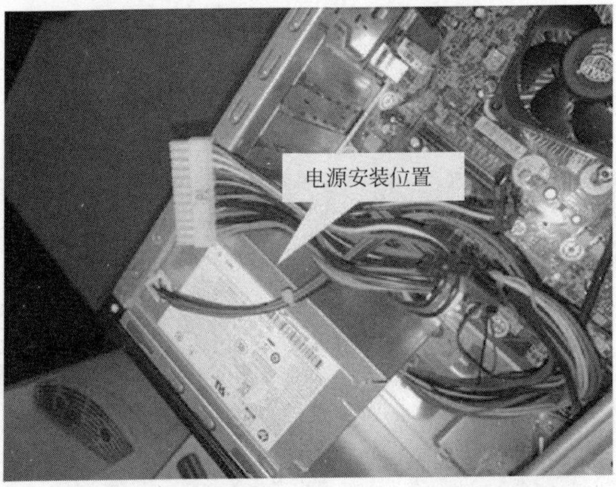

图 11-30　计算机电源安装

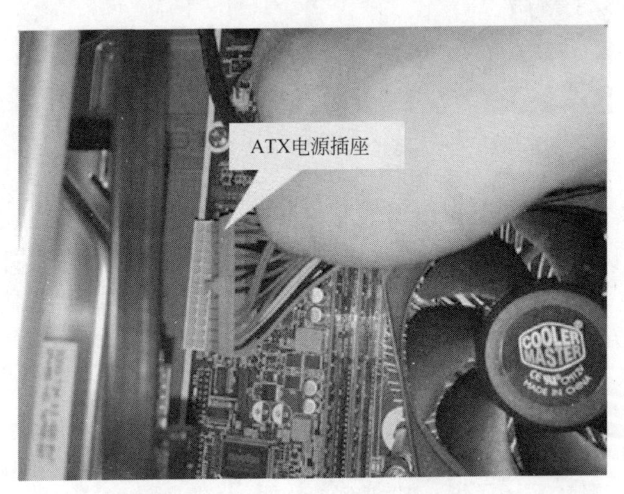

图 11-31　ATX 电源插座安装

然后再将计算机电源上的 4 针插座，即 Pentium 4 专用插座插入主板上的 Pentium 4 专用插座接口，整个计算机的供电系统就安装完成了，如图 11-32 所示。

图 11-32　Pentium 4 专用接口安装

笔记

第五步 安装输入/输出设备

鼠标、键盘是最常用的输入工具。将机箱立起来，在机箱的背面有专门的鼠标、键盘的接口，如图 11-33 所示，紫色接口为键盘接口，绿色接口为鼠标接口。

小技巧：安装时，注意观察两个接口都有一个大的缺口，而鼠标、键盘上面也有同样位置的针脚，插入时，一定要对准针脚和缺口，切忌胡乱插入接口，那样会损坏针脚，损坏后很难将针脚修复。同样切忌将鼠标、键盘接口插反，那样不仅无法使用鼠标、键盘，还有可能损害鼠标、键盘，使其无法使用。

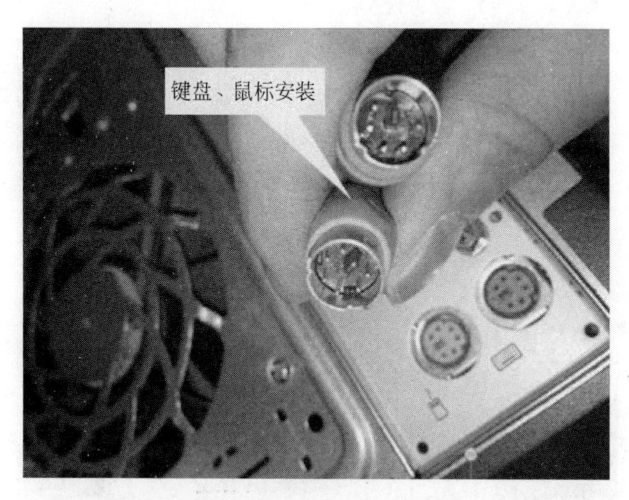

图 11-33 键盘、鼠标安装

显示器接口的安装同样位于机箱背面。安装时，注意观察显示器接口是呈一个梯形状，一边窄，一边宽，显示器插头也是同样的。将显示器插头大小两边与显示器接口大小两边对齐，针脚对准显示器接口，插入接口，然后拧紧螺丝，固定好显示器插头与显示器接口，如图 11-34 所示。

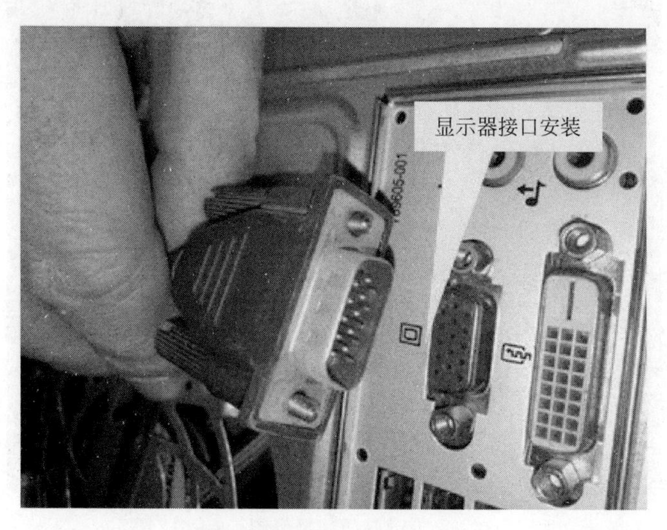

图 11-34 显示器接口安装

笔记

第六步　安装开关接口

开/关机按钮和重启按钮在使用计算机的过程中使用非常频繁。这些键位于机箱面板上,它用一根电源线与主板上的专用插座相连。当计算机处于通电状态时,按开机键,计算机就会开机,或者计算机处于开机状态时,按关机键计算机将会自动关机。部分计算机只有开/关机键,没有重启键,如图 11-35 所示。

小技巧:开/关机键非常重要,它是计算机启动的必备键,在组装计算机时,一定要将开/关机键插入正确的插座,不能插错了或者将其他接口插到开/关机键上了。如果插错了,轻者计算机无法启动,重者烧毁主板。

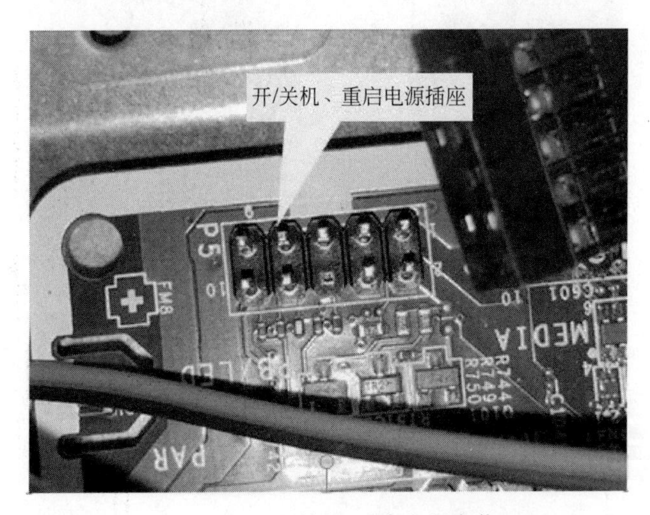

图 11-35　开/关机、重启电源安装

这样计算机主要的安装部件就安装完成了,整机完成图如图 11-36 所示。

图 11-36　整机图

笔记

第七步　加电测试

当计算机的硬件安装完成后，我们应该检查硬件连接，确认无误后，还需要加电对计算机进行自检测试。加电测试需要做加电前、加电中、加电后的各种检查工作。总结一下需要做以下工作。

(1) 环境检查。

① 测试前需要准备测试工具——万用表和试电笔。

② 检查计算机设备周边及计算机设备内外是否有变形、变色、异味等现象。

③ 检查环境的温、湿度情况。

(2) 供电情况检查。

① 加电后，注意部件、元器件及其他设备是否有变形、变色、异味、温度异常等现象发生。

② 检查市电电压是否在220V±10%范围内，是否稳定(即是否有经常停电、瞬间停电等现象)。

③ 市电的接线定义是否正确(即，左零右火、不允许用零线作地线用(现象是零地短接)、零线不应有悬空或虚接现象)。

④ 供电线路上是否接有漏电保护器(且必须接地火线上)，是否有地线等。

⑤ 主机电源线一端是否牢靠地插在市电插座中，不应有过松或插不到位的现象，另一端是否可靠接在主机电源上，不应有过松或插不到位的情况。

(3) 计算机内部连接检查。

① 电源开关可否正常通断，声音是否清晰，无连键、接触不良现象。

② 其他各按钮、开关通断是否正常。

③ 连接到外部的信号线是否有断路、短路等现象。

④ 主机电源是否已正确地连接在各主要部件，特别是主板的相应插座中。

⑤ 板卡，特别是主板上的跳接线设置是否正确。

⑥ 检查机箱内是否有异物造成短路。

⑦ 零部件安装上是否造成短路(如Pentium 4 CPU风扇在主板背面的支架安装错位造成的短路等)。

⑧ 检查内存的安装，要求内存的安装总是从第一个插槽开始顺序安装。如果不是这样，请重新插好。

⑨ 检查加电后的现象：按下电源开关或复位按钮时，观察各指示灯是否正常闪亮。风扇(电源的和CPU的等)的工作情况，不应有不动作或只动作一下即停止的现象。注意倾听风扇、驱动器等的电机是否有正常的运转声音或声音是否过大。

⑩ 对于开机噪声大的问题，应分辨清噪声大的部位，一般情况下，噪声大的部件有风扇、硬盘、光驱和软驱动机械部件。对于风扇，应通过除尘来检查，如果噪声减小，可在风扇轴处滴一些钟表油，以加强润滑。

11.1.3　活动3　认识与设置BIOS

以Phoenix BIOS为例，介绍一下BIOS的设置。其他类型的BIOS设置大同小异，这里不做过多介绍。

笔记

第一步 配置 Main(主界面)

启动计算机时在开机自检屏幕下方会出现“Press DEL enter SETUP”提示信息，这时按下键盘最右边的 Del 键，屏幕自动跳转到 BIOS 设置程序。或者在计算机开机或重启时直接按 Del 键也可以进入 BIOS 的设置界面(Main)，如图 11-37 所示。

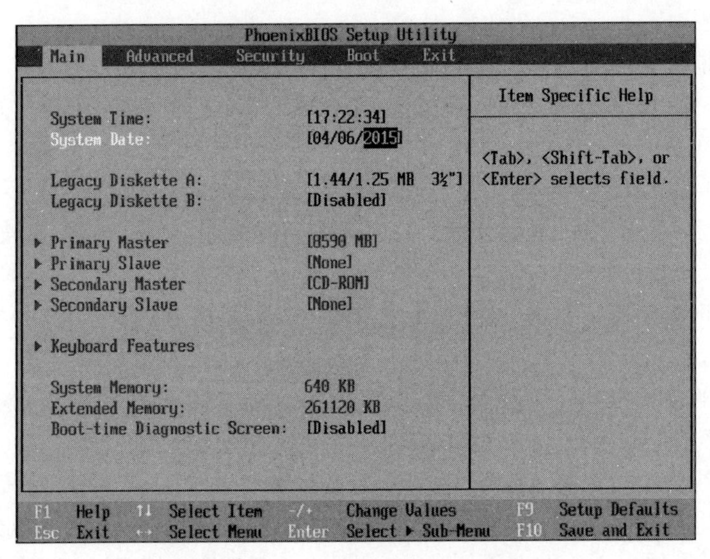

图 11-37 BIOS 设置主界面

Main(主界面)中各选项的功能见表 11-1。

表 11-1 Main(主界面)各项功能

System time	设置时间格式为(时,分,秒)
Sytem Date	设置日期
Legacy Diskette A:/B:	设置软驱
Primary Master/Slave	设置 IDE1
Secondary Master/Slave	设置 IDE2
Keyboard Features	键盘特征

进入 BIOS 主界面之后，在主界面的最下面有操作的快捷键和组合键。可以用方向键移动光标选择 BIOS 设置界面上的选项，然后按 Enter 键进入子菜单，用 Esc 键来返回主菜单，用 PAGEUP 和 PAGEDOWN 键或上下(↑ ↓)方向键来选择具体选项，再用 Enter 键确认选择，按 F10 键保留并退出 BIOS 设置。各种操作快捷键如图 11-38 所示。

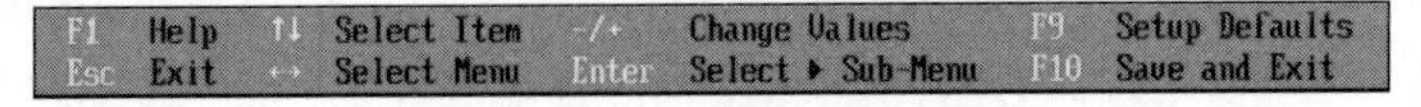

图 11-38 设置参数快捷键

在 Main 主界面中可对基本的系统配置进行设定，如时间、日期、IDE 设备和软驱参数等。利用 PAGEUP 和 PAGEDOWN 键或上下(↑ ↓)方向键选择要设置的任务。例如，要对 System Time 进行设置，其他选项的设置与时间的设置类似。

笔记

假如设置为早上 8 点 19 分 12 秒。首先利用 PAGEUP 和 PAGEDOWN 键或上下(↑ ↓)方向键将光标移动到 System Time 上，然后直接输入小时 8 后按 Enter 键，再输入分 19 按 Enter 键，最后输入秒 12 按 Enter 键，这样就将时间设置好了，如图 11-39 所示。

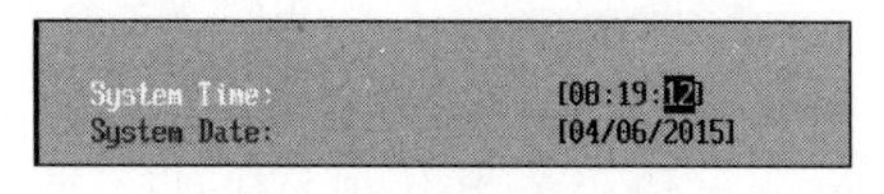

图 11-39　设置时间

第二步　Advanced(进阶设置)

Advanced 界面如图 11-40 所示。Advanced 属于 BIOS 的重要设置，一般不要轻易设置，因为其直接关系系统的稳定和硬件的安全。Advanced 各项功能如下。

(1) Multiprocessor Specification(多重处理器规范)，有两个值 1.4 和 1.1，它专用于多处理器主板，用于确定 MPS 的版本，以便让 PC 制造商构建基于 Intel 架构的多处理器系统。与 1.1 标准相比，1.4 增加了扩展型结构表，可用于多重 PCI 总线，并且对未来的升级十分有利。另外，1.4 拥有第二条 PCI 总线，还无须 PCI 桥连接。新型的 SOS(Server Operating Systems，服务器操作系统)大都支持 1.4 标准，包括 WinNTt 和 Linux SMP(Symmetric Multi-Processing，对称式多重处理架构)。如果可以的话，尽量使用 1.4。

(2) Installed O/S，安装 O/S 模式，有 IN95 和 Other 两个值。

(3) Reset Configuration Data，重设配置数据，有 Yes 和 No 两个值。

(4) Cache Memory (快取记忆体)，此部分提供如何组态特定记忆体区块的方法。

(5) I/O Device Configuration，输入/输出选项。

(6) Large Disk Access Mode，大型磁盘访问模式。

(7) Local Bus IDE adapter，本地总线的 IDE 适配器，有 Disabled、Primary、Secondary、Both 四个值。

(8) Advanced Chipset Control，高级芯片控制。

PhoenixBIOS Setup Utility
Main　Advanced　Security　Boot　Exit
Multiprocessor Specification: [1.4]
Installed O/S: [Other]
Reset Configuration Data: [No]
▶ Cache Memory
▶ I/O Device Configuration
Large Disk Access Mode: [DOS]
Local Bus IDE adapter: [Both]
▶ Advanced Chipset Control
Item Specific Help
Configures the MP Specification revision level. Some operating systems will require 1.1 for compatibility reasons.
F1 Help　↑↓ Select Item　-/+ Change Values　F9 Setup Defaults
Esc Exit　↔ Select Menu　Enter Select ▶ Sub-Menu　F10 Save and Exit

图 11-40　Advanced 界面

笔记

第三步 Security 设置(安全设置菜单)

Security(安全设置菜单)共有 5 个选项,如图 11-41 所示。

(1) Supervisor Password Is。

管理员密码状态,有两个值,分别为 Set:已设置密码;Clear:没设置密码(此值系统自动调整)。

(2) User Password Is。

用户密码状态与 Supervisor Password Is 项一样,也有两个值,分别为 Set:已设置密码;Clear:没设置密码(此值系统自动调整)。

(3) Set User Password。

设置用户密码,选择该项后,按 Enter 键即可设置密码,如果设置密码之后想将密码设空,按 Enter 键后在输入新密码处留空。

(4) Set Supervisor Password。

设置管理员密码,设置方法同上。

(5) Password on boot。

启动是否需要输入密码,有 Disabled(关闭)和 Enabled(开启)两个选项。

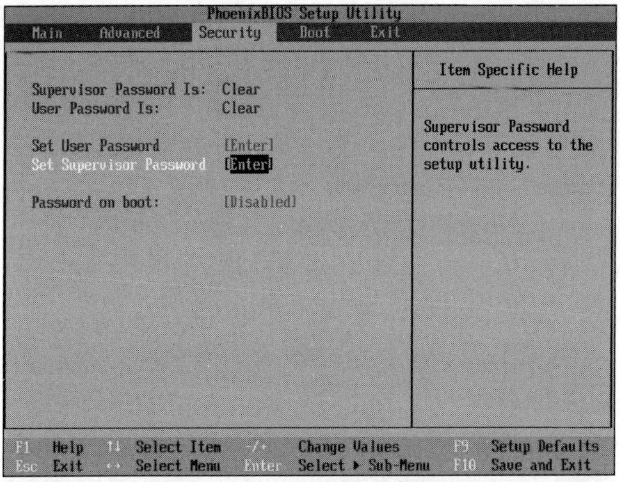

图 11-41 Security 设置界面

第四步 Boot 设置(启动设备)

在 Phoenix BIOS Setup Utility 的 Boot 项里,主要是用来设置启动顺序,如图 11-42 所示,启动顺序依次为移动设置→硬盘→光驱→网络。如果需要更改,可以选中该项后用“+”“-”来上下移动。例如,想将 CD-ROM Drive 设置为第一启动项,让计算机自动从 CD-ROM Drive 启动。在默认情况下,Removable Devices 是第一启动项,Hard Drive 为第二启动项,CD-ROM Drive 为第三启动项。首先利用 PAGEUP 和 PAGEDOWN 键或上下(↑↓)方向键选中 CD-ROM Drive,然后按“+”两次,就可以将 CD-ROM Drive 调整到第一的位置,此时计算机将首先从 CD-ROM Drive 启动。各项功能如下。

笔记

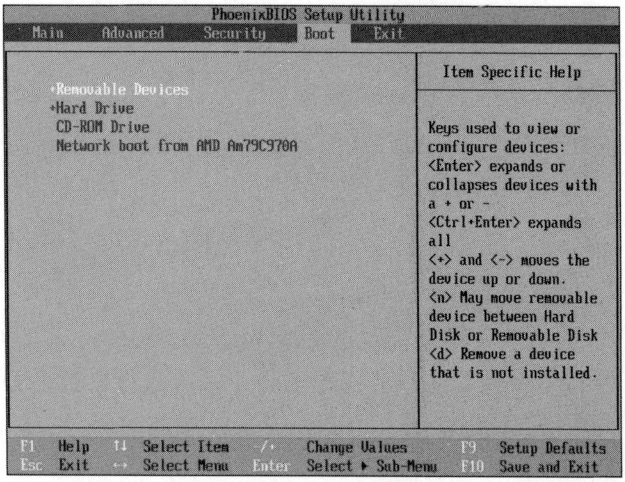

图 11-42　Boot 设置界面

(1) Removable Devices。

可移除设备启动。

(2) Hard Drive。

硬盘启动。

(3) CD-ROM Drive。

光驱启动。

(4) Network boot from AMD Am79C970A。

网络启动。

Exit(退出)界面的主要功能有 5 个,如图 11-43 所示。

(1) Exit Saving Changes。

保存退出。

(2) Exit Discarding Changes。

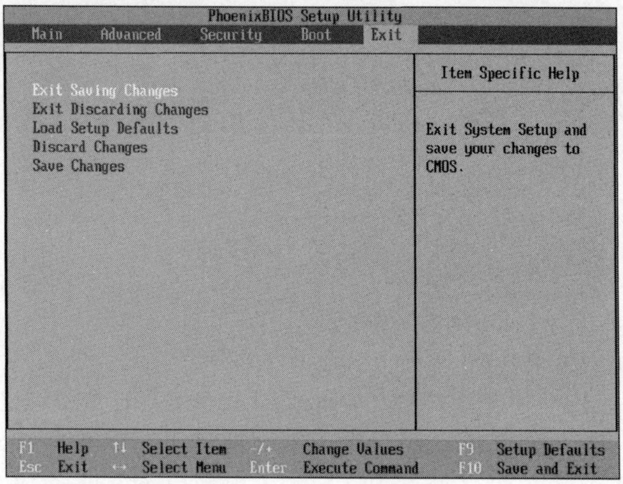

图 11-43　Exit 设置界面

笔记

不保存退出。

(3) Load Setup Defaults。

恢复出厂设置。

(4) Discard changes。

放弃所有操作恢复至上一次的 BIOS 设置。

(5) Save Changes。

保存但不退出。

第五步 恢复 BIOS 密码

如果设置了 BIOS 的 User Password 或者 Supervisor Password,但是时间久了,连自己都不记得了,又或者被其他人故意设置密码而无法获得设置 BIOS 权限和系统的使用权限。此时可以通过放电的方式来清除 CMOS 里面的记录信息。首先关机切断电源,打开计算机机箱侧面挡板,找到主板上的 CMOS 芯片供电的电池,将其从主板上取下,此时 CMOS 将会断电,过几分钟再将电池安装到主板上,此时 CMOS 的设置信息丢失,重新接上电源,就可以进入 BIOS 设置界面或者进入操作系统了。主板上 CMOS 芯片电池如图 11-44 所示。

小技巧:在取下 CMOS 芯片电池之前,一定要将电源切断,否则 CMOS 芯片依然有电,信息将不会丢失,并且在不切断电源的情况下操作硬件也是非常危险的。

图 11-44 主板上 CMOS 芯片电池

11.1.4 活动 4 分区与格式化硬盘

第一步 进入 Windows PE 维护桌面

在 BIOS 里面设置启动项,将第一启动项设置为 U 盘启动。有些计算机不用设置也会自动识别 U 盘启动。设置完成之后,保存 BIOS 重启计算机,这时计算机就从 U 盘启动。当出现如图 11-45 所示画面时,利用键盘的上下键选择 2 或者 4 并且按下 Enter 键,启动 Windows PE(一个是 Windows 8 精简版 Windows PE,一个是 2003 版本的增强版 Windows PE,功能一样)。这时 U 盘启动程序将进入 Windows PE 维护桌面，如图 11-46 所示。

老毛桃
laomaotao.org
【01】从本地硬盘启动
【02】老毛桃 WIN8 PE标准版(新机器)
【03】老毛桃 WIN2003 PE经典版(老机器)
【04】老毛桃 WIN2003 PE兼容版(老机器)
【05】DiskGenius 硬盘分区工具
【06】Ghost 备份还原工具
【07】MaxDos 工具箱
【08】硬盘/内存 检测工具
【09】Windows 密码破解工具
【10】运行自定义映像
【11】关闭计算机

图 11-45　启动 Windows PE

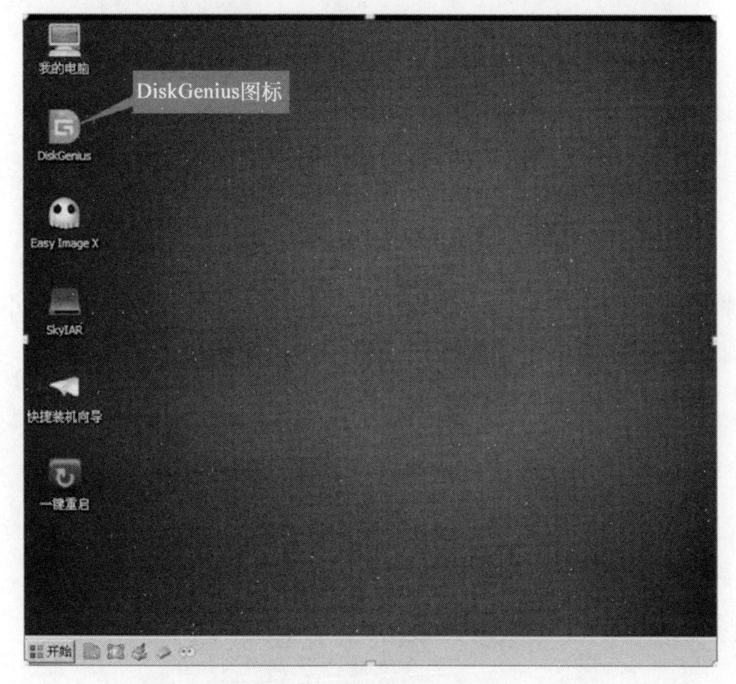

图 11-46　Windows PE 桌面

第二步　单击 Windows PE 桌面的 DiskGenius 快捷方式，启动 DiskGenius 分区软件

启动之后的界面如图 11-47 所示。在界面左边是硬盘的信息，包括了 U 盘启动盘和硬盘。在这之上是硬盘的容量、接口、型号、序列号等信息。此时硬盘尚未分区，硬盘分区信息为空，显示的是整块硬盘的大小。

笔记

笔记

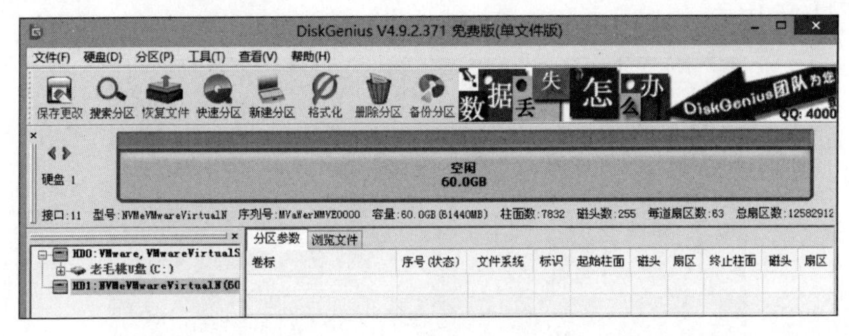

图 11-47 DiskGenius 主界面

第三步 单击软件菜单栏下面的"快速分区"命令将会对整块硬盘快速分区

快速分区默认分为 4 个分区,每个分区根据整块硬盘大小划分分区的大小。如果觉得分区不满意,可以更改分区个数和每个分区的大小,如图 11-48 所示。

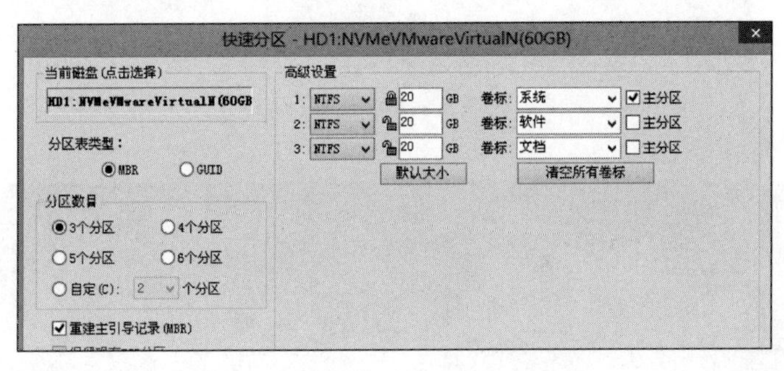

图 11-48 快速分区

一般而言,C 盘是安装操作系统的分区,且属于主分区,在分区大小上面有一定的讲究。此处将整块硬盘分为 3 个区,分区格式为 NTFS 格式,每个分区大小约 20GB。

> **小技巧:** 如果将来安装的操作系统是 Windows XP,则 C 盘大小 20GB 为宜,如果安装的是 Windows 7,则 30GB 较为合适,如果安装的是 Windows 8.1 或者 Windows 10,则 40GB 以上为好。

在对分区数目、分区格式、分区大小进行设置之后,单击最下面的"确定"命令,DiskGenius 软件将按照设置的参数将硬盘分区,如图 11-49 所示。

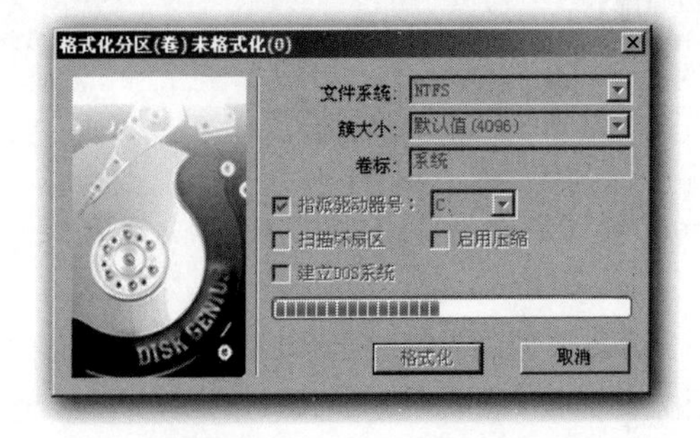

图 11-49 分区进行中

分区完成后，回到 DiskGenius 主界面，此时硬盘分为 3 个分区，每个分区的信息都显示在分区信息列表中，如图 11-50 所示。

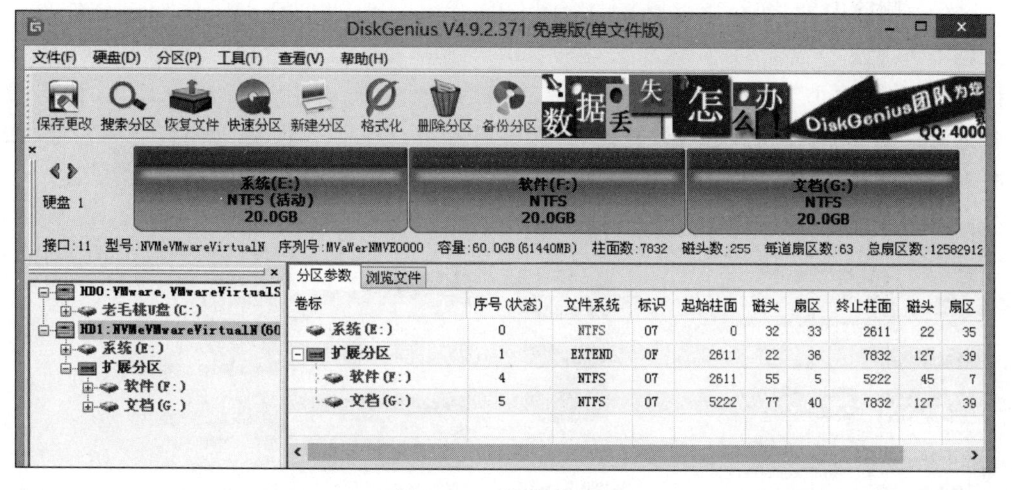

图 11-50 硬盘分区后

第四步 保存分区表

选中图 11-50 中界面左边的硬盘，右击，在弹出的快捷命令中选择“保存分区表”命令，将之前对硬盘所做分区工作进行保存。保存完成之后，硬盘分区工作才算真正完成，如图 11-51 所示。

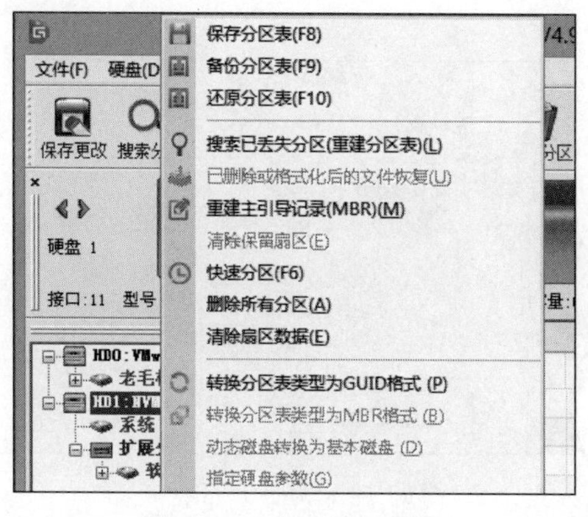

图 11-51 保存分区信息

第五步 分区调整

在前面两步操作中，可以发现新分的三个区，系统按顺序默认给分配了名称和盘符：E 为系统盘，F 为软件盘，G 为文档盘。为了使分区后的盘符符合我们日常使用习惯，在 DiskGenius 软件上将系统默认的盘符按顺序改为 C 盘、D 盘和 E 盘，即默认 E 盘改为 C 盘，默认 F 盘改为 D 盘，默认 G 盘改为 E 盘。下面的操作以改后的盘符进行描述。

硬盘盘符修改完成之后，如果对分区大小不满意，可以随时进行调整。假如觉得 E 盘太大了，D 盘又太小了，想调整 E 盘到 15GB 左右，E 盘剩余容量调整到 D 盘，该怎么做呢？

(1) 选中D盘,右击,在弹出的快捷命令中选择"删除当前分区(Del)"命令,如图11-52所示。

(2) 删除D盘之后,D盘原来的容量信息变为空闲,此时在DiskGenius软件界面上就不再显示D盘,只有C盘和E盘的显示。选中E盘,右击,在弹出的快捷命令中选择"调整分区大小",如图11-53所示。在弹出的对话框中,利用鼠标拖动E盘,将E盘容量调整为15GB左右,也可以直接在"调整后容量:"后面输入E盘调整之后容量,如图11-54所示。

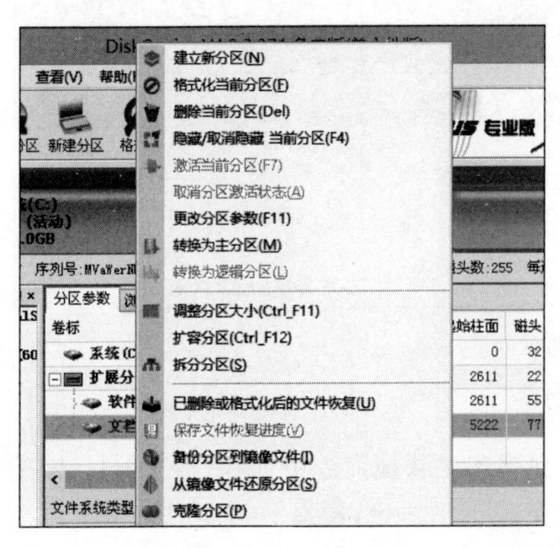

图11-52　删除D盘

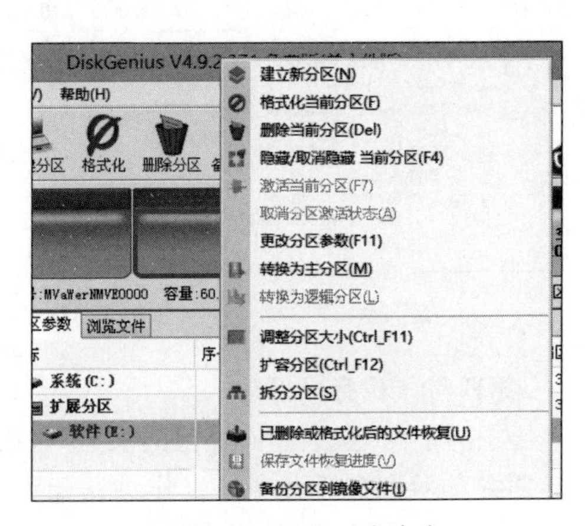

图11-53　调整E盘命令

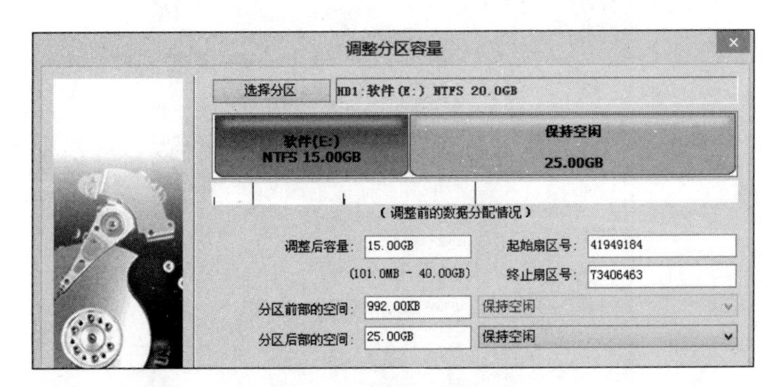

图11-54　调整E盘容量

在确认设置参数无误后,单击最下面的"开始"命令,程序将提示是否立即调整分区的容量以及调整分区的操作步骤等信息,如图11-55所示。选择"是",程序将根据刚才设置的参数调整E盘容量,如图11-56。调整完成后,单击图11-56中的"完成"命令,程序回到DiskGenius主界面。

?思考: *假如想调整C盘到50GB左右,C盘剩余容量调整到D盘,该怎么做呢?*

(3) 对E盘的调整结束之后,就要对D盘进行扩容调整了。首先选中硬盘空闲区域,右击,在弹出的快捷命令中选择"建立新分区",如图11-57所示。在弹出的对话框中,直接单击"下一步"则完成对D盘分区的建立。

笔记

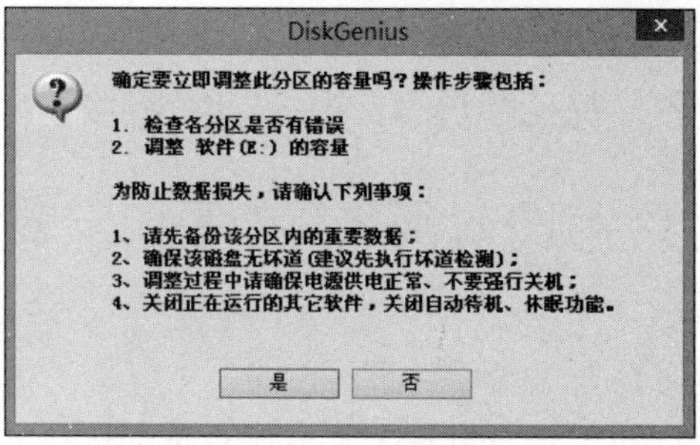
DiskGenius
确定要立即调整此分区的容量吗？操作步骤包括：
1. 检查各分区是否有错误
2. 调整 软件(E:) 的容量
为防止数据损失，请确认下列事项：
1、请先备份该分区内的重要数据；
2、确保该磁盘无坏道(建议先执行坏道检测)；
3、调整过程中请确保电源供电正常、不要强行关机；
4、关闭正在运行的其它软件，关闭自动待机、休眠功能。
是
否

图 11-55　调整确认信息

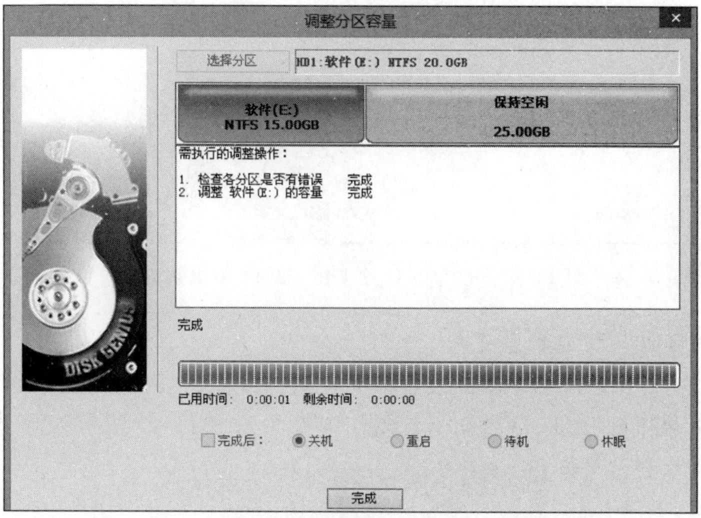
调整分区容量
选择分区
HD1:软件(E:) NTFS 20.0GB
软件(E:)
NTFS 15.00GB
保持空闲
25.00GB
需执行的调整操作：
1. 检查各分区是否有错误　完成
2. 调整 软件(E:) 的容量　完成
完成
已用时间：0:00:01　剩余时间：0:00:00
完成后：
关机
重启
待机
休眠
完成

图 11-56　调整完成信息

小技巧：这里要提醒两点：一是调整硬盘分区大小理论上不会破坏原有数据，保是调整操作存在风险，建议大家事先备份重要数据；二是在进行快速分区之后，如果想再调整分区大小，必须对之前快速分区的所做工作进行保存，否则无法调整分区大小。

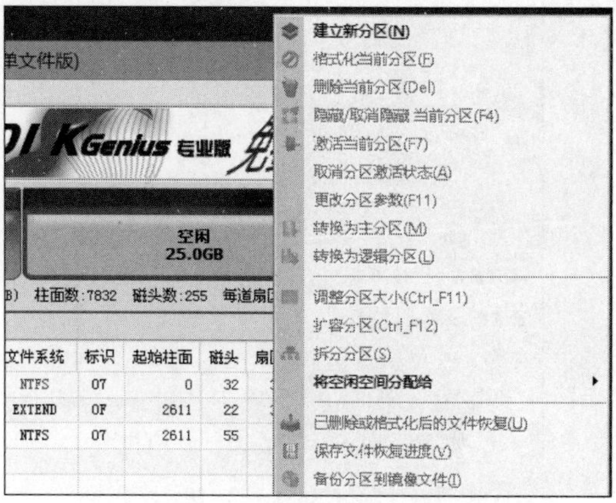
建立新分区(N)
格式化当前分区(F)
删除当前分区(Del)
隐藏/取消隐藏 当前分区(F4)
激活当前分区(F7)
取消分区激活状态(A)
更改分区参数(F11)
转换为主分区(M)
转换为逻辑分区(L)
调整分区大小(Ctrl_F11)
扩容分区(Ctrl_F12)
拆分分区(S)
将空闲空间分配给
已删除或格式化后的文件恢复(U)
保存文件恢复进度(V)
备份分区到镜像文件(I)
空闲
25.0GB
柱面数:7832　磁头数:255

图 11-57　调整 D 盘

笔记

视频讲解

11.2 任务2 安装计算机软件系统

11.2.1 活动1 制作计算机操作系统安装盘

1. U 盘启动工具制作

第一步 安装老毛桃 U 盘工具

将准备好的老毛桃 U 盘启动盘制作工具解压到正常运行的计算机中,然后打开解压好的文件夹"老毛桃 U 盘工具 V2014 超级装机版",里面有一个名为 LaoMaoTao 的应用程序和一个 Data 文件夹。同时在 Windows 桌面上也会出现快捷方式"老毛桃 U 盘工具 V2014 超级装机版",如图 11-58 所示。

图 11-58 老毛桃 U 盘工具 V2014 超级装机版

第二步 启动老毛桃 U 盘工具

双击图 11-58 中应用程序图标或者桌面快捷方式图标都可以启动"老毛桃 U 盘工具 V2014 超级装机版"。U 盘启动工具制作主界面如图 11-59 所示。

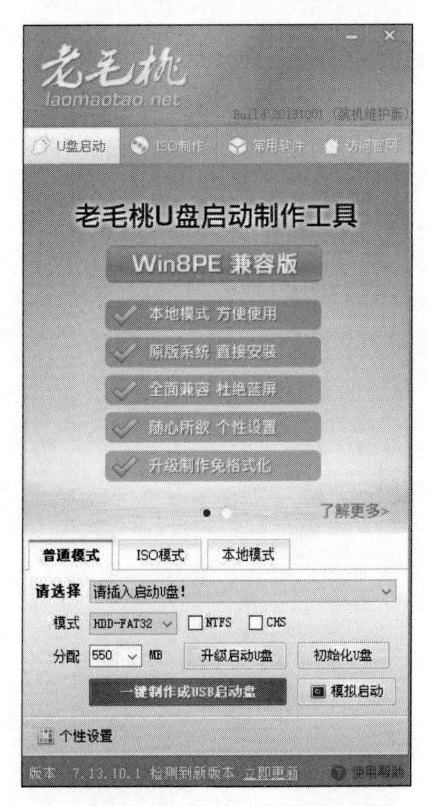

图 11-59 U 盘启动工具制作主界面

笔记

第三步 模式选择

在U盘启动工具制作主界面中，界面上部与中间部分是老毛桃U盘启动制作工具的一些功能介绍。界面下部有三个选项：普通模式、ISO模式、本地模式。其中默认的模式是普通模式，也是我们制作U盘启动工具最常用的模式。现在就以普通模式为例做介绍。

在普通模式下，第一行"请选择"是选择对哪个U盘进行制作启动盘。如果没有任何U盘或者移动存储介质，则显示"请插入启动U盘"。将准备好的第一个U盘(容量大小至少1GB)插入计算机的USB端口，老毛桃U盘启动制作工具自动识别U盘，如图11-60所示。

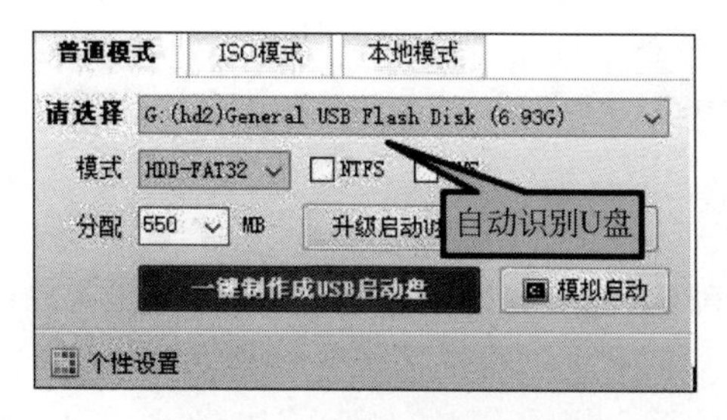

图11-60 自动识别U盘

当识别出U盘之后，看到第二行"模式"，一般默认模式为HDD-FAT32。模式就是制作U盘启动工具的类型。单击默认模式旁边向下的箭头，会出现4种模式：HDD-FAT32、ZIP-FAT32、HDD-FAT16和ZIP-FAT16。

小技巧：FAT32和FAT16是指U盘的分区格式，FAT16是很早以前的分区格式，现在已被FAT32和NTFS分区格式取代，因此这里选FAT32分区格式。ZIP模式是指把U盘模拟成ZIP驱动器模式，又称为海量存储器，容量可达750MB。ZIP驱动模式相对来说兼容性不是很好，使用起来很不方便。HDD模式是指把U盘模拟成硬盘模式，HDD模式兼容性很高，但对于一些只支持USB-ZIP模式的计算机则无法启动。

现代计算机的实际情况是，绝大多数计算机都支持HDD模式，这里我们选择HDD-FAT32模式。第二行其他选项默认即可。选择好U盘驱动器模式之后，就要对U盘进行初始化了。第三行"分配"字节数默认即可。U盘启动工具还未制作成功，因此不要"升级启动U盘"。在第一次制作U盘启动工具时，最好对U盘初始化一下，如图11-61所示。

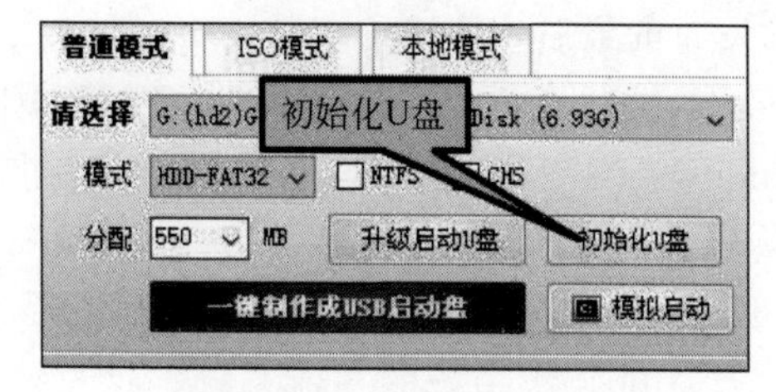

图11-61 初始化U盘

笔记

第四步　制作启动盘

当单击“初始化 U 盘”之后，会弹出确认窗口，要确认对 U 盘进行格式化，并且 U 盘里所有数据将全部丢失。如果此时觉得 U 盘中还有需要的数据，那么选择“取消”按钮，将 U 盘数据备份之后，再初始化 U 盘，如图 11-62 所示。如果此时觉得 U 盘中无数据或数据不重要，则可以选择“确定”按钮。

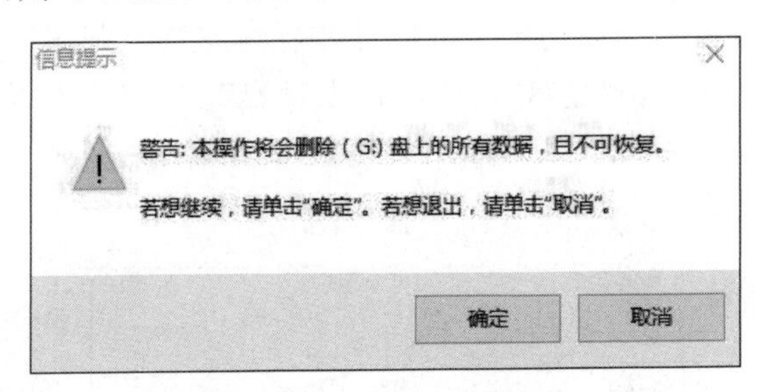

图 11-62　初始化 U 盘警告

初始化 U 盘选择“确定”按钮之后，U 盘将被格式化和初始化，初始化完毕之后，会弹出初始化完成提示。此时我们就可以单击“一键制作成 USB 启动盘”按钮。这时也会弹出与图 11-62 同样的警告提示，选择“确认”按钮，U 盘启动工具制作就会立刻执行，制作过程 5～8min。制作完成之后也会提示“一键制作启动 U 盘完成!”，如图 11-63 所示。此时可以模拟测试 U 盘启动情况，检测一下 U 盘启动工具是否制作成功。此模拟启动仅仅是模拟启动而已，不要做其他测试。选择“是(Y)”，将自动进入 U 盘模拟启动画面，经过 1～2s 就跳转到 U 盘启动工具维护主界面，如图 11-64 所示。在此界面中有 12 个主选项以及其他一些副选项。对于将来安装操作系统和硬盘分区来说，01、02、04、05、06 将是经常使用到的。至此，U 盘启动工具就制作完成了。

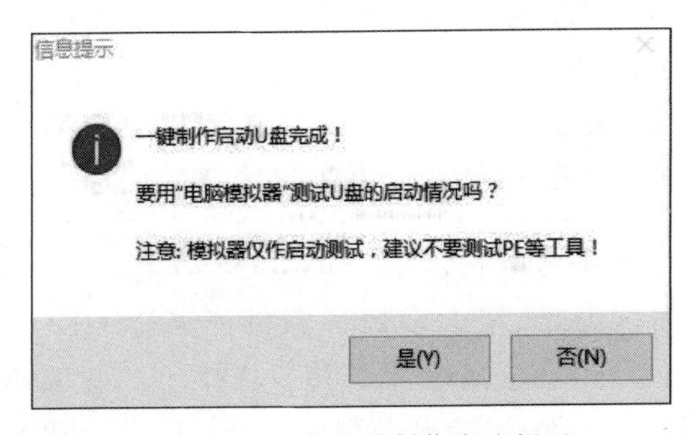

图 11-63　U 盘启动制作完成提示

2. Windows 10 安装启动盘制作

Windows 10 是微软发布的最后一个独立 Windows 版本，下一代 Windows 将作为更新形式出现。Windows 10 发布了 7 个发行版本，分别面向不同用户和设备。相比之前的 Windows 版本，Windows 10 更具新颖性，是微软公司力推的一个操作系统版本。2015 年 7 月 29 日起，微软向所有的 Windows 7、Windows 8.1 用户通过 Windows Update 免费推送 Windows 10，用户也可以使用微软提供的系统部署工具进行升级。可见 Windows 10 是将来计算机操作系统的主流系统。这里要介绍的是 Windows 10

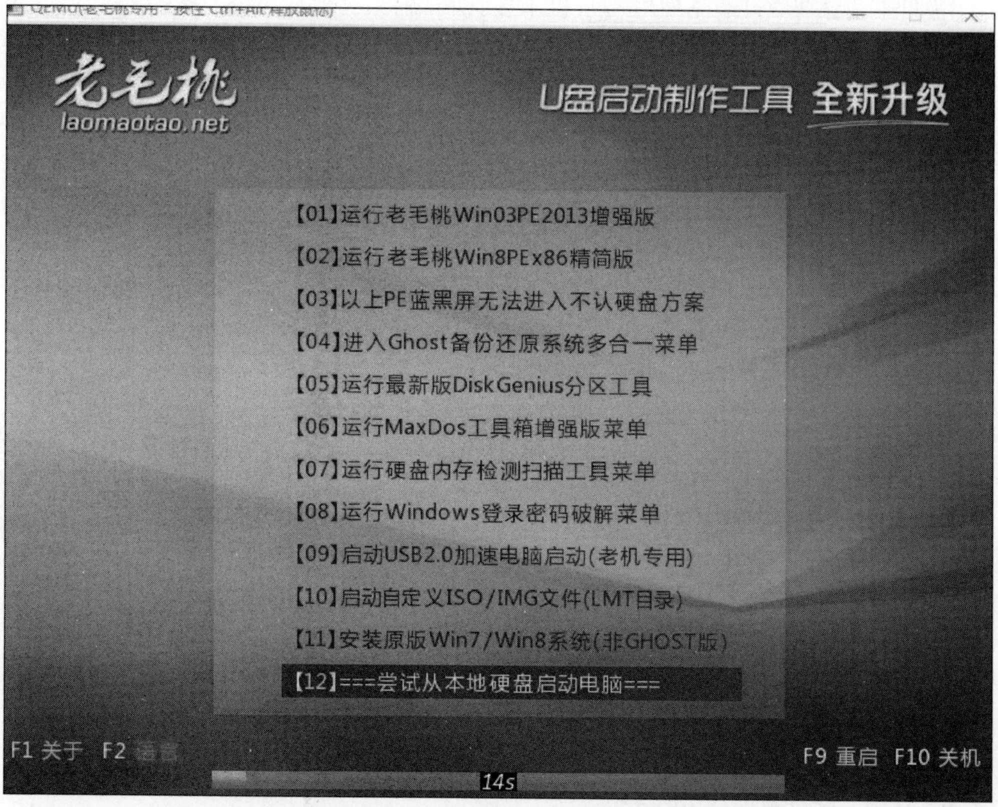

笔记

图 11-64　U 盘启动工具维护主界面

的 32 位企业版本安装启动盘的制作。其他版本，如企业版 64 位、专业版 32 位和 64 位等安装启动盘的制作是一样的，也可以参照本节内容制作同样的安装启动盘。

第一步　安装软碟通

准备好的软碟通(UltraISO)下载到计算机中，然后双击安装该软件，安装过程非常简单。安装完成之后，在桌面上会有一个 UltraISO 的图标。双击 UltraISO 图标，启动 UltraISO 软件，这时会弹出一个提示窗口，要求订购 UltraISO，如图 11-65 所示。

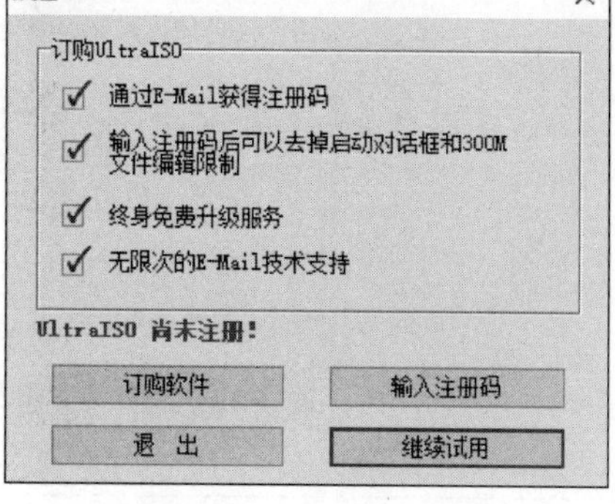

图 11-65　订购 UltraISO

笔记

这里不要选择 “订购软件”按钮,也不要选择“输入注册码”按钮。该软件有 30 天的免费试用期,因此选择“继续试用”按钮。单击“继续试用”按钮,进入 UltraISO 软件的主界面,如图 11-66 所示。

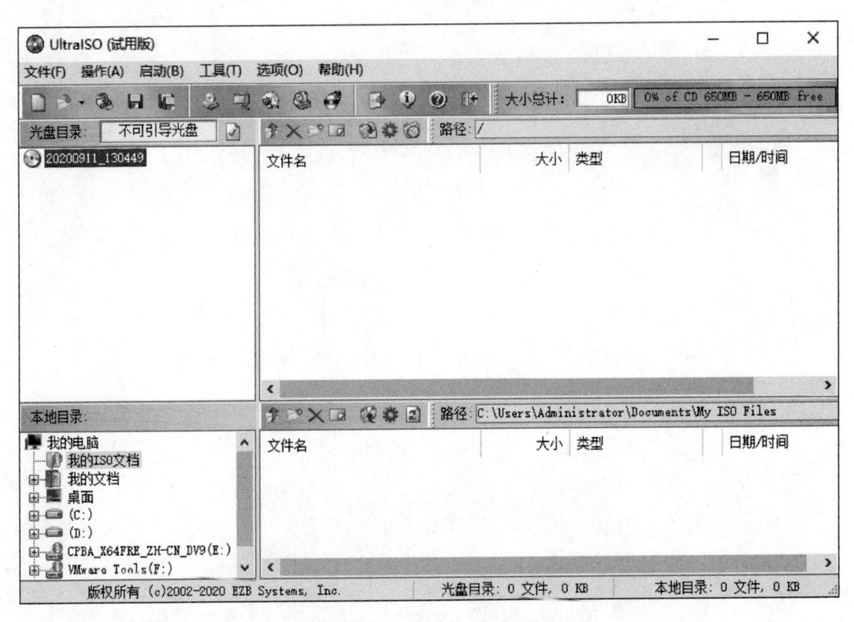

图 11-66 UltraISO 主界面

第二步 选择数据源 ISO 文件

在主界面中最上面第二行有“文件”“操作”“启动”“工具”“选项”“帮助”6 个菜单。要制作 Windows 10 安装启动盘,分两步进行。第一步将准备好的 Windows 10 操作系统源文件即“系统之家 ghost win10 64 位纯净专业版 v2020. 03. iso”导入到 UltraISO 软件中来。选择“文件”菜单,再选择“文件”菜单下的“打开”命令,找到存放到硬盘中的 Windows 10 的 ISO 文件,单击该文件,选择打开。这时 UltraISO 主界面就显示 Windows 10 的 ISO 文件的打开状态,如图 11-67~图 11-69 所示。

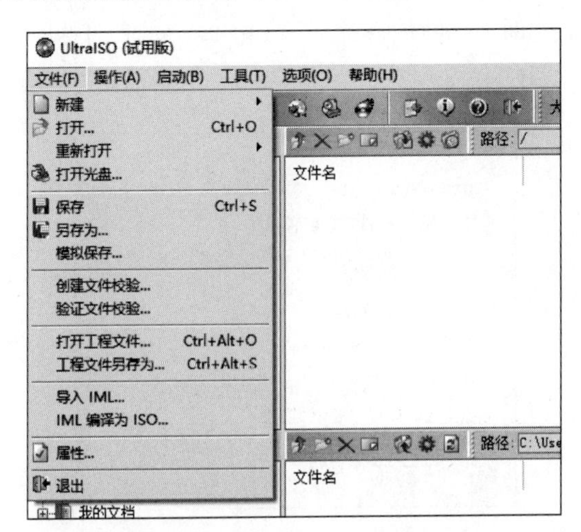

图 11-67 打开 ISO 文件之前主界面

笔记

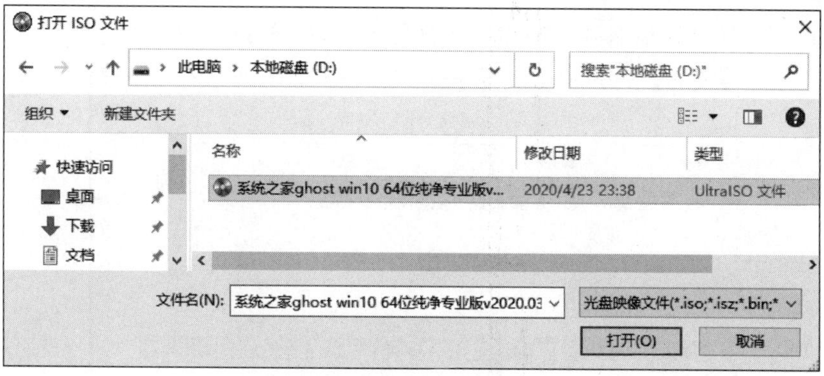

图 11-68 选择 ISO 文件

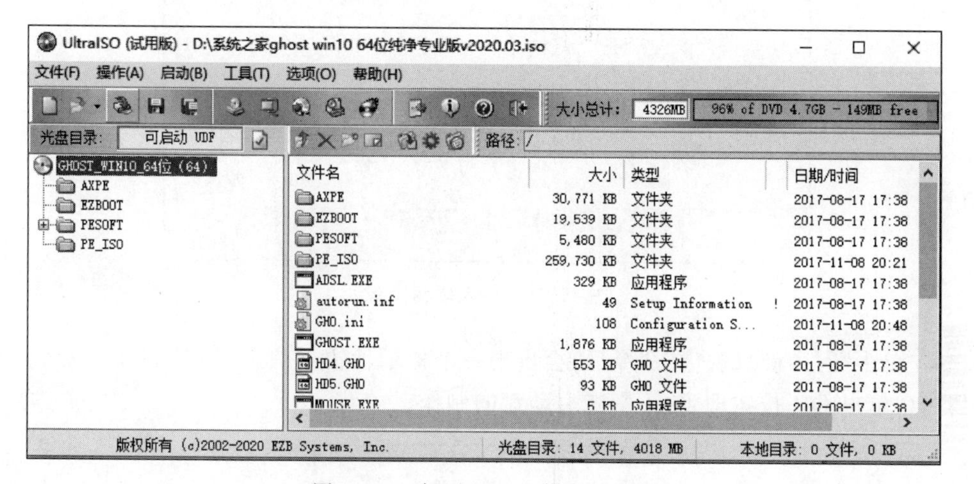

图 11-69 打开 ISO 文件之后界面

第三步 制作启动盘

打开 Windows 10 的 ISO 文件之后，接着进行制作启动盘的第二步。首先将另外一个 U 盘(容量至少 4GB)插入计算机 USB 接口。选择“启动”菜单中的“写入硬盘映像”，如图 11-70 所示。

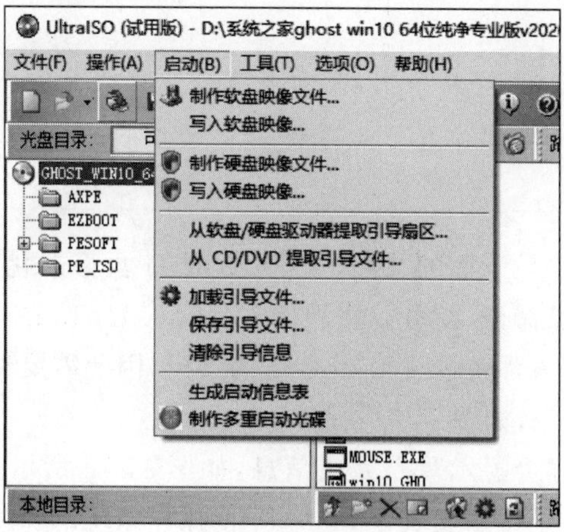

图 11-70 选择“写入硬盘映像”

笔记

单击“写入硬盘映像”,弹出制作启动盘的界面,如图 11-71 所示。

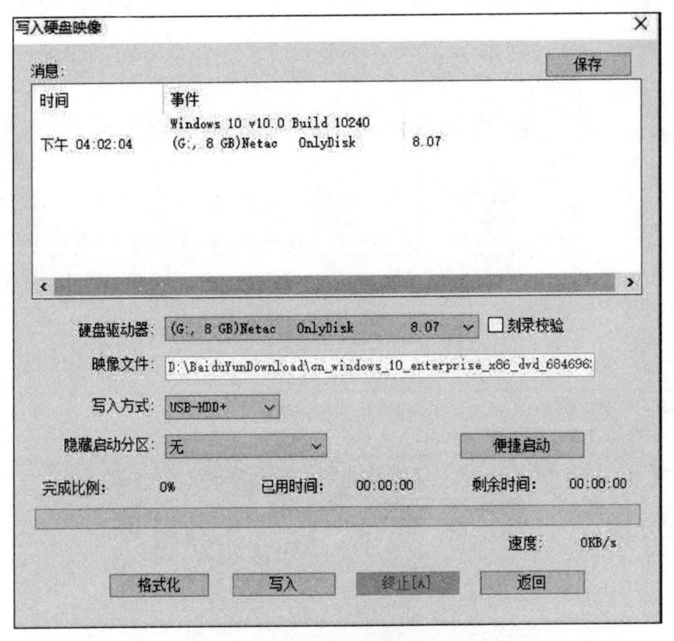

图 11-71 写入硬盘映像

在单击“写入硬盘映像”命令后,会出现一个提示性错误信息,如图 11-72 所示。不用着急,单击 OK 按钮即可,不影响启动盘的制作。

图 11-72 提示性错误

注意:在“写入硬盘映像”界面中,有两个值得注意的地方。第一是“硬盘驱动器”显示的 U 盘是不是要进行制作启动盘的 U 盘。第二个是“映像文件”是不是我们要刻录到 U 盘的映像文件。

检查无误后,就单击最下面的“格式化”命令对 U 盘格式化,参数默认即可。格式化完成之后,单击“写入”命令,就可以将映像文件写入 U 盘,并将 U 盘制作成安装系统的启动盘。格式化和写入都将造成 U 盘数据的丢失,因此需要对 U 盘中需要的数据备份。写入过程大约 10min,如图 11-73 所示。

写入完成之后,同样会提示写入完成信息,如图 11-74 所示。至此 Windows 10 安装启动盘制作就完成了。将来安装 Windows 10 操作系统的时候直接用制作好的启动盘即可安装,光驱、光盘也不再需要了。

笔记

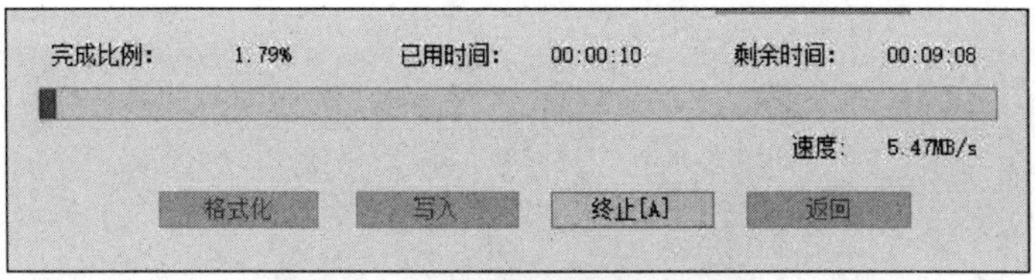

完成比例:
1.79%
已用时间:
00:00:10
剩余时间:
00:09:08
速度:
5.47MB/s
格式化
写入
终止[A]
返回

图 11-73　写入 U 盘映像文件

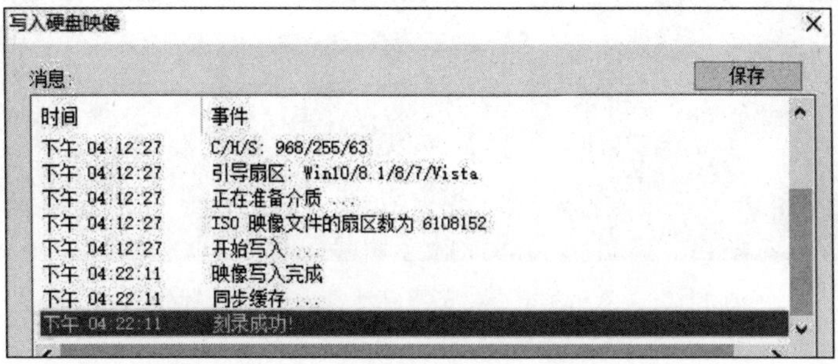

写入硬盘映像
消息:
保存
时间
事件
下午 04:12:27　C/H/S: 968/255/63
下午 04:12:27　引导扇区: Win10/8.1/8/7/Vista
下午 04:12:27　正在准备介质 ...
下午 04:12:27　ISO 映像文件的扇区数为 6108152
下午 04:12:27　开始写入 ...
下午 04:22:11　映像写入完成
下午 04:22:11　同步缓存 ...
下午 04:22:11　刻录成功!

图 11-74　Windows 10 安装启动盘制作成功

11.2.2　活动 2　安装计算机操作系统

第一步　安装准备

启动计算机之前,将准备好的 Windows 10 安装启动盘插入计算机 USB 接口,然后启动计算机。计算机将从 Windows 10 安装启动盘自动启动。计算机屏幕将出现 Start booting from USB device,表示计算机是按照 USB 的方式启动的,如图 11-75 所示。

Start booting from USB device...

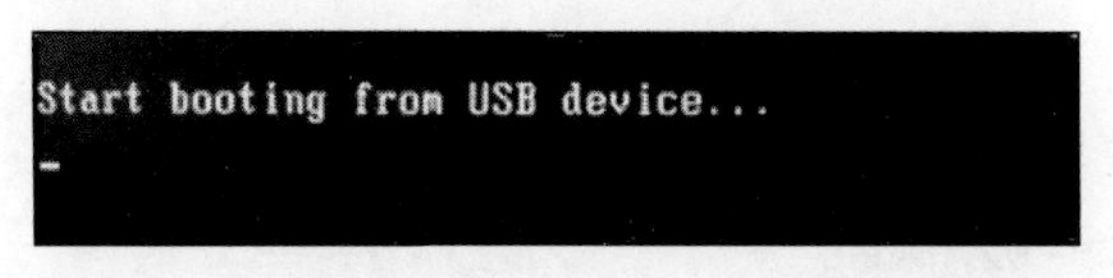

图 11-75　Start booting from USB device 界面

计算机将自动读取 Windows 10 安装启动盘中的启动程序,进入如图 11-76 所示的 Windows 安装程序,选择"要安装的语言""时间和货币格式""键盘和输入方法",一般选择默认值即可。单击"下一步"按钮进入下一界面。

第二步　开始安装

现在可以直接开始安装 Windows 10 或者修复已有的 Windows 10,要安装则单击"现在安装"按钮,如图 11-77 所示。

第三步　同意条款

选择"现在安装"之后,等待几十秒之后,会出现 Windows 安装程序的"许可条款",如图 11-78 所示。选中左下角的"我接受许可条款"前面的小框表示同意 Windows 10 的安装条款,完成之后单击"下一步"按钮进入下一界面。

笔记

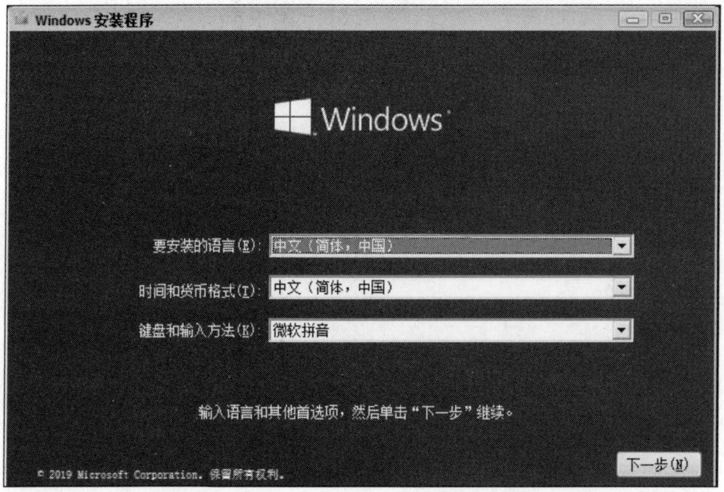

图 11-76　Windows 10 安装启动盘中的启动程序界面

图 11-77　“现在安装”界面

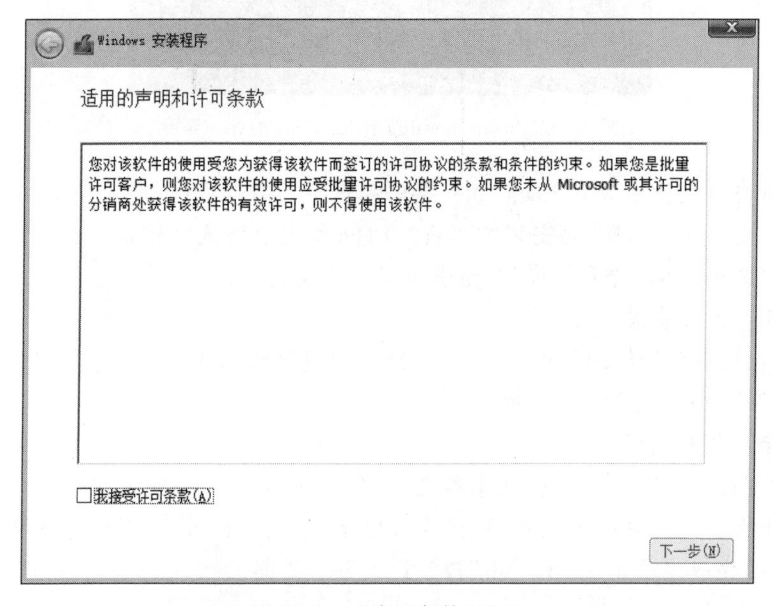

图 11-78　“许可条款”界面

笔记

第四步　安装类型选择

安装程序进入如图 11-79 所示界面。选择“你想执行哪种类型的安装?”,有升级安装和自定义安装两种。一般选择自定义安装。

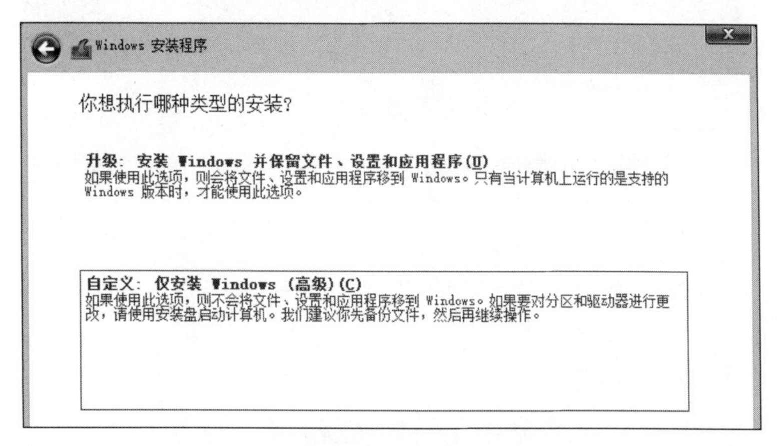

图 11-79　安装类型选择界面

注意:要全新安装 Windows 10 或者原来计算机上没有操作系统的时候要选择自定义安装。

第五步　硬盘选择

选择自定义安装之后,程序出现如图 11-80 所示界面,选择将 Windows 10 安装到哪个分区,这里的磁盘并未分区,采用 Windows 自带分区功能分区。

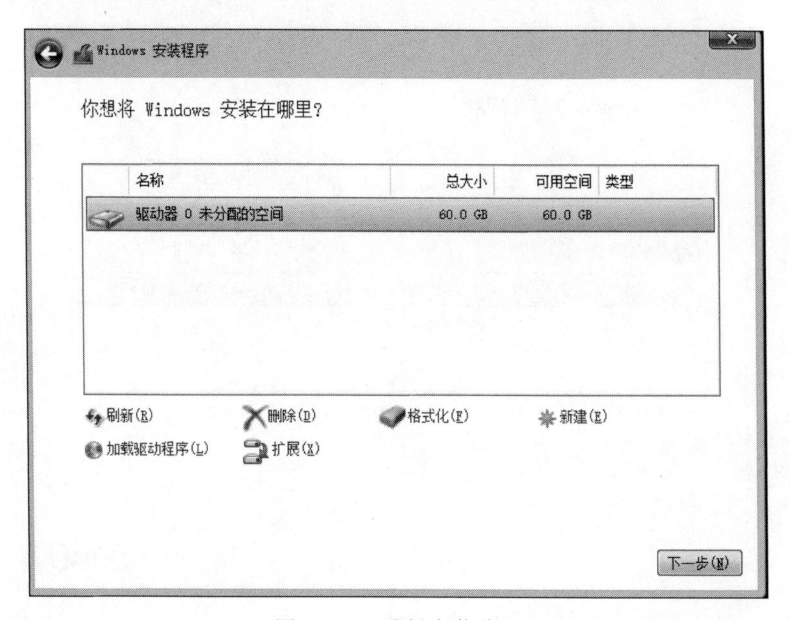

图 11-80　选择安装分区

第六步　分区及选择安装分区

选中图 11-80 中的“驱动器 0 未分配的空间”,直接单击“新建”,在出现的文本框中

笔记

输入要创建的分区的大小即可(分区容量以 MB 为单位),当创建 C 分区(系统分区)的时候,Windows 10 要在 C 分区之间创建一个系统保留分区,如图 11-81 所示。

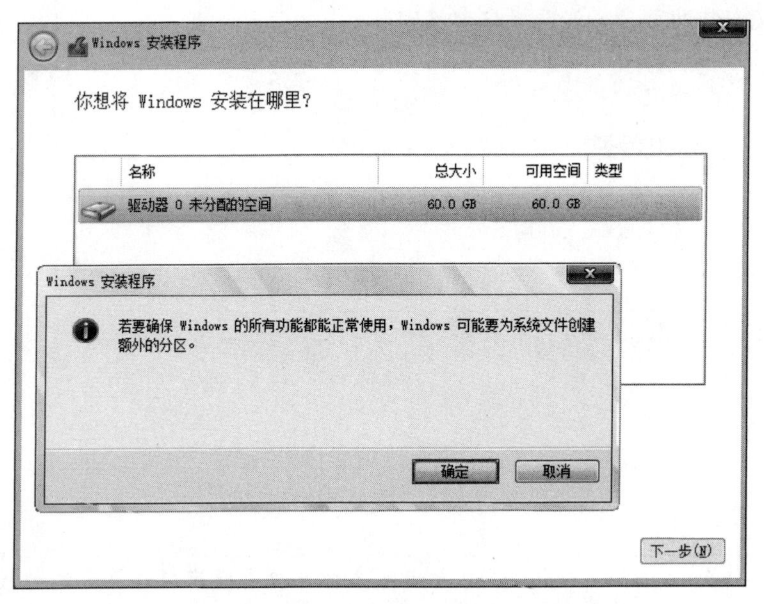

图 11-81　创建系统保留分区

这里将硬盘分为 2 个分区,即 C 盘和 D 盘,加上系统分配的保留分区一共是 3 个分区。分区创建完成后,选中要用来安装系统的分区,一般为 C 分区。单击"下一步"按钮,如图 11-82 所示。

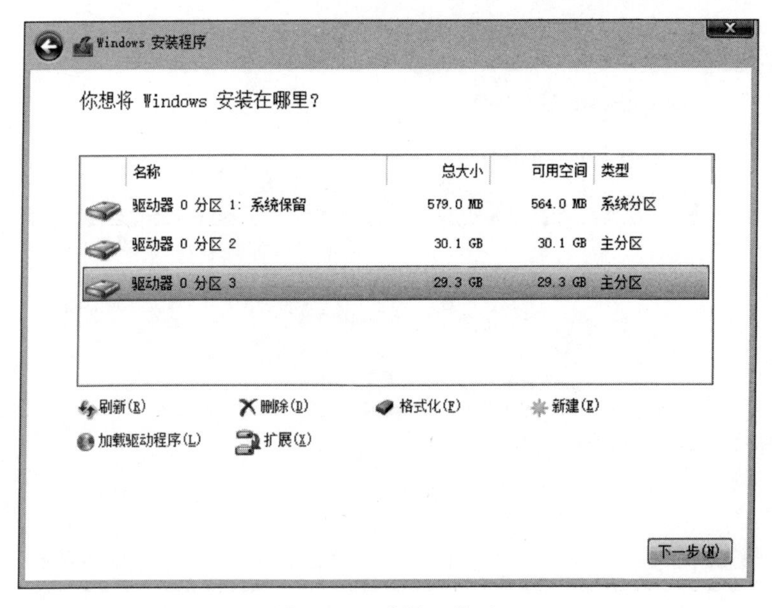

图 11-82　选择 C 分区

第七步　安装 Windows

进入 Windows 10 安装程序"正在安装 Windows",开始 Windows 10 安装的文件

复制、安装功能、更新等，如图 11-83 所示。

Windows 安装程序

正在安装 Windows

状态

正在复制 Windows 文件
正在准备要安装的文件（21%）
正在安装功能
正在安装更新
正在完成

图 11-83　"正在安装 Windows"界面

经过 3～5min，这个过程就完成了。完成之后 Windows 10 的安装进程将重新启动计算机，如图 11-84 所示。此时要将 USB 接口中的 Windows 10 安装启动盘拔下来，以免重启之后系统又重复之前的工作。

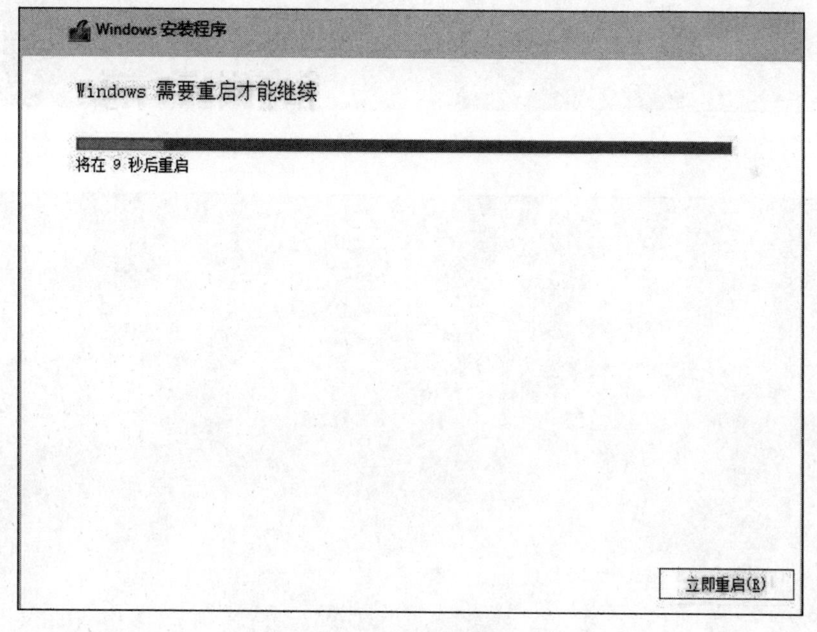

图 11-84　重启界面

第八步　快速设置

计算机重启之后，经过一段时间的准备，将进入 Windows 10 的设置。有"使用快速设置"和"自定义"两种设置方法。选择右下角的"使用快速设置"，如图 11-85 所示。

第九步　组织选择

进入 Windows 10 的连接方式，有"加入 Azure AD"和"加入域"两种连接方式。前一种方式需要有 Azure AD 的账户，后一种就是本地域。选择"加入域"，然后单击"下一步"按钮继续，如图 11-86 所示。

笔记

笔记

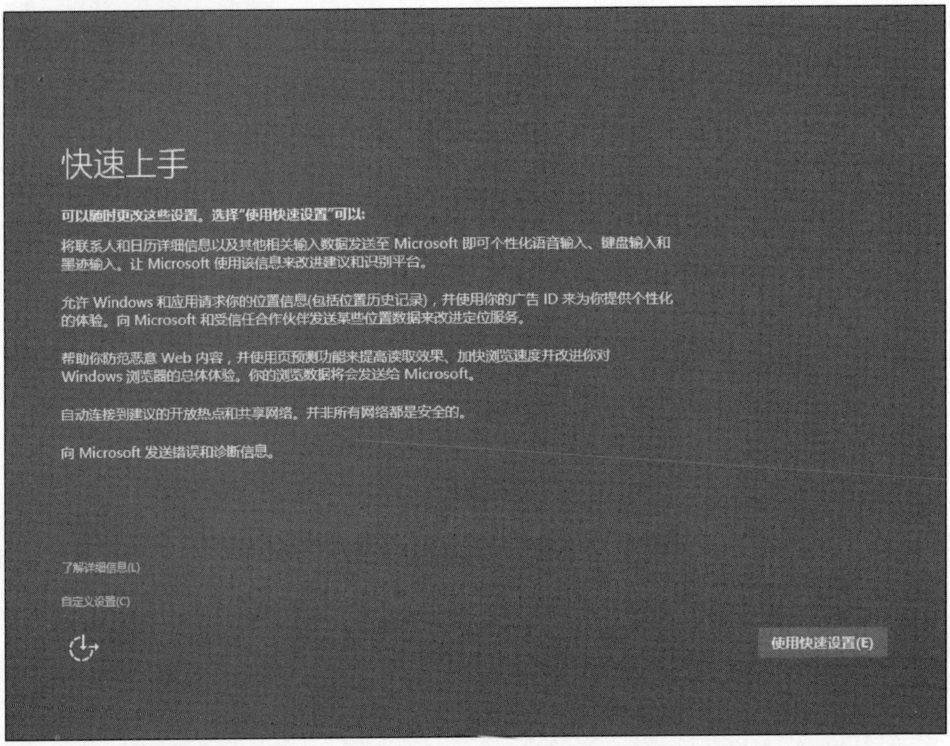

快速上手

可以随时更改这些设置。选择"使用快速设置"可以:

将联系人和日历详细信息以及其他相关输入数据发送至 Microsoft 即可个性化语音输入、键盘输入和墨迹输入。让 Microsoft 使用该信息来改进建议和识别平台。

允许 Windows 和应用请求你的位置信息(包括位置历史记录)，并使用你的广告 ID 来为你提供个性化的体验。向 Microsoft 和受信任合作伙伴发送某些位置数据来改进定位服务。

帮助你防范恶意 Web 内容，并使用页预测功能来提高读取效果、加快浏览速度并改进你对 Windows 浏览器的总体体验。你的浏览数据将会发送给 Microsoft。

自动连接到建议的开放热点和共享网络。并非所有网络都是安全的。

向 Microsoft 发送错误和诊断信息。

了解详细信息(L)

自定义设置(C)

使用快速设置(E)

图 11-85　快速设置界面

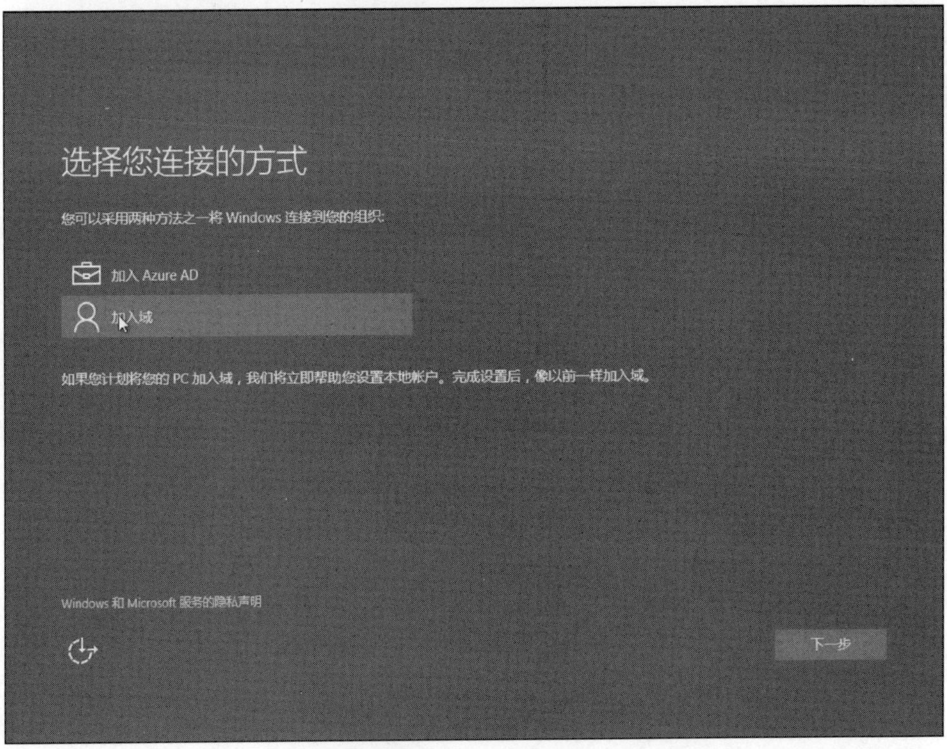

选择您连接的方式

您可以采用两种方法之一将 Windows 连接到您的组织:

加入 Azure AD

加入域

如果您计划将您的 PC 加入域，我们将立即帮助您设置本地帐户。完成设置后，像以前一样加入域。

Windows 和 Microsoft 服务的隐私声明

下一步

图 11-86　组织选择界面

笔记

第十步 账号设置

接着设置计算机登录账户，输入要创建的计算机用户名、密码、确认密码和密码提示之后，单击“下一步”按钮，如图 11-87 所示。

?思考：此处设置的用户名是管理员吗？管理员用户名 administrator 是否还存在？

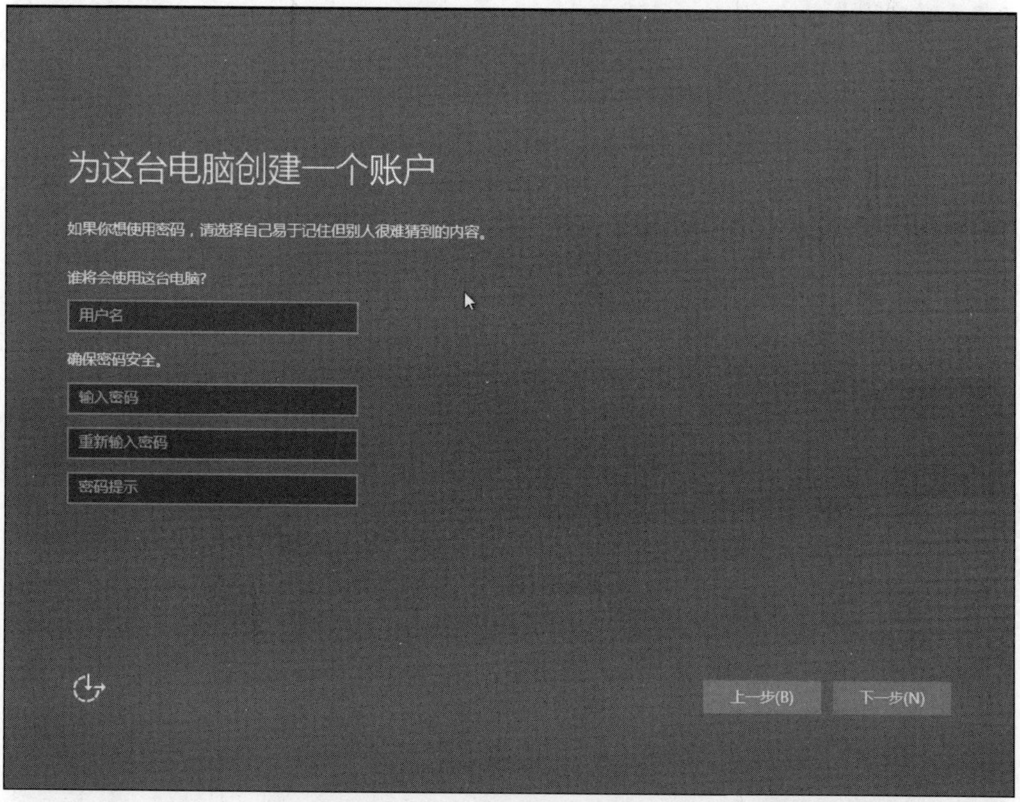

为这台电脑创建一个账户
如果你想使用密码，请选择自己易于记住但别人很难猜到的内容。
谁将会使用这台电脑?
用户名
确保密码安全。
输入密码
重新输入密码
密码提示
上一步(B) 下一步(N)

图 11-87 创建账户界面

第十一步 进入 Windows

最后 Windows 10 安装程序经过 1～2min 的准备之后，进入 Windows 10 的桌面程序。Windows 10 操作系统安装完成，如图 11-88 所示。

单击桌面左下角的图标，启动“开始”菜单进入熟悉的开始菜单界面，如图 11-89 所示。

至此，一个全新的 Windows 10 企业版系统安装成功了。由于 Windows 10 集成了许多功能和程序，一些常用的驱动程序已经不需要我们去安装。不过各种其他应用软件，如 Office 软件、影视播放、音乐、游戏、杀毒软件等都需要安装。此外如果计算机的硬件系统比较新，还是需要安装这些硬件的驱动程序的，不然 Windows 10 的功能会大打折扣。

笔记

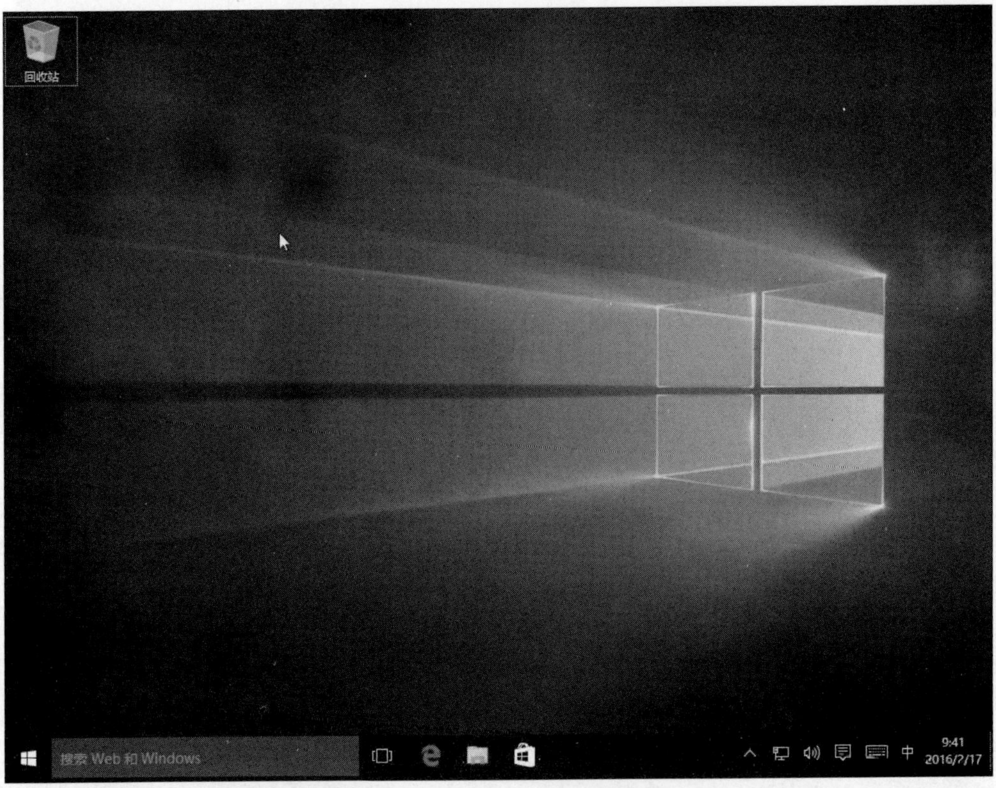

图 11-88 安装完成第一次进入系统桌面

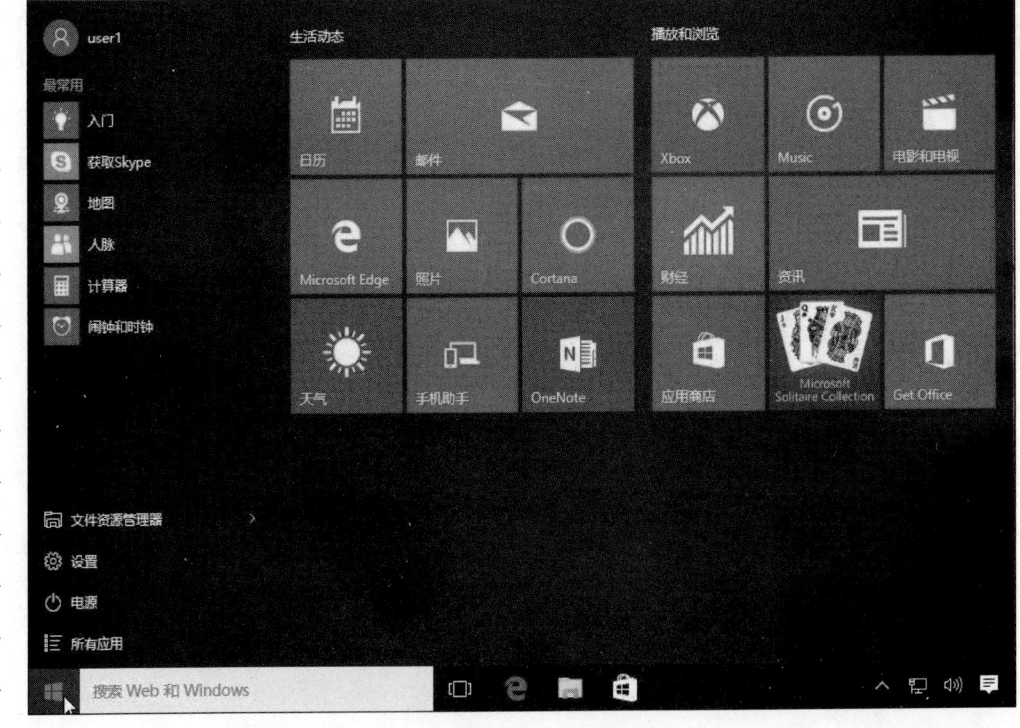

图 11-89 “开始”菜单界面

笔记

11.2.3　活动3　备份与还原计算机操作系统

1. 操作系统备份

第一步　准备工作

启动计算机之前，将准备好的U盘启动盘插入计算机USB接口，然后启动计算机。计算机将从U盘启动盘自动启动。计算机将出现如图11-90所示界面。在该界面使用键盘上下键选择【01】或者【02】都可以启动Windows PE。这里选择【01】启动Win03PE2013。

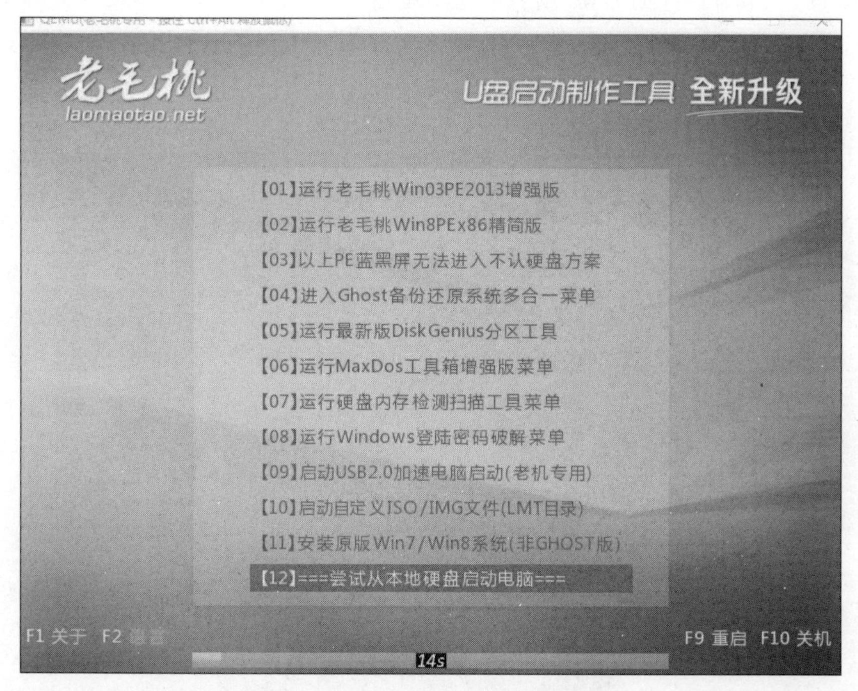

图11-90　老毛桃工具选择界面

第二步　启动Ghost软件

经过约1min，Windows PE启动成功，进入Windows PE桌面，如图11-91所示。在Windows PE桌面双击“手动GHOST”图标启动软件。

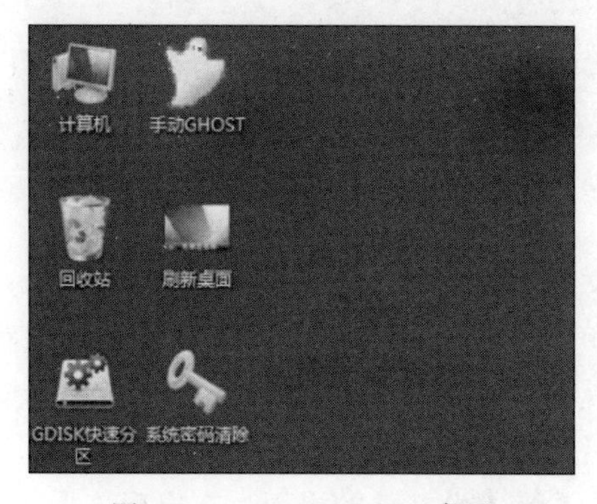

图11-91　Windows PE桌面

笔记

第三步 选择方式

Ghost软件启动后,会出现一个确认的界面,单击OK按钮进入Ghost主界面。在主界面中的操作如图11-92所示,选择Local→Partition→To Image进入制作备份操作系统界面。在图11-93所示界面中,有三个磁盘,其中一个是U盘启动盘,另外一个是计算机硬盘,这里一定记得选择计算机硬盘,因为操作系统安装在计算机硬盘中。然后单击OK按钮,进入计算机硬盘分区选择界面如图11-94所示,将操作系统所在分区选中,单击OK按钮进入下一个操作界面。

小技巧:在图11-93的界面中,只有两个硬盘,可以通过容量大小来判断哪个是硬盘哪个是U盘。但如果有多个硬盘,则需要先了解各个硬盘的具体大小,这样就可以通过大小来判断是否正确选择了自己需要的硬盘。

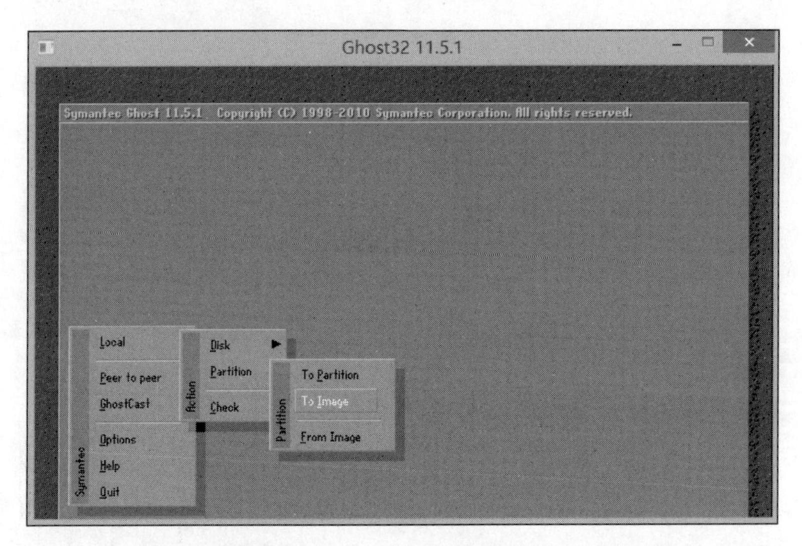

图11-92 Ghost软件系统备份界面

Select local source drive by clicking on the drive number

Drive	Location	Model	Size(MB)	Type	Cylinders	Heads	Sectors
1	Local	VMware, VMware Virtual S	30600	Basic	3900	255	63
2	Local	NVMe VMware Virtual N 1.0	61440	Basic	7832	255	63
80	Local	OS Volumes	92041	Basic	11733	255	63

OK Cancel

图11-93 选择备份哪个硬盘

第四步 生成备份文件

如图11-95和图11-96所示,选择将操作系统备份存放的路径和备份文件的名称。这里选择D盘根目录作为操作系统备份文件存放目录,Windows 10 ghost作为操作系统备份文件的名称。然后单击Save按钮进入下一步。

图11-97是制作操作系统备份文件的界面。在出现该界面的时候会出现"Compress

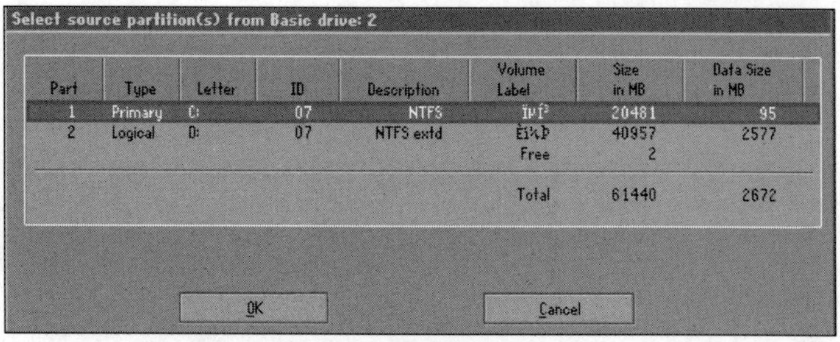

笔记

Select source partition(s) from Basic drive: 2

Part	Type	Letter	ID	Description	Volume Label	Size in MB	Data Size in MB
1	Primary	C:	07	NTFS	ÌÞÍ³	20481	95
2	Logical	D:	07	NTFS extd	Èí¼Þ	40957	2577
					Free	2	
					Total	61440	2672

OK　Cancel

图 11-94　选择备份哪个分区

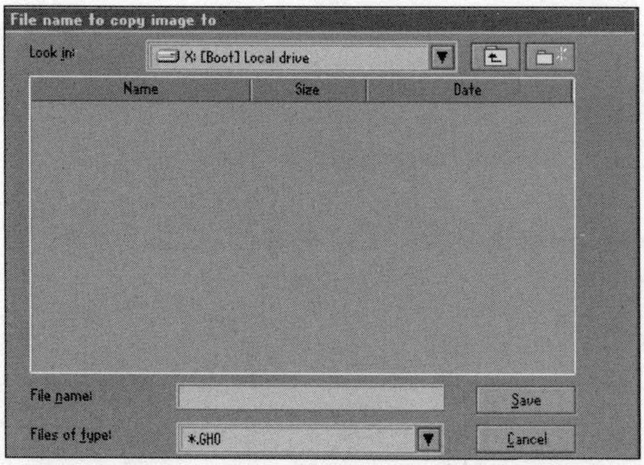

File name to copy image to

Look in: X: [Boot] Local drive

Name	Size	Date

File name:　Save

Files of type: *.GHO　Cancel

图 11-95　选择将操作系统备份存放的路径

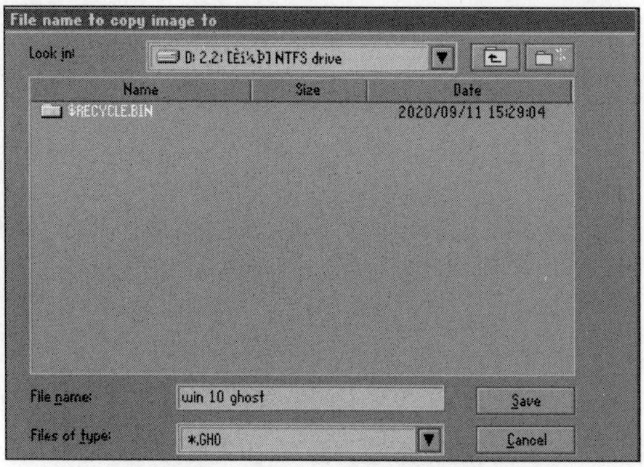

File name to copy image to

Look in: D: 2.2: [Èí¼Þ] NTFS drive

Name	Size	Date
$RECYCLE.BIN		2020/09/11 15:29:04

File name: win 10 ghost　Save

Files of type: *.GHO　Cancel

图 11-96　为备份文件命名

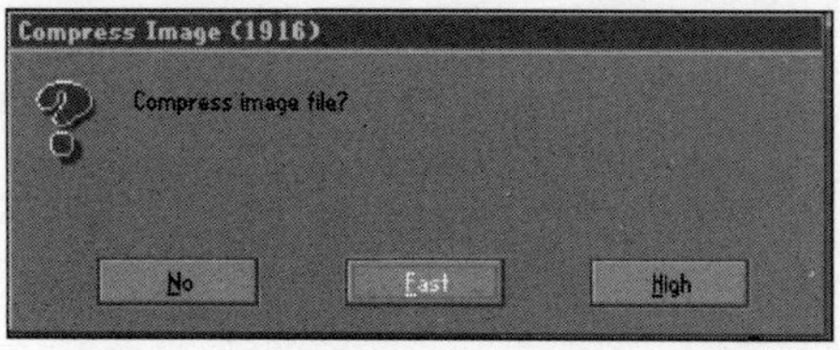

Compress Image (1916)

Compress image file?

No　Fast　High

图 11-97　“Compress image file?”界面

笔记

image file?”的三个选项,即采用哪种方法压缩镜像文件,一般选择 Fast。然后进入制作备份文件界面,如图 11-98 所示。在图 11-98 中可以看到制作备份文件的进度、制作时间、剩余时间、制作速度等信息。

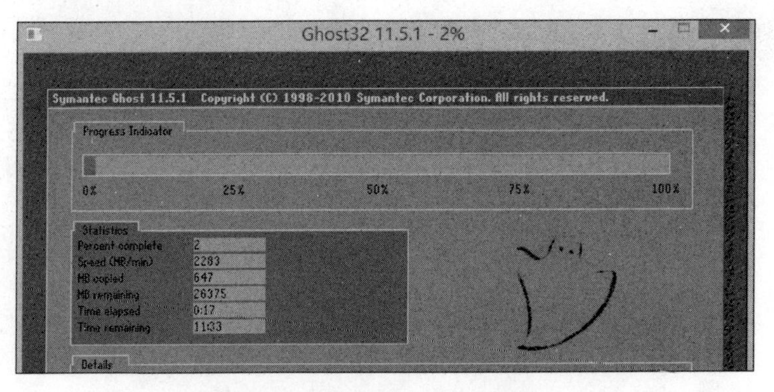

图 11-98 制作备份文件的进度

过程需要 5～8min,这取决于操作系统的大小,操作系统越大,时间越长。备份文件制作完成,会出现如图 11-99 所示的提示信息。单击 Continue 按钮,返回 Ghost 主界面。然后单击 Quit 退出 Ghost 软件。

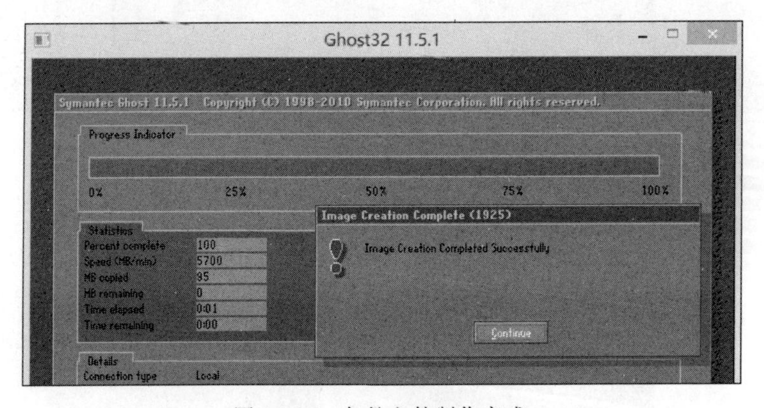

图 11-99 备份文件制作完成

这时打开 D 盘,可以看到在 D 盘根目录下多了一个 win 10 ghost. GHO 的备份文件,如图 11-100 所示。这表明 Windows 10 操作系统的备份已经制作成功。重新启动计算机,拔下 U 盘,检查一下操作系统是否正常。经过试验,操作系统运行正常。

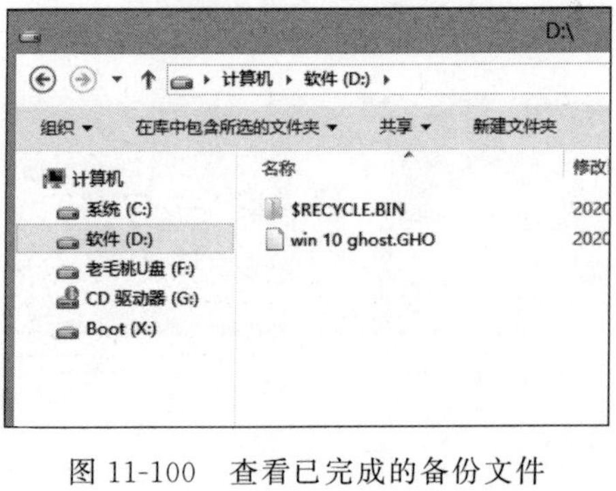

图 11-100 查看已完成的备份文件

笔记

2. 操作系统还原

制作好操作系统备份文件之后，可以利用备份文件检验一下能否还原操作系统。

第一步　启动 Window PE，进入 Window PE 桌面，然后启动 Ghost 软件

在 Ghost 软件主界面中单击选择 Local→Partition→From Image 进入下一步，如图 11-101 所示。

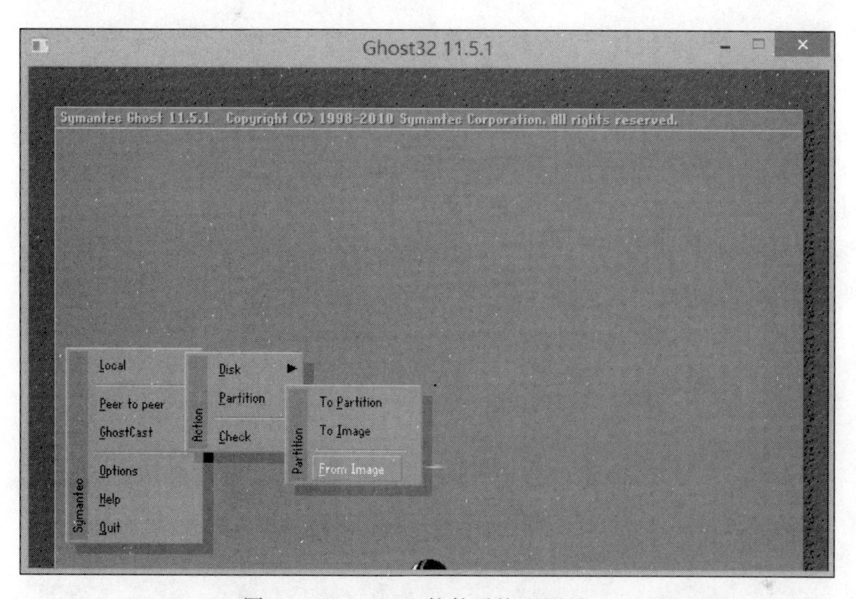

图 11-101　Ghost 软件系统还原界面

第二步　还原文件选择

在图 11-102 所示界面中，将之前制作好的操作系统备份文件选中，然后双击备份文件或者单击 Open 按钮进入下一步。

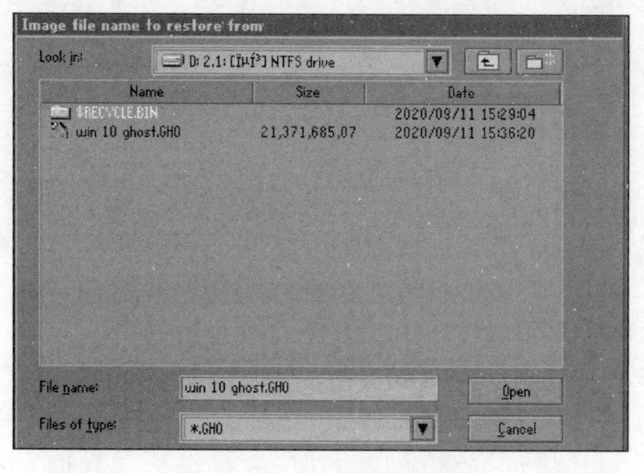

图 11-102　选择还原文件

第三步　选择还原分区

在图 11-103 中，选中将备份文件还原到硬盘的哪个分区中，即操作系统的安装分区。由于还原操作系统会格式化分区，所以在选中还原分区时要格外注意。选择好分区之后，单击 OK 按钮进入下一步。

笔记

Select source partition from image file

Part	Type	Letter	ID	Description	Label	Size	Data Size
1	Primary	C:	07	NTFS	[illegible]	30082	27022
				Total	30082	27022	

OK　Cancel

图 11-103　选择还原分区

第四步　硬盘及分区的选择

接着进入还原硬盘的选择，选择计算机硬盘，然后单击 OK 按钮，进入目标分区的选择，如图 11-104 和图 11-105 所示。选择完成之后进入还原操作系统界面。

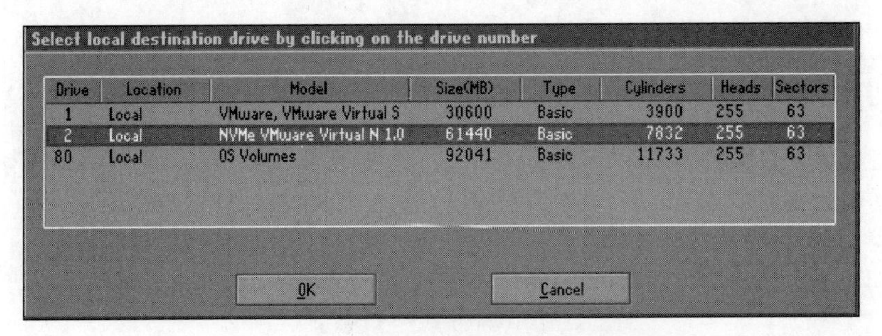

Select local destination drive by clicking on the drive number
Drive
Location
Model
Size(MB)
Type
Cylinders
Heads
Sectors
1
Local
VMware, VMware Virtual S
30600
Basic
3900
255
63
2
Local
NVMe VMware Virtual N 1.0
61440
Basic
7832
255
63
80
Local
OS Volumes
92041
Basic
11733
255
63
OK
Cancel

图 11-104　选择欲还原分区所在的硬盘

Select destination partition from Basic drive: 2

Part	Type	Letter	ID	Description	Label	Size	Data Size
1	Primary	C:	07	NTFS	ÏµÍ³	20481	95
2	Logical	D:	07	NTFS extd	Èí¼þ	40957	107
				Free	2		
				Total	61440	203	

OK　Cancel

图 11-105　选择欲还原的分区

如图 11-106 所示操作系统还原时会提示将要覆盖和格式化操作系统分区，选择 Yes 进入还原界面。操作系统还原界面与操作系统备份制作界面是一样的，也会显示时间、进度等信息。当还原进度达到 100%时，会弹出提示界面 Continue 和 Restart。选择 Continue，返回到 Ghost 主界面，然后单击 Quit 按钮退出 Ghost 软件。重启计算机，拔下 U 盘启动盘。计算机将进入操作系统备份之前的状况。操作系统备份之后的改变将不存在。

至此，操作系统的还原已经完成。

笔记

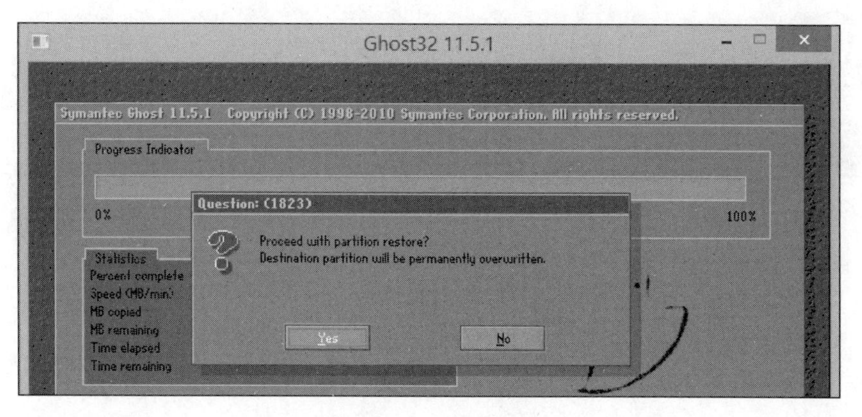

图 11-106 还原完成

11.3 项目总结

本项目主要介绍了计算机硬件系统的组装和计算机软件系统的安装与维护。计算机硬件系统是组成计算机系统的物理器件。认识这些物理器件有助于帮助我们选购适合自己的计算机硬件部件；组装计算机硬件系统有助于我们认识计算机的硬件组成，了解计算机硬件系统的构成，甚至在将来解决一些计算机硬件故障。BIOS是计算机系统的基本输入/输出系统，设置BIOS是组装计算机硬件系统和安装计算机软件系统必须掌握的技能。计算机软件系统的安装最核心的是操作系统的安装。现今操作系统的安装已经从光盘安装升级到一个小小的U盘就可以安装。将操作系统通过专业的工具制作到U盘里，再通过U盘来进行系统安装是常用的一种安装系统的方法，其优点之一就是可以安装原版的操作系统而不必安装第三方“优化”后的系统。U盘操作系统工具做好了，还需要对硬盘进行格式化，硬盘的格式化方法有很多种，采用专业的磁盘维护软件DiskGenius是大多数软件公司的首选。同样的将含有DiskGenius的Windows PE制作到U盘里，设置好BIOS，再利用U盘启动Windows PE，然后启动DiskGenius就可以对硬盘进行专业的分区维护了。在硬盘分区之后，利用制作好的U盘操作系统工具就可以安装操作系统了。最后利用制作好的U盘Windows PE工具也可以对安装好的操作系统进行维护，如备份和还原等。

11.4 拓展训练

1. 分析一下市面上的盒装CPU和散装CPU的区别。
2. 简述主板上各个接口的名称和作用。
3. 在选购计算机机箱和电源时需要注意哪些问题？
4. 计算机硬件系统各部件组装的顺序有什么区别吗？
5. 主板上跳线的安装需要注意哪些问题？

笔记

项目12 维护实践计算机硬件系统

计算机硬件系统的维护比计算机软件系统的维护要难一些，我们经常使用计算机，所以必须要对其常出现的故障有所了解。理论上来讲，计算机各个部件都有可能发生故障，但表现出来的故障现象却不多，比如不显示，可能是因为显示器没通电、显示器损坏、主板故障、内存故障、显卡损坏、电源损坏等；但从实践经验来说，我们知道显示器在开机之后不显示往往是内存故障或显示器通电线松动，但也有显卡出厂本身就存在缺陷的问题，如“显卡门事件”，这种情况很少出现。所以在维护这些故障时，实践经验很重要。本项目主要介绍常见的计算机主机和外设故障的维护。

显卡门事件是指英伟达公司推出了以G86为核心的8400GS、8600GS、9200GS、9600MGS显卡以后，很多用户发现使用时发热量非常高，使用时间久了花屏或者死机，最后导致直接开机无法显示，经过各大计算机生产商联名上诉，英伟达公司被迫承认G86核心的显卡存在缺陷，主要原因是显卡GPU封装工艺存在缺陷。众所周知，对这种大规模集成电路的封装除了需要精密仪器，还需要技术高超、严谨、耐心、专注的技术人员，即使存在GPU封装工艺缺陷，但如果检测人员认真仔细地进行把关，也不会流入市场。此事件之后，英伟达公司首先发布新的驱动软件，有助于GPU散热，但也是治标不治本，被众多计算机用户反映没有认真务实地去解决问题；后期英伟达公司为了修复这个缺陷使用改良版的显卡进行更换升级。

知识目标：

- 了解计算机主机的常见故障
- 理解导致计算机各硬件故障的原因

能力目标：

- 具有排查内存故障的能力
- 具有排查CMOS故障的能力
- 具有排查硬盘、电源、显示器等部件故障的能力

素质目标：

- 培养学生独立思考与分析硬件系统产生问题的素质
- 培养学生正确面对解决硬件问题时的挫折，以及不自卑、不气馁的素质
- 培养严谨、耐心的工作和学习态度

学习重点：内存故障排除及更换；更换CMOS电池；电源故障排除及更换；硬盘故障排除及更换

学习难点：电源故障排除及更换；硬盘故障排除及更换

视频讲解

12.1　任务1　维护计算机主机常见故障

12.1.1　活动1　内存故障导致开机报警

第一步　查看故障现象

打开主机箱的箱盖，虽然能够听到报警的声音，但是打开机箱盖后我们可以看到CPU和风扇都是处于正常运行的状态，如图12-1所示。我们可以初步判定内存条的金手指已被氧化。

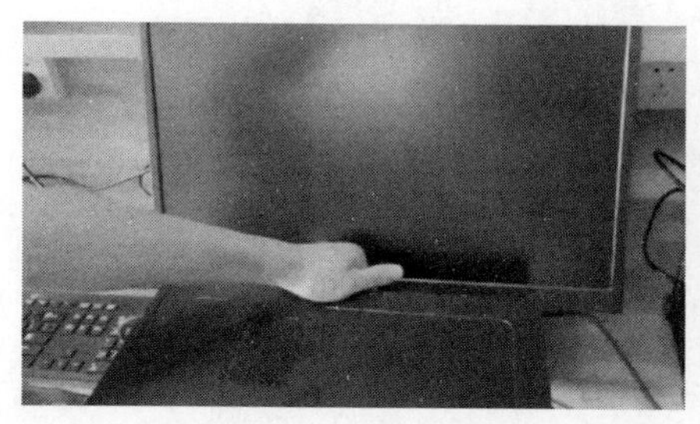

图12-1　开机箱

第二步　计算机关机

在维护的时候，计算机是不允许带电操作的，如图12-2所示。

图12-2　计算机关机

第三步　取出内存条

关机之后，我们取出内存条，如图12-3所示。

图12-3　取出内存条

笔记

第四步　擦掉氧化层

使用橡皮将内存条的金手指部分的氧化层给擦掉,如图 12-4 所示。

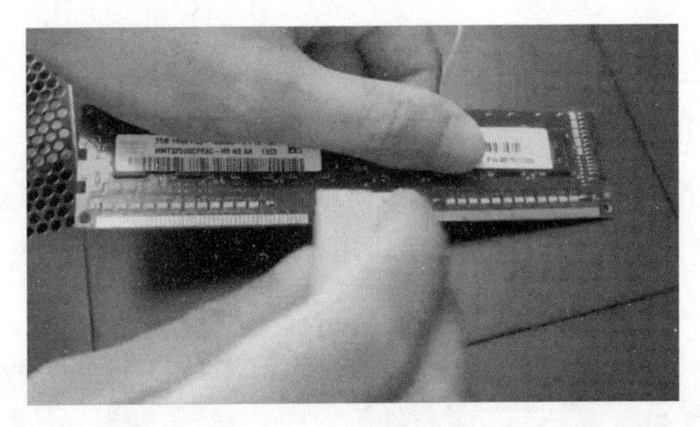

图 12-4　擦掉氧化层

第五步　重新装回内存条

擦掉氧化层之后,将内存条重新安装回去。安装的时候一定要注意卡扣的方向。可以看到内存条上面的凹槽和插槽里面的穿起点是对应的,如图 12-5 所示。

小技巧:先将内存条以正确对应的方式放入插槽,再用双手的大拇指分别在内存条的两端同时向下按压,这时内存条两边的卡扣会自动扣住内存条的两边。

图 12-5　重新装回内存条

第六步　开机查看效果

开机之后,我们可以看到计算机可以正常启动了,计算机的故障报警声音也没有了,如图 12-6 所示。

图 12-6　开机查看效果

笔记

12.1.2　活动2　COMS信息丢失

第一步　查看故障现象

打开计算机，我们可以看到屏幕中显示有 Time & Date Not Set，说明计算机里的时间和日期没有被保存下来，如图12-7所示。

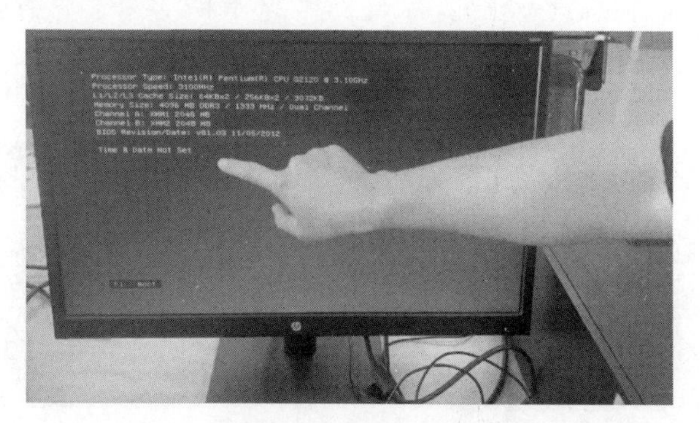

图12-7　查看故障现象

第二步　计算机关机并打开机箱

在维护的时候，计算机是不允许带电操作的。打开机箱之后我们可以看到纽扣电池，如图12-8所示。

图12-8　打开机箱

第三步　取出纽扣电池

用起子端头拨开纽扣电池的卡扣，纽扣电池会自动地被弹出来，如图12-9所示。

图12-9　取出纽扣电池

笔记

第四步　用万用表测试纽扣电池的电压

将万用表打到直流电压20V挡,将万用表的红表笔和黑表笔分别同时压在正极和负极上。可以看到纽扣电池的电压为0.5V左右,而正常的纽扣电池电压一般为3V,显然这块纽扣电池的电压偏低,如图12-10所示。

> ⚠**注意**:纽扣电池的正面(朝上)是正极,有一个"+"符号;背面(朝下)则是负极。用万用表测量时千万不要接反了。

图12-10　用万用表测试纽扣电池的电压

第五步　更换新的纽扣电池

将新纽扣电池的正极朝上,负极朝下,对准主板上纽扣电池的卡槽,用力向下按。纽扣电池的卡扣会自动卡住新纽扣电池,会发出"咔"的一声,如图12-11所示。

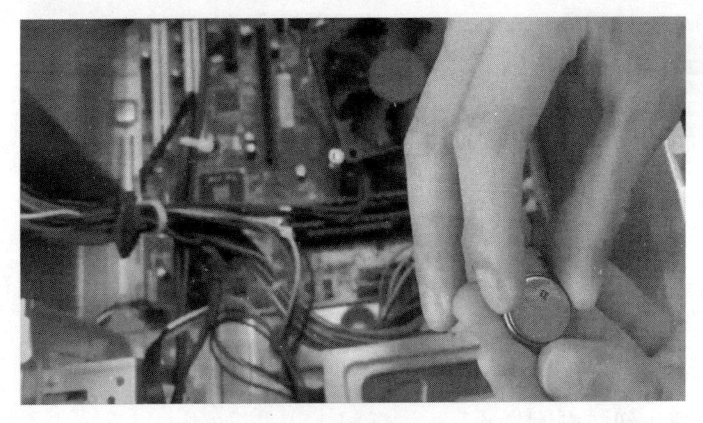

图12-11　更换新的纽扣电池

视频讲解

12.2　任务2　维护计算机外设常见故障

12.2.1　活动1　电源故障导致无法开机

第一步　查看故障现象

按下计算机的开机按钮,可以看到计算机并没有开启,再检查计算机指示灯,发现电源指示灯并没有点亮,如图12-12所示。

第二步　拆卸电源与主板间的连接

接下来断电,打开机箱,断开电源与主板间的连接,如图12-13所示。

笔记

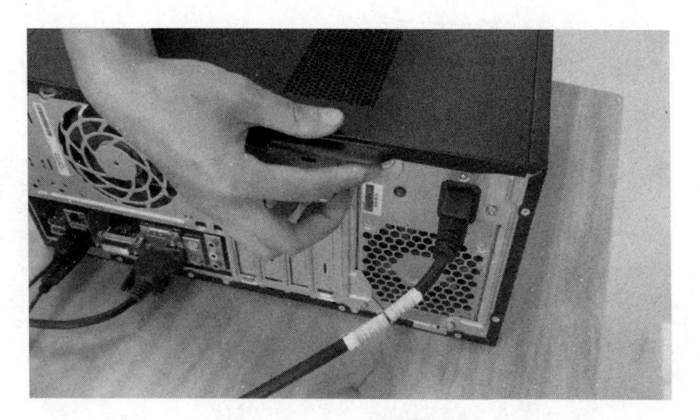

图 12-12 查看故障现象

小技巧：在断开连接时要注意，连接接头处有卡扣，需要先打开卡扣，再拔出连接接头，千万不要直接拔连接头，以免损坏主板。

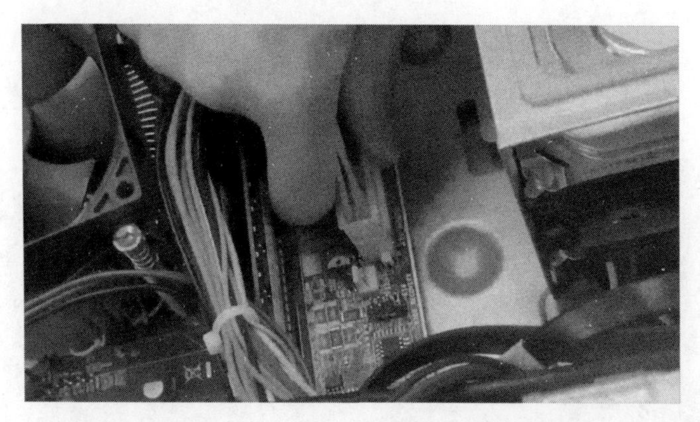

图 12-13 拆卸电源与主板间的连接

第三步 用万用表测试电源电压

将万用表打到直流电压 20V 挡，用黑表笔接黑色的线，红表笔接紫色的线，结果发现万用表里显示的数字是 0，说明我们的电源有损坏。有时候我们测出来的电压可能只有 1V 多一点，说明电源老化，使得电压偏低，也是用不了的，如图 12-14 所示。

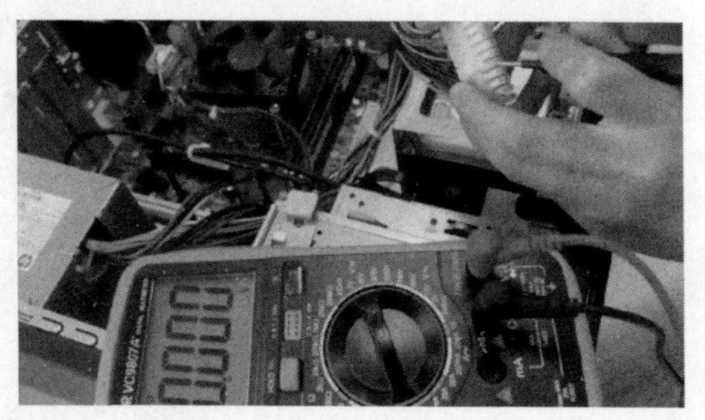

图 12-14 用万用表测试电源电压

笔记

第四步　拆卸电源与其他部件的连接

这里我们先拆掉电源与硬盘之间的连接，接着拆掉电源与CPU在主板上面的供电接口Pentium 4之间的连接，如图12-15所示。

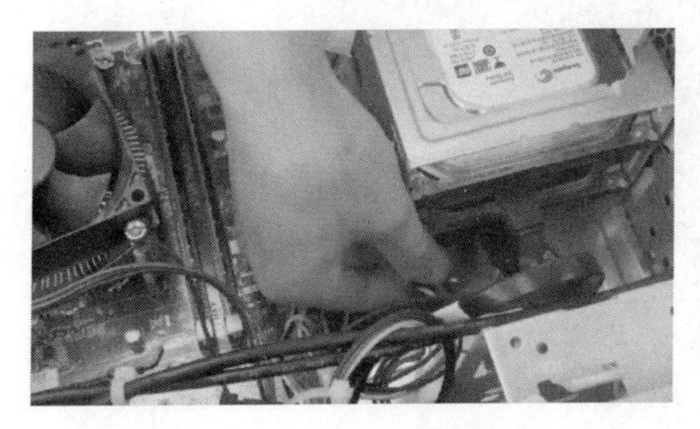

图12-15　拆卸电源与其他部件的连接

第五步　拆卸电源与机箱上的连接螺丝，更换新电源

一般情况下，电源与机箱上的连接螺丝有4颗，先把它们拧下来，最后再装上新电源，如图12-16所示。

小技巧：在拆的时候按对角线的方式拆卸。

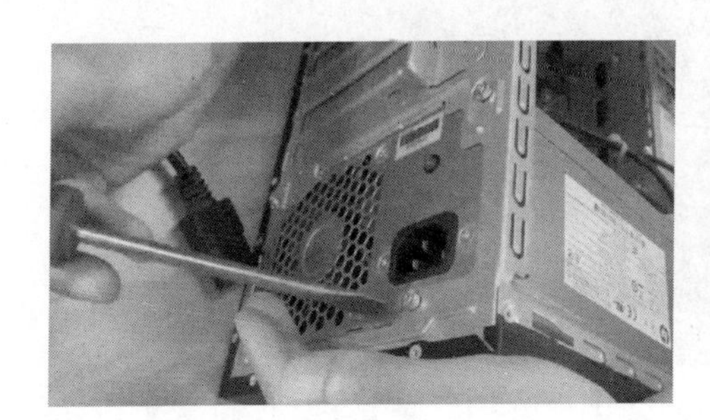
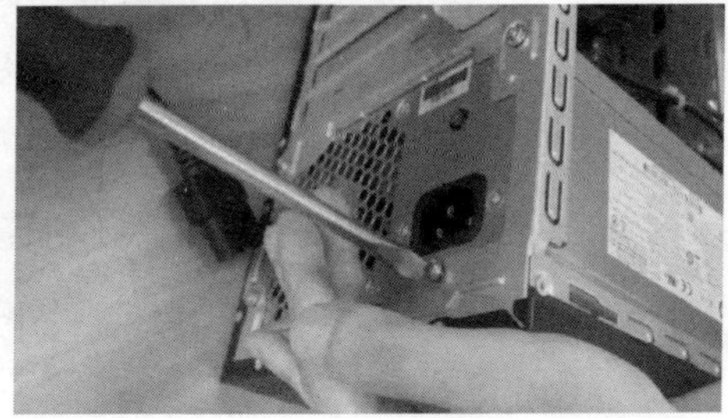

图12-16　更换新电源

12.2.2　活动2　开机不能识别硬盘

第一步　查看故障现象

开机屏幕提示"Easyasfe Driver not found!"字样，在BIOS里也检测不到硬盘参数，说明计算机没有识别到计算机硬盘，如图12-17所示。

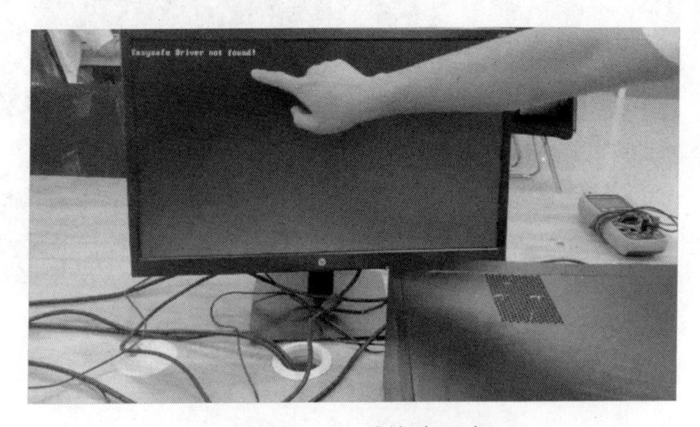

图12-17　查看故障现象

笔记

第二步 计算机关机并打开机箱

打开机箱后，首先找到机箱内的硬盘架，如图 12-18 所示。

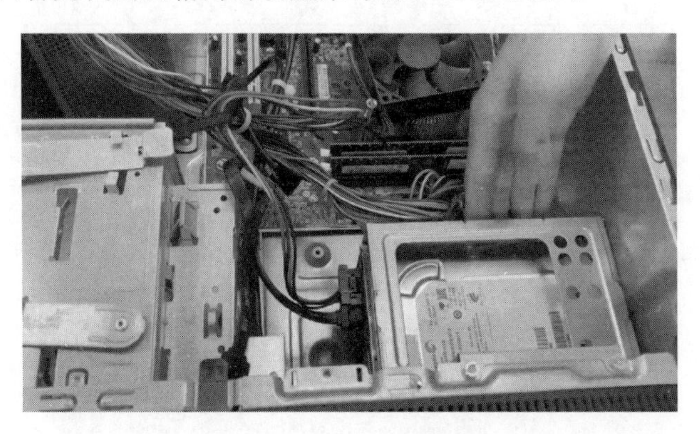

图 12-18 打开机箱

第三步 取出硬盘架

首先将与硬盘连接的电源线和数据线拔掉，然后拆卸固定硬盘架的螺丝，接着取出硬盘架，如图 12-19 和图 12-20 所示。

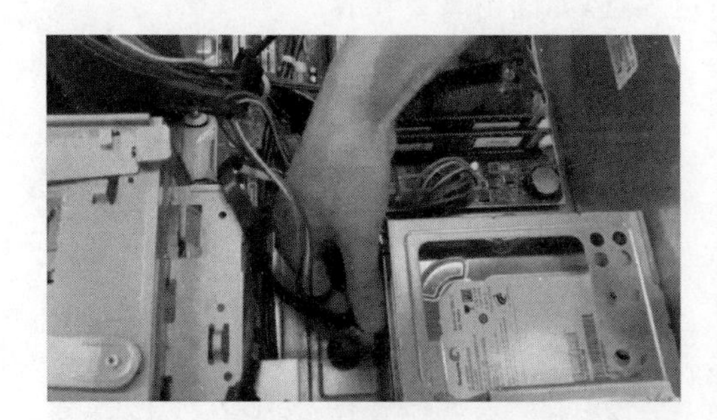

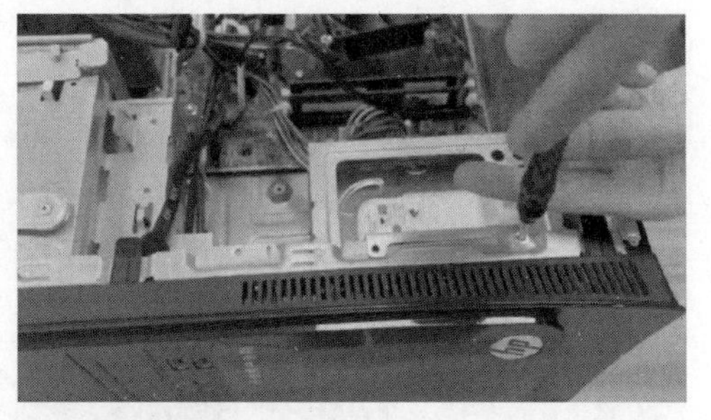

图 12-19 拔掉电源线和数据线

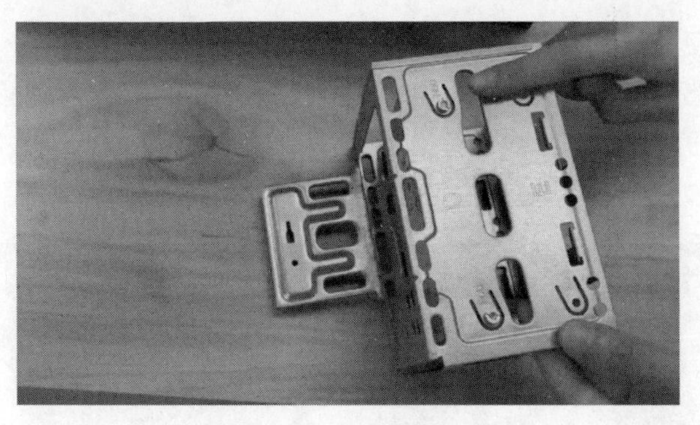

图 12-20 取出硬盘架

第四步 取出有故障的硬盘

将硬盘架上固定硬盘的螺丝拧掉，取出故障硬盘，如图 12-21 所示。

笔记

小技巧：取出硬盘的时候，一般硬盘架有防掉落的设计结构，所以只能从一边取出硬盘。

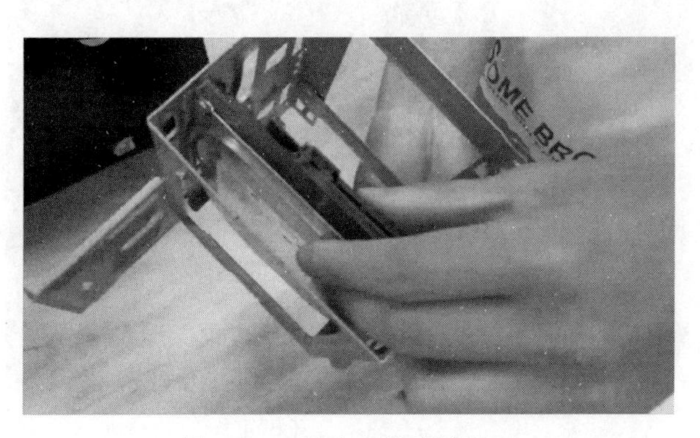

图 12-21 取出有故障的硬盘

第五步 更换新的硬盘

按照取出硬盘的逆操作方式，将新的硬盘装入硬盘架。然后将硬盘两侧用于固定的螺丝孔与硬盘架上的螺丝孔对应，最后固定螺丝，如图 12-22 所示。

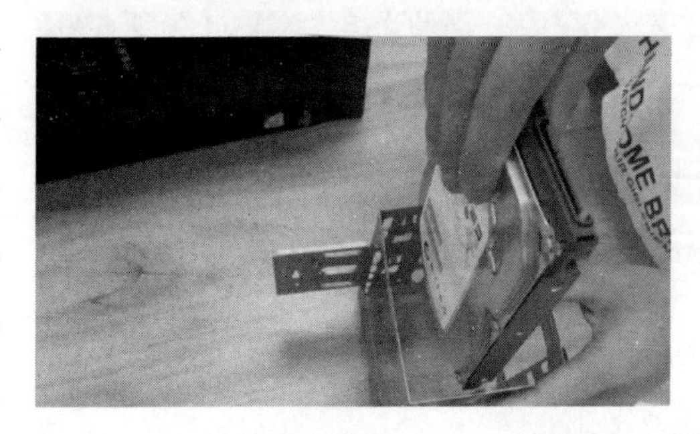

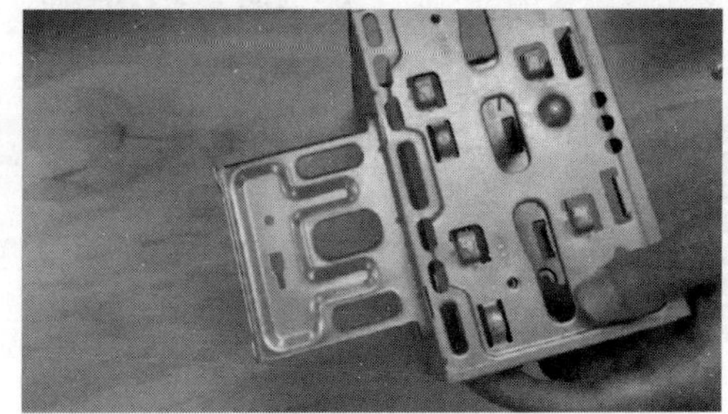

图 12-22 更换新的硬盘

第六步 将硬盘架装回机箱并开机测试

首先将硬盘架装回机箱，并用螺丝固定硬盘于机箱内；然后连接硬盘的电源线和数据线；最后开机，我们可以看到计算机已经找到硬盘，并进行硬盘数据的读取，如图 12-23 所示。

图 12-23 将硬盘架装回机箱并开机测试

笔记

12.2.3　活动3　显示器损坏无画面

第一步　查看故障现象

打开主机开关，可以看到显示器上无任何显示。并且显示器的开关指示灯呈黄色，并没有绿色显示，说明显示器已通电，但没有信号传入。经过检查，发现显示器的电源线和数据线都插接牢固，如图12-24所示。

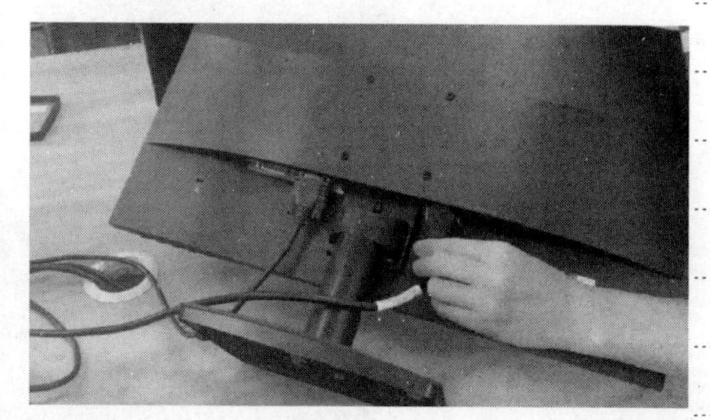

图12-24　查看故障现象

第二步　拔下显示器的电源线和数据线

在取电源线时，可以直接拔；但在取下数据线时，一定要注意先把数据线两边的螺丝拧松了再拔，以避免不必要的损坏，如图12-25所示。

图12-25　拔下显示器的电源线和数据线

第三步　为新显示器接上电源线和数据线

接电源线时，直接把电源线插到显示器的电源接口，如图12-26所示。

小技巧：接数据线时，一定要注意将数据线接口根据防呆设计，对应接到显示器的数据接口上，并将数据线两边的螺丝拧紧。

第四步　查看效果

把显示器的电源接上以后，我们就可以看到显示器上已经有画面出现了，如图12-27所示。

笔记

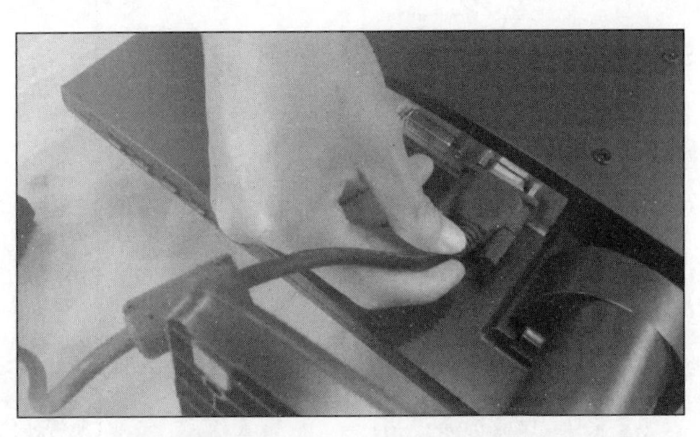

图 12-26　为新显示器接上电源线和数据线

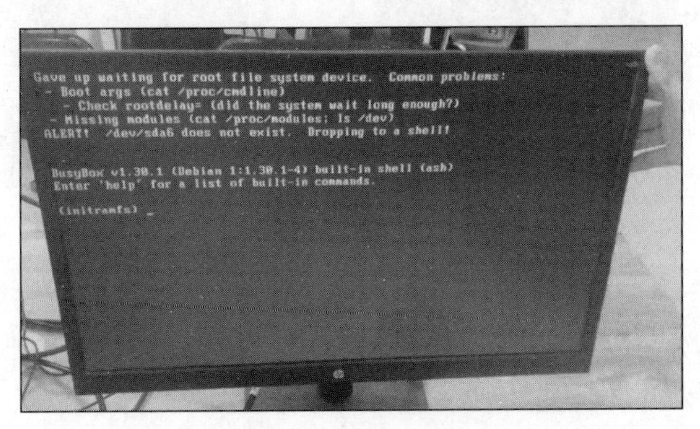

图 12-27　查看效果

12.3　项目总结

项目 12 主要介绍了计算机常见的硬件故障，分别从计算机主机常见故障和计算机外设常见故障来进行介绍。计算机主机常见故障主要介绍了计算机内存故障和计算机 COMS 故障；计算机外设常见故障主要介绍了计算机电源故障、计算机硬盘故障和计算机显示器故障。

12.4　拓展训练

1. 在排除计算机内存故障时，取出内存条时应该注意些什么？
2. 在排除计算机内存故障时，安装内存条时应该注意些什么？
3. COMS 供电电池没电了，是否必须换掉？为什么？
4. 为排除计算机硬件故障，维护计算机主机箱里的部件时，为什么要求断电？
5. 在排除计算机电源故障时，取出电源时应该注意些什么？
6. 在排除计算机电源故障时，安装电源时应该注意些什么？
7. 简述拆装计算机硬盘时的顺序流程。
8. 显示器未通电无画面和通电无画面的区别是什么？如果判断？

笔记

项目13 维护计算机软件系统

计算机操作系统是计算机最大的软件系统,从最早的DOS操作系统发展到了现在的Linux、Windows、macOS、华为鸿蒙操作系统。目前Windows 10操作系统是当下用户最多的操作系统之一,因此本项目主要以Windows 10操作系统为例进行讲解。

华为鸿蒙操作系统的宣告问世,在全球引起强烈反响,华为鸿蒙操作系统成为业内关注的焦点。华为鸿蒙操作系统的发布是中国高科技企业的一次战略突围,是突破技术壁垒的一个带动点,意义重大。目前从华为官方发布的鸿蒙系统更新数据来看,华为技术人员对鸿蒙系统正在夜以继日地更新换代,使其实现更强大的功能,创造更好的生态。党的二十大报告提出,建设数字中国,加快发展数字经济,促进数字经济和实体经济深度融合,打造具有国际竞争力的数字产业集群。华为鸿蒙操作系统是华为展开数字中国建设工程的重要一环。华为公司作为中国高科技企业的领头羊,在当下中国高科技企业受外部强大压力已经成为战略态势的情况下,坚持不懈、踏实务实地迎接新挑战。

知识目标:

- 了解 Windows 10 操作系统的桌面基本操作
- 理解 Windows 10 操作系统桌面、窗口、文件及文件夹的基本操作
- 掌握网络配置与多媒体设置
- 掌握数据恢复的操作流程

能力目标:

- 具有操作 Windows 10 操作系统的能力
- 具有操作 Windows 10 操作系统桌面、窗口、文件及文件夹的能力
- 具有配置网络和设置多媒体的能力
- 具有数据恢复的能力

素质目标:

- 培养学生善于发现操作系统问题并努力尝试采用多种途径解决问题的素质
- 培养学生有目的地收集、整理、使用信息操作系统产生信息的素质
- 培养学生在小组团队中善于表达自己的思想与观点的素质
- 培养坚持不懈等工作学习态度

学习重点:虚拟桌面设置;文件(夹)显示隐藏设置;批量新建文件夹;网络配置;投影设置

学习难点:批量新建文件夹;网络配置

笔记

视频讲解

13.1 任务1 认识Windows操作系统

13.1.1 活动1 Windows 10提示无法使用内置管理员账户打开应用

自Windows 10发布以来,已经越来越多的人开始使用Windows 10操作系统了,而在最近,有刚使用Windows 10的用户反映,打开应用的时候出现提示"无法使用内置管理员账户打开应用",如图13-1所示。这该怎么解决呢?下面就讲述Windows 10无法使用内置管理员账户打开应用的解决方法。

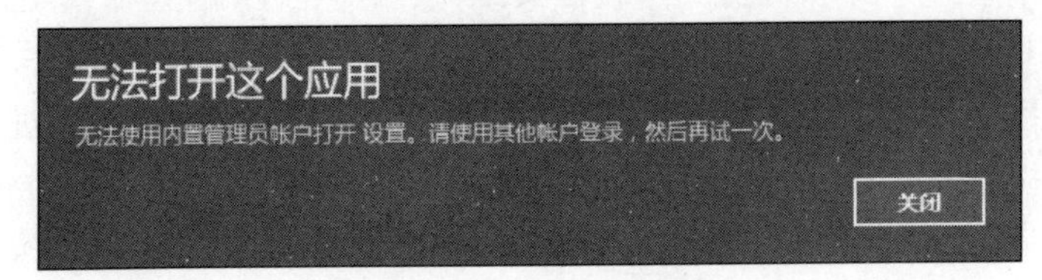

图13-1 面临的问题

第一步 进入Windows 10桌面,选择"控制面板"

进入Windows 10桌面,单击桌面左下角的"搜索"图标,在弹出的搜索框中输入"控制面板",搜索出控制面板,如图13-2所示。

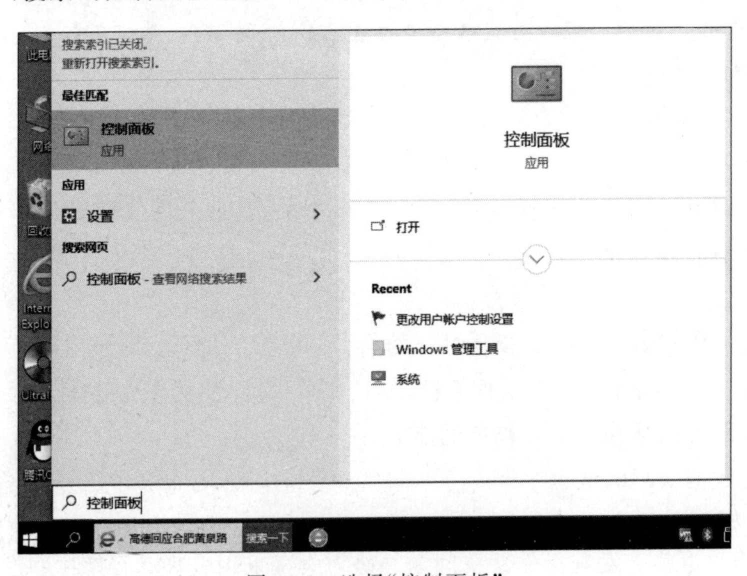

图13-2 选择"控制面板"

第二步 进入"本地安全策略"

单击搜索出的控制面板,选择"系统安全"→"管理工具",进入"本地安全策略",如图13-3和图13-4所示。

编辑注:书中软件截图中"帐户"和"帐号"为误用,正确写法应为"账户"和"账号",特此说明。

笔记

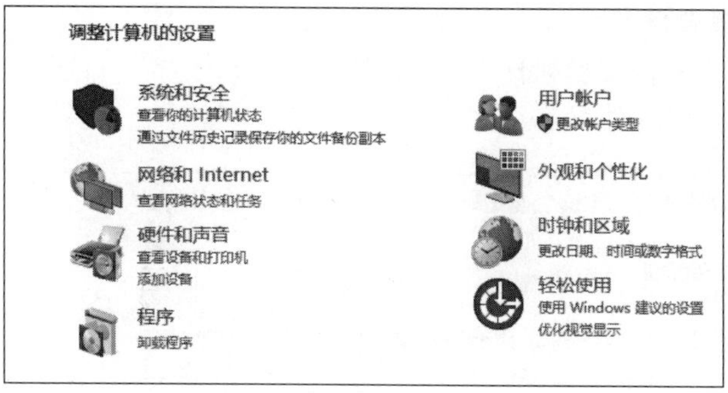

图 13-3 选择“系统安全”→“管理工具”

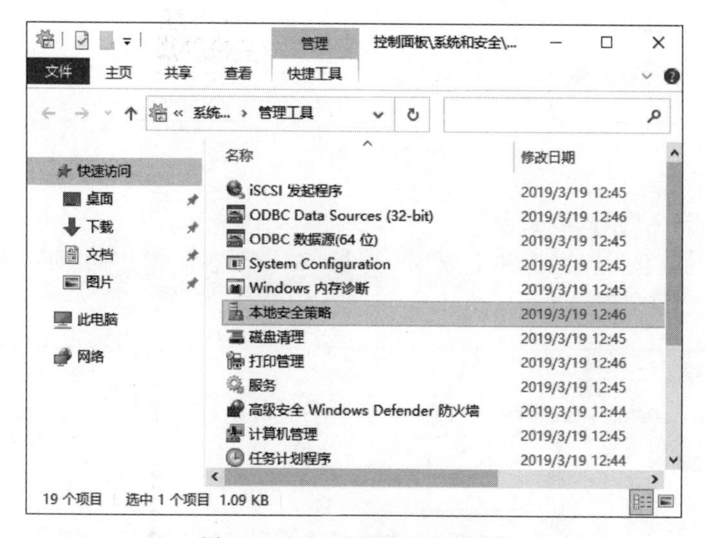

图 13-4 进入“本地安全策略”

第三步 找到“用户账户控制：用于内置管理员账户的管理员批准模式”

在弹出的本地组策略编辑器对话框左侧依次单击“本地策略”→“安全选项”，在右侧找到“用户账户控制：用于内置管理员账户的管理员批准模式”(系统默认为禁用)，如图 13-5 所示。

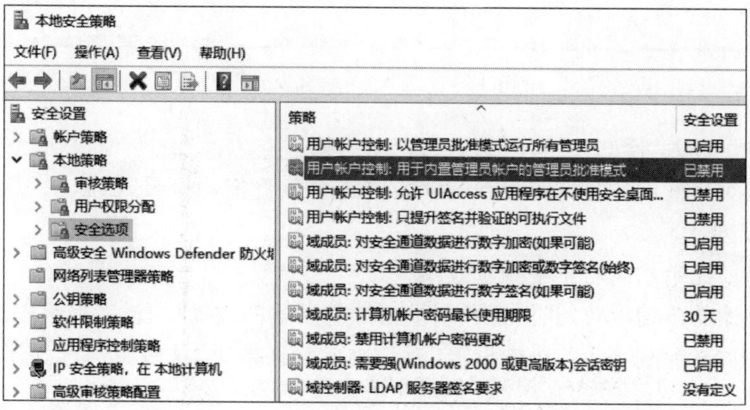

图 13-5 用户账户控制：用于内置管理员账户的管理员批准模式

笔记

第四步　设置启用

右击，在随后打开的属性对话框“本地安全设置”标签下，勾选“已启用”，然后单击“确定”按钮，如图13-6所示。

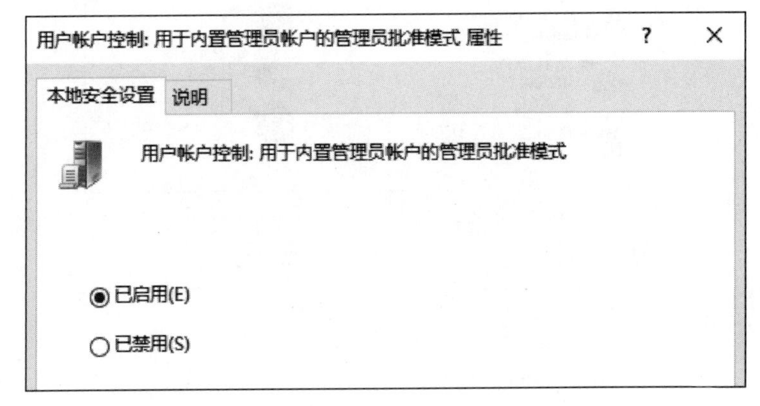

图13-6　设置启用

第五步　进入“系统和安全”

回到“控制面板”的“系统和安全”中，选择“安全性与维护”中的“更改用户账户控制设置”，如图13-7所示。

图13-7　进入“系统和安全”

第六步　进入“通知”设置界面，设为“不通知”

将弹出对话框中的“浮标”从系统默认推荐的位置拖动至最下面(从不通知)即可，如图13-8所示。

第七步　注销或重启系统查看效果

要使刚才的改动生效，我们还必须重新加载刚才的改动设置，我们可以通过“注销”或“重启”来重新加载刚才的改动设置，为了快速验证效果，这里我们选择了“注销”，如图13-9所示。

笔记

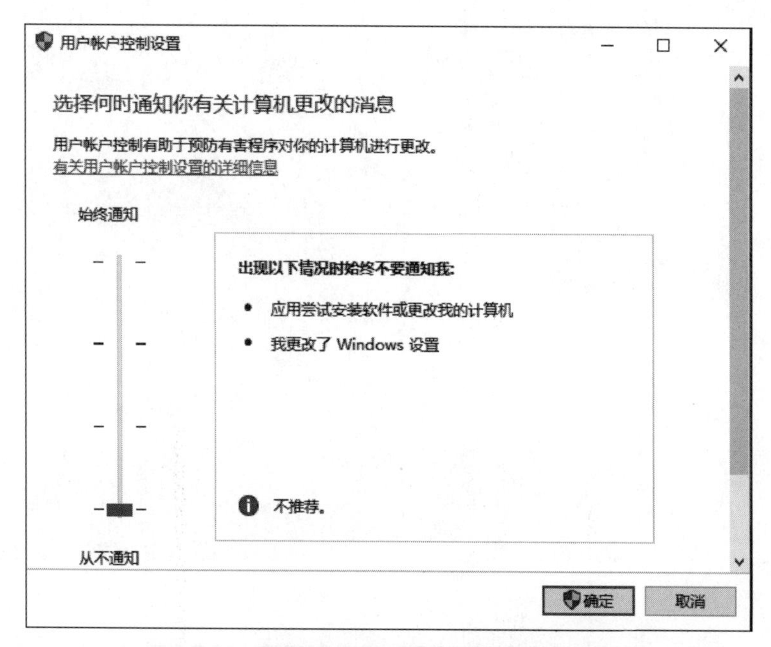

图 13-8　进入"通知"设置界面,设为"不通知"

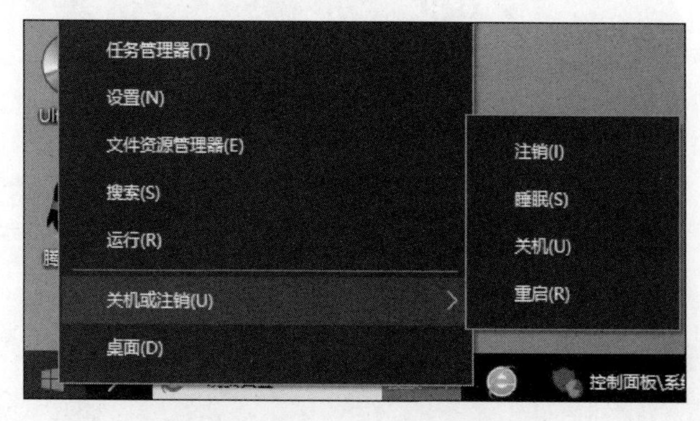

图 13-9　注销或重启系统查看效果

13.1.2　活动 2　Windows 10 桌面初识及其基本实用操作

第一步　进入桌面

一般情况下,我们安装好 Windows 10 操作系统后,进入的桌面是传统桌面,它与 Windows XP、Windows 7 和 Windows 8 桌面差不多,如图 13-10 所示。

第二步　设置桌面图标大小

按下键盘上的 Ctrl+Alt+1～4 组合健,系统桌面图标将从大变到小,以适应不同的用户需求,如图 13-11 所示。

第三步　设置桌面图标排列方式

如果是台式计算机,对于习惯看列表的用户,可按下键盘上的 Ctrl+Alt+5～8 组合健,系统桌面将以列表的形式将图标从大到小进行展示,以适应不同的用户需求,如图 13-12 所示。

笔记

图 13-10　进入桌面

图 13-11　设置桌面图标大小

图 13-12　设置桌面图标排列方式

笔记

第四步　安装"电脑管家"软件

当在桌面上保存的东西太多时，我们需要对桌面上的图标进行分类放置，以提高工作效率。我们可以通过"电脑管家"软件提供的第三方桌面整理功能来实现桌面上的图标分类。我们需要先在计算机安装"电脑管家"软件，再右击选择桌面整理方式，如图 13-13 和图 13-14 所示。

图 13-13　安装"电脑管家"软件

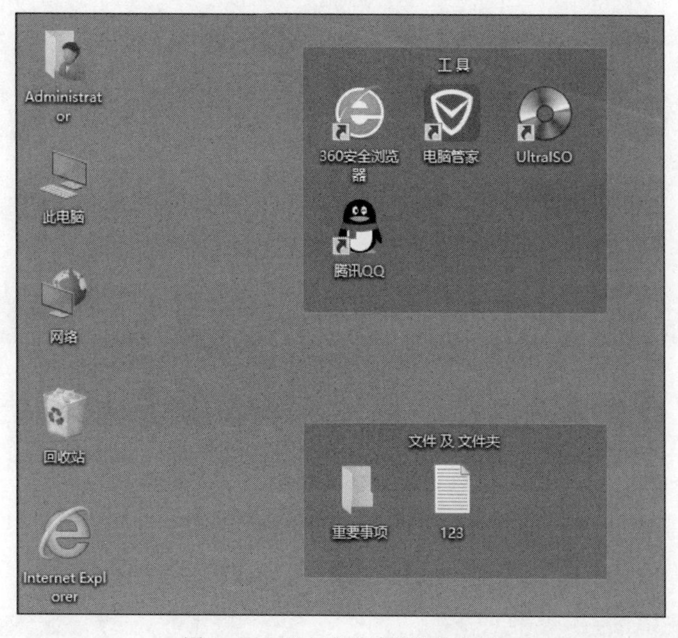

图 13-14　"电脑管家"管理桌面

第五步　Windows 10 桌面在传统桌面和触屏之间切换

当我们的计算机既有传统计算机的鼠标键盘控制也有触屏方式控制时，可以根据不同的用户需求将 Windows 10 桌面在传统桌面和触屏之间切换。单击右下角的通知

笔记

,如图 13-15 和图 13-16 所示。

图 13-15　Windows 10 传统桌面

图 13-16　触屏桌面

第六步　Windows 10 的触屏界面

Windows 10 桌面处于触屏控制方式时,经常要用到触屏键盘。

在计算机桌面任务栏处右击,在出现的右键菜单中选择“显示触摸键盘按钮”,然后任务栏出现了虚拟键盘,单击即可启动,如图 13-17 和图 13-18 所示。

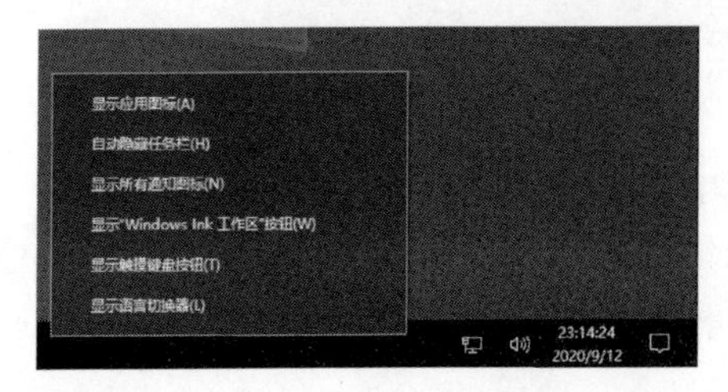

图 13-17　Windows 10 的触屏界面

笔记

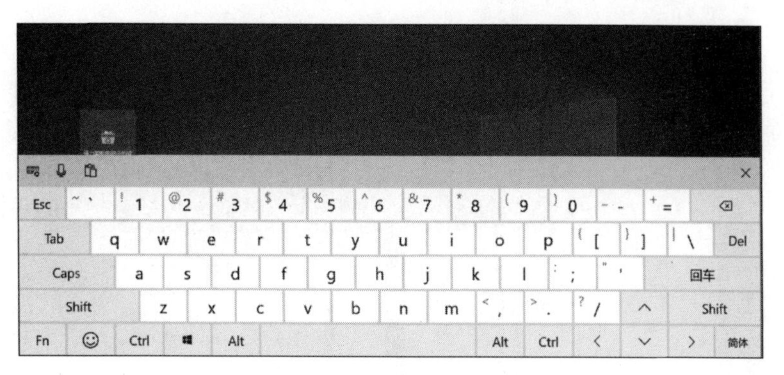

图 13-18　触屏键盘

13.1.3　活动 3　虚拟桌面

对于每天要和一大堆应用程序窗口打交道的用户而言，往往一个桌面上要打开多个窗口、多个网页，还有 PPT、Word、Excel 软件等，在一个桌面上进行窗口切换会使我们的工作效率降低，工作的思路也凌乱。这个时候我们可以用 Windows 10 为我们提供的虚拟桌面来更有效地管理各个窗口，让日常工作更高效。

第一步　选择“显示任务视图按钮”

在任务栏右击，选择“显示任务视图按钮”，如图 13-19 所示。

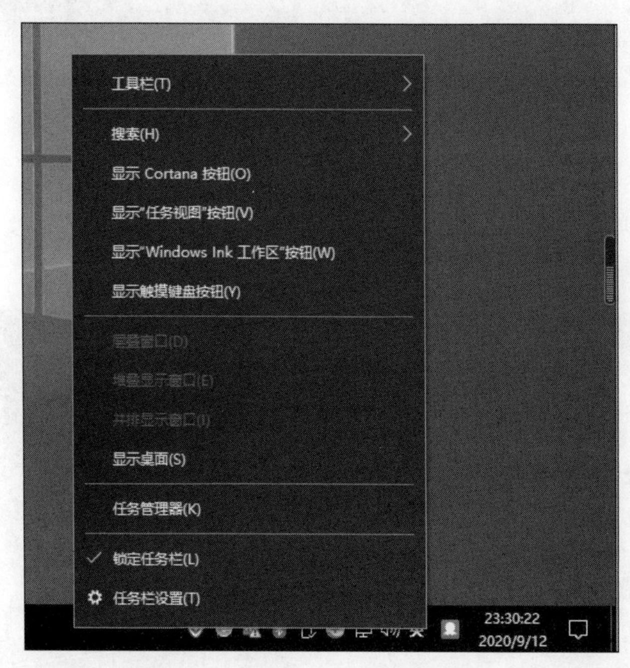

图 13-19　选择“显示任务视图按钮”

第二步　创建多个虚拟桌面

调出任务视图按钮后，它会显示在开始菜单旁边，用鼠标找到并单击任务视图按钮，可以看到我们已创建了多个虚拟桌面，我们可以在每个虚拟桌面之间进行切换，如

笔记

图 13-20 所示。

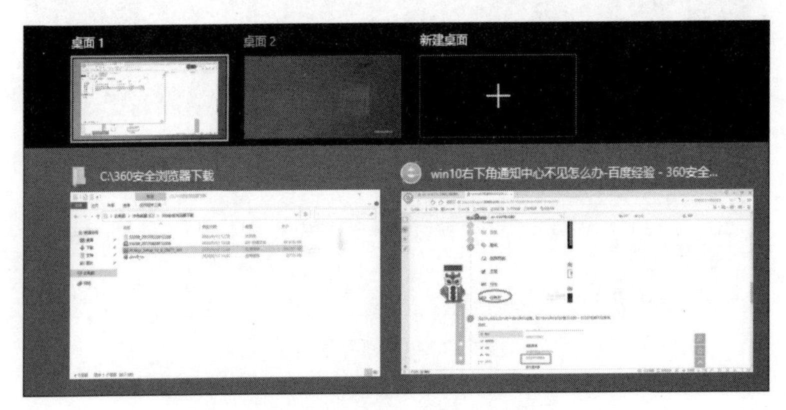

图 13-20 创建多个虚拟桌面

第三步 删除新建的虚拟桌面

在任务视图界面,可以删除新建的虚拟桌面,也可以找到右侧的“新建桌面”选项,单击进行虚拟桌面的新建,如图 13-21 所示。

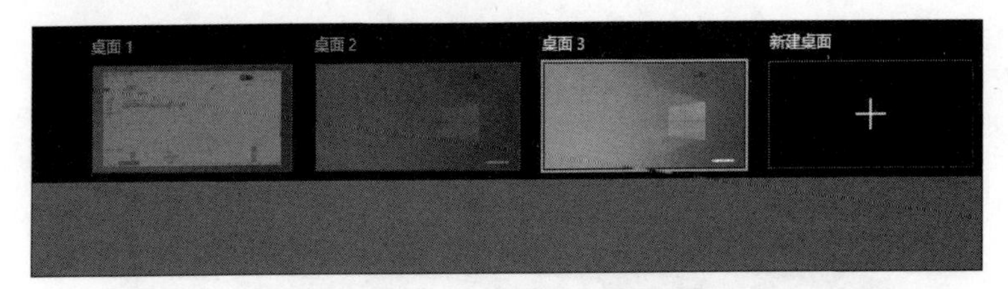

图 13-21 删除新建的虚拟桌面

第四步 通过单击虚拟桌面缩略图进入虚拟桌面

在任务视图界面,可以通过单击虚拟桌面缩略图,来选择进入需要的虚拟桌面,如图 13-22 所示。

图 13-22 通过单击虚拟桌面缩略图进入虚拟桌面

笔记

视频讲解

13.2　任务2　操作桌面及窗口

13.2.1　活动1　Windows 10桌面的图标显示

有时候用Windows 10原版安装好系统后，会发现Windows 10桌面上默认只显示“回收站”图标，而没有“此电脑”“网络”等这些图标。可以通过以下步骤设置出桌面上常用的这些图标，如图13-23所示。

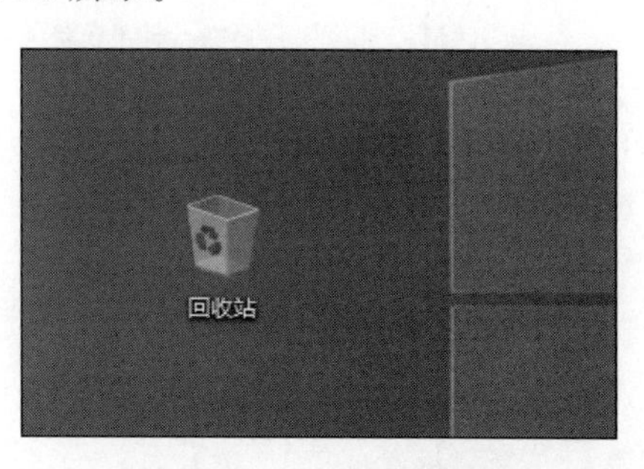

图13-23　“回收站”图标

第一步　选择“个性化”

找到桌面空白处，右击选择“个性化”，如图13-24所示。

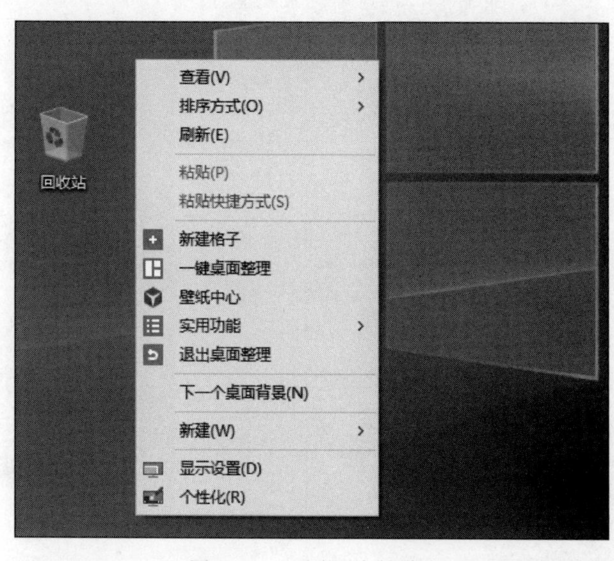

图13-24　选择“个性化”

第二步　选择“桌面图标设置”

接着会弹出系统的设置界面，我们找到主题设置，单击其中的“桌面图标设置”，如图13-25所示。

第三步　进入图标自定义设置界面

系统会弹出“桌面图标设置”对话框，进入图标自定义设置界面，我们可以看到只有“回收站”前面的复选框被选中，而其他复选框没有被选中，如图13-26所示。

笔记

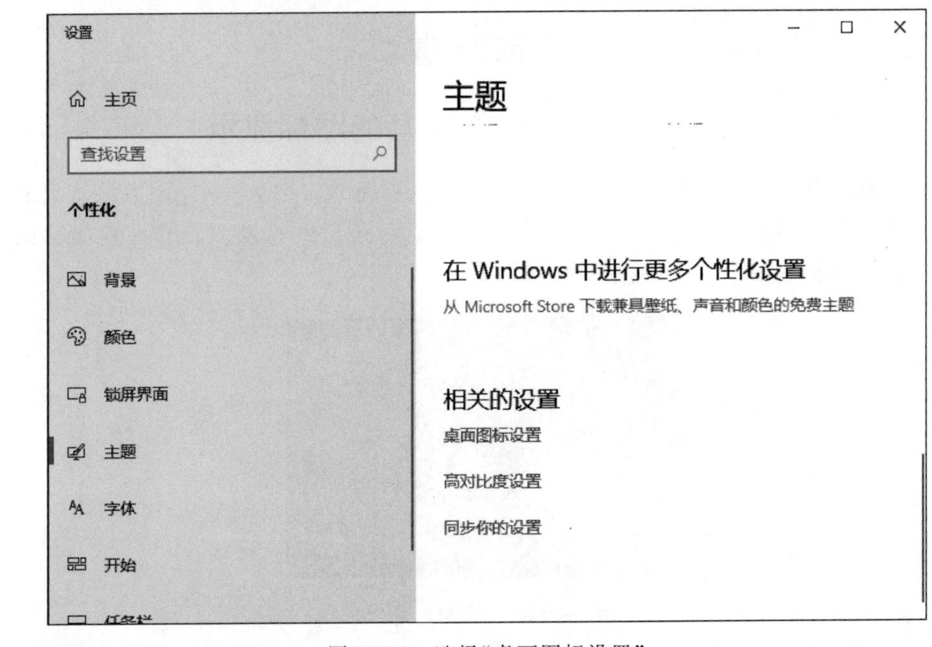

图 13-25 选择“桌面图标设置”

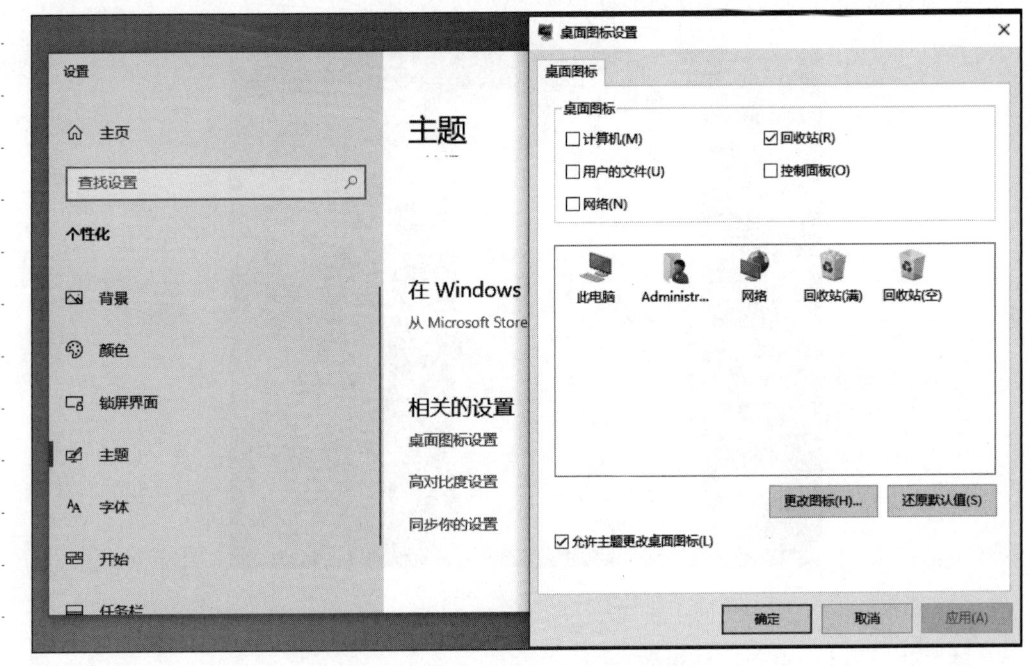

图 13-26 进入图标自定义设置界面

第四步 在需要显示的图标前的复选框中打上钩

我们可以在“计算机”“网络”“用户的文件”“控制面板”前面的复选框中打上钩，然后单击“确定”按钮。这时我们就可以看到桌面上已经有相应的图标了，如图 13-27 所示。

笔记

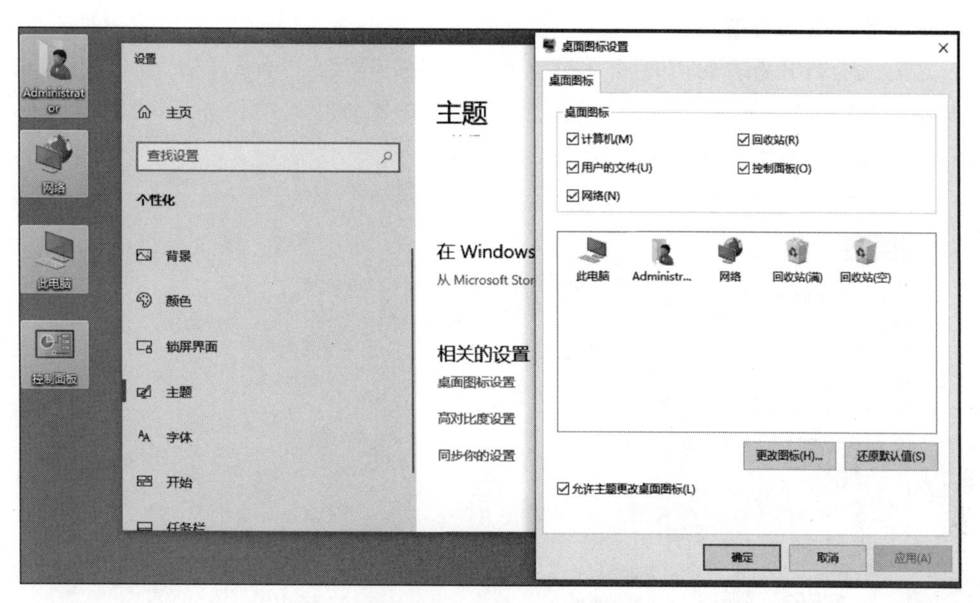

图 13-27　在需要显示的图标前的复选框中打上钩

13.2.2　活动 2　Windows 10 打开系统预览窗口

有时候我们保存的文件或文件夹存放的路径太深，需要的时候往往按路径双击打开文件夹很费时间，这时可以使用 Windows 10 的预览窗口快速打开需要的文件或文件夹；除此之外，有时候不想打开文件，就想了解一下该文件的内容，Windows 10 的预览窗口也可以实现。

第一步　选择“查看”菜单

在 Windows 10 系统打开一个文件夹窗口，然后单击上面的“查看”菜单，如图 13-28 所示。

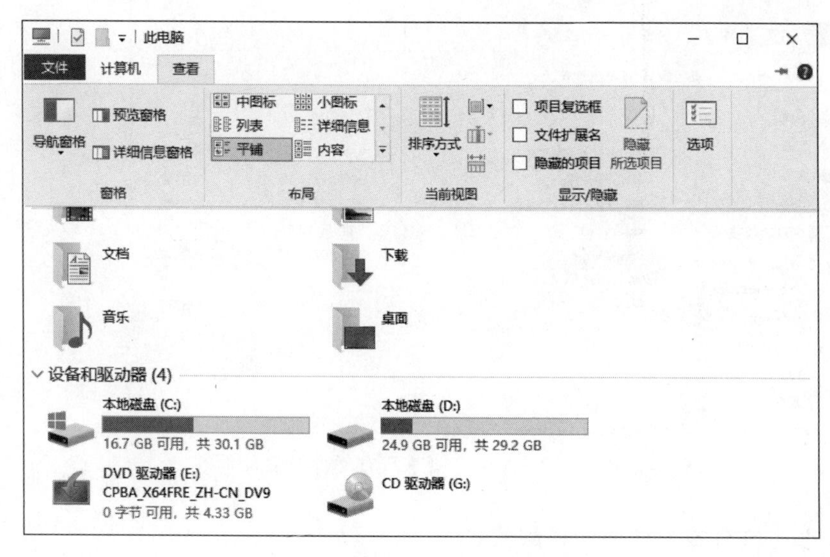

图 13-28　选择“查看”菜单

笔记

第二步　开启导航预览

这时就会打开查看的功能区，在功能区中的左上角找到“导航窗格”图标，单击该图标并选中其中的“导航窗格”选项。现在导航窗格的图标呈选中状态了，可以看到在窗口的左侧已经开启了导航预览，如图13-29所示。

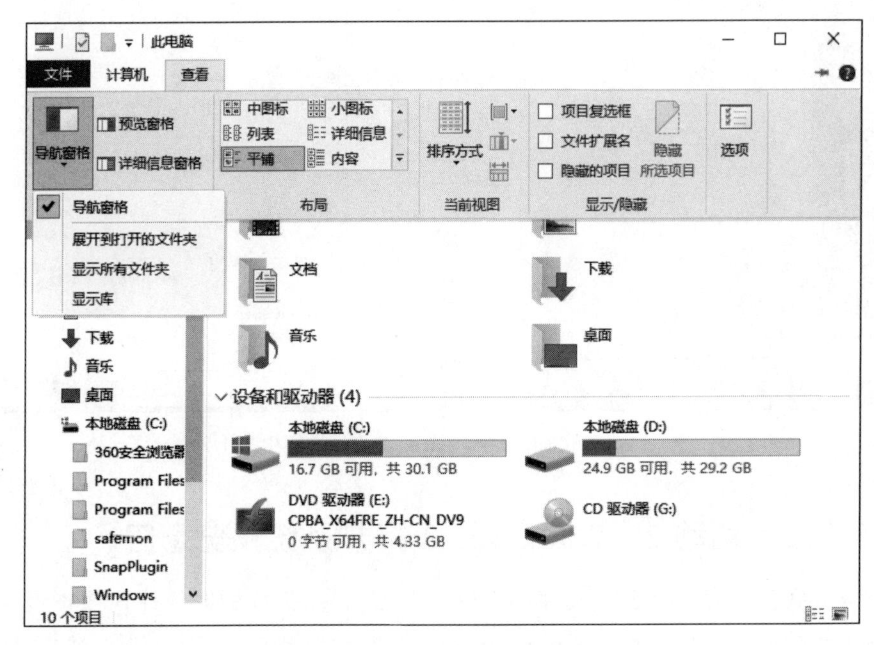

图 13-29　开启导航预览

第三步　查看C盘下所有文件及文件夹

这里以C盘为例，在窗口左侧选中“本地磁盘(C)”，在窗口中部就会看到C盘下所有文件及文件夹，如图13-30所示。

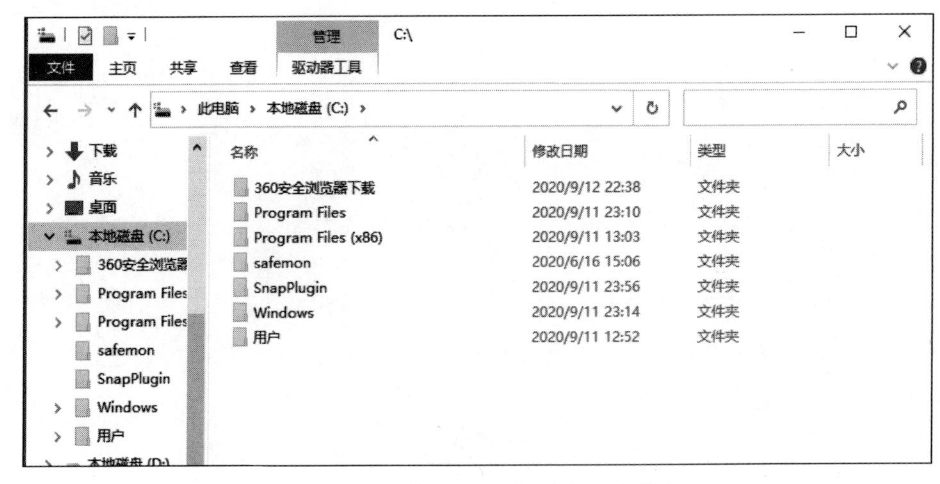

图 13-30　查看C盘下所有文件及文件夹

第四步　文件或文件夹的详细信息

选中窗口左上角的“详细信息窗格”，再选中窗口中部的某个文件或文件夹，可以看

到在窗口的右侧就会出现该文件或文件夹的与其属性相关的详细信息，如图 13-31 所示。

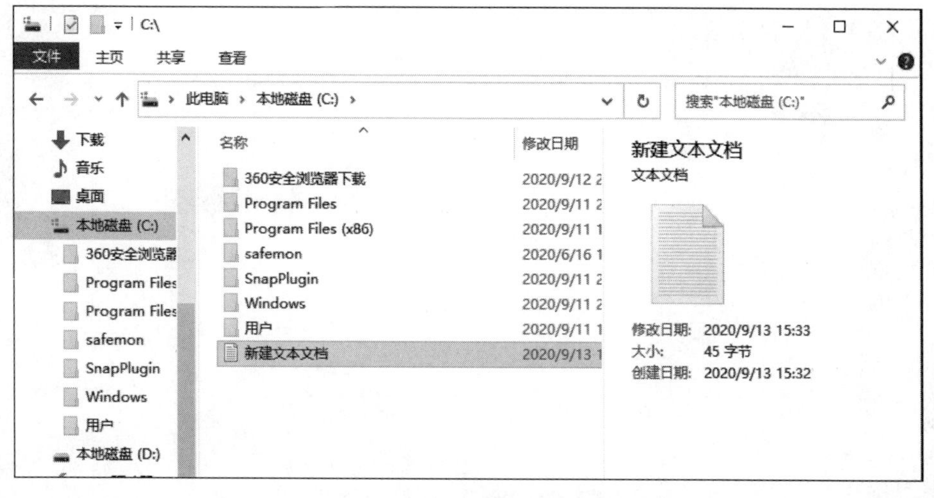

图 13-31　文件或文件夹的详细信息

第五步　在窗口的右侧查看文件内的详细内容

选中窗口左上角的“预览窗格”，再选中窗口中部的某个文件，可以看到在窗口的右侧就会出现该文件内的详细内容，如图 13-32 所示。

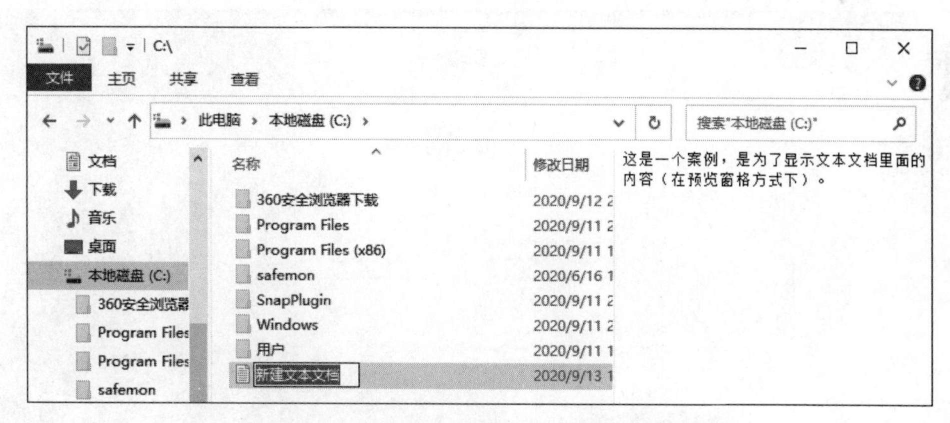

图 13-32　在窗口的右侧查看文件内的详细内容

13.2.3　活动 3　Windows 10 多窗口分屏

如今用户使用计算机处理的工作越来越多，往往在计算机上同时要打开多个窗口，而且窗口之间的信息最好能让用户同时看见，而不是窗口间频繁切换，频繁切换窗口会使工作效率低下。Windows 10 给用户推出了一个很好的功能，就是窗口分屏。

第一步　打开四个窗口或应用

首先我们在桌面上打开四个窗口或应用，如图 13-33 所示。

第二步　拖曳“控制面板”窗口到屏幕的左方

用鼠标左键按住要窗口分屏的应用或者文件夹的上方，把它拖曳到屏幕的左方或

笔记

者右方,然后放开鼠标。这里我们选择“控制面板”窗口,选择拖曳到屏幕的左方,如图 13-34 和图 13-35 所示。

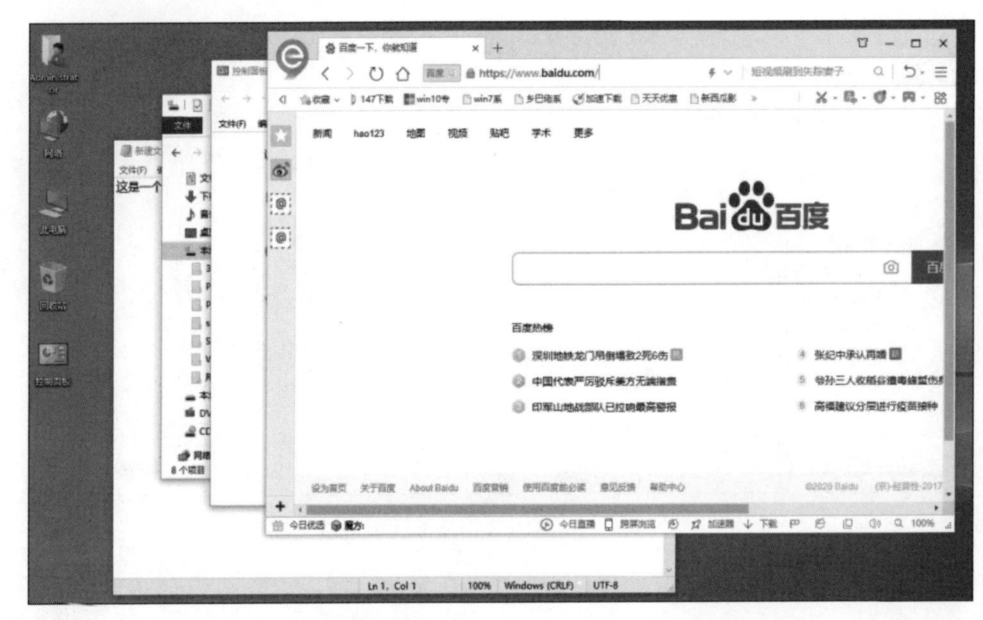

图 13-33 打开四个窗口或应用

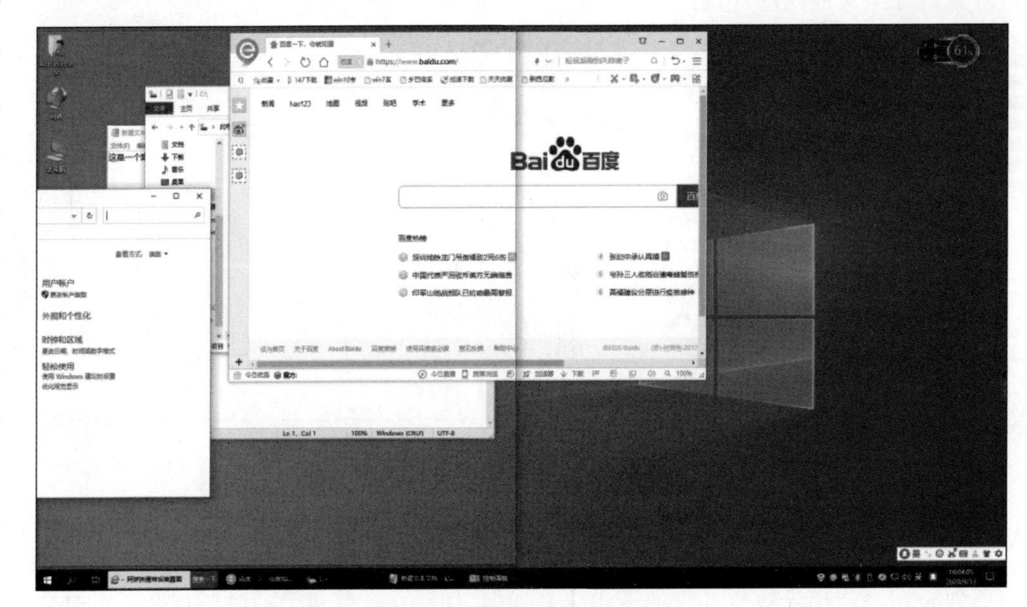

图 13-34 拖曳到屏幕的左方或者右方

第三步 选择另一窗口构成了二窗口分屏

放开鼠标后,可以继续选择其他想要分屏的窗口拖曳到屏幕的右方,这里选择浏览器,可以看到已经构成了二窗口分屏,如图 13-36 所示。

第四步 构成三窗口分屏

如果要想一个屏幕同时分三个窗口,可以用同样的方法按住想要窗口分屏的应用,

笔记

图 13-35　拖曳“控制面板”窗口到屏幕的左方

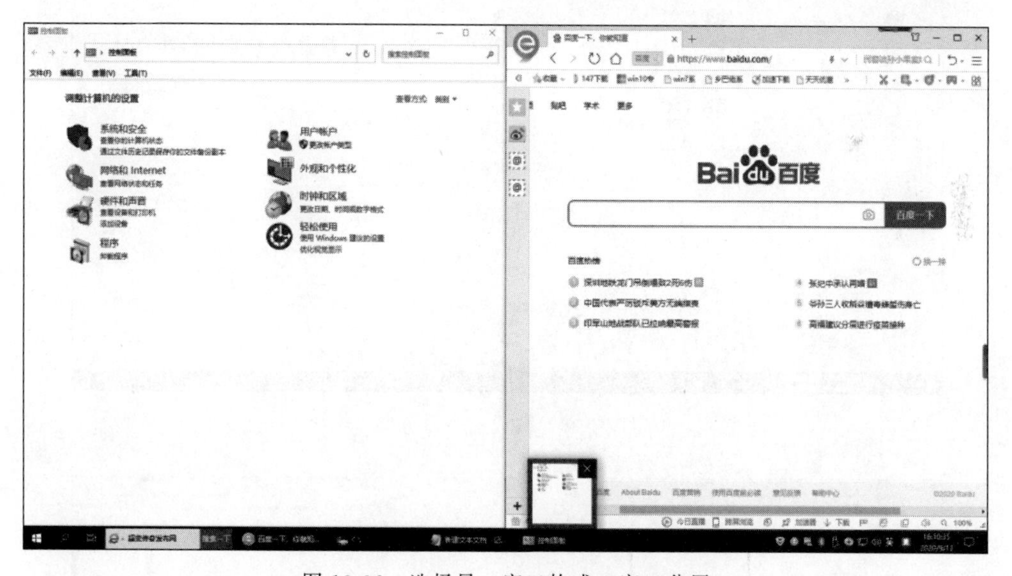

图 13-36　选择另一窗口构成二窗口分屏

拖曳到右上角或者右下角(这里选择将浏览器窗口拖到屏幕右上角),然后选择其他两个应用作为第三个窗口应用(这里选择将 C 盘文件夹窗口作为屏幕右下角的填充),如图 13-37 所示,可以看到已经构成了三窗口分屏,如图 13-38 所示。

第五步　构成四窗口分屏

如果要想一个屏幕同时分四个窗口,可以用同样的方法按住想要窗口分屏应用的上方,然后按拖曳到屏幕的左上角或者左下角(这里选择将“控制面板”窗口拖到屏幕左上角),然后选择最后一个应用作为第四个窗口应用(这里选择将“记事本”窗口作为屏幕左下角的填充),可以看已经构成了四窗口分屏,如图 13-39 和图 13-40 所示。这样我们就可以在打字记录时,同时看到其他窗口的参考资料。

笔记

图 13-37 拖曳到右上角或者右下角

图 13-38 构成三窗口分屏

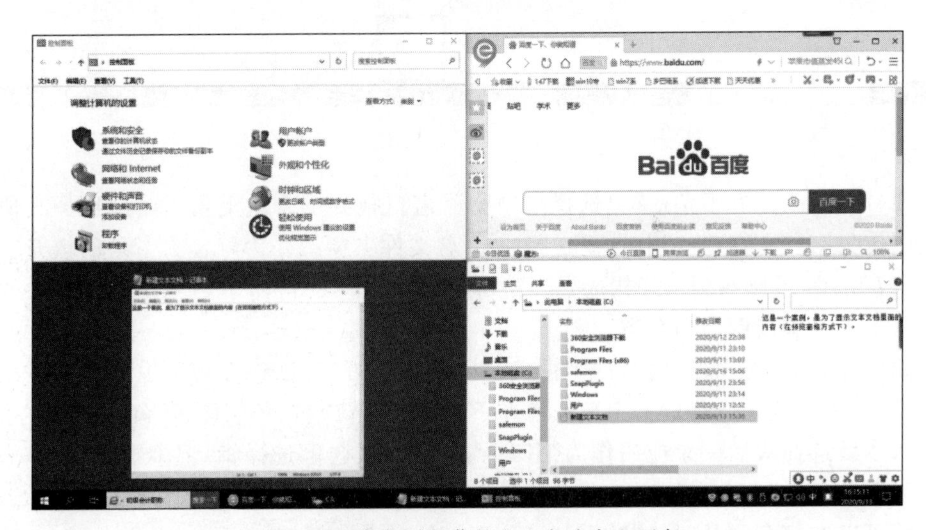

图 13-39 拖曳到屏幕的左上角或者左下角

图 13-40　构成四窗口分屏

?思考：Windows 10 系统一个屏幕是否能够同时展现五个窗口？如果能，如何操作？

13.2.4　活动 4　Windows 10 中使用鼠标滚轮操作非活动窗口

当用户桌面上同时需要展现多个窗口时，我们往往可以采用窗口分屏的方式。有时我们参考的文件资料有多页，存在滚动条。传统做法是我们需要激活将要滚动的窗口，才能操作滚动条滚动，以查看资料。如果资料内容较多，切换较频繁，会大大降低工作效率。Windows 10 中提供了一项功能，可以用鼠标滚轮操作非活动窗口的滚动条滚动，而无须激活窗口，这大大提高了工作效率。

第一步　排列好多个窗口

将多个窗口采用窗口分屏的方式排列好。当前的活动窗口是 PPT，当把光标放到 pdf 文档或 Word 文档上进行滚轮操作时，可以发现 pdf 文档或 Word 文档并没有翻页，而 PPT 文档进行了翻页，如图 13-41 所示。

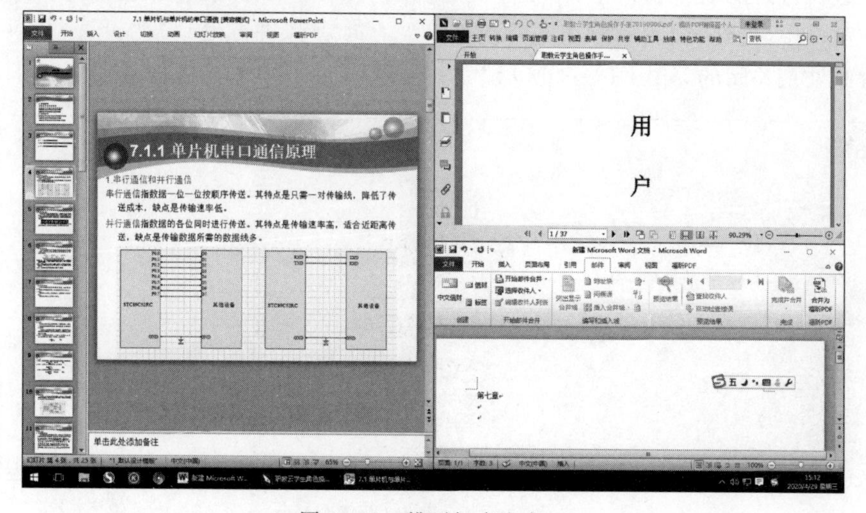

图 13-41　排列好多个窗口

笔记

第二步　选择“设置”的菜单项

在 Windows 10 系统桌面,找到桌面左下角的“开始”按钮,并进行单击,在弹出菜单中选择“设置”的菜单项,如图 13-42 所示。

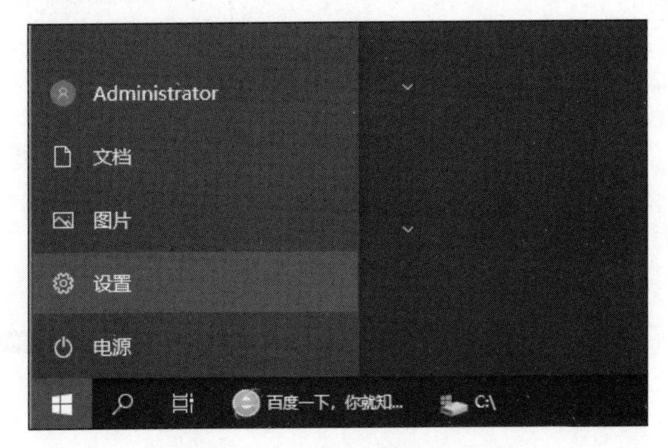

图 13-42　选择“设置”的菜单项

第三步　选择“设备”

然后在打开的 Windows 10 设置窗口中单击“设备”图标,如图 13-43 所示。

图 13-43　选择“设备”

第四步　进入“设置”

接着在打开的设备窗口中,单击左侧边栏的“鼠标和触摸板”菜单项。然后在右侧打开的窗口中,找到“当我悬停在非活动窗口上方时对其进行滚动”的设置项。可以看到此时此处是关闭的,如图 13-44 所示。

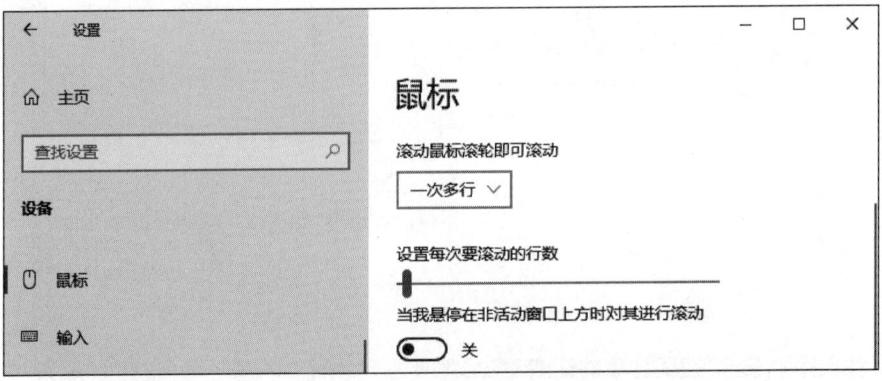

图 13-44　进入“设置”

笔记

第五步　打开“当我悬停在非活动窗口上方时对其进行滚动”的设置

单击该“当我悬停在非活动窗口上方时对其进行滚动”设置项下面的开关，把其设置为打开的“开”的状态就可以了，如图13-45所示。

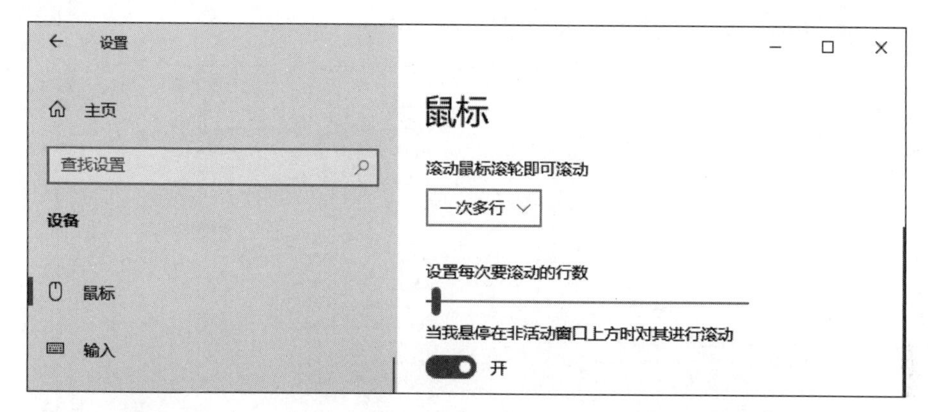

图13-45　打开“当我悬停在非活动窗口上方时对其进行滚动”的设置

第六步　查看效果

当前的活动窗口是PPT，当把光标放到pdf文档上进行滚轮操作时，可以发现pdf文档窗口并没有激活，但可以翻页了，这大大方便了我们查看资料，如图13-46所示。

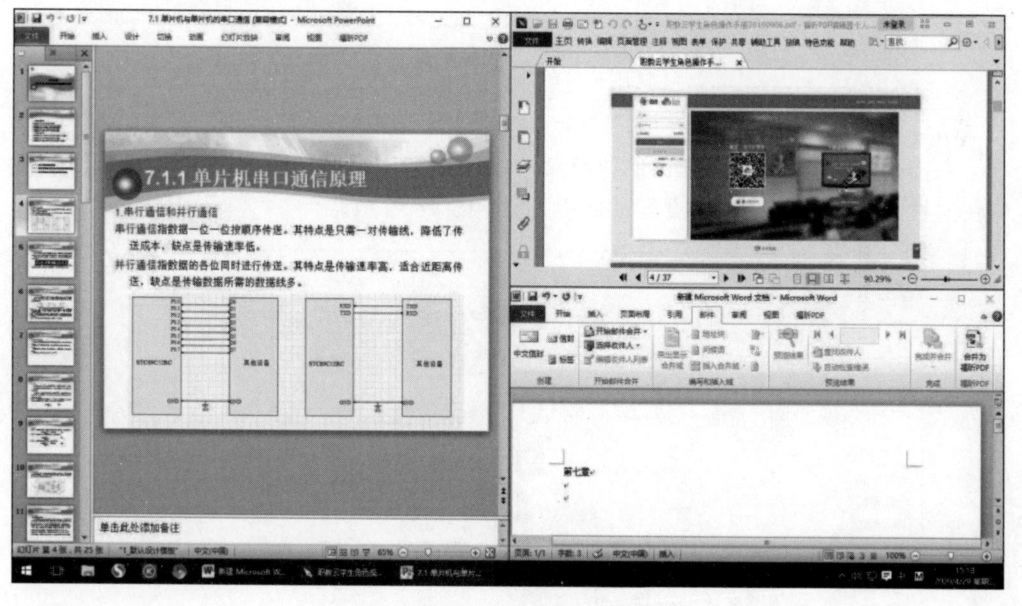

图13-46　查看效果

13.3　任务3　操作文件及文件夹

13.3.1　活动1　设置隐藏/显示文件及文件夹

视频讲解

在工作中往往会有一些重要的文件，我们不想让别人打开我们的计算机之后能看

笔记

到,我们可以将其进行隐藏;在我们需要查看时,再将它们恢复显示出来。

第一步　准备操作

先打开一个窗口,把需要隐藏的文件或文件夹的属性设为隐藏。这里新建了一个文件夹 hide 和 pdf 文件“单片机”,如图 13-47 所示。

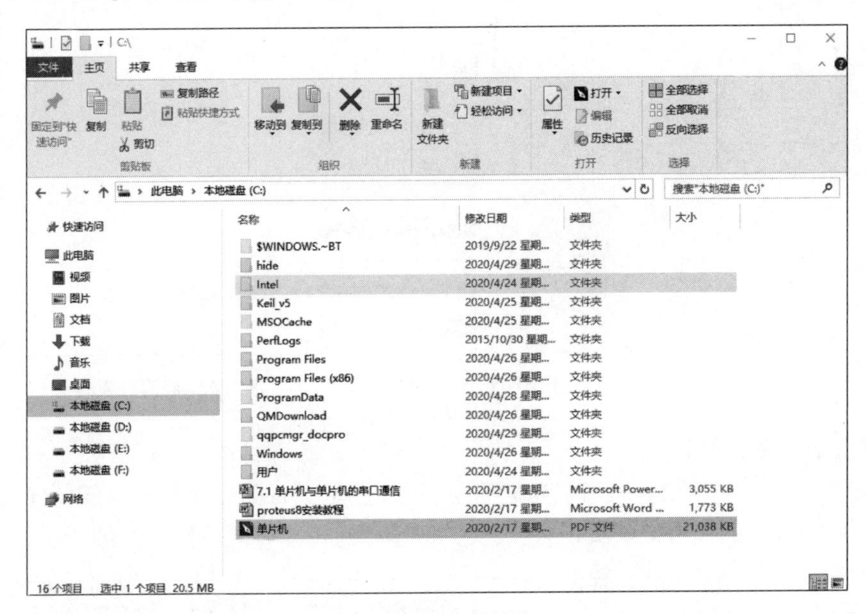

图 13-47　准备操作

第二步　打开文件“属性”

右击文件“单片机”,在弹出的快捷菜单中选择“属性”,弹出“属性”对话框。可以看到在属性“隐藏”前的复选框没有被选中,如图 13-48 所示。

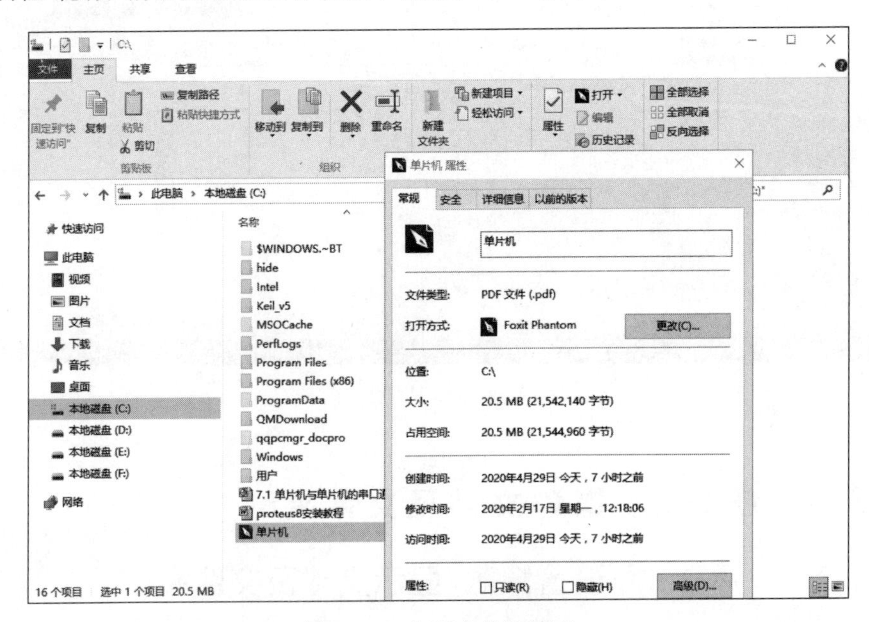

图 13-48　打开文件“属性”

笔记

第三步　选中隐藏前的复选框

在文件“单片机”的“属性”对话框中，选中“隐藏”前的复选框，设置其属性为隐藏，如图13-49所示。

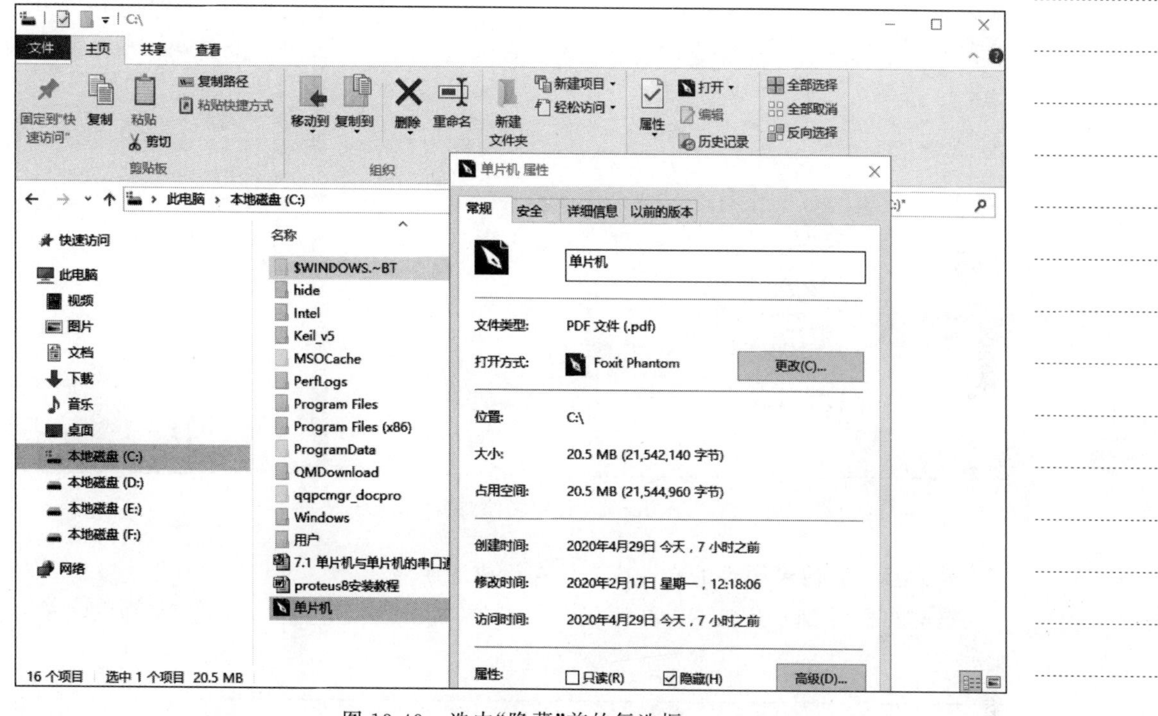

图13-49　选中“隐藏”前的复选框

第四步　打开文件夹“属性”

右击文件夹hide，在弹出的快捷菜单中选择“属性”，弹出“属性”对话框。可以看到在属性“隐藏”前的复选框没有被选中，如图13-50所示。

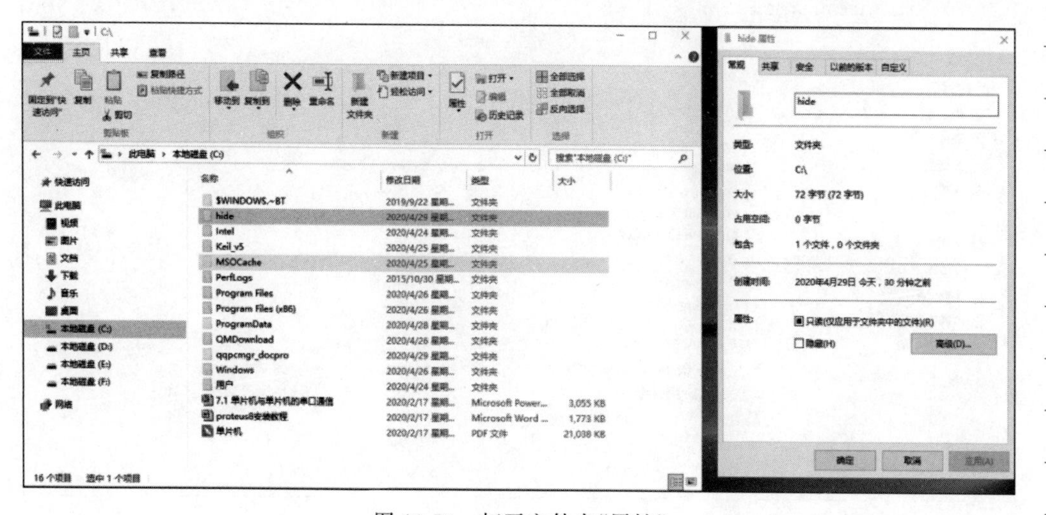

图13-50　打开文件夹“属性”

笔记

第五步　设置文件夹属性为隐藏

在文件夹 hide 的“属性”对话框中，选中“隐藏”前的复选框，设置其属性为隐藏，如图 13-51 所示。

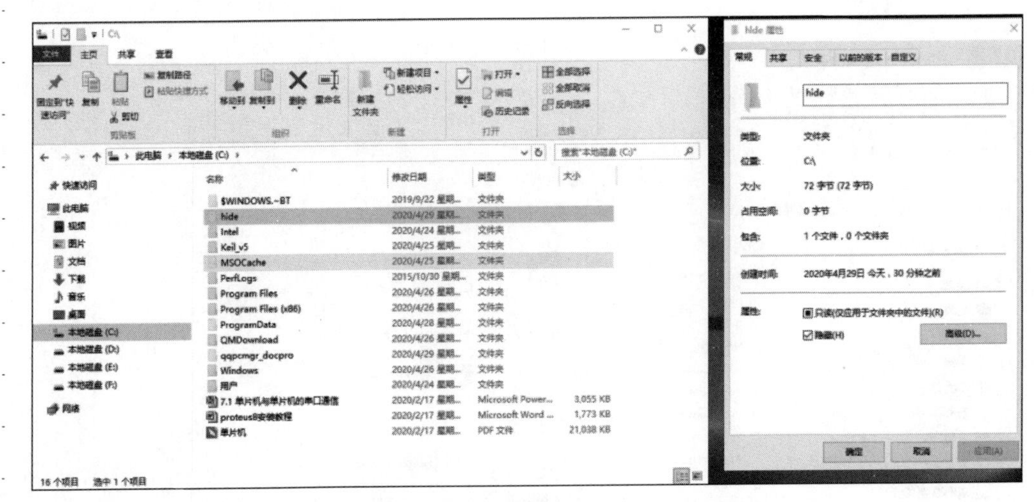

图 13-51　设置文件夹属性为隐藏

第六步　有隐藏属性的文件或文件夹已成透明色

这时可以看到 pdf 文件“单片机”、文件夹 hide 的图标已成透明色，如图 13-52 所示。

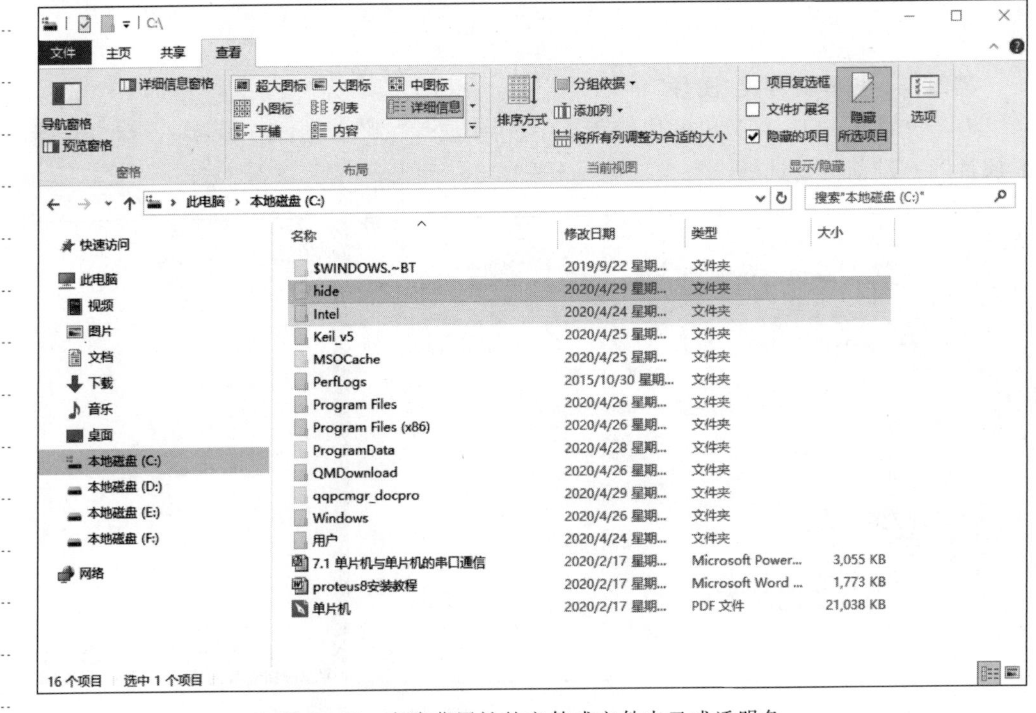

图 13-52　有隐藏属性的文件或文件夹已成透明色

笔记

第七步 取消勾选“隐藏的项目”

在窗口最上面单击“查看”，取消勾选“隐藏的项目”，这样文件夹就被隐藏了。此文件夹窗口里的其他半透明的隐藏文件夹也被隐藏起来了，如图 13-53 所示。

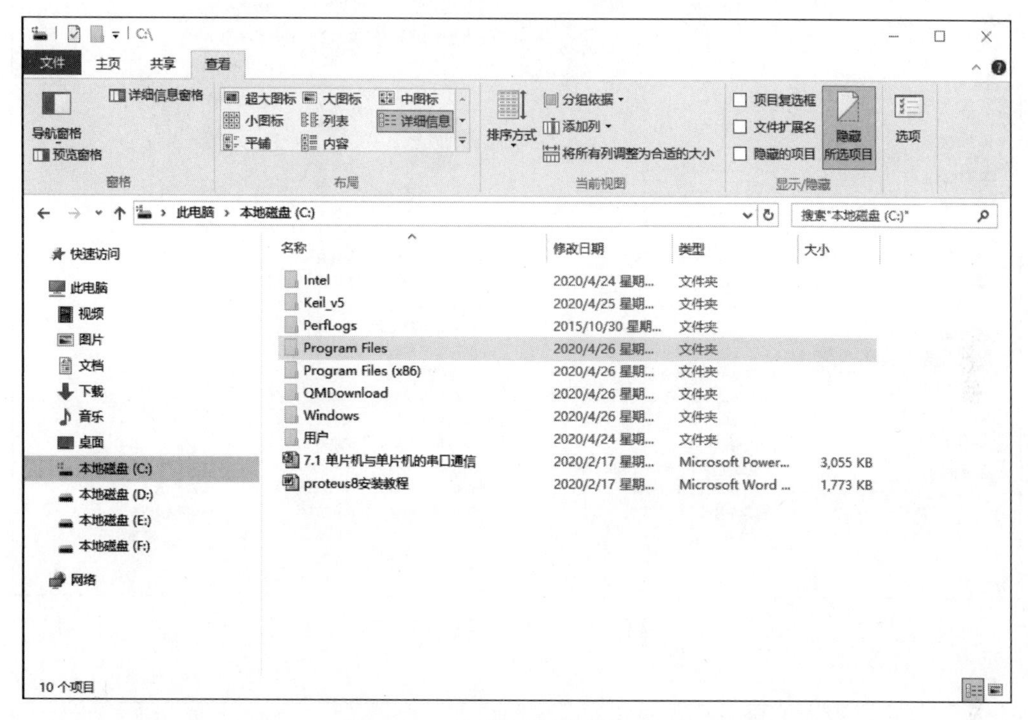

图 13-53 取消勾选“隐藏的项目”

第八步 勾选“隐藏的项目”

如果要恢复已隐藏的文件或文件夹到显示状态，在窗口最上面单击“查看”，勾选“隐藏的项目”。这样已隐藏的文件或文件夹就会显示出来，呈半透明状态，如图 13-54 所示。

> **注意**：如果勾选了“隐藏的项目”，隐藏的文件或文件夹没有显示出来，说明计算机操作系统有异常，如有系统文件损坏或者可能已中病毒。

13.3.2 活动 2 Windows 10 显示文件的扩展名、后缀名

在用计算机工作时，有时我们必须要清楚某些文件是由什么软件打开，即要知道这些文件的扩展名是什么。

第一步 打开 C 盘

首先我们要打开未知扩展名文件的文件夹，这里我们以 C 盘为例，如图 13-55 所示。

第二步 查看“文件扩展名”前面的复选框

这里我们可以看到 C 盘下面有 pdf 文件、PPT 文件以及 Word 文件，它们除了显示出了文件名之外，扩展名并没有显示出来。要查看它们的扩展名，我们可以单击窗口上

笔记

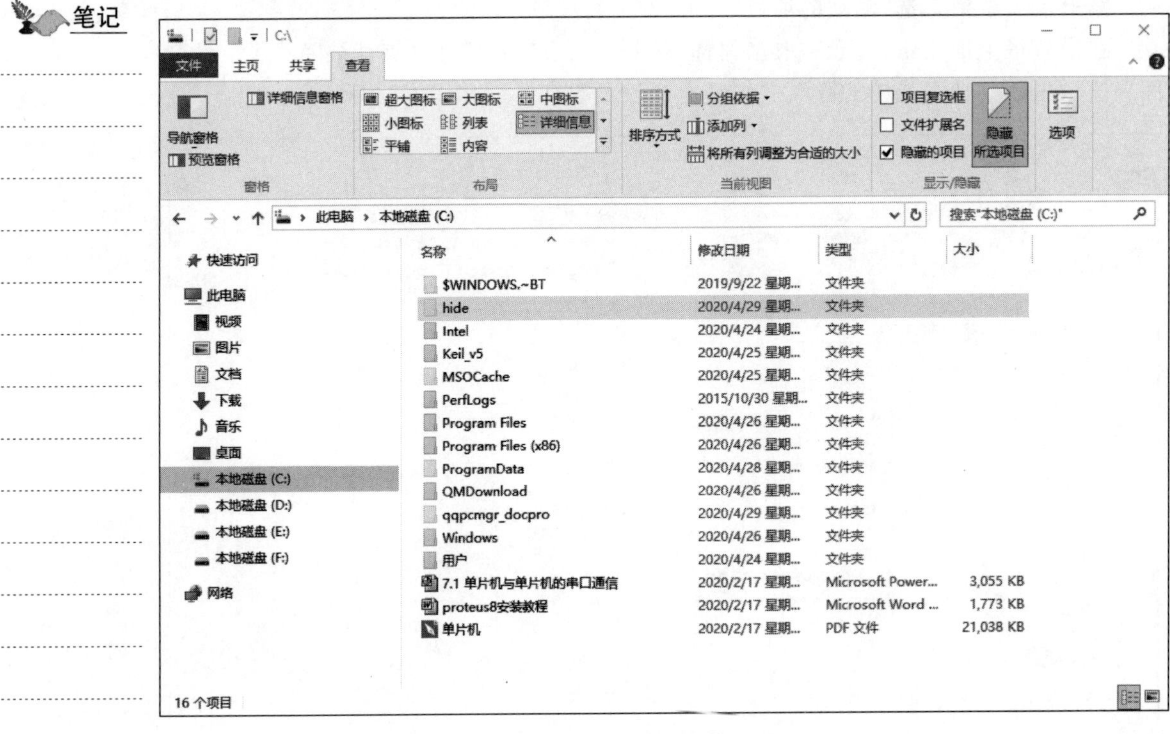

图 13-54 勾选“隐藏的项目”

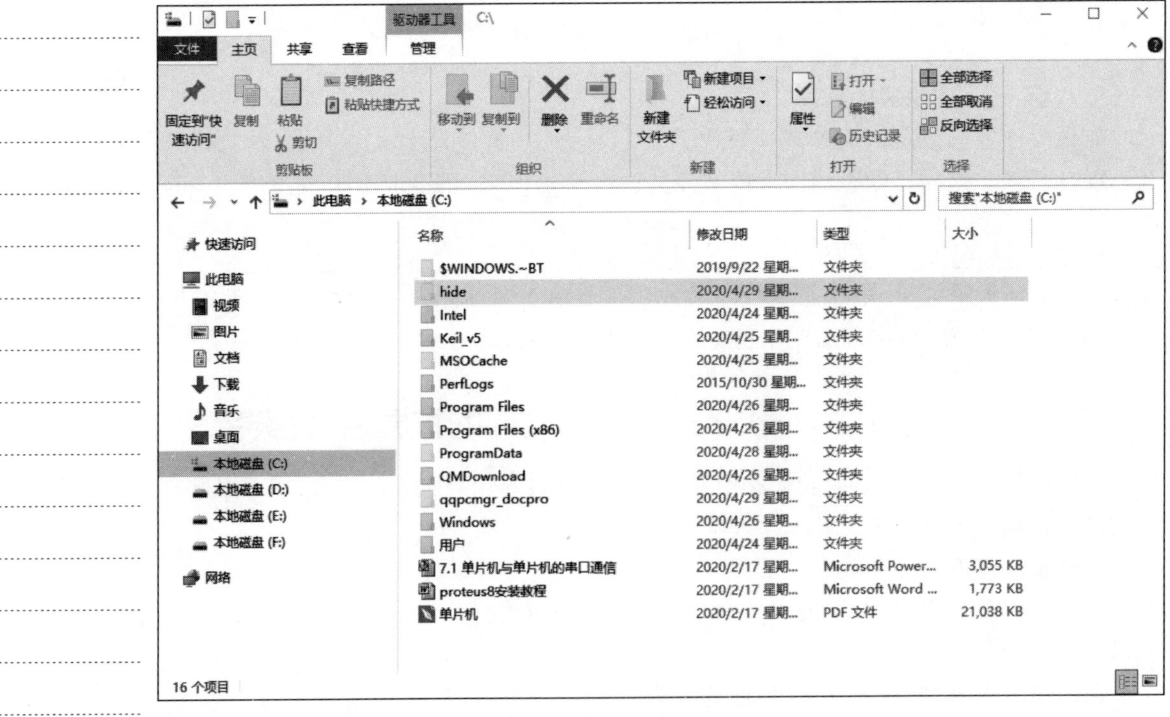

图 13-55 打开 C 盘

方菜单栏中的“查看”菜单。在“查看”菜单下面，我们看到“文件扩展名”前面的复选框未被选中，如图 13-56 所示。

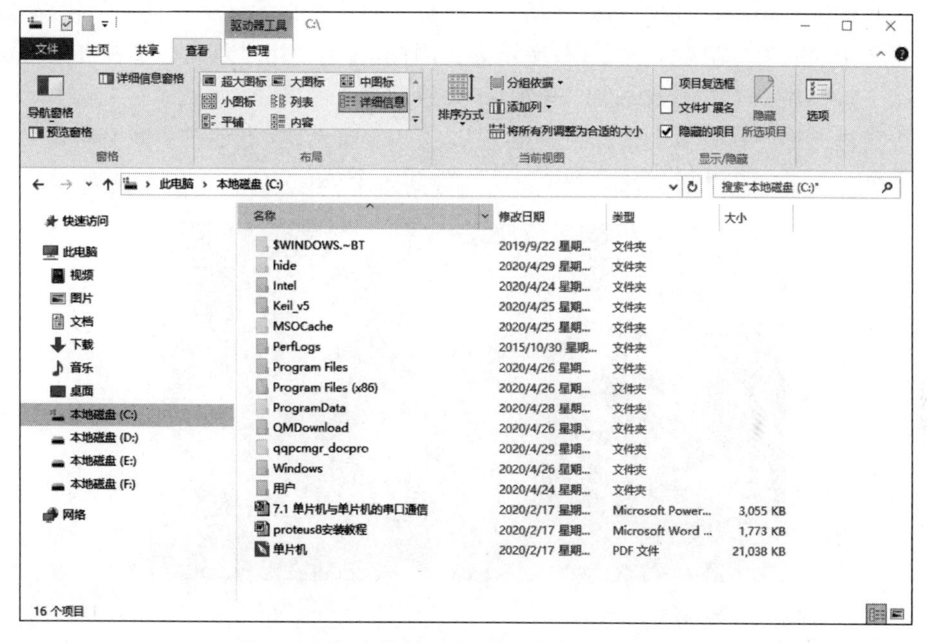

图 13-56　“文件扩展名”前面的复选框未勾选

第三步　勾选“文件扩展名”前面的复选框

在“查看”菜单下面，勾选“文件扩展名”前面的复选框，可以看到 pdf 文件、PPT 文件以及 Word 文件的扩展名已经出现了，如图 13-57 所示。

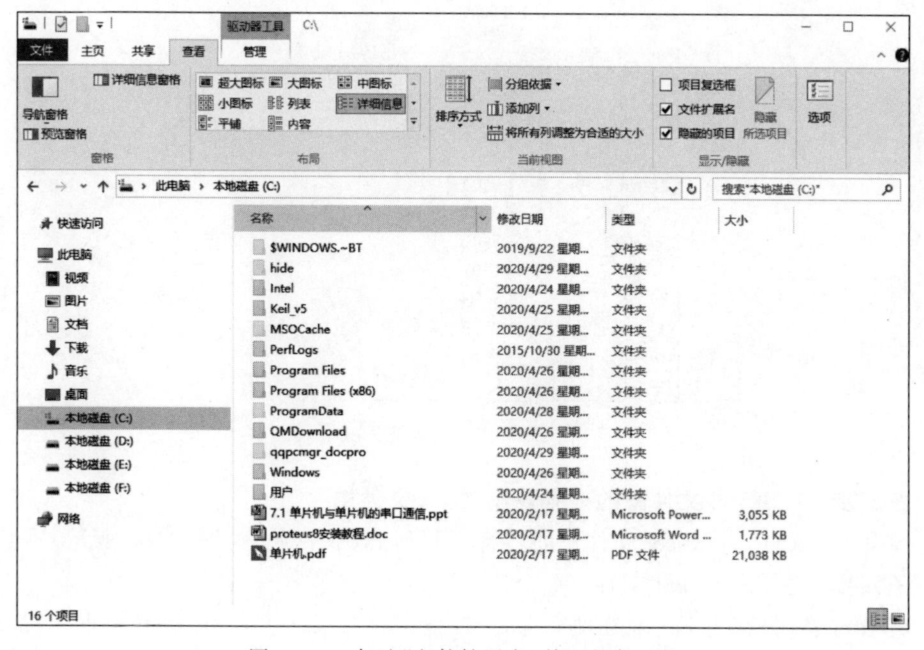

图 13-57　勾选“文件扩展名”前面的复选框

笔记

13.3.3 活动3 Windows 10系统批量新建文件夹

在我们的工作中,经常会遇到使用计算机创建名字类似的多个文件夹的情况,如果手动一个个建立就太浪费时间了,效率不高。因此,可以使用批量新建文件夹的方法。

第一步 建一个Excel文件和一个txt文件

首先进入你要新建多个文件夹的地方,这里以桌面为例,准备在桌面上新建名字类似的多个文件夹。在这里先建一个Excel文件和一个txt文件,如图13-58所示。

图13-58 建一个Excel文件和一个txt文件

第二步 在Excel中,输入文件夹名称列表

打开Excel文件,在第一列输入md,向下拖曳即可填充(这里以建10个文件夹为例)。在第二列输入自己的文件夹名,如"文件夹01",注意文件名中不要有空格出现,向下拖曳,即可填充成"文件夹02""文件夹03"等,如图13-59所示。

G8

	A	B	C
1	md	文件夹01	
2	md	文件夹02	
3	md	文件夹03	
4	md	文件夹04	
5	md	文件夹05	
6	md	文件夹06	
7	md	文件夹07	
8	md	文件夹08	
9	md	文件夹09	
10	md	文件夹10	
11			

图13-59 在Excel中,输入文件夹名称列表

第三步 将Excel文件里的内容复制到txt文件中

打开txt文件,将Excel文件里的内容复制到txt文件中,如图13-60所示。

第四步 生成一个bat文件

将txt文件另存为bat批处理文件,一样地保存在桌面上,可以看到桌面上已经生成一个bat文件,如图13-61和图13-62所示。

	A	B
1	md	文件夹01
2	md	文件夹02
3	md	文件夹03
4	md	文件夹04
5	md	文件夹05
6	md	文件夹06
7	md	文件夹07
8	md	文件夹08
9	md	文件夹09
10	md	文件夹10

*用于 批量新建文件夹 .txt - 记事本

文件(F)　编辑(E)　格式(O)　查看(V)

md　文件夹01
md　文件夹02
md　文件夹03
md　文件夹04
md　文件夹05
md　文件夹06
md　文件夹07
md　文件夹08
md　文件夹09
md　文件夹10

图 13-60　将 Excel 文件里的内容复制到 txt 文件中

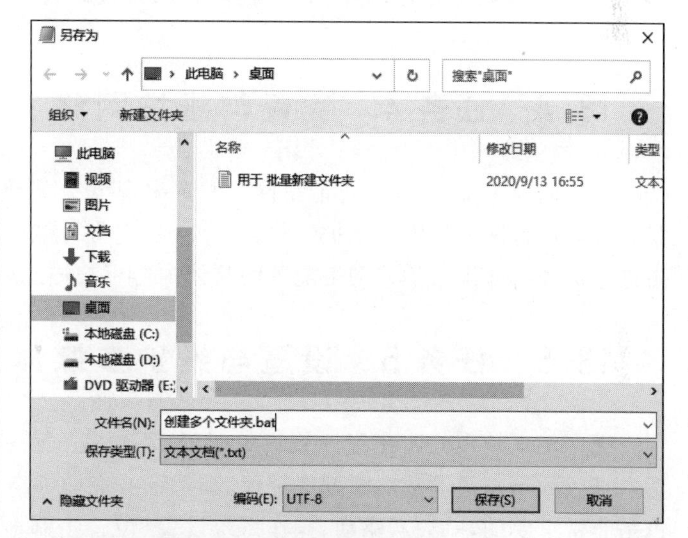

图 13-61　将 txt 文件另存为 bat 批处理文件

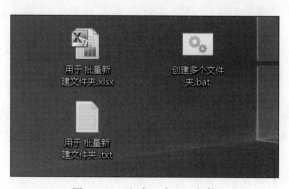

图 13-62　生成一个 bat 文件

第五步　生成 10 个文件夹

双击 bat 文件，在桌面上生成 10 个文件夹，如图 13-63 所示。

笔记

笔记

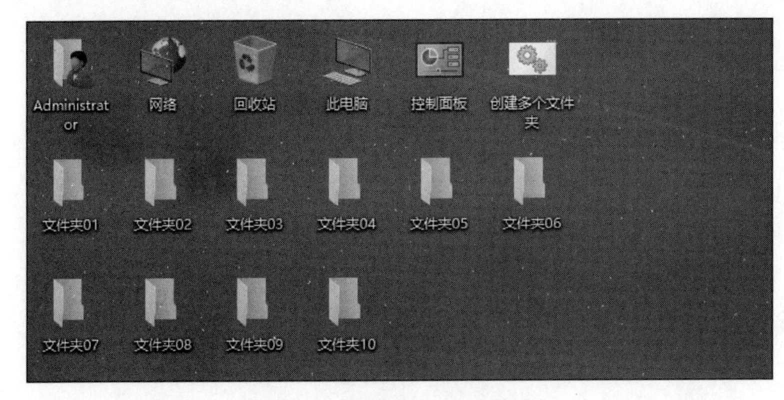

图 13-63 生成 10 个文件夹

?思考：查找相关资料，如果要批量建文件，应该怎么操作？

13.4 任务 4 配置与维护网络

视频讲解

13.4 节扩展内容

当我们上不了网时，有可能是网络配置出现了错误，如 IP 冲突、DNS 配置错误等。我们可以进行网络配置与维护。除此之外，我们也可以根据情况对公用网络和专用网络进行选择。如果想学习网络配置的具体内容可扫描此处二维码。

13.5 任务 5 设置与维护多媒体设备

视频讲解

13.5 节扩展内容

现在越来越多的人在用计算机的时候，不再仅仅是使用键盘、鼠标。现在语音对话、上网课、玩直播等都离不开麦克风，在保证我们硬件声卡完好的基础上，对它的设置也是非常重要的，一般从驱动、操作系统设置、声音控制面板设置等方面去解决出现的问题。工作中，我们经常要用到投影仪，Windows 10 计算机连接投影仪的设置是必须要掌握的一门技巧。如果想学习多媒体设备设置与维护的具体内容可扫描此处二维码。

13.6 项目总结

项目 13 主要介绍了 Windows 10 操作系统的基本操作及操作技巧，主要包括解决“无法使用内置管理员账户打开应用”问题、桌面基本实用操作、虚拟桌面、桌面图标显示设置、预览窗口设置、窗口分屏、使用鼠标滚轮操作非活动窗口；文件或文件夹的隐藏或显示设置、扩展名设置、批量新建文件夹；网络基本配置、公用网络和专用网络设置；麦克风和投影仪的设置等。

笔记

13.7 拓展训练

1. 在 Windows 10 中，打开应用的时候出现提示"无法使用内置管理员账户打开应用"时，简述排除问题的步骤。

2. 简述在哪些场合可以用到虚拟桌面。

3. 简述在哪些场合可以用到多窗口分屏。

4. 简述设置文件或文件夹显示或隐藏的步骤。

5. 简述批量新建文件夹的步骤。

6. 在 Windows 10 中，公用网络与专用网络的区别是什么？如何切换？

笔记

维护计算机常用软件

计算机常用软件在操作系统提供的平台上为用户提供各种各样适用的功能。比如,输入法软件为用户提供输入字符信息,QQ软件为用户提供聊天平台,杀毒软件为计算机杀毒。每个软件都有自己的用处,而且是不可替代的。每个计算机用户都会在计算机上选择安装自己需要、对自己有用的软件,而且不喜欢重复安装,对于功能相似的软件一般会选择功能强大的那个软件。在计算机常用软件中,杀毒软件是最值得我们关注的,杀毒软件不但可以使计算机避免病毒、木马的入侵,而且可以检测计算机的系统漏洞,小到保护我们的个人隐私,大到可以保护国家安全。本项目主要介绍常用软件的安装与卸载、输入法的安装与设置、杀毒软件、系统维护软件、多媒体软件。

党的二十大报告中指出,国家安全是民族复兴的根基,社会稳定是国家强盛的前提,旗帜鲜明地阐释了新时代新征程上国家安全的战略地位。"国家安全"被提升至事关"民族复兴的根基"这一高度予以阐述,体现出中共对未来五年乃至更长时期发展局势的战略判断以及解决复杂安全问题的统筹考量,具有时代性、进步性和世界性意义。一直以来,国家安全都是我们的首要任务,但境外谍报机关也一直没有停止对我国涉密信息的窃取。2007年9月,我国某军队上尉军官违规在连接互联网的电脑上处理涉密文件,因不慎单击境外间谍组织发送的特种木马邮件,导致机密文件被窃取;2018年,国家安全机关公布服务党政涉密机关的网络科技公司被境外谍报机关多次网络攻击;2020年,我国某航空公司信息系统遭到网络木马攻击,多台重要服务器和网络设备被植入特种木马程序,部分乘客出行记录等数据被窃取。我国国家安全机关每年都会发现越来越多的境外间谍组织的木马病毒攻击,并及时公布,旨在进一步提高全社会对非传统安全的重视,共同维护国家安全。

知识目标:

- 了解操作系统与常用软件之间的关系
- 理解常用软件的下载、安装、卸载的方法
- 掌握常用杀毒软件、常用系统维护软件、常用工具软件的使用方法

能力目标:

- 具有区分操作系统与软件系统的能力
- 具有下载、安装、卸载常用软件的能力
- 具有使用常用杀毒软件、系统维护软件的能力

素质目标:

- 培养学生对常用软件定期维护的素质

笔记

视频讲解

👍 培养学生信息安全保护的素质

👍 培养学生多技能学习的素质

👍 培养保密意识

学习重点：软件安装与卸载；杀毒软件使用；维护软件使用；EV录屏软件使用；快剪辑的使用

学习难点：快剪辑的使用

14.1 任务1 安装与卸载常用软件

14.1.1 活动1 Windows 10系统应用软件卸载

一般情况下，如果我们的计算机的Windows 10系统是Ghost镜像版的，那么Windows 10系统安装好之后，会有一部分软件是已经装好，但是是我们不需要的，我们需要将这部分软件进行卸载；另外，我们在计算机使用过程中，总会有一些软件用了之后我们不再需要了，我们需要将它进行卸载。这里我们以卸载Keil软件为例。

第一步 选择软件"属性"

首先我们要查看Keil软件安装的路径。右击Keil的图标，在弹出的快捷菜单中选择"属性"，如图14-1所示。

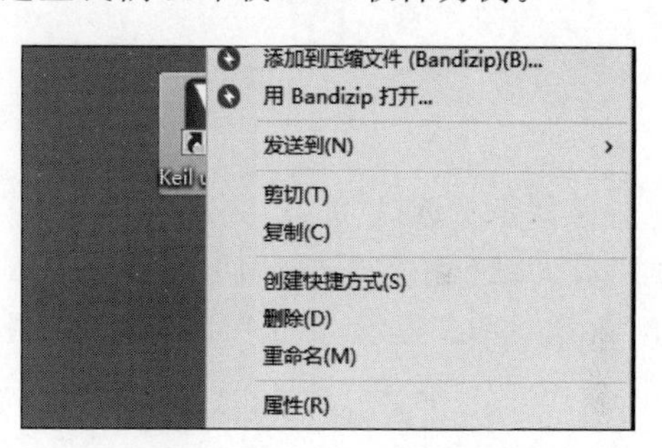

图14-1 选择软件"属性"

第二步 看到安装路径

在弹出的"属性"对话框中，选择"快捷方式"选项卡，并单击其下面的"打开文件所在的位置"，此时就会弹出Keil软件在计算机中的安装位置窗口，在地址栏可以看到安装路径，如图14-2所示。

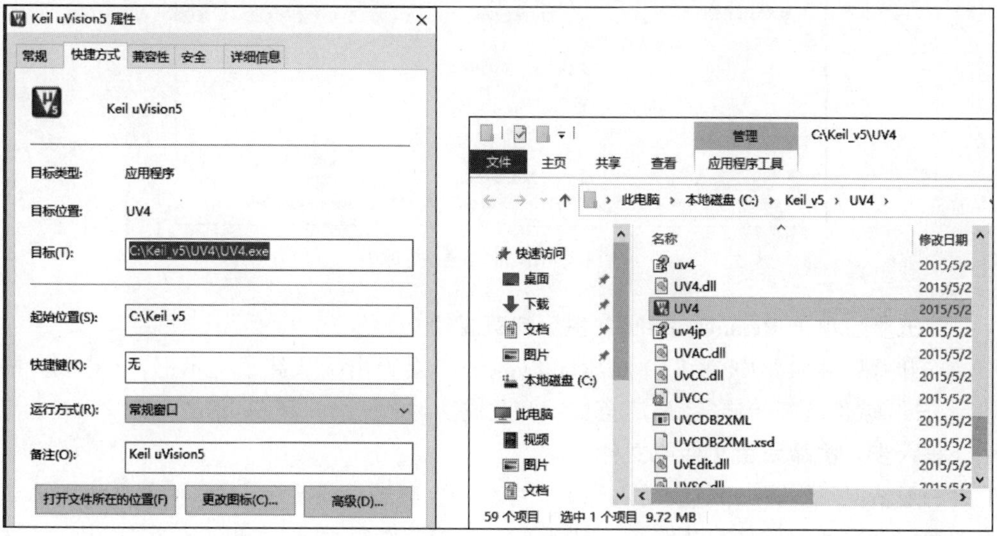

图14-2 查看安装路径

笔记

第三步 打开控制面板

接下来要打开控制面板。在桌面左下角,右击“开始”图标,在弹出的菜单中单击“控制面板”。在弹出的“控制面板”窗口,单击“卸载程序”图标,如图 14-3 所示。

图 14-3 打开控制面板

第四步 选择“卸载/更改”

在卸载程序界面,我们可以看到 Keil 软件在其中。右击该界面的 Keil 图标,会弹出“卸载/更改”提示,单击“卸载/更改”提示就会出现卸载软件的向导,如图 14-4 所示。

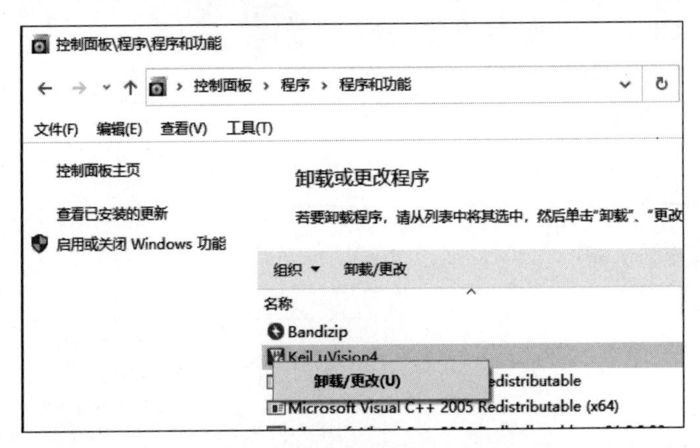

图 14-4 单击“卸载/更改”

第五步 单击 Remove 按钮,并提示卸载成功

在卸载软件向导中,我们单击 Remove 按钮,会弹出确认卸载提示框,单击“是”按钮后,Keil 软件就开始卸载,最后会提示卸载成功,如图 14-5 和图 14-6 所示。

第六步 删除残留文件或文件夹

一般情况下,软件卸载成功后会有一些残留文件或文件夹,这时我们就要用到第二步中我们查看到的软件安装路径。打开 Keil 的安装路径,我们发现还存在“Keil_v5”这个残留文件夹,里面也还有些残留文件。这时我们右击“Keil_v5”文件夹,在弹出的菜

笔记

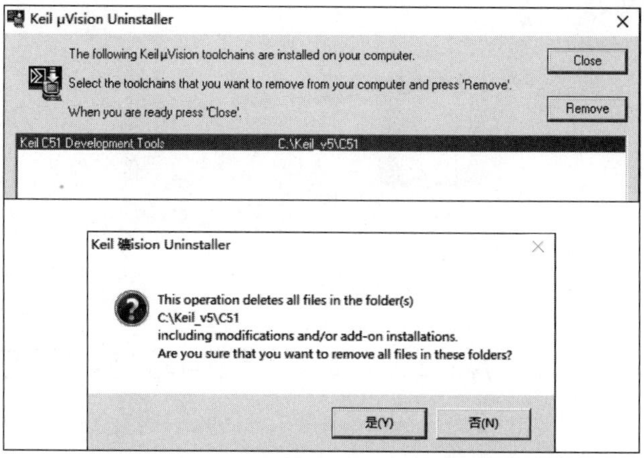

图 14-5　单击 Remove 按钮

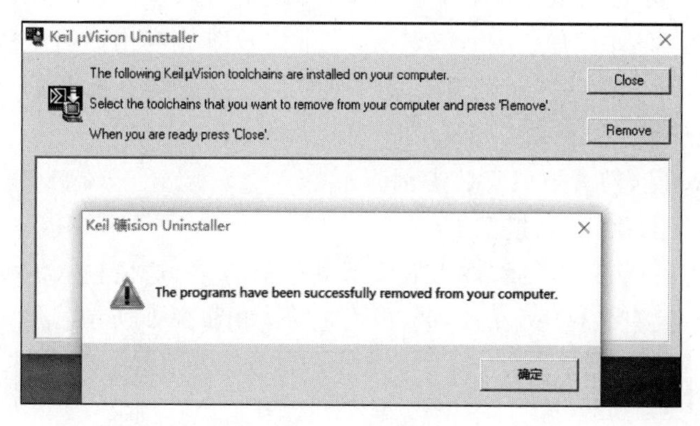

图 14-6　提示卸载成功

单中选择“删除”命令，最后在“删除文件夹”的确认框中单击“是”按钮就可以了，如图 14-7 和图 14-8 所示。

小技巧：一般情况下，大多数软件卸载后都会有残留文件或文件夹，我们可以通过进入该软件的安装目录去进行删除操作。

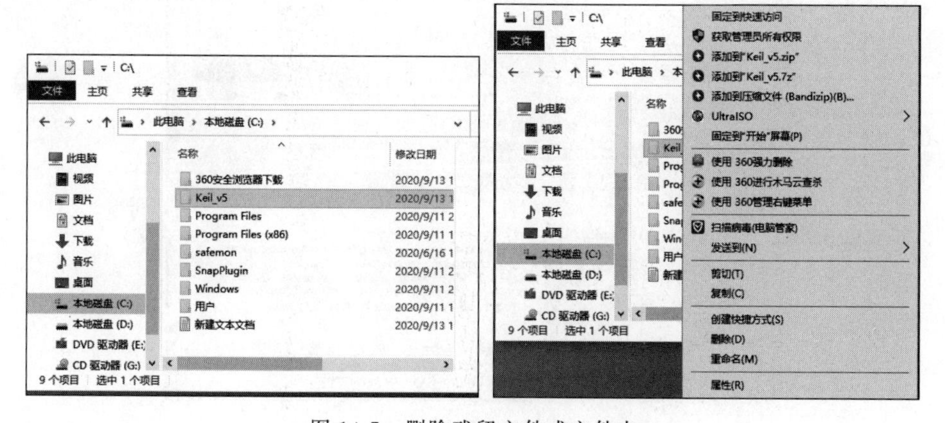

图 14-7　删除残留文件或文件夹

笔记

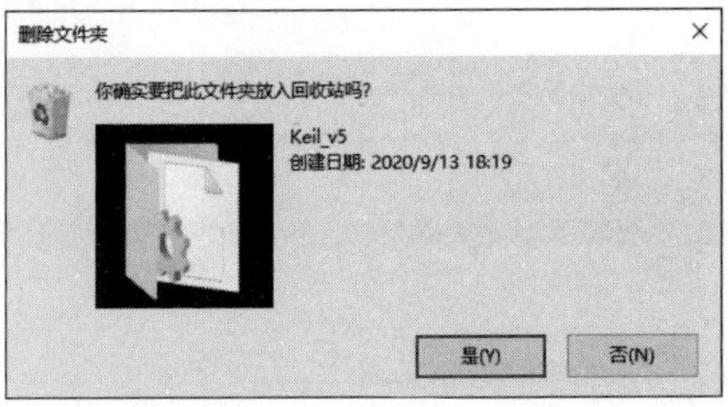

删除文件夹

你确实要把此文件夹放入回收站吗?

Keil_v5
创建日期: 2020/9/13 18:19

是(Y) 否(N)

图 14-8 提示放入回收站

14.1.2 活动 2 Windows 10 系统中软件的下载安装

Windows 10 系统中软件的下载安装一般有两种，一种是在应用商店下载的软件，类似于平板、手机中下载安装软件，一般都是属于一键安装，跟着安装向导操作就行了，比较简单。另外一种是通过浏览器下载的软件，当下有较多的流氓软件、广告等捆绑，下载软件时需要我们对其有一定的辨识度，这个比较难。应用商店里一般能下载到常用软件，但相对较专业的软件还是需要通过浏览器下载的。在此我们就介绍一下通过浏览器下载安装软件。

这里仍以 Keil 软件的下载安装为例。

第一步 打开百度页面，搜索 Keil

打开浏览器，进入百度页面，输入需要下载的软件名，这里输入 Keil，单击“百度一下”进行搜索。找到有软件下载的链接，单击进去，如图 14-9 所示。

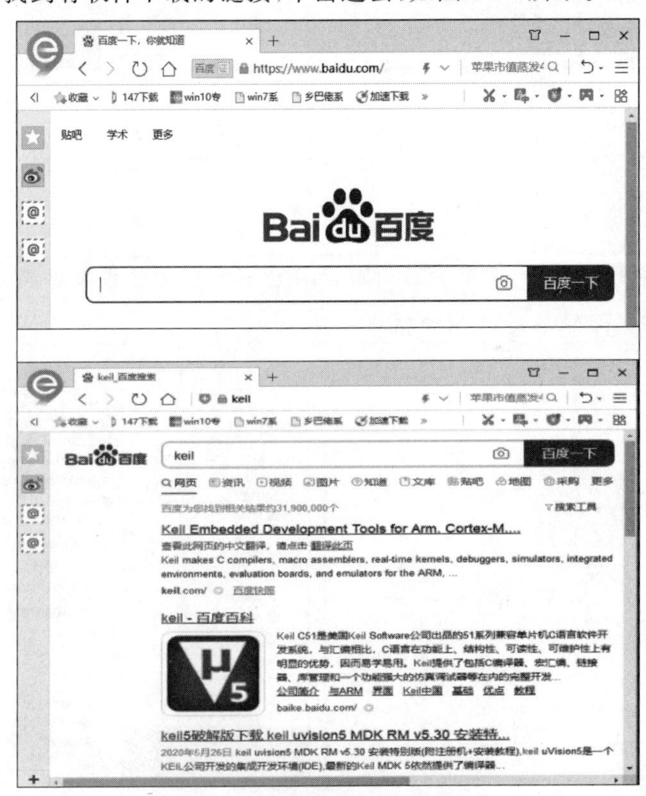

图 14-9 搜索 Keil 软件

笔记

第二步　查看软件大小，避免下错软件

进入下载页面后，可以看到软件介绍中提到的软件大小是285MB。接着可以单击“下载”按钮，弹出“新建下载任务”对话框，这里就要注意了，对话框里提到的软件大小是1.08MB，这显然是不对的，最好的处理方式便是取消下载它，如图14-10所示。

小技巧：一般情况下，软件介绍里提到的软件大小与正式下载前下载向导里提示的软件大小差距很大的话，说明下载的软件会有问题，像这一步中这个1.08MB其实是一个其他小软件，如果我们错误下载安装后，你会发现随它而来的还有很多第三方小软件或插件或流氓软件，有时甚至带有病毒，到时我们的计算机会出现各种问题。

图14-10　查看软件大小

第三步　选择正确大小的软件，单击“下载”按钮

这时需要寻找其他的下载按钮，单击“下载”按钮，弹出的下载对话框中显示的软件大小是285.41MB，与软件介绍中的大小很接近，这时我们判断这个软件包才是我们需要下载的，选择好下载软件存放的地方，单击“下载”按钮，如图14-11所示。

第四步　正在下载

这时可以看到下载的进度条及下载完成后的界面，如图14-12所示。

笔记

图 14-11　单击“下载”按钮

图 14-12　软件下载

第五步　解压软件

回到软件下载存放的地方，这里下载 Keil 软件的时候设置为下载到桌面上。右击 Keil 软件压缩包，弹出快捷菜单，在菜单中选择“解压到 KeiluVision5”，计算机就会自动解压，解压完成后桌面上就多了一个与压缩包同名的文件夹，如图 14-13 所示。

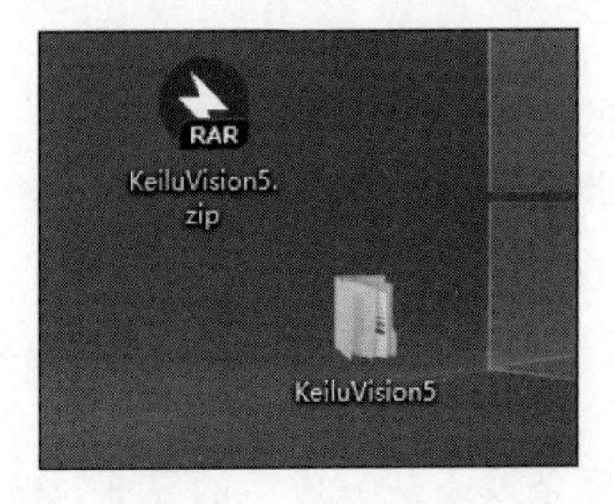

图 14-13　解压软件

笔记

第六步 查看安装软件

双击打开文件夹,可以看到文件夹内有 Keil 软件安装应用程序(.exe)的文件,如图 14-14 所示。

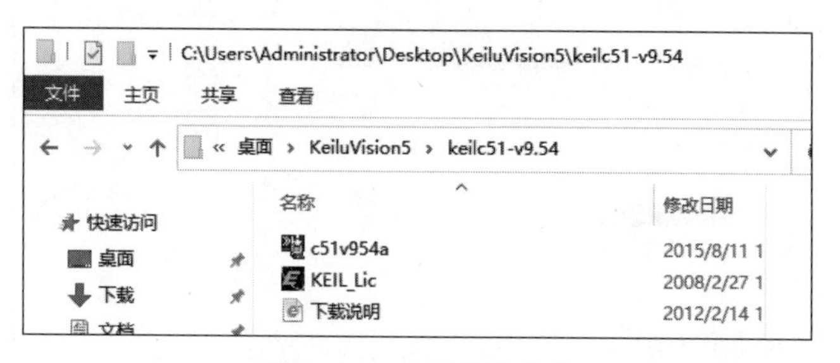

图 14-14 查看安装软件

第七步 双击安装

双击 Keil 软件安装应用程序文件进行软件安装。根据安装向导一步一步往下操作,完成软件的安装,如图 14-15～图 14-17 所示。

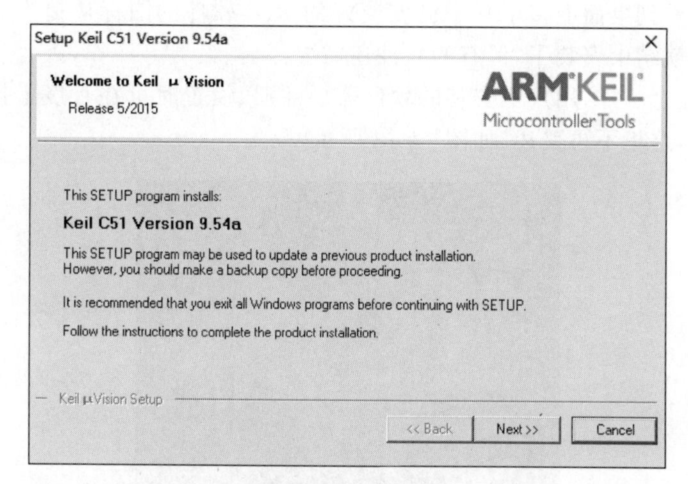

图 14-15 软件安装

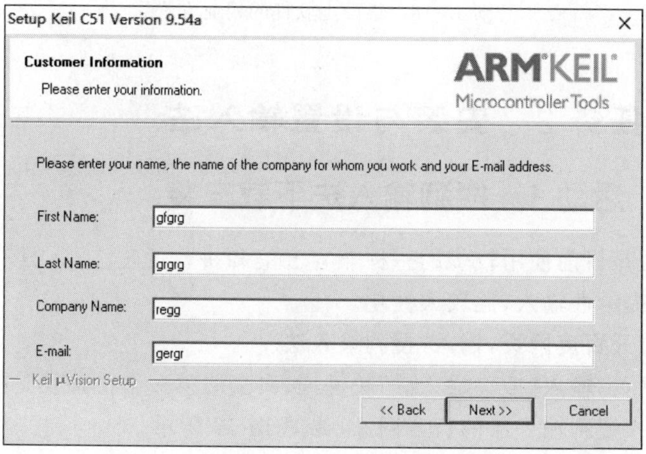

Setup Keil C51 Version 9.54a
Customer Information
Please enter your information.
ARM KEIL
Microcontroller Tools
Please enter your name, the name of the company for whom you work and your E-mail address.
First Name: gfgrg
Last Name: grgrg
Company Name: regg
E-mail: gergr
Keil µVision Setup
<< Back
Next >>
Cancel

图 14-16 选择安装路径并设置安装信息

笔记

图 14-17　安装进度提示

第八步　安装完成

最后可以看到桌面上多了一个已安装好的 Keil 软件的图标快捷方式。一般常用的软件到这里就结束安装了，但有的软件还需要注册、设置等操作，因为每个软件的注册、设置都不完全一样，用户所安装的软件需要注册、设置时可在百度上搜索与各软件相对应的方法，这里不再赘述，如图 14-18 所示。

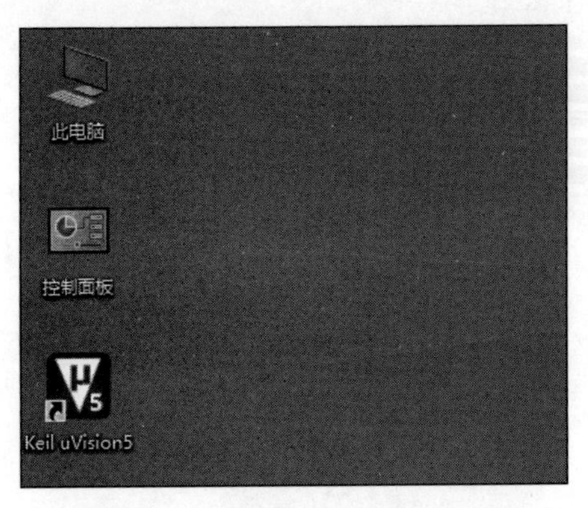

图 14-18　桌面上软件的快捷方式

14.2　任务 2　安装与设置输入法

14.2.1　活动 1　搜狗输入法下载安装

搜狗输入法是目前使用较多的一种兼容五笔和拼音的输入法，具有很强的记忆录入功能，给用户提示性输入，比较人性化。

视频讲解

第一步　打开百度网页，输入“搜狗输入法”

打开百度网页，输入“搜狗输入法”关键词，出来的第一个链接便是搜狗输入法的官方网站，单击进入搜狗输入法的官方网站，如图 14-19 所示。

笔记

图 14-19 进入“搜狗输入法”官方网站

第二步 下载搜狗输入法

在搜狗输入法的官方网站上单击“立即下载”后，弹出软件下载对话框，选择好软件下载存放的位置后，单击“下载”按钮。这里我们是保存在桌面上，可以看到桌面上已经有搜狗输入法的安装包了，如图 14-20 所示。

图 14-20 搜狗输入法安装包下载完成

第三步 双击安装

双击桌面上的搜狗输入法安装包，单击“立即安装”后，出现安装进度条，如图 14-21 所示。

图 14-21 安装进度

笔记

第四步　安装完成

最后安装好以后会提示安装完成，但一定要仔细看清楚。这个提示下面还有一个捆绑到搜狗输入法安装包的软件 WPS，还有一个是要求设置你的浏览器首页为搜狗的导航页。如果不需要它这样做，一定要去掉勾选，再单击“立即体验”就完成安装了，如图 14-22 所示。

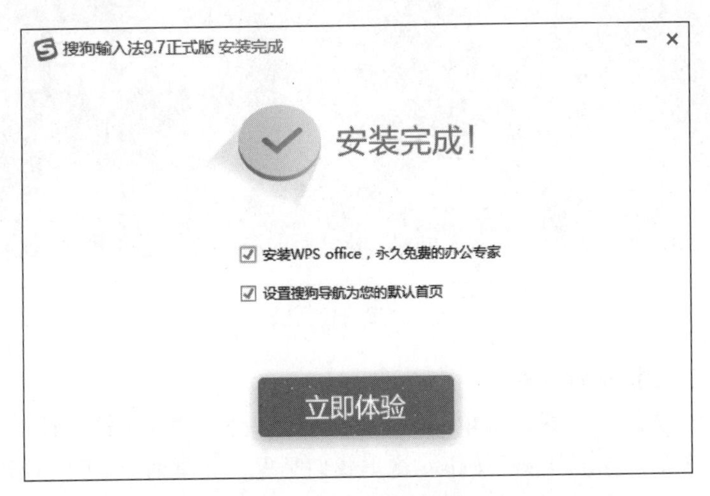

图 14-22　安装完成

14.2.2　活动 2　QQ 拼音输入法下载安装

QQ 拼音输入法是目前比较专业的拼音输入法，目前有较多的人使用。

第一步　百度搜索 QQ 拼音

首先百度搜索 QQ 拼音，选择官方网站进入，单击 QQ 拼音 Windows 版本进行下载，如图 14-23 所示。

图 14-23　进入 QQ 拼音官方网站

第二步　双击安装

将下载的QQ拼音输入法的安装包放在我们的桌面上，双击安装包进入安装向导，单击“一键安装”按钮，如图14-24所示。

图14-24　双击安装

第三步　安装完成

安装向导进行安装时，可以看到安装进度条。安装完成后可以看到完成界面有三个打钩的选项，可以根据需要进行取舍，如图14-25所示。

图14-25　安装完成提示

第四步　QQ拼音设置

在完成界面我们保留了“运行设置向导”前的勾选，单击“完成”按钮就进入了设置向导，用户可以根据自己的喜好在设置向导里面进行设置，如图14-26所示。

笔记

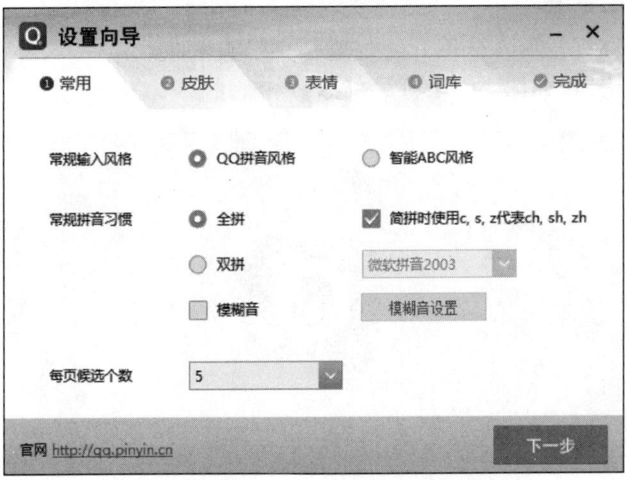

图 14-26　QQ 拼音设置界面

14.2.3　活动 3　极品五笔输入法下载安装

熟练五笔输入法的人打字速度比一般用拼音打字的速度快得多。

第一步　在百度上搜索关键词“极品五笔输入法”

在百度上搜索关键词“极品五笔输入法”,如果没有看到极品五笔输入法官方网站,可以选择一个专门的软件网站进行下载。这里选择的是华军软件园,单击进入链接进行下载,如图 14-27 所示。

图 14-27　进入“极品五笔输入法”下载界面

第二步　完成下载

安装包下载完了之后,对安装包的压缩包进行解压,这里可以看到桌面上有五笔输入法的压缩包和解压之后的文件夹,打开文件夹可以看到里面的五笔输入法的安装文

笔记

件，如图 14-28 所示。

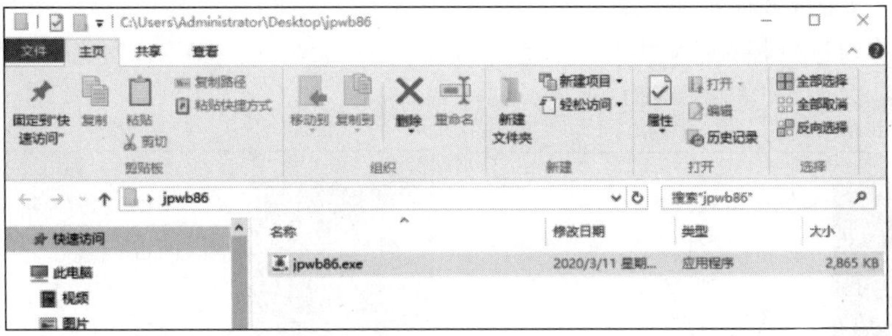

图 14-28　完成下载

第三步　双击五笔输入法的安装文件

双击五笔输入法的安装文件，进入安装向导。经过同意协议、安装位置的选择后，可以看到安装进度条提示，如图 14-29 和图 14-30 所示。

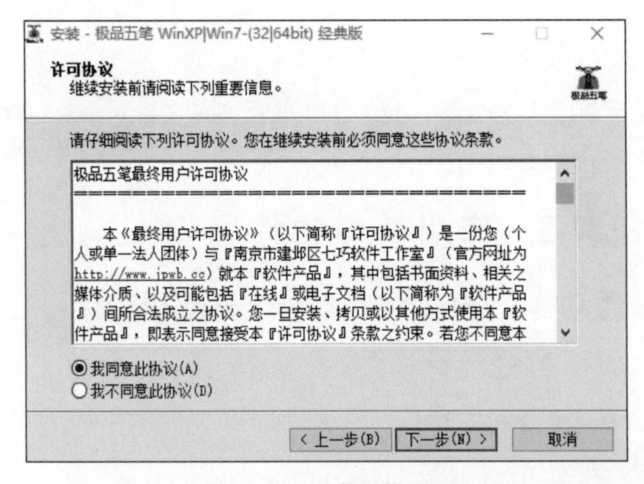

图 14-29　同意安装界面

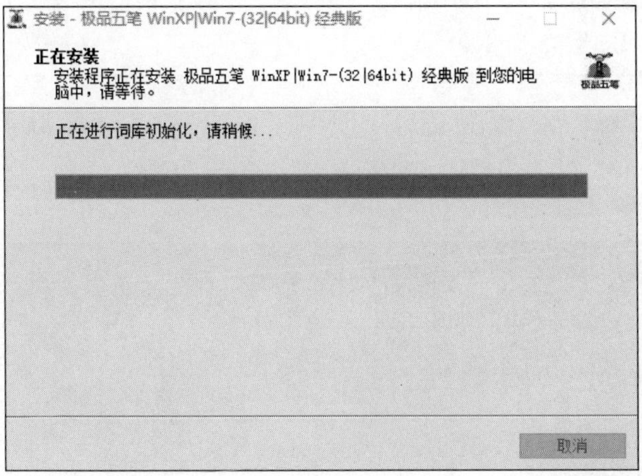

图 14-30　安装进度

第四步　安装完成

安装完成后,有提示显示完成。注意提示完成窗口的两个复选框,一般情况下要把复选框里的勾选去掉,因为可以看出它是让你另外再装一个捆绑的加速浏览器,这是不需要的。最后单击“完成”按钮,如图14-31所示。

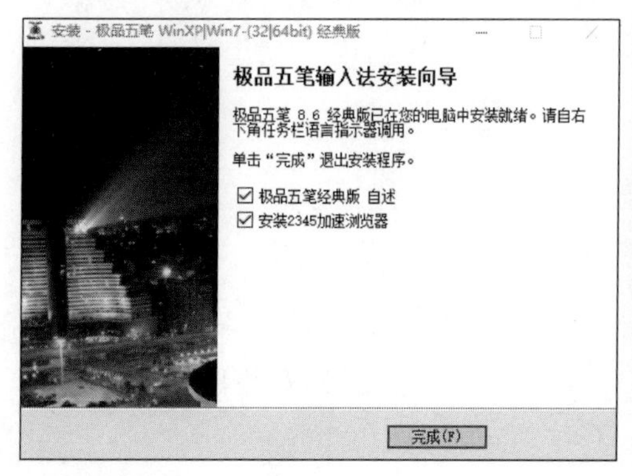

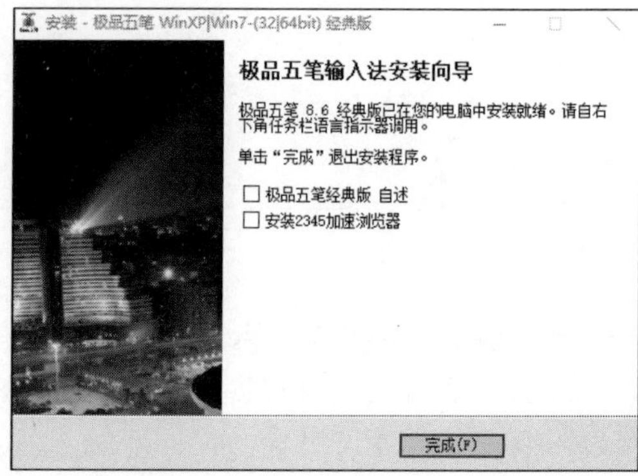

图14-31　安装完成提示

?思考:除了搜狗输入法、QQ拼音输入法以及极品五笔输入法,还有哪些输入法?

14.3　任务3　应用杀毒软件

14.3.1　活动1　360杀毒软件的安装和使用

视频讲解

360杀毒是一款免费的云安全杀毒软件,具有查杀率高、资源占用少、升级迅速等优点。360杀毒月度用户量已突破3.7亿,目前一直是众多杀毒软件中使用率最高的杀毒软件之一。

第一步　进入360杀毒软件的官方网站,下载360杀毒软件

首先在百度搜索框输入“360杀毒”,进入360杀毒软件的官方网站,然后单击下载,如图14-32和图14-33所示。

图14-32　360杀毒软件的官方网站

笔记

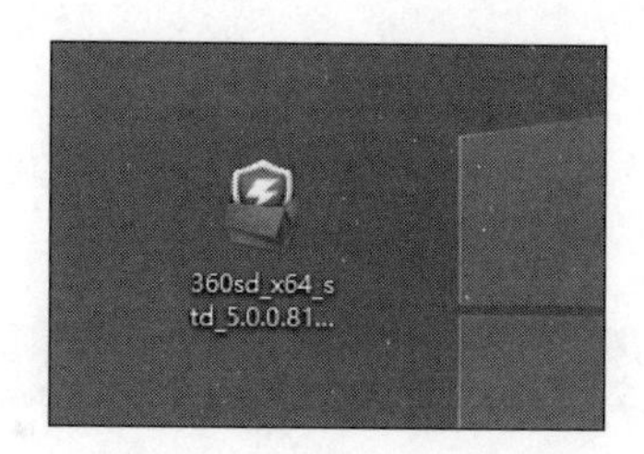

图 14-33　360 杀毒软件下载完成

第二步　双击安装

下载完成后，双击安装文件开始安装，可以根据需要更改安装目录，勾选“阅读并同意”，单击“立即安装”按钮，如图 14-34 所示。

图 14-34　同意安装界面

第三步　进入 360 杀毒软件的使用主界面

安装完成后，打开软件，可以看到 360 杀毒软件的使用主界面，如图 14-35 所示。

图 14-35　360 杀毒软件主界面

笔记

第四步　选择“全盘扫描”

在360杀毒软件的使用主界面,单击“全盘扫描”,就可以开始全盘扫描计算机,如图14-36所示。

图14-36　选择“全盘扫描”界面

第五步　单击“快速扫描”

在360杀毒软件的使用主界面,单击“快速扫描”,可以开始扫描计算机内存里面和系统文件,如图14-37所示。

图14-37　选择“快速扫描”界面

笔记

第六步　选择“自定义扫描”

在360杀毒软件的使用主界面的右下角单击“自定义扫描”，会弹出“选择扫描目录”对话框，用户可以对指定的位置进行扫描，如图14-38所示。

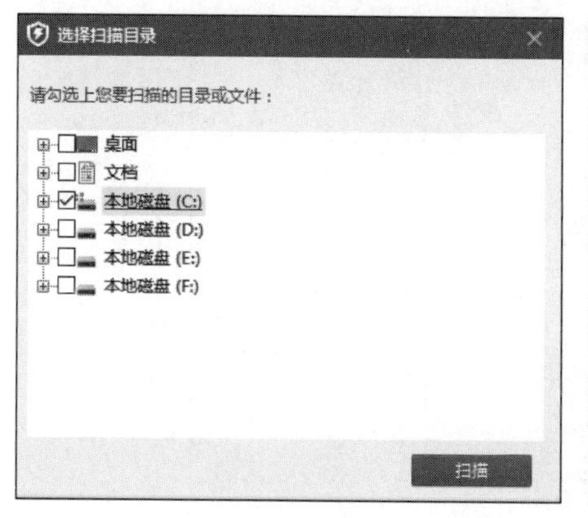

图14-38　“自定义扫描”界面

第七步　查看“功能大全”

在360杀毒软件的使用主界面，单击“功能大全”，会弹出360杀毒软件能做的所有功能列表，用户可以根据自己所需要的功能进行选择，如图14-39所示。

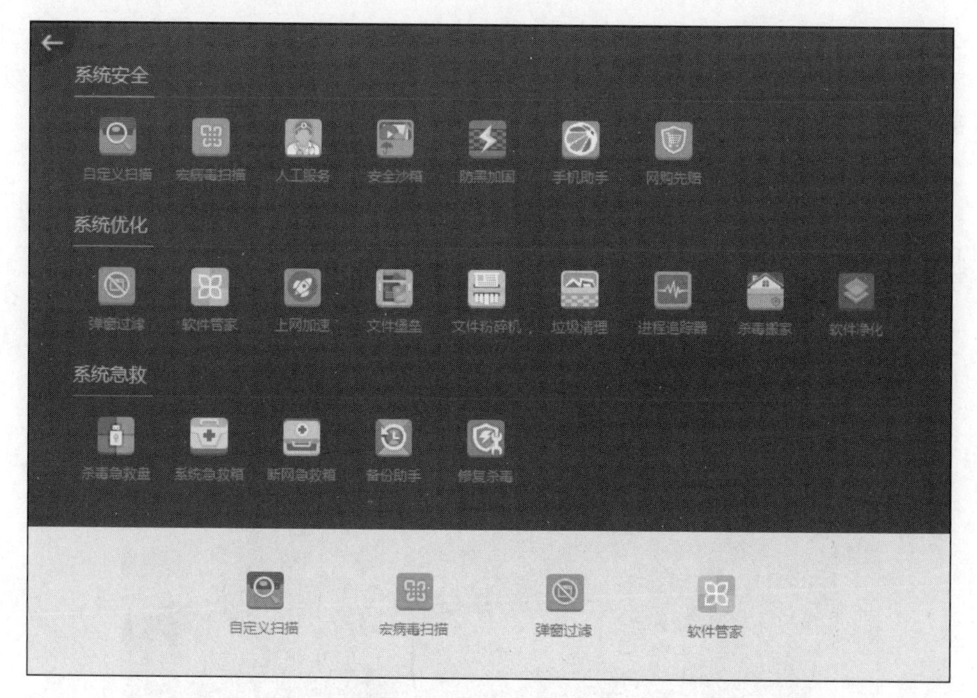

图14-39　“功能大全”界面

第八步　360杀毒设置

在360杀毒软件的使用主界面，单击右上角的“设置”，会弹出360杀毒软件的设置窗口，用户可以根据自己的需要进行设置，如图14-40所示。

笔记

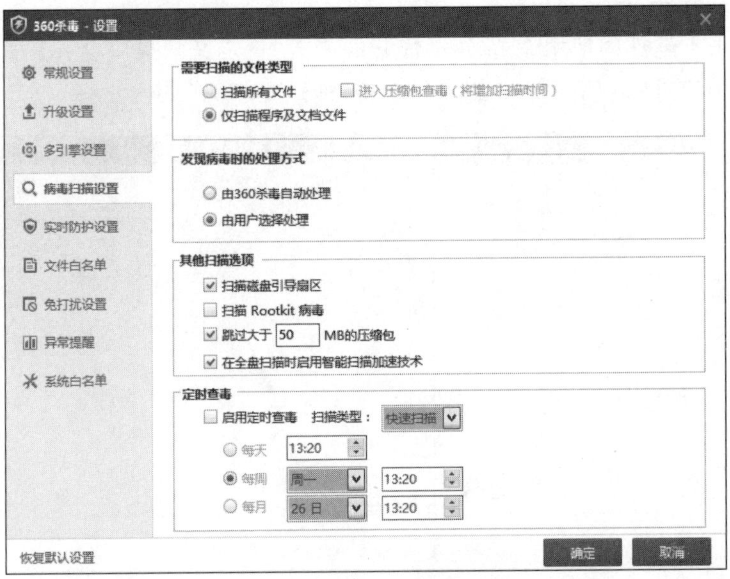

图 14-40 “设置”界面

14.3.2 活动 2 火绒安全软件的安装与使用

火绒是一款杀防一体的安全软件，拥有全新的界面、丰富的功能和完美的体验。针对国内安全趋势，自主研发高性能病毒通杀引擎，是目前年轻人比较喜欢的方式，故火绒是年轻人经常选用的一款杀毒软件。

第一步 进入火绒官方网站下载软件

在百度搜索“火绒”，进入火绒官方网站下载软件。在火绒安全软件的首页就可以找到下载连接，直接下载。这里保存到桌面上，如图 14-41 和图 14-42 所示。

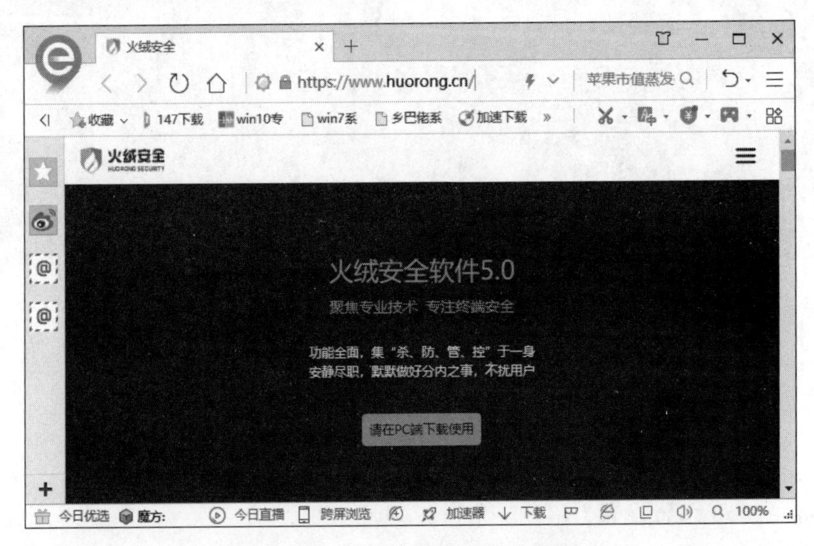

图 14-41 火绒安全软件官方网站

笔记

图 14-42　火绒安全软件下载完成

第二步　安装火绒安全软件

双击安装包，如果用户对安装路径无要求，可以直接单击极速安装。之后我们可以看到安装的进度条，完成后最终进入火绒安全主界面，如图 14-43 和图 14-44 所示。

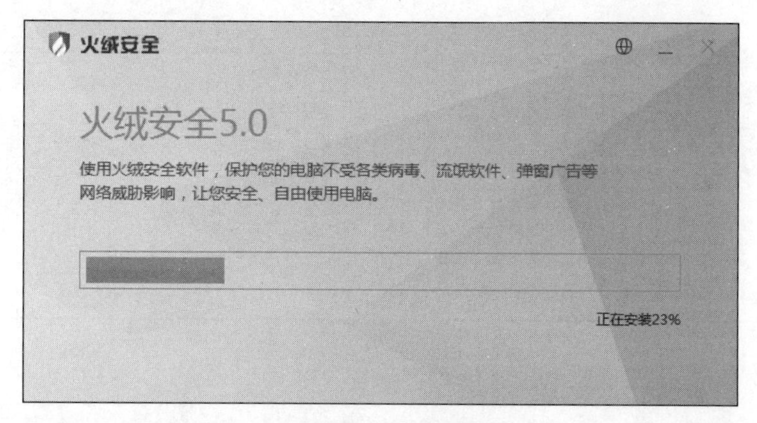

图 14-43　安装进度

第三步　选择“自定义查杀”

在火绒安全主界面，我们选择“病毒查杀”之后，会发现还进一步有“全盘查杀”“快速查杀”和“自定义查杀”，它们和 360 杀毒软件的几个查杀方式是一样的，这里不再赘述。这里我们选择“自定义查杀”，会弹出“自定义查杀”对话框，让用户指定需要查杀病毒的位置，如图 14-45 所示。

第四步　进入“防护中心”

在火绒安全主界面，我们选择“防护中心”之后，会弹出“防护中心”窗口，可以看到里面的功能很多，用户可以根据自己的需求来决定是否开启某个或某些功能，如图 14-46 所示。

第五步　进入“访问控制”

在火绒安全主界面，我们选择“访问控制”之后，会弹出“访问控制”窗口，用户可以根据自己的需求来决定是否开启某个或某些与访问安全有关的功能，如图 14-47 所示。

笔记

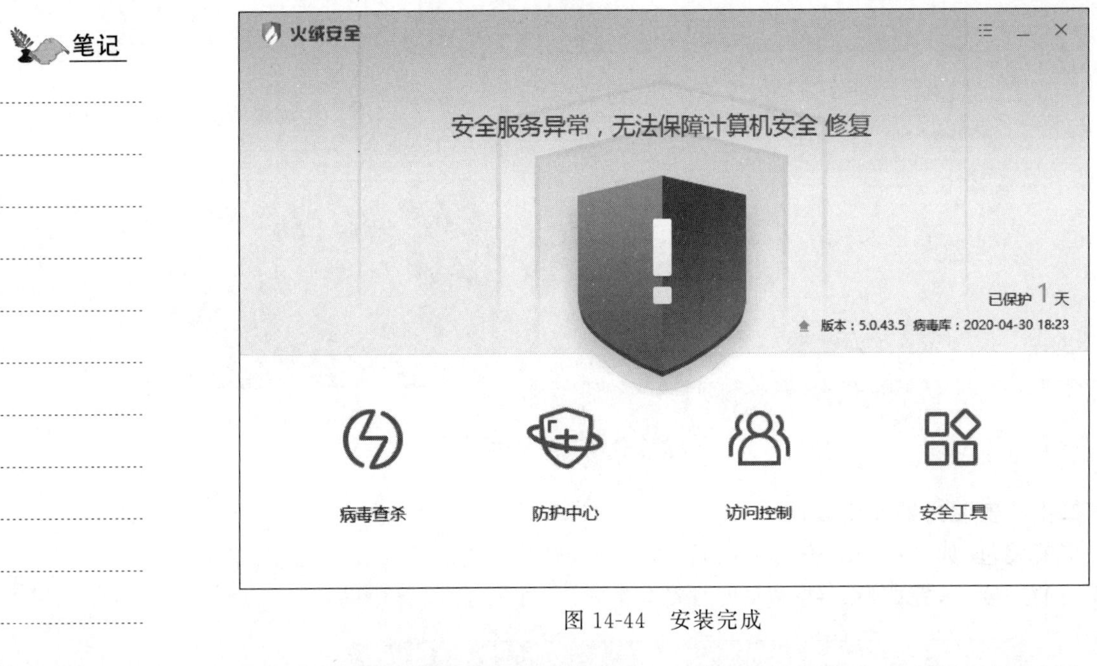

图 14-44 安装完成

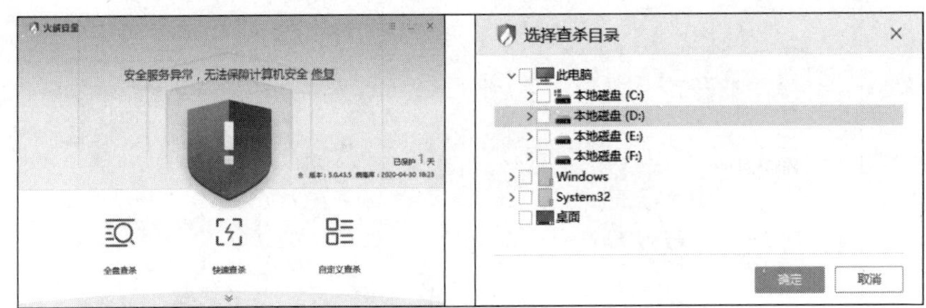

图 14-45 “自定义查杀”界面

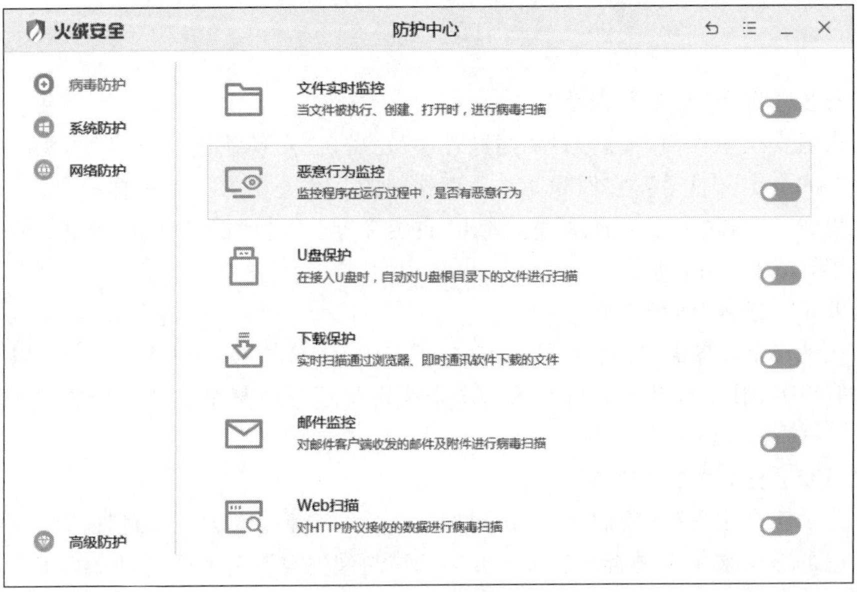

火绒安全 防护中心

病毒防护
系统防护
网络防护
高级防护

文件实时监控
当文件被执行、创建、打开时，进行病毒扫描

恶意行为监控
监控程序在运行过程中，是否有恶意行为

U盘保护
在接入U盘时，自动对U盘根目录下的文件进行扫描

下载保护
实时扫描通过浏览器、即时通讯软件下载的文件

邮件监控
对邮件客户端收发的邮件及附件进行病毒扫描

Web扫描
对HTTP协议接收的数据进行病毒扫描

图 14-46 “防护中心”界面

笔记

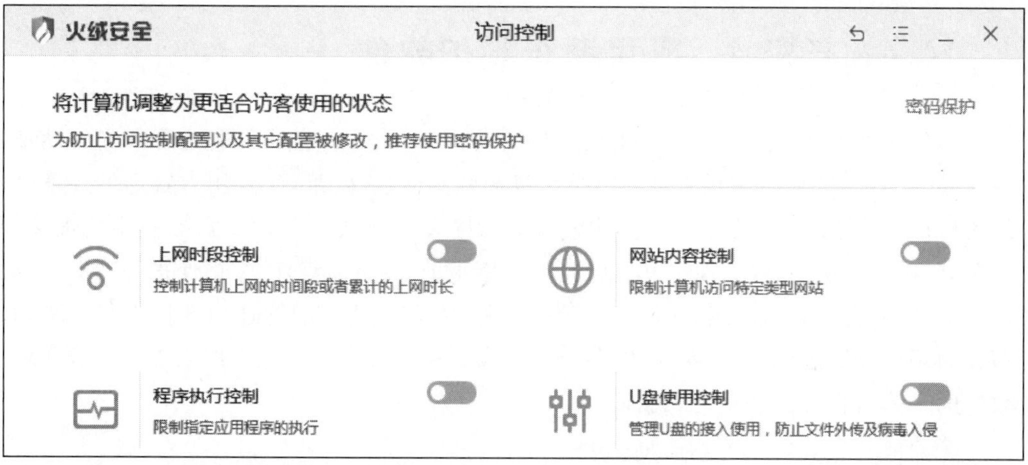

图 14-47　“访问控制”窗口

第六步　进入“安全工具”

在火绒安全主界面，我们选择“安全工具”之后，会弹出“安全工具”窗口，用户可以根据自己的需求来选用某些功能，如图 14-48 所示。

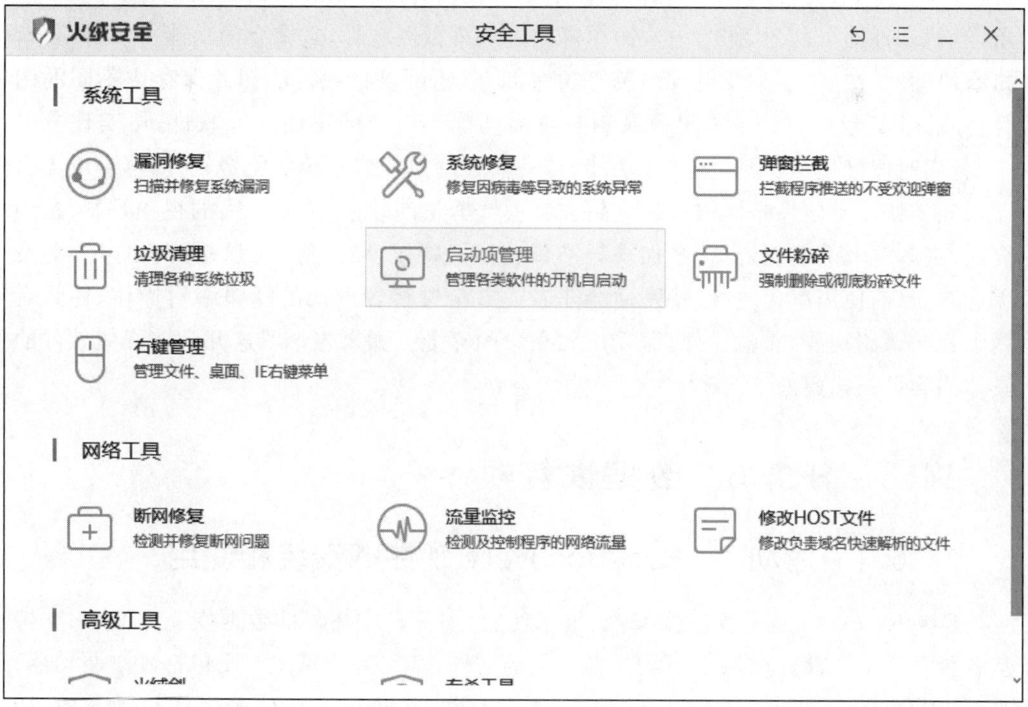

图 14-48　“安全工具”窗口

思考： 360 杀毒软件与火绒安全软件有哪些相同之处与不同之处？

视频讲解

14.4 节扩展内容

视频讲解

14.5 节扩展内容

14.4 任务4 应用系统维护软件

本任务中主要介绍的几款应用系统维护软件有 360 安全卫士、电脑管家和驱动精灵。360 安全卫士是一款由奇虎 360 公司推出的功能强、效果好、受用户欢迎的计算机维护软件;电脑管家是腾讯公司推出的免费安全防护与维护软件。它拥有系统加速、漏洞修复、实时防护、网速保护、电脑诊所、健康小助手、桌面整理、文档保护等功能。驱动精灵是一款集驱动管理和硬件检测于一体的、专业级的驱动管理和维护工具。驱动精灵为用户提供驱动备份、恢复、安装、删除、在线更新等实用功能。如果想学习这几款软件的具体内容可扫描此处二维码。

14.5 任务5 应用多媒体软件

本任务主要介绍的几款应用多媒体软件有 Windows 10 自带的截图工具、卡卡截图软件、EV 录屏软件、快剪辑软件等。Windows 10 系统自带了一个截图工具,可以帮助用户快速截取屏幕内容,非常实用。卡卡截图软件是一款屏幕截图工具,软件操作简单,运行软件即可截图,作为一款简单高效的屏幕截图软件,它该有的功能一个都不少,如添加椭圆、文字、箭头及更改颜色等功能都有,还可以将截得的图片保存成不同的图片格式。EV 录屏软件是集视频录制与直播功能于一身的桌面录屏软件,可实现分屏录制、实时按键显示、录屏涂鸦等功能,是一款录制视频或音频的免费软件,可生成无水印视频。快剪辑软件是国内首款支持在线视频剪辑的软件,拥有强大的视频录制、视频合成、视频截取等功能,支持添加视频字幕、音乐、特效、贴纸等,无强制片头片尾,免费无广告,目前使用率比较高,特别适合非专业人士进行较深入的视频编辑操作,还具有网上视频录制功能,非常简便,深受广大用户的喜爱。如果想学习这几款多媒体软件的具体内容可扫描此处二维码。

视频讲解

14.6 任务6 数据恢复软件

14.6.1 活动1 EasyRecovery 软件的安装和使用

EasyRecovery 是一款操作安全、价格便宜、用户自主操作的数据恢复方案,它支持从各种各样的存储介质恢复删除或者丢失的文件,其支持的媒体介质包括硬盘驱动器、光驱、闪存、硬盘、光盘、U 盘/移动硬盘、数码相机、手机以及其他多媒体移动设备,能恢复文档、表格、图片、音频、视频等各种数据文件,同时发布了适用于 Windows 及 Mac 平台的软件版本。

第一步 进入 EasyRecovery 软件官网,下载 EasyRecovery 数据恢复软件

打开浏览器进入 EasyRecovery 数据恢复软件官网,如图 14-49 所示。

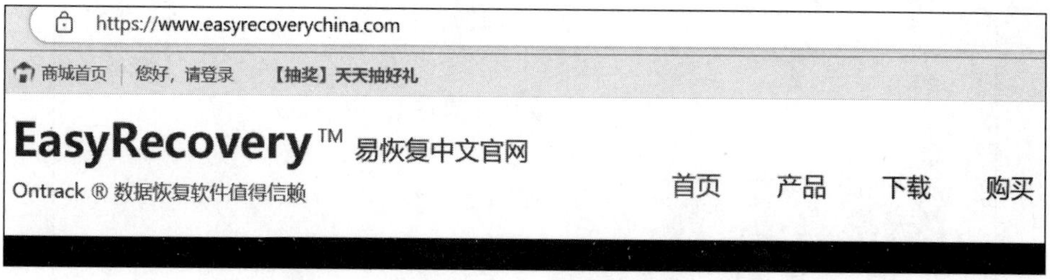

笔记

图 14-49　EasyRecovery 数据恢复软件官网

单击页面中的下载选项，进入下载页面，选择适合自己的版本，这里选择个人版本，如图 14-50 所示。

图 14-50　EasyRecovery 下载页面

第二步　双击安装

下载完成后，双击开始安装，勾选"我接受许可协议"，单击"下一步"按钮，可以根据需要更改安装目录，如图 14-51 所示，单击"下一步"安装。

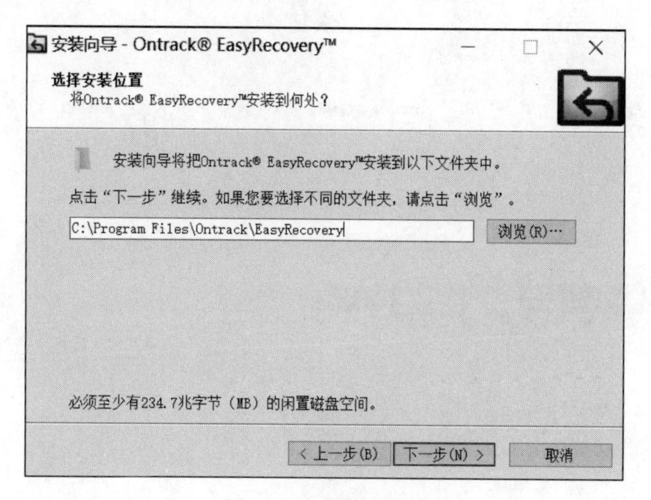

图 14-51　安装界面

第三步　进入 EasyRecovery 数据恢复软件主界面

安装完成后打开软件，EasyRecovery 数据恢复软件主界面如图 14-52 所示。

笔记

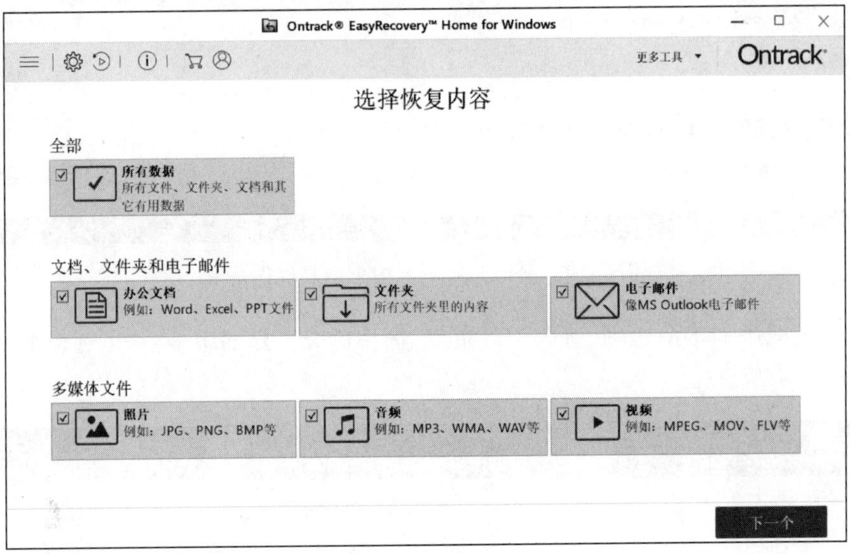

Ontrack® EasyRecovery™ Home for Windows

更多工具 ▾ Ontrack

选择恢复内容

全部

所有数据
所有文件、文件夹、文档和其它有用数据

文档、文件夹和电子邮件

办公文档
例如：Word、Excel、PPT文件

文件夹
所有文件夹里的内容

电子邮件
像MS Outlook电子邮件

多媒体文件

照片
例如：JPG、PNG、BMP等

音频
例如：MP3、WMA、WAV等

视频
例如：MPEG、MOV、FLV等

下一个

图 14-52 EasyRecovery 数据恢复软件主界面

第四步 选择“恢复内容”

在 EasyRecovery 数据恢复软件主界面选择想要恢复的内容。“所有数据”包含之前删除的所有文档、文件、电子邮件和多媒体文件。如果不清楚要恢复的数据属于哪一类,可以直接选择“所有数据”。如果知道数据的类型,可以只选择数据类型对应的选项进行恢复。单击“所有数据”,可以进入从计算机的存储位置进行恢复,每次只能单选一个存储位置,这里选择从 C 盘进行扫描,如图 14-53 和图 14-54 所示。

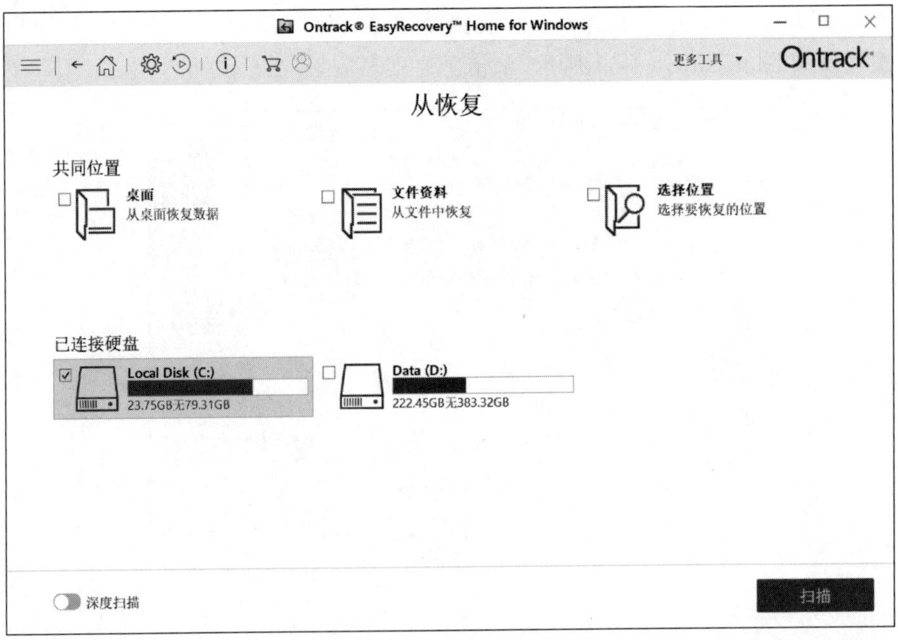

Ontrack® EasyRecovery™ Home for Windows

更多工具 ▾ Ontrack

从恢复

共同位置

桌面
从桌面恢复数据

文件资料
从文件中恢复

选择位置
选择要恢复的位置

已连接硬盘

Local Disk (C:)
23.75GB无79.31GB

Data (D:)
222.45GB无383.32GB

深度扫描

扫描

图 14-53 选择扫描位置界面

笔记

软件正在寻找您的可恢复文件。

其可能花费一些时间，取决于存储媒体的大小和状况.

扫描进度

26%
已扫描

查看：　Local Disk (C:)

扫描状态：　处理元数据194560为760832

找到的文件：　扫描文件和文件夹......

历时：　9 秒 历时

剩余时间：　26 秒 剩余

第1阶段，共2阶段

图 14-54　全盘扫描界面

第五步　单击“恢复数据”

全盘扫描结束后，会弹出“成功完成扫描！”的对话框，表示已经完成全盘扫描，并且会将扫描结果显示出来，关闭该对话框，选择要恢复的数据，例如选择恢复“已丢失的文件夹”，如图 14-55 所示。在右边会显示出之前丢失的文件夹，可以选择想要恢复的文件夹，单击“恢复”按钮恢复，弹出如图 14-56 所示对话框，需要选择恢复到哪个位置。由于是对 C 盘进行扫描恢复，所以需要将数据恢复到 C 盘以外的位置。为了方便观察，在 D 盘实例文件夹下建立一个新文件夹，命名为“恢复的文件”，然后将数据恢复到该位置，如图 14-57 所示。恢复完成后，打开恢复的文件夹，就可以看到之前丢失的文件已经恢复成功了。

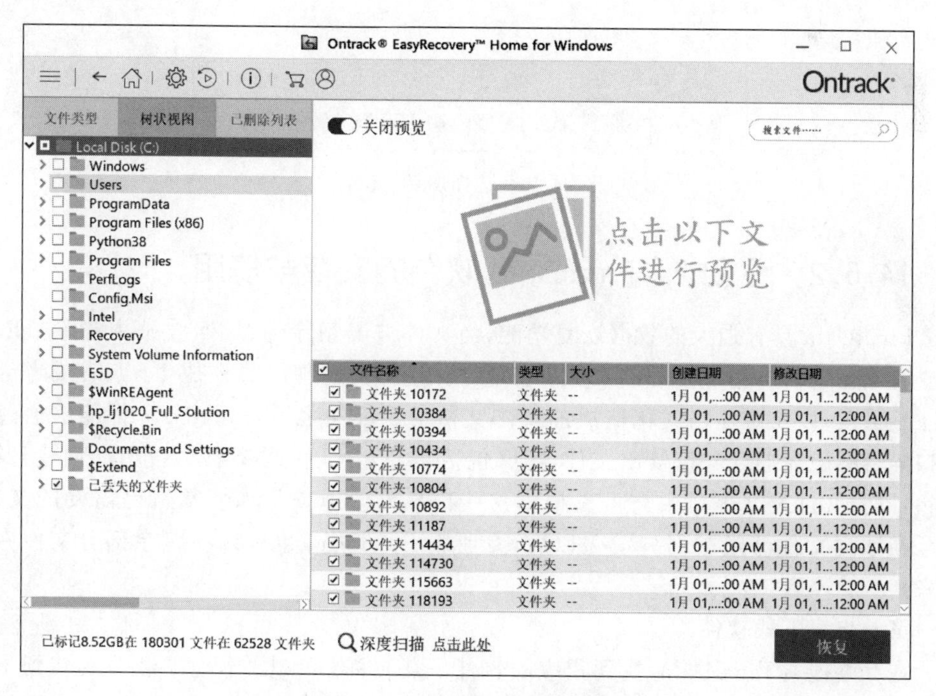

图 14-55　待恢复丢失的数据

第六步　选择“深度扫描”

打开图 14-53 左下角的“深度扫描”选项或者在图 14-55 下方“深度扫描”右侧的“点击此处”，会弹出“深度扫描”界面，完成扫描后同样可以选择需要恢复的数据。此外

笔记

如果扫描位置没有丢失的文件或文件夹,则会自动进入深度扫描,对该扫描位置上层位置进行扫描。深度扫描界面与普通扫描界面外观一致。

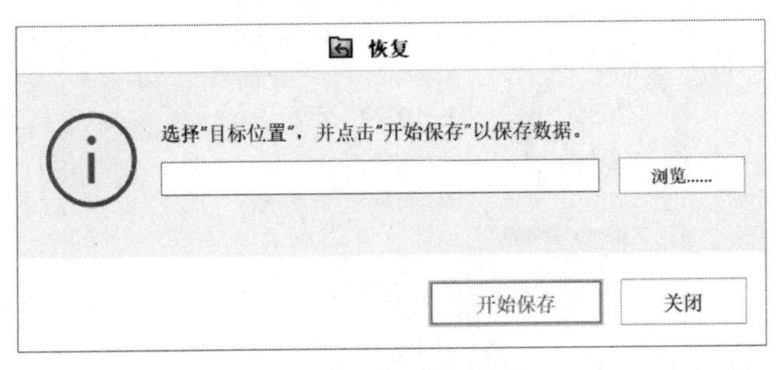

图 14-56 "恢复"对话框

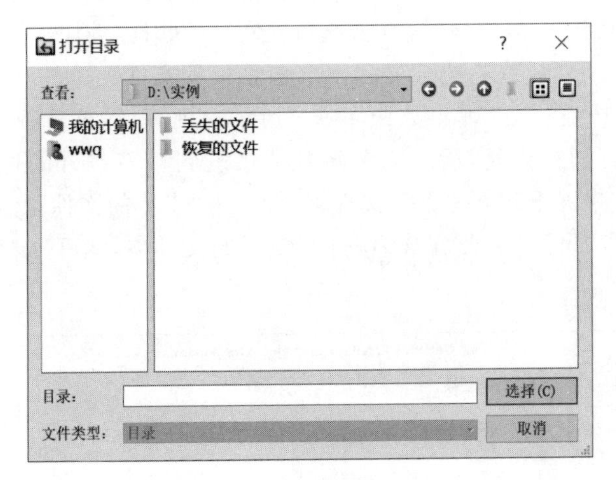

图 14-57 选择恢复的位置

14.6.2 活动 2 FinalData 软件的安装与使用

FinalData 具有强大的数据恢复功能,当文件被误删除(并从回收站中清除)、FAT 表或者磁盘根区被病毒侵蚀造成文件信息全部丢失、物理故障造成 FAT 表或者磁盘根区不可读,以及磁盘格式化造成的全部文件信息丢失之后,FinalData 都能够通过直接扫描目标磁盘抽取并恢复出文件信息(包括文件名、文件类型、原始位置、创建日期、删除日期、文件长度等),用户可以根据这些信息方便地查找和恢复自己需要的文件。甚至在数据文件已经被部分覆盖以后,专业版 FinalData 也可以将剩余部分文件恢复出来。

第一步 下载软件

在百度搜索 FinalData,找到相应的软件下载页面。单击"本地下载",跳转到下载链接,软件下载成功后进行安装。由于下载的是绿色版,所以不需要安装,只需解压就可以使用,如图 14-58 和图 14-59 所示。

第二步 进入 FinalData 数据恢复软件的使用主界面

单击 finaldata.exe 打开数据恢复软件,进入主界面,如图 14-60 所示。

笔记

您的位置：首页 → 系统软件 → 数据备份 → finaldata3.0汉化版(超强数据恢复) v

finaldata3.0汉化版(超强数据恢复) v3.0 绿色最新版

软件大小：5.46M　　软件语言：简体中文

软件授权：共享软件　　软件类型：系统软件 / 数据备份

软件平台：Win7, WinAll　　更新时间：2019-09-18 18:23

星级评分：

软件官网：http://finaldata.com/

顶　好评: 50%　　踩　坏评: 50

本地下载
文件大小：5.46M

图 14-58　FinalData 下载页面

> 下载 > Compressed > finaldata_v3.0_downyi.com

名称	修改日期	类型
FDIDE.VXD	2007/5/16 15:36	虚拟设备驱动程序
FdWizard.exe	2010/2/8 18:13	应用程序
fdxutil.dll	2008/1/21 15:27	应用程序扩展
FinalData.cnt	2008/11/7 17:07	CNT 文件
finaldata.exe	2010/2/8 17:43	应用程序
HunLib.dll	2007/5/16 15:36	应用程序扩展
INFDRV.dll	2007/5/16 15:36	应用程序扩展
INFTHK.DLL	2007/5/16 15:36	应用程序扩展
README.txt	2012/5/5 14:53	文本文档

图 14-59　FinalData 安装目录

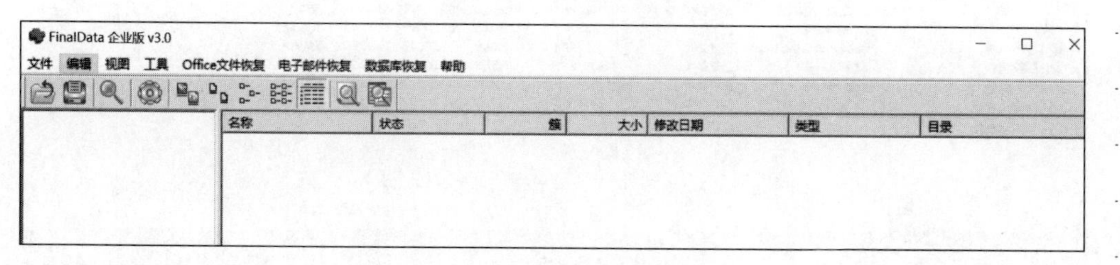

图 14-60　FinalData 主界面

第三步　选择扫描位置

单击图 14-60 中最左边的“打开”选项，弹出选择驱动器对话框，如图 14-61 所示。

第四步　查找已删除文件

为了和 EasyRecovery 软件进行对比，在图 14-61 中选择 C 盘，然后进入“查找已删除文件”对话框，如图 14-62 所示。

第五步　完成查找

待查找已删除文件完成后，进入“选择要搜索的簇范围”对话框，如图 14-63 所示。默认单击“确定”按钮进入搜索完成界面，FinalData 会将 C 盘中所有文件搜索出来，如图 14-64 所示。

笔记

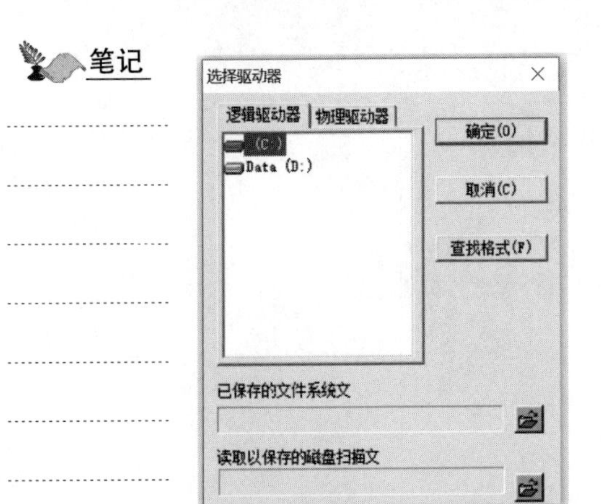

图 14-61 “选择驱动器”对话框

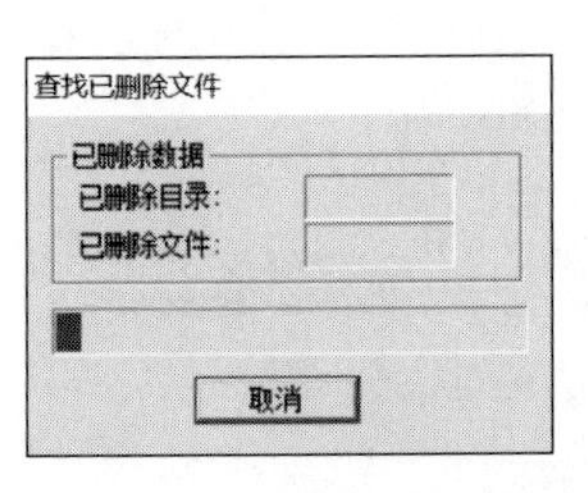

图 14-62 “查找已删除文件”对话框

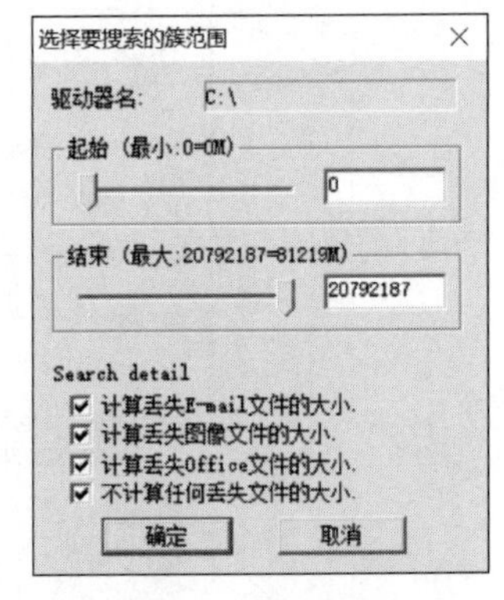

图 14-63 “选择要搜索的簇范围”对话框

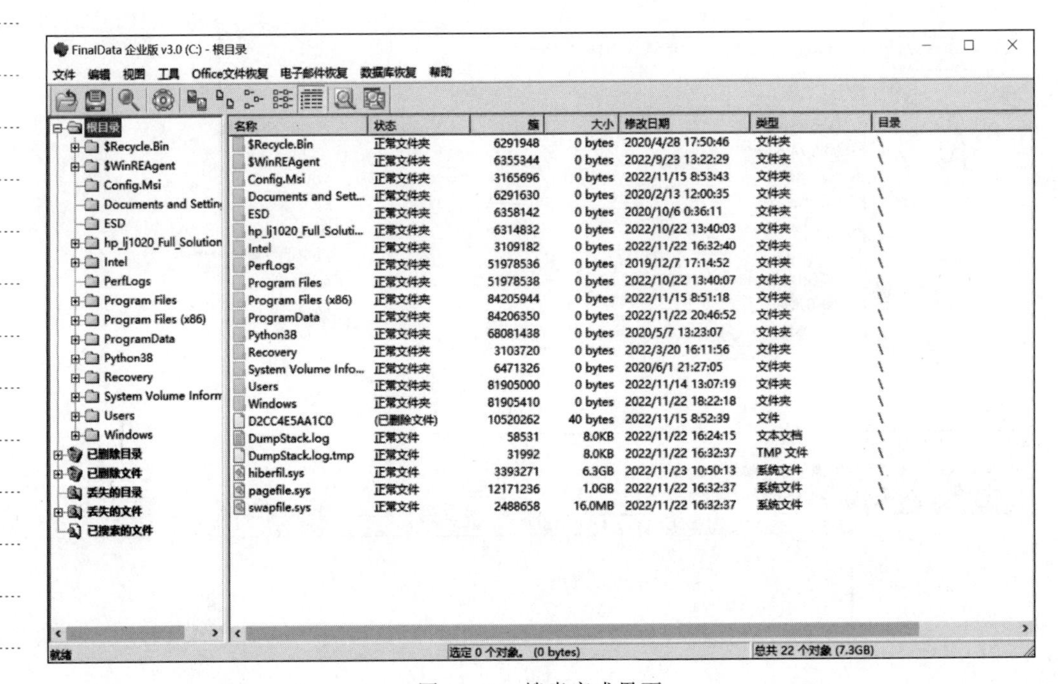

图 14-64 搜索完成界面

第六步 恢复丢失文件

在图 14-64 左边簇状结构选择“丢失的文件”，在右边显示的文件夹中选择要恢复的文件夹进行恢复，选中文件夹，右击选择“恢复”。恢复的位置与搜索丢失文件的位置不能相同，因此选择恢复到 D 盘实例文件下新建的“丢失的文件”的文件夹里，如图 14-65 所示。

第七步 保存丢失的文件

在选择好保存位置之后，单击“保存”按钮，待恢复的文件和文件夹就恢复到保存位置了。打开保存位置可以看到刚才恢复的文件夹和文件，如图 14-66 所示。

笔记

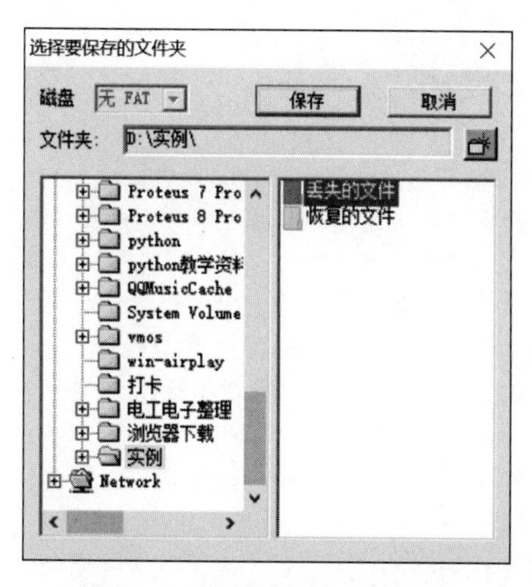

图 14-65　选择要保存的文件夹

电脑 › Data (D:) › 实例 › 丢失的文件 › .AAC

名称	#	标题
#136997.AAC		
#206130.AAC		
#709374.AAC		

图 14-66　恢复的文件

?思考：EasyRecovery 与 FinalData 有哪些相同与不同之处？

14.7　项目总结

项目 14 主要介绍了 Windows 10 中常用软件的下载、安装及卸载，如输入法软件、杀毒软件等；介绍了常用杀毒软件、系统维护软件的使用，如电脑管家、驱动精灵等；还介绍了常用多媒体相关软件的使用，如卡卡截图、EV 录屏软件、快剪辑软件等，最后介绍了 EasyRecovery、FinalData 这两款数据恢复软件。

14.8　拓展训练

1. 简述在网上下载软件安装包时，如何避免下载到其他的安装工具或插件等。
2. 简述搜狗输入法的下载、安装过程。
3. 简述 360 杀毒软件与火绒安全软件的区别。
4. 简述 360 杀毒软件与 360 安全卫士的区别。
5. 简述驱动精灵的功能。
6. 简述 EV 录屏软件的使用过程。
7. 简述快剪辑软件的功能；它可以对视频进行哪些常用编辑？
8. 分别尝试 EasyRecovery、FinalData 这两款数据恢复软件进行数据恢复，说说它们的差异。

参 考 文 献

[1] 倪继烈. 微型计算机原理与接口技术[M]. 北京：清华大学出版社，2005.
[2] 彭海深，周成芬. 计算机安装与维修技术实训教程[M]. 北京：中国水利水电出版社，2007.
[3] 姚昌顺，等. 电脑组装与维护实例教程[M]. 北京：清华大学出版社，2010.
[4] 童世华，等. 计算机组成原理简明教程[M]. 北京：北京航空航天大学出版社，2012.
[5] 童世华，等. 计算机组成原理与组装维护实践教程[M]. 北京：清华大学出版社，2016.
[6] 吴宁，乔亚男. 微型计算机原理与接口技术[M]. 4 版. 北京：清华大学出版社，2016.
[7] 侯彦利. 微型计算机原理与接口技术[M]. 北京：清华大学出版社，2017.
[8] 孙德文，章鸣嬛. 微型计算机技术[M]. 4 版. 北京：高等教育出版社，2018.
[9] 孙力娟，等. 微型计算机原理与接口技术(慕课版)[M]. 北京：清华大学出版社，2019.
[10] 宋晓明，王爱莲. 计算机组装与维护案例教程[M]. 2 版. 北京：清华大学出版社，2020.
[11] 焦明海，柳秀梅，张恩德. 计算机硬件技术基础 [M]. 3 版. 北京：清华大学出版社，2020.
[12] 刘云朋，等. 计算机组装与维护(微课视频版)[M]. 北京：清华大学出版社，2020.
[13] 邹承俊，等. 用微课学计算机组装与维护教程[M]. 北京：电子工业出版社，2020.
[14] 唐朔飞，等. 计算机组成原理[M]. 北京：高等教育出版社，2020.
[15] 肖铁军，等. 计算机组成原理(微课视频版)[M]. 3 版. 北京：清华大学出版社，2021.
[16] 徐绕山. 计算机组装与维护标准教程(全彩微课版)[M]. 北京：清华大学出版社，2021.
[17] 赖作华，等. 计算机组装与维护立体化教程(微课版)[M]. 北京：人民邮电出版社，2021.